Les sols et la vie souterraine

Des enjeux majeurs en agroécologie

Jean-François Briat, Dominique Job, coordinateurs

Éditions Quæ
RD 10, 78026 Versailles Cedex

Collection Synthèses

Transformations agricoles et agroalimentaires
Entre écologie et capitalisme
G. Allaire, B. Daviron
2017, 432 pages

Architecture et croissance des plantes
Modélisation et applications
P. de Reffye, M. Jaeger, D. Barthélémy, F. Houllier
2016, E-pub

La Loire fluviale et estuarienne
Un milieu en évolution
F. Moatar, N. Dupont
2016, 320 pages

Anatomie du bois
Formation, fonctions et identification
Marie-Christine Trouy
2015, 184 pages

Restaurer la nature pour atténuer les impacts du développement
Analyse des mesures compensatoires pour la biodiversité
H. Levrel, N. Frascaria-Lacoste, J. Hay, G. Martin, S. Pioch
2015, 320 pages

Éditions Quæ
RD 10
78026 Versailles cedex, France
www.quae.com

À la mémoire de Suzanne Mériaux

Suzanne Mériaux, directrice de recherche honoraire à l'Inra, membre de l'Académie d'agriculture de France, nous a quittés récemment (septembre 2016). Elle était une spécialiste reconnue en géologie, et ses premiers travaux furent consacrés à la structure des sols et à ses relations avec l'eau.

Sommaire

Remerciements

Nous tenons à adresser nos plus vifs remerciements à l'Académie d'agriculture de France pour son soutien constant lors de l'organisation, en 2015, de deux colloques sur les sols et leur biologie associée. Ces deux colloques ont été à la base de cet ouvrage. Que soient particulièrement remerciés ici Gérard Tendron, secrétaire perpétuel, Patrick Olivier, trésorier perpétuel, et Daniel Tessier, secrétaire de la section «Interactions milieux-êtres vivants» de l'Académie.

Il nous est également agréable de remercier les membres du comité éditorial, Jacques Berthelin, Philippe Lemanceau et Jean Charles Munch, pour leur aide au démarrage de ce projet.

Ce projet aurait été impossible sans le soutien financier de plusieurs organismes : les départements de recherche Biologie et amélioration des plantes (BAP), Environnement et agronomie (EA), Écologie des forêts, prairies et milieux aquatiques (EFPA) de l'Institut national de la recherche agronomique (Inra), le Laboratoire des symbioses tropicales et méditerranéennes (LSTM, Unité mixte de recherche IRD, Cirad, Inra, Montpellier SupAgro, Université Montpellier) et de généreux donateurs anonymes.

Nous adressons nos remerciements les plus chaleureux aux intervenants des colloques de 2015 sur les sols et leur biologie associée organisés par l'Académie. Nous sommes particulièrement reconnaissants envers Pierre Pagesse, agriculteur et président du GNIS, pour la force de ses conclusions lors de ces manifestations et son soutien sans faille à la recherche scientifique concourant au développement et au succès de l'agroécologie.

Enfin, nous exprimons notre gratitude aux auteurs des différents chapitres de ce livre qui permettent de consolider les bases scientifiques de l'agroécologie et de témoigner du dynamisme de la communauté scientifique dans ce domaine.

Jean-François Briat
Académie d'agriculture de France

Dominique Job
Académie d'agriculture de France

Préface

Gérard Tendron

Les sols sont les milieux naturels qui hébergent la plus grande densité et la plus grande diversité microbienne connues, et une faune d'une grande richesse. Ils renferment ainsi une quantité gigantesque de microorganismes, de l'ordre d'un milliard par gramme de sol.

Compte tenu de l'importance des sols en agriculture, l'Académie d'agriculture de France a inscrit cette problématique dans son programme de travail de 2015 et a organisé ou soutenu plusieurs actions sur ce thème qui se sont inscrites dans le cadre de l'année internationale des sols. Parmi ces actions, un premier colloque, intitulé « Utilisation du potentiel biologique des sols, un atout pour la production agricole », s'est déroulé au ministère de l'Agriculture le 24 juin 2015, portant sur les propriétés physicochimiques des sols, en lien avec la culture des plantes. Un deuxième colloque, qui s'est déroulé le 5 novembre 2015 à l'Académie, a porté sur des aspects biologiques et plus précisément sur les « Interactions plantes-organismes telluriques au service de l'agroécologie ».

Ces colloques, proposés par les sections « Interactions milieux-êtres vivants » et « Sciences de la vie » de l'Académie, ont eu pour ambition de présenter et de discuter les avancées récentes dans les connaissances des sols et des interactions entre plantes et organismes telluriques s'y établissant. Elles concernent par exemple la caractérisation globale des microorganismes des sols à l'échelle de la France par des approches de métagénomique permettant la mise en évidence des populations microbiennes en fonction des conditions environnementales ou des types de cultures. Elles concernent également des travaux de génétique moléculaire montrant que des exsudats racinaires sont capables de sculpter le microbiote racinaire, inhibant ou activant la croissance de populations microbiennes spécifiques. Elles concernent enfin les travaux de caractérisation physicochimique des sols, permettant de comprendre comment certaines parties du sol servent d'habitat privilégié pour la vie souterraine et, en corollaire, comment cette vie souterraine crée de nouveaux espaces qui seront colonisés par les organismes telluriques. De telles avancées scientifiques ouvrent de nouvelles voies pour orienter les interactions plantes-microorganismes afin de promouvoir les effets bénéfiques du microbiote de la rhizosphère sur la plante dans des systèmes de culture plus durables et plus économes en intrants de synthèse, engrais et pesticides notamment.

Ces deux colloques ont donné lieu à une vingtaine de conférences où sont intervenus des microbiologistes, des biologistes, des chimistes, des physiciens et des modélisateurs, qui ont insisté sur l'impérieuse nécessité de développer une véritable interdisciplinarité et pluridisciplinarité dans le domaine des sols et de leur biologie. Ils ont rencontré un vif succès, suscitant de nombreux échanges avec le public, et ont permis de discuter le potentiel des recherches actuelles pour le développement de l'agroécologie.

L'agroécologie peut apparaître à certains comme un type d'agriculture replié sur le passé, en réaction ou en opposition avec les problèmes engendrés par l'agriculture intensive pratiquée aujourd'hui. Il nous est apparu crucial de montrer lors de ces journées que l'agroécologie est une discipline scientifique émergente et prometteuse dont les enseignements permettront, sur des bases nouvelles, l'amélioration des plantes et des pratiques culturales dans le cadre d'une agriculture durable, au bénéfice des agriculteurs, et dans le respect de l'environnement et de la qualité alimentaire des produits végétaux.

Il avait été convenu qu'un livre réunissant les communications faites lors des colloques des 24 juin et 5 novembre 2015 serait publié avec l'aval de l'Académie d'agriculture de France. Le présent ouvrage, intitulé *Les sols et la vie souterraine : des enjeux majeurs en agroécologie,* est le résultat de ces efforts.

Je remercie les auteurs de ces communications et je félicite les coordonnateurs de cet ouvrage, Jean-François Briat et Dominique Job, pour avoir mené à bien ce projet, qui devrait intéresser de nombreux lecteurs.

Gérard Tendron

Secrétaire perpétuel de l'Académie d'agriculture de France

Introduction

Philippe Lemanceau, Dominique Job, Jean-François Briat

Les sols représentent une des trois composantes de notre environnement avec l'air et l'eau qui constituent un continuum, la qualité de l'une impactant l'autre. Les sols sont essentiels pour l'humanité car ils fournissent une série de services écosystémiques au rang desquels la production primaire (service d'approvisionnement), dont la production agricole et sylvicole, mais également des services de régulation (régulation du climat, des régimes hydriques) et des services de soutien aux conditions favorables à la vie sur Terre (habitat, biodiversité). Ces services reposent sur le fonctionnement biologique des sols assuré par la myriade d'organismes, microbiens, végétaux, animaux, qui les habitent et représentent un réservoir unique de biodiversité. Les sols sont en particulier au cœur de la production agricole. Cependant, les surfaces qui lui sont consacrées diminuent régulièrement alors que, dans le même temps, la population mondiale continue de croître, de telle sorte que la surface agricole par habitant est passée de 0,38 ha en 1970 à 0,23 ha en 2000 et qu'une projection prévoit une surface de 0,15 ha par habitant en 2050 (FAO et ITPS, 2015). Les sols sont en effet soumis à des pressions (urbanisation, désertification, érosion) associées en grande partie aux activités humaines. Outre les sols, les ressources utilisées en agriculture intensive soit diminuent (énergie fossile, phosphates d'origine minière), soit suivent des régimes très irréguliers du fait du changement global (eau). L'agriculture est effectivement soumise au changement global, climatique en particulier, conduisant à une irrégularité des rendements avec, en illustration, la réduction dramatique des rendements du blé en France en 2016. Au regard de ce bilan, la gestion actuelle des sols n'apparaît pas durable. Ce constat a d'ailleurs conduit la Commission européenne à développer une stratégie de gestion durable des sols[1] et la FAO à publier récemment un rapport sur l'état des sols (FAO et ITPS, 2015).

La gestion durable des sols vise à préserver ce patrimoine essentiel pour l'humanité qui n'est pas renouvelable à notre échelle de temps. Cette gestion est au cœur des systèmes agroécologiques qui visent à mieux valoriser la biodiversité et les interactions biotiques afin de réduire l'utilisation d'intrants de synthèse et de préserver les ressources (eau, sol, biodiversité). De ce point de vue, il est intéressant de remarquer qu'un même groupe de travail est dédié à la fois à l'agroécologie et aux sols au sein de l'Alliance nationale de recherche pour l'environnement (AllEnvi[2]), et de constater que le premier des «30 projets pour une agriculture compétitive & respectueuse de l'environnement» proposés par Bournigal *et al.* (2015) s'intitule «Développer les recherches sur la biologie des sols» et est positionné au sein du thème «Agroécologie». Les recherches correspondantes visent à développer des indicateurs biologiques permettant d'établir un diagnostic de l'état des sols soumis à différents types de gestion (Lemanceau *et al.*, 2015b). Ces recherches bénéficient des progrès majeurs enregistrés dans l'analyse de la biodiversité tellurique, en particulier microbienne, à l'aide d'outils moléculaires basés sur l'extraction d'ADN du sol et l'analyse de son polymorphisme (Orgiazzi *et al.*, 2015). Au-delà du diagnostic, ces recherches visent à identifier les pratiques agricoles qui permettent d'orienter la biodiversité et le fonctionnement biologique afin d'atteindre la triple performance sociale, économique et écologique de l'agriculture inscrite dans la loi d'Avenir pour l'agriculture, l'alimentation et la forêt[3].

La vie des sols est intimement associée aux propriétés physicochimiques des sols dans lesquels les microorganismes, les végétaux et les animaux évoluent. Ainsi, les études de biogéographie s'accordent toutes à montrer que ces propriétés représentent les principaux filtres de la biodiversité ; le mode d'usage des sols (en particulier le couvert végétal) venant en deuxième rang et s'exprimant lorsque l'on considère un même sol (Thomson *et al.*, 2015). Ce constat est peu surprenant si l'on considère la longue coévolution des organismes vivants et leur environnement tellurique qu'ils ont façonné, en interaction avec les plantes, le faisant passer de l'état de rocs à celui de sol favorable à leur développement.

Une meilleure connaissance des propriétés biotiques et abiotiques des sols et de leurs interactions est essentielle pour le développement de pratiques agroécologiques qui ont pour vocation à la fois de délivrer des produits agricoles de qualité en quantité suffisante et des services environnementaux. Ainsi, la biodiversité et les activités telluriques sont centrales dans le déroulement des cycles géochimiques, en particulier carbone, azote et eau, et conditionnent le fonctionnement des écosystèmes. Une part majeure du carbone organique de la biosphère est stockée dans les sols au niveau mondial (de l'ordre de 1 500 milliards de tonnes, soit environ deux fois plus que dans l'atmosphère et trois fois plus que dans la végétation terrestre ; Arrouays *et al.*, 2003). C'est dans ce contexte que l'initiative 4p1000 lancée par

---

1. http://ec.europa.eu/environment/soil/three_en.htm (consulté le 30 décembre 2016).
2. http://www.allenvi.fr/thematiques/agroecologie-et-sol/enjeux (consulté le 30 décembre 2016).
3. www.gouvernement.fr/.../la-loi-d-avenir-pour-l-agriculture-l-alimentation-et-la-foret (consulté le 30 décembre 2016).

le ministère de l'Agriculture, largement reprise au niveau européen, se fixe pour objectif d'augmenter de 4 pour 1 000 la teneur en matière organique des sols avec pour ambition de stopper l'élévation de la teneur en CO_2 de l'atmosphère[4]. Selon le fonctionnement biologique des sols, l'équilibre entre stockage de matières organiques, provenant de la végétation, et minéralisation impacte respectivement le niveau d'émission de dioxyde de carbone (CO_2), gaz à effet de serre, et la libération d'éléments minéraux, en particulier d'azote, nécessaires à la nutrition de la plante.

L'enjeu en agroécologie est de trouver le bon compromis entre stockage et minéralisation de la matière organique afin que les émissions de CO_2 qui en résultent soient contrebalancées par la valorisation des éléments nutritifs libérés pour la nutrition de la plante. Ceci requiert une bonne adéquation entre minéralisation et développement de la plante afin d'éviter que les éléments nutritifs, l'azote en particulier, ne soient perdus et conduisent à l'émission de gaz à effet de serre comme le protoxyde d'azote (N_2O), ainsi qu'au lessivage de nitrates vers la nappe phréatique. Selon leurs propriétés et leur fonctionnement biologique, les sols peuvent en effet représenter une source ou un puits du puissant gaz à effet de serre qu'est le N_2O (Jones *et al.*, 2014). Au total, les cycles du carbone et de l'azote sont étroitement couplés et contrôlés par les activités biologiques des sols qui sont elles-mêmes directement influencées par les propriétés des sols et les pratiques agricoles. De même, la régulation des régimes hydriques (sécheresse/inondation), qui représente un enjeu majeur en agriculture, est étroitement liée à la structure des sols, elle-même influencée par les organismes telluriques et ses ingénieurs tels les vers de terre. La qualité de cette eau est de plus impactée par l'efficacité du sol comme filtre qui dépend de la vitesse de percolation, associée aux propriétés physicochimiques, et des activités biologiques conduisant à la dégradation de composés xénobiotiques. Les systèmes agroécologiques visent à proposer des pratiques (travail du sol, couvert du sol, date de semis, etc.) qui intègrent à fois les cycles de végétation et le fonctionnement biologique des sols afin de gérer au mieux les antagonismes possibles entre services écosystémiques. Il s'agit d'un changement de paradigme qui requiert une approche systémique et intègre à la fois des enjeux agronomiques et environnementaux.

Les organismes associés aux sols ont non seulement évolué avec leur environnement abiotique, mais également avec les plantes. Cette longue coévolution remonte à 400 millions d'années avec les premières preuves fossiles d'association entre plantes et champignons (Redecker *et al.*, 2000). Les microorganismes ont contribué à la colonisation du milieu terrestre par les premiers végétaux et contribuent depuis à leur adaptation à des conditions peu fertiles en promouvant leur nutrition et leur santé. L'importance des symbioses bactériennes fixatrices d'azote atmosphérique chez les légumineuses et des symbioses mycorhiziennes sont bien connues pour leur rôle dans la nutrition en azote et en phosphore. Mais on ne réalise que depuis peu le rôle central du microbiote associé aux racines qui, à l'image de celui associé au tube digestif de l'homme, est considéré comme vital (Mendes et Raaijmakers, 2015). L'association entre la plante et ce microbiote, qui paraît être spécifique à l'hôte, est même maintenant considérée comme un superorganisme appelé holobionte (Vandenkoornhuyse *et al.*, 2015), les fonctions essentielles pour cet holobionte étant

---

4. http://agriculture.gouv.fr/sites/minagri/files/4pour1000_fr_nov2015.pdf (consulté le 30 décembre 2016).

codées soit par des gènes végétaux, soit par des gènes microbiens. On comprend alors mieux l'enjeu que représente en agriculture la meilleure connaissance des fonctions microbiennes favorables, ainsi que celle des traits végétaux et microbiens impliqués dans cette association bénéfique.

L'Organisation des Nations unies a souhaité rappeler l'importance des sols pour l'humanité en déclarant 2015 année mondiale des sols[5] avec comme leitmotiv « des sols sains pour une vie saine ». À cette occasion, l'Académie d'agriculture de France a organisé deux colloques sur les sols à l'initiative respectivement des sections 5 « Interactions milieux-êtres vivants » et 6 « Sciences de la vie » : « Utilisation du potentiel biologique des sols, un atout pour la production agricole » (Tessier *et al.*, 2015) et « Interactions plantes-microorganismes telluriques au service de l'agroécologie » (Lemanceau *et al.*, 2015a). Le présent ouvrage vise à garder la mémoire de la richesse des informations fournies au cours de ces deux colloques en proposant des chapitres portant sur le sol habitat (chapitre 1), le rôle et le fonctionnement des communautés microbiennes (chapitres 2, 3, 4 et 10) et des invertébrés (chapitre 6) dans les systèmes sol-plante, l'impact du sol sur la croissance des végétaux (chapitres 5 et 8), le rôle des relations multitrophiques, microfaune – bactéries rhizosphériques –, mycorhizes, dans le recyclage des nutriments (chapitre 7), les bio-indicateurs de la qualité des sols (chapitre 9), l'importance des associations mycorhiziennes pour la production végétale et leur potentiel en ingénierie écologique (chapitres 11, 12 et 16), l'orientation du microbiote rhizosphérique *via* l'utilisation de plantes à exsudation modifiée (chapitre 13) et de biostimulants perturbant la communication moléculaire bactérienne (chapitre 14), les défis et perspectives pour l'utilisation de la fixation biologique de l'azote en agriculture (chapitre 15).

La qualité et la diversité des présentations faites lors de ces deux colloques, retranscrites pour la plupart dans les chapitres de cet ouvrage, sont porteuses d'espoir pour des innovations à venir dans les domaines de la biologie des sols et des interactions plantes-microorganismes, à terme utiles pour la conception de systèmes agroécologiques économes en intrants de synthèse. Elles démontrent également la richesse et l'intérêt d'appréhender des approches multidisciplinaires comme facteurs de progrès dans la compréhension de ces interactions biotiques complexes et de leur application. Mais il est important de souligner, comme cela a été indiqué lors de la conclusion de ces colloques, que les applications de ces innovations à l'agroécologie devront nécessairement être co-construites avec les acteurs qui les mettront en œuvre, les agriculteurs, et de façon plus générale avec les acteurs de l'ensemble de la filière.

---

5. http://www.fao.org/soils-2015/fr/ (consulté le 30 décembre 2016).

Références bibliographiques

Arrouays D., Feller C., Jolivet C., Saby N., Andreux F., Bernoux M., Cerri C., 2003. Estimation des stocks de carbone organique des sols à différentes échelles d'espace et de temps. *Étude et gestion des sols*, 10 (4), 347-355.

Bournigal J.-M., Houllier F., Lecouvey P., Pringuet P., 2015. 30 projets pour une agriculture compétitive & respectueuse de l'environnement, consultable en ligne : agriculture.gouv.fr/sites/minagri/files/rapport-agriculture-innovation2025.pdf (consulté le 5 décembre 2016).

FAO, ITPS, 2015. *Status of the World's Soil Resources (SWSR): Main Report*. Rome, Food and Agriculture Organization of the United Nations/Intergovernmental Technical Panel on Soils.

Jones C., Spor A., Brennan F., Breuil M.-C., Bru D., Lemanceau P., Griffiths B., Hallin S., Philippot L., 2014. Recently identified microbial guild mediates soil N_2O sink capacity. *Nature Climate Change*, 4 (9), 801-805.

Lemanceau P., Job D., Briat J.F., 2015a. Interactions plantes-microorganismes telluriques au service de l'agroécologie. *In : Colloque de l'Académie d'agriculture de France*, 5 novembre, consultable en ligne : http://www.academie-agriculture.fr/colloques/interactions-plantes-microorganismes-telluriques-au-service-de-lagroecologie

Lemanceau P., Maron P.-A., Mazurier S., Mougel C., Pivato B., Plassart P., Ranjard L., Revellin C., Tardy V., Wipf D., 2015b. Understanding and managing soil biodiversity: A major challenge in agroecology. *Agronomy for Sustainable Development*, 35 (1), 67-81.

Mendes R., Raaijmakers J.M., 2015. Cross-kingdom similarities in microbiome functions. *The ISME Journal*, 9 (9), 1905-1907.

Orgiazzi A., Bonnet Dunbar M., Panagos P., Arjen de Groot G., Lemanceau P., 2015. Soil biodiversity and DNA barcodes: Opportunities and challenges. *Soil Biology and Biochemistry,* 80, 244-250.

Redecker D., Kodner R., Graham L.E., 2000. Glomalean fungi from the Ordovician. *Science*, 289 (5486), 1920-1921.

Tessier D., Berthelin J., Lemaire G., Munch J.C., Ranger J., 2015. Utilisation du potentiel biologique des sols, un atout pour la production agricole. *In : Colloque de l'Académie d'agriculture de France*, 24 juin, consultable en ligne : http://www.academie-agriculture.fr/colloques/utilisation-du-potentiel-biologique-des-sols-un-atout-pour-la-production-agricole

Thomson B.C., Tisserant E., Plassart P., Uroz S., Griffiths R.I., Hannula S.E., Buée M., Mougel C., Ranjard L., Van Veen J.A., Martin F., Bailey M., Lemanceau P., 2015. Soil conditions and land use intensification effects on soil microbial communities across a range of European field sites. *Soil Biology and Biochemistry*, 88, 403-413.

Vandenkoornhuyse P., Quaiser A., Duhamel M., Le Van A., Dufresne A., 2015. The importance of the microbiome of the plant holobiont. *New Phytologist*, 206 (4), 1196-1206.

Le sol habitat : environnement physicochimique et conditions de développement des différents organismes présents dans le sol

Ary Bruand, Daniel Tessier

Le sol est un composant essentiel de la biosphère. Il est issu d'une évolution à long terme d'un matériau originel au sein duquel l'activité biologique sous ses nombreuses formes est le moteur principal. De ce fait, le sol contient des constituants minéraux auxquels s'ajoutent des constituants organiques vivants ou provenant de leur décomposition partielle. Si la composition du sol est importante pour en déterminer les propriétés, c'est aussi et principalement le mode d'assemblage de l'ensemble de ses constituants, c'est-à-dire sa structure et la géométrie de ses pores, qui détermine la présence des différents habitats pour les êtres vivants et leurs conditions de vie. En réalité, cette organisation spécifique du sol résulte d'interactions complexes entre les constituants du sol (minéraux et organiques) et les êtres vivants, en particulier les phases liquides et gazeuses qui occupent l'espace poral ou porosité du sol.

▸▸ Le sol, genèse et évolution : création d'un habitat

Pour se former et évoluer dans le temps, différents processus sont mis en jeu parmi lesquels l'action de l'eau et le développement de l'activité biologique sont prédominants. Il faut rappeler que les minéraux des roches profondes à partir desquelles les sols se développent le plus souvent se sont formés dans des conditions très spécifiques caractérisées par une pression géostatique (pression exercée par le poids des roches sus-jacentes) élevée, souvent > 50 MPa, une température inférieure à 100 °C pour les roches sédimentaires, une déshydratation et une densification progressive et un milieu réducteur. *A contrario*, les conditions superficielles sont caractérisées par la présence d'oxygène, une très faible pression géostatique, des phases de dessiccation-humectation et de gel.

Les minéraux des sols étant en déséquilibre thermodynamique par rapport aux conditions initiales de formation de la roche, un nouvel équilibre tend à se créer en fonction des conditions superficielles et de la présence de la vie. Du point de vue physique, il en résulte avec le temps un changement de granulométrie marqué par une proportion de plus en plus grande de particules fines, en particulier des argiles. Les sols peuvent se former sur une roche en place ou se développer sur des matériaux transportés à grande distance, par exemple par le vent pour les dépôts lœssiques ou encore par les eaux, comme c'est le cas des dépôts alluvionnaires. Des transferts de particules se font aussi à l'échelle du bassin versant et au sein du sol : pour les argiles, on parle alors de lessivage. Il en résulte au départ des matériaux plus ou moins denses, donc plus ou moins poreux en fonction de leur origine et de leurs conditions de mise en place. Quel que soit le sol, à partir de matériaux à composition purement minérale au départ et sous différentes actions, un milieu poreux se crée ou se différencie progressivement. Un indice important du processus de formation du sol est le changement de masse volumique. À partir de l'exemple extrême d'une roche très compacte dont la masse volumique est proche de 2,50 g/cm^3, donc presque sans porosité, on passe à un matériau progressivement plus poreux. La masse volumique atteint généralement 1,3 g/cm^3 environ dans les sols cultivés, soit environ 50 % du volume occupé par des vides (pores) remplis en proportions variables d'air et d'eau.

Ce changement de masse volumique et les aspects géochimiques de l'évolution des sols impliquent de profonds changements dans la nature et la disposition mutuelle des constituants solides. Une première conséquence concerne la formation d'une sorte de liant argileux très fin entre les autres particules plus grossières.

Au cours de cette évolution, des éléments indispensables sont libérés du fait de la genèse de nouveaux minéraux ou de leur transformation plus restreinte (Robert et Varet, 1996). Sous forêt par exemple, le développement de la vie dépend partiellement de l'évolution des minéraux présents, et plus directement de la minéralisation des matières organiques. Pour les sols cultivés et dans nos forêts gérées par l'homme, le statut organique des sols est largement influencé par l'activité humaine au sens large, en particulier les pratiques culturales associées comme la fertilisation récente ou ancienne qui modifie les stocks d'éléments présents. Quoi qu'il en soit, des évolutions subtiles et rapides (une décennie) en fonction des pratiques de fertilisation et de la conduite des cultures sont aussi observées. Dans ce cas de figure, elles peuvent être largement irréversibles (par exemple dissolution totale ou partielle des argiles, phénomènes induits de toxicité) (Limousin et Tessier, 2006).

▶▶ Implications au plan physicochimique

Le sol a ceci de singulier qu'il est composé de particules de différentes tailles, organiques et minérales, de quelques nanomètres pour les minéraux et les matières organiques les plus fines jusqu'à quelques centimètres pour les cailloux. Si les particules grossières visibles à l'œil nu constituent une sorte d'armature (sables, graviers), une des caractéristiques principales des particules les plus fines est de développer une surface parfois considérable exposée aux fluides et aux êtres vivants, d'autant plus grande que leur taille est plus petite. Cela concerne aussi bien les constituants minéraux que les constituants organiques. On peut atteindre par exemple des surfaces développées de l'ordre de 800 m^2/g pour les argiles les plus fines (smectites), alors que pour les sables par exemple, il ne s'agit que de quelques dizaines de cm^2/g (Musy et Soutter, 1991).

Une propriété essentielle des constituants minéraux et organiques des sols est de posséder une charge électrique superficielle, liée à des interactions entre l'interface des divers solides et la solution du sol (eau chargée d'ions qui circule dans les espaces libres ou pores du sol). Il en résulte principalement une charge électrique négative à la surface des constituants organiques et minéraux. Dans les charges électriques superficielles négatives, il faut distinguer :
– les charges électriques permanentes globalement indépendantes du contexte de la solution (pH, concentration en solutés) ; ces charges électriques superficielles sont dites permanentes car liées à la structure cristallographique des argiles qui, à l'échelle nanométrique, présentent des feuillets composés d'une couche d'atomes d'aluminium, avec la présence de fer et de magnésium entourée de deux couches silicatées ; ces charges électriques sont communes aux illites (dont seulement une partie des feuillets, 5 à 10 %, est accessible à l'eau et aux cations échangeables) et aux smectites (type d'argile possédant des propriétés très gonflantes car l'eau peut pénétrer entre la majeure partie de ses feuillets), pour lesquelles la somme des charges peut varier de 10 méq/100 g à environ 100 méq/100 g, avec toutes les valeurs intermédiaires au niveau des argiles interstratifiées (espèces intermédiaires pour lesquelles les feuillets séparés par de l'eau sont en proportions variables) ;
– les charges superficielles négatives variables liées aux interactions entre les hydroxyles de surface des minéraux et les groupes fonctionnels des matières organiques et dont la valeur de la charge électrique est principalement liée à des phénomènes de déprotonation ; pour les matières organiques, les charges négatives peuvent dépasser 250 méq/100 g (ou cmole$^+$.kg^{-1}), alors que, pour la kaolinite (argile caractéristique de nombreux sols tropicaux et utilisée par ailleurs pour la fabrication de porcelaines) ou les oxydes de fer, on descend à moins de 10 méq/100 g (ou cmole$^+$.kg^{-1}). On mesure ainsi l'importance du statut organique sur les propriétés physicochimiques des sols. Ce mécanisme se développe au fur et à mesure que le pH s'élève et plus particulièrement au voisinage de pH = 7,0. *A contrario*, aux pH voisins de 5,5, on considère généralement que l'essentiel des sites restent protonés de sorte que ce type de charge électrique superficielle tend à s'annuler. Cette notion selon laquelle le sol est un milieu susceptible de développer une charge variable en fonction du pH est aujourd'hui pleinement admise et a fait récemment l'objet d'une synthèse publiée par Julien (2017) et vulgarisée par le Comifer (2010) (Comité français d'étude et de développement de la fertilisation raisonnée[6]) pour mieux gérer les pratiques du chaulage (technique de traitement des sols avec des amendements basiques – carbonates, chaux, scories sidérurgiques). Dans les sols développés sur lœss comme ceux du Nord de la France, on estime que les charges variables négatives représentent environ 50 % de la charge électrique totale.

---

6. http://www.comifer.asso.fr/index.php/fr/ (consulté le 30 décembre 2016).

Globalement, ces charges superficielles négatives (permanentes et variables) sont toutes susceptibles de retenir (adsorber) les cations (Ca, Mg, K en particulier). Les cations sont alors dits échangeables, c'est-à-dire qu'ils peuvent être aisément substitués les uns par les autres. Ils sont de ce fait aisément biodisponibles, en particulier pour les plantes. Ces cations constituent une grande partie du réservoir chimique du sol auxquels s'ajoutent les ions dans la solution du sol (en proportion beaucoup plus faible). On exprime généralement la valeur globale de la charge électrique par le terme « capacité d'échange en cations, CEC ». Comme cette charge électrique varie fortement, en particulier dans une gamme de pH allant de 5,5 à 7,0 (figure 1.1), la capacité du sol à retenir les cations alcalins et alcalino-terreux (Ca, Mg, K, notamment) est d'autant plus élevée que le pH se rapproche de la neutralité (pH~7,0), et inversement. Il faut souligner que les anions, en particulier l'ion nitrate (NO_3^-), n'est en aucune manière retenu (adsorbé) même s'il est présent dans la solution du sol.

Sur le plan pratique, l'utilisateur du sol a donc la possibilité de gérer la dimension de ce réservoir chimique en contrôlant le statut acido-basique du sol, par exemple en chaulant ou par des amendements organiques. *A contrario*, toute baisse du pH du sol conduit à la mise en solution des éléments originellement adsorbés. Ce mécanisme de mise en solution concerne aussi la biodisponibilité des éléments trace métalliques, indispensables ou toxiques. Il est particulièrement actif au niveau des racines, siège de rejet local de protons et qui est à l'origine, au moins en partie,

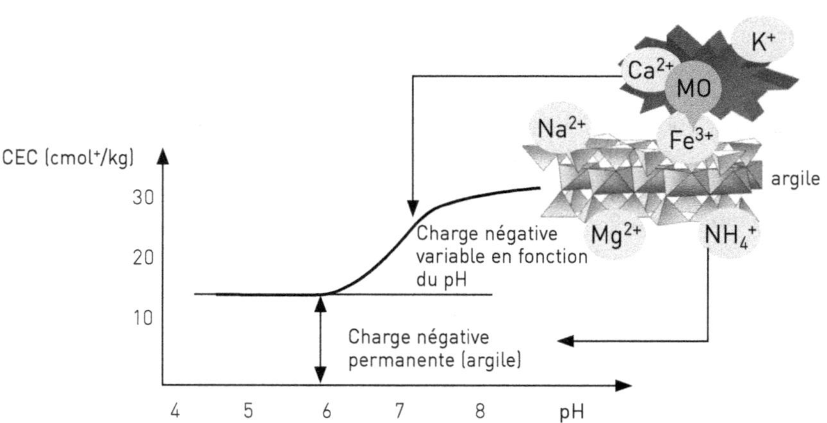

Figure 1.1. Représentation schématique de la capacité d'échange en cations (CEC) d'un sol développé sur lœss en fonction du pH.

Si les charges électriques permanentes des argiles sont indépendantes du pH, les charges variables sont essentiellement liées aux matières organiques et aux oxydes de fer présents dans le sol. Dans de nombreux sols de France développés sur lœss, la CEC du sol double de pH = 5,5 à pH 7,0.

Repris de Pernes-Debuyser *et al.* (2003) à partir des résultats sur le site de longue durée des quarante-deux parcelles de l'Inra de Versailles.

de la mise en solution des éléments indispensables aux plantes. Quand le pH du sol devient inférieur à environ 5,5, la dissolution des minéraux argileux se produit, conduisant à l'apparition de phénomènes de toxicité (aluminique principalement) (Pernes-Debuyser *et al.*, 2003 ; Limousin et Tessier, 2006). Un effet comparable peut aussi être mis en évidence en conditions réductrices (phénomène d'anoxie).

Notons enfin que la variation de la charge électrique superficielle jusqu'à son annulation est à l'origine de propriétés hydrophobes, notamment aux bas pH, pour les matières organiques utilisées par exemple dans les substrats horticoles (Michel, 2009). Ce comportement est aussi observé pour les sols riches en oxydes de fer. Il en résulte que le sol n'a plus autant d'affinité pour l'eau, entraînant des problèmes d'infiltration et de rétention de l'eau.

▸▸ La structure du sol, habitat pour les êtres vivants

Des états physiques très variables

Une des caractéristiques essentielles du sol concerne son organisation, sa structure, c'est-à-dire l'arrangement des constituants dans l'espace. Le sol est un lieu d'accueil pour les êtres vivants pour plusieurs raisons. C'est d'abord un milieu comportant, au sein d'une matrice solide, des espaces disponibles allant de quelques nm à plusieurs cm. C'est aussi un milieu à géométrie variable. Des fissures se forment progressivement au cours du dessèchement et à différentes échelles : les plus macroscopiques sont visibles à l'œil nu alors que les plus fines nécessitent l'utilisation des microscopies optique et électronique à balayage (Chenu et Tessier, 1995).

Le sol peut être plus ou moins cohérent, avec des structures plus ou moins stables et résistantes aux sollicitations externes, notamment lorsqu'il est soumis à des pressions mécaniques. La stabilité et l'état physique de ces structures sont fonction de divers facteurs. Le sol réagit fortement avec l'eau et acquiert un comportement plastique à forte teneur en eau, alors qu'il peut passer à l'état d'un solide rigide lors du dessèchement. Il sert donc d'ancrage plus ou moins efficace aux végétaux. À l'état humide, il se déforme sous l'action mécanique des racines (allongement, croissance radiale). Lorsqu'il est suffisamment humide, il est friable de sorte qu'il peut être travaillé par les animaux fouisseurs. Des galeries peuvent être creusées avec une certaine pérennité dans le temps dépendant en particulier de la cohésion du sol liée à sa constitution (teneur en argile et en matières organiques), à l'histoire hydrique qui suit (excès d'eau par exemple qui peut provoquer l'effondrement du matériau) et à l'environnement physicochimique (bas pH, sols salés et sodiques).

Sous l'influence de l'énergie mécanique des gouttes d'eau de pluie, les particules fines des sols peuvent passer en suspension dans l'eau. Il en résulte divers phénomènes comme par exemple l'encroûtement de surface et sa conséquence, l'érosion superficielle. En outre, ces particules véhiculent nombre d'êtres vivants ainsi que diverses substances, utiles ou potentiellement toxiques. Les particules fines peuvent aussi migrer à l'intérieur du sol, engendrant des phénomènes d'accumulation de substances de tous ordres, provoquant l'engorgement pour l'eau marquée par une anoxie temporaire en fin d'hiver ou qui devient permanente dans les zones humides. Enfin, quand le sol ne contient plus son agent principal de cohésion (l'eau), l'érosion sous l'action du vent se produit, à l'origine par exemple de phénomènes dunaires ou de dépôts lœssiques...

De l'organisation microscopique aux habitats

La structure des sols, c'est-à-dire son arrangement spatial, détermine leur capacité à faire circuler les phases liquide et gazeuse, ainsi que l'accessibilité de sites pouvant accueillir les êtres vivants et les conditions physicochimiques au contact desquelles ils ont accès aux constituants organiques, ressource pour l'activité des divers micro-organismes. En considérant l'organisation verticale du sol, chaque horizon (couche repérable, distincte, homogène et globalement parallèle à la surface) apparaît généralement dans son organisation interne sous la forme de structures emboîtées à trois niveaux.

– Un premier niveau est directement lié à l'assemblage des constituants élémentaires, notamment des plus fins d'entre eux (argiles, matières organiques, oxydes) (figure 1.2). Entre les particules d'argiles, les matières organiques, les oxydes finement divisés, mais aussi diverses substances peuvent être séquestrées ou physiquement protégées. C'est aussi à ce niveau que se trouve l'eau adsorbée sur les surfaces électriquement chargées et autour des ions échangeables, notamment le calcium et diverses molécules ou éléments potentiellement polluants susceptibles d'être retenus et ensuite libérés dans la solution du sol. Ce compartiment gouverne la cohésion et donc la stabilité physique du sol, ainsi que le gonflement-retrait macroscopique. Il joue un rôle essentiel dans la rétention de l'eau aux bas potentiels (forts dessèchements), notamment pour les valeurs de potentiels de l'eau < –0,1 MPa. Potentiellement, dans les sols des régions tempérées, plus le pH du sol est élevé (basique) et la saturation cationique calcique en proportion importante, plus ce compartiment, et en conséquence le sol, est physiquement stable. *A contrario*, l'abaissement du pH du sol joue le rôle inverse. En outre, la présence du cation Mg^{2+} et surtout de Na^+, ions dispersants, est à l'origine de l'instabilité physique des sols sodiques et de l'effondrement de leur structure en conditions humides (Pernes-Debuyser et Tessier, 2004). Ces derniers facteurs engendrent des structures massives où les niveaux d'organisation du sol macroscopiques tendent à disparaître, laissant peu de place à l'activité biologique sous toutes ses formes. L'absence de discontinuités macroscopiques constitue alors un frein à la circulation des fluides (eau et air) et est à l'origine de conditions anoxiques engendrant par exemple des dégâts sur les cultures en fin d'hiver.

– Un deuxième niveau d'organisation, souvent désigné comme assemblage textural (Fies, 1992), est lié à l'assemblage des constituants élémentaires de grande taille comme les sables ou les limons d'une part, et d'autre part au remplissage variable d'interstices de quelques micromètres par les constituants très fins précédents : argiles, oxyhydroxydes métalliques et macromolécules organiques. Ces vides de quelques micromètres sont associés à l'insuffisance de fraction fine pour occuper l'espace lié à l'assemblage des grains de la fraction/phase grossière (teneur en argile

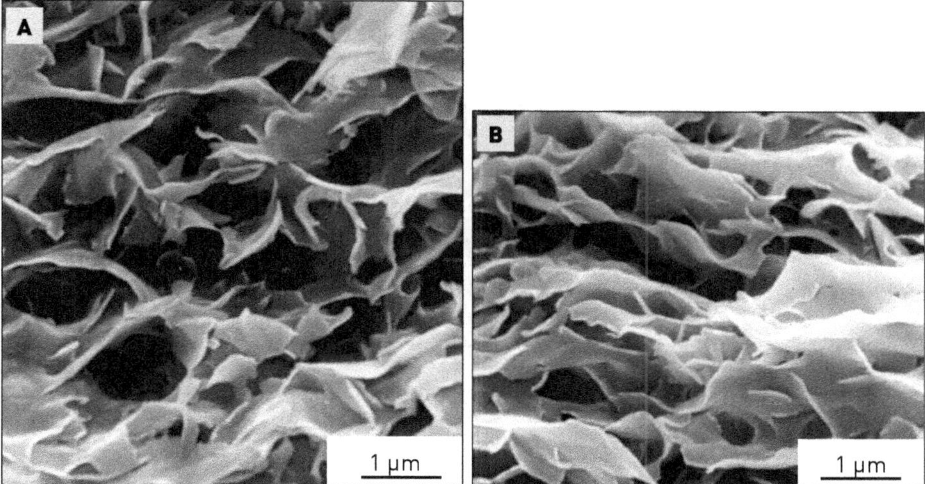

Figure 1.2. Variation de la disposition et de l'organisation des particules d'argile de la masse argileuse (smectite) en dessiccation (**A**) et en réhumectation après une forte dessiccation (**B**). La dessiccation engendre une agrégation partiellement irréversible des particules, modifiant les propriétés de rétention de l'eau, ainsi que l'accessibilité du sol aux êtres vivants. La variation relative du volume apparent, donnée par le changement de hauteur de la photo, indique l'importance de l'histoire hydrique du sol (Bruand et Tessier, 2000).
Observation au microscope électronique à balayage réalisée à basse température selon le protocole décrit par Chenu et Tessier (1995).

< ~30 %, figure 1.3). Ils apparaissent comme des lacunes de remplissage dont l'importance volumique, ainsi que la connectivité sont liées aux proportions relatives de phases grossières et fines et constituent le réservoir qui contient l'eau disponible pour l'activité biologique, en particulier l'alimentation en eau des plantes. C'est à ce niveau d'assemblage qu'est principalement liée la réserve en « eau utile » du sol. Ainsi, lorsque la granulométrie du sol est « équilibrée », comme par exemple dans les sols développés sur des lœss, ces derniers possèdent à la fois une stabilité physique satisfaisante due à l'argile (si > ~20 %), et disposent d'espaces suffisamment grands pour permettre la rétention de l'eau facilement utilisable et rendre accessible les éléments nutritifs pour les plantes et la microflore. À ce niveau d'organisation du sol, les transferts d'eau sont relativement rapides et l'aération est possible dès des potentiels < –1 MPa environ. Pourvu que ces espaces existent (jusqu'à environ 30 % d'argile) et qu'ils soient accessibles (c'est-à-dire avec une continuité de la porosité entre eux), les hyphes des champignons peuvent y pénétrer, des bactéries peuvent se développer ou y être piégées, sans oublier le stockage des matières organiques, récentes ou anciennes. Ces dernières peuvent être au moins partiellement physiquement protégées du fait qu'elles sont peu accessibles aux agents de dégradation.

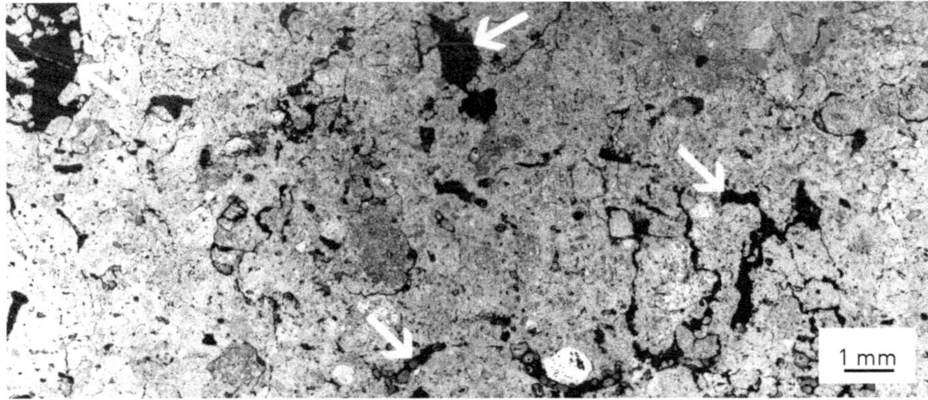

Figure 1.3. Observation en microscopie optique d'un échantillon de sol induré et provenant d'un horizon d'accumulation d'argile (horizon B).

Avec de fortes teneurs en argile, celle-ci occupe tout l'espace entre les particules plus grossières. À cette échelle, on distingue des pores d'origine biologique (flèches) ainsi que de fines fissures délimitant des agrégats.

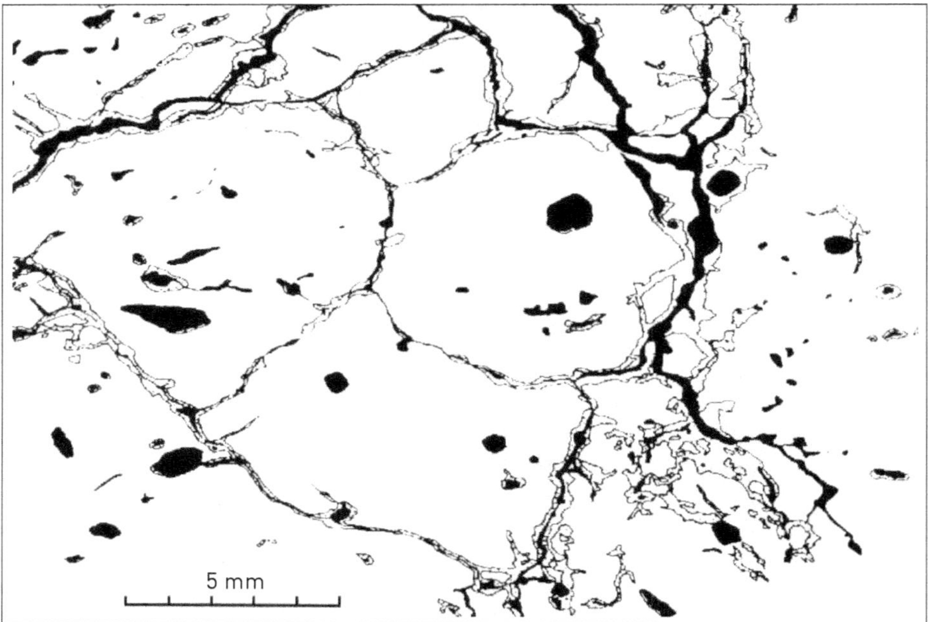

Figure 1.4. Représentation schématique d'un horizon de sol « non remanié » ayant conservé sa structure *in situ*, faisant apparaître des fissures quasi rectilignes (en noir) délimitant des agrégats liés au gonflement du sol.

Ces agrégats contiennent et sont traversés par des structures biologiques qui apparaissent plus ou moins sphériques en noir (galeries de la macrofaune, empreintes racinaires après minéralisation des matières organiques).

Schéma réalisé à partir d'une photo d'une lame mince de sol observée en microscopie optique par Bruand sur un échantillon d'horizon B de sol (Bruand et Prost, 1987).

– Enfin, un troisième niveau d'organisation, généralement désigné sous le terme de structure du sol et observable macroscopiquement, résulte des alternances dessiccation-humectation, de l'action d'acteurs internes au sol comme les galeries de la macrofaune du sol (vertébrés, lombriciens, insectes, etc.) et les conduits racinaires après la décomposition des racines (figures 1.3 et 1.4). On considère notamment que la faune se comporte comme un véritable «ingénieur du sol» (Lavel *et al.*, 2016). À ceci s'ajoutent les agents plus spécifiquement liés au climat (cycles d'humectation-dessiccation, gel) ou à l'action humaine (travail du sol, choix du type de végétation, etc.). Ce sont ces structures héritées de différents processus qui jouent un rôle déterminant en tant qu'habitat pour les êtres vivants (Baize *et al.*, 2013). Les vides, qui résultent de l'action de la macrofaune, de l'action des racines, du travail du sol par l'homme (en particulier dans les premiers décimètres lorsque le sol est cultivé) ou encore de l'action du climat, permettent d'assurer le transfert rapide de la solution du sol, ainsi que des gaz, dès lors qu'ils ne sont plus occupés par la phase liquide. Ces vides, dont les caractéristiques déterminent en grande partie la structure macroscopique du sol, observables à l'œil, sont fréquemment nommés «vides ou pores structuraux». C'est ce niveau d'organisation du sol qui est essentiel pour l'infiltration de l'eau et pour limiter par exemple le ruissellement, et de ce fait les conditions érosives. Ce niveau d'organisation est critique pour l'apport d'oxygène en profondeur dans le sol ainsi que pour l'élimination des gaz produits par le métabolisme des êtres vivant, le CO_2 en particulier, mais aussi des gaz résultant du cycle de l'azote comme N_2O.

Les structures macroscopiques liées au climat comme la fissuration ne se forment que lorsque le sol est suffisamment apte à se déformer sous l'action de dessiccations-humectations (Bruand et Prost, 1987) ou du gel, comme c'est le cas des sols contenant suffisamment d'argile qui peuvent régénérer leur structure sous l'action des agents du climat. Pour les autres sols, le processus de régénération passe notamment par le travail du sol ou par l'action de la faune et de la rhizosphère.

Un des points importants concerne la pérennité de ces structures macroscopiques qui sont particulièrement sensibles à des sollicitations externes comme les pressions mécaniques. Lorsque le sol se tasse, il perd une partie de sa porosité disponible pour les êtres vivants, à commencer par les pores du sol les plus utiles pour la biodiversité (figure 1.5). En surface, la pression générée par le sol lui-même est faible (pression pédostatique). En revanche, ce n'est plus le cas en profondeur. Cependant, l'ordre de grandeur des contraintes dues aux passages des engins est de toute autre importance (souvent supérieures à 0,1 MPa, 1 bar). Comme l'ont montré de nombreux travaux, pour une même pression mécanique, ces déformations apparaissent à des seuils d'humidité variables en fonction de la nature du sol et elles sont souvent irréversibles. En résumé, le tassement des sols mérite une attention particulière quant au fonctionnement biologique du sol. Comment peut-on optimiser une certaine pérennité des structures biologiques pour remplacer, au moins partiellement, la pratique de travail du labour et assurer un fonctionnement biologique correct du sol?

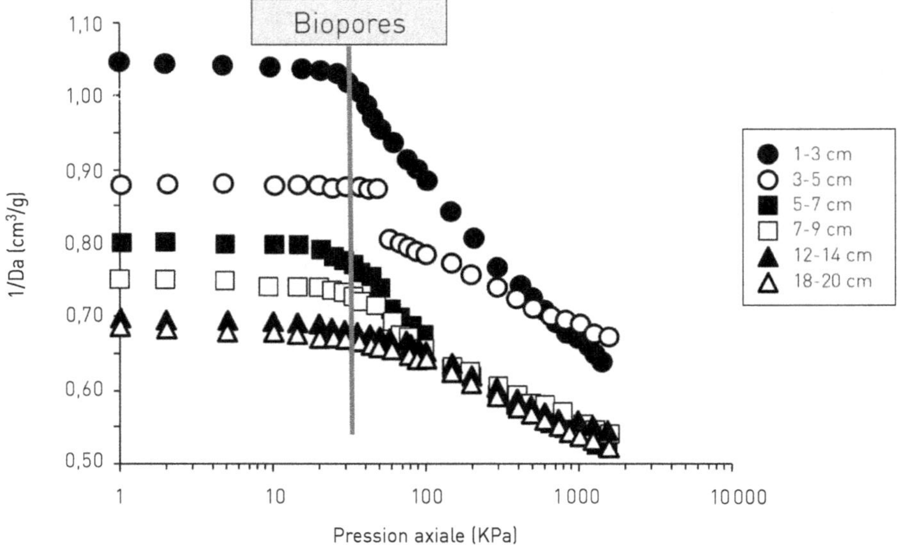

Figure 1.5. Courbes de compression mécanique unidimensionnelle d'échantillons de sols provenant de la couche de sol 0-20 cm d'un essai de longue durée sous rotation de blé-maïs après vingt ans de semis direct (non-labour) sur le site d'Arvalis à Boigneville.

Cylindres de sol préparés à un potentiel de l'eau de −0,3 kPa. À l'état initial (pression mécanique de 1 kPa), le volume apparent et donc la porosité sont beaucoup plus importants près de la surface (courbes du haut) qu'en profondeur (courbes du bas). Sous une pression mécanique inférieure à environ 20 kPa, le volume apparent (cm³/g) reste constant : le tassement du sol est quasi nul. Au voisinage de 50 kPa, le volume apparent chute de sorte que la porosité développée par la macrofaune et la rhizosphère disparaît quasi complètement. À noter que le tassement se poursuit pour des pressions plus élevées et affecte gravement le sol au niveau de l'assemblage argiles-matières organiques et fractions minérales plus grossières.

Source : Limousin et Tessier (2006).

▸▸ Conclusion

Cette approche du sol en tant qu'habitat pour l'activité biologique, aussi pertinente soit-elle, a ses limites. En premier lieu, elle ne rend pas compte du caractère éminemment dynamique des niveaux d'assemblages décrits et de la dynamique de l'eau (phénomène d'hystérésis : teneur, localisation et accessibilité de l'eau aux êtres vivants différentes en humectation et en dessiccation), ou encore d'événements exceptionnels comme une sécheresse particulière qui induisent des comportements partiellement réversibles (Bruand et Tessier, 2000). Au demeurant, les caractéristiques des différents vides liés à la structure macroscopique du sol sont étroitement liées à l'usage du sol, en se référant plus précisément aux pratiques telles que le travail/non-travail du sol, les rotations, les restitutions, notamment des résidus végé-taux, et en considérant l'impact des pressions exercées par les engins, sans oublier le contexte climatique. Appréhender et optimiser le fonctionnement du sol nécessite donc de prendre en compte le milieu dans toutes ses dimensions et en considérant chaque facteur dans une perspective dynamique et sur le moyen terme pour opti-miser le potentiel biologique des sols et la production agricole. Le développement d'indicateurs (Da Silva *et al.*, 2014) basés sur une connaissance précise des diverses interactions intervenant dans les sols peut conduire à une approche opérationnelle rendant de mieux en mieux compte du fonctionnement réel des sols et en particulier des conditions de développement des êtres vivants, tant sur le plan physicochimique que pour ce qui est des habitats.

Références bibliographiques

Baize D., Duval O., Richard G., 2013. *Les sols et leurs structures : observations à différentes échelles.* Versailles, Éditions Quæ, Collection Synthèses.

Bruand A., Prost R., 1987. Effect of water content on the fabric of a soil material: An experimental approach. *European Journal of Soil Science*, 38 (3), 461-472.

Bruand A., Tessier D., 2000. Water retention properties of the clay in soils developed on clayey sediments: Significance of parent material and soil history. *European Journal of Soil Science*, 51 (4), 679-688.

Chenu C., Tessier D., 1995. Low temperature scanning electron microscopy of clay and organic constituents and their relevance to soil microstructures. *Scanning Microscopy,* 9 (4), 989-1010.

Comifer, 2010. *Le chaulage, des bases pour le raisonner.* Puteaux, Comifer.

Da Silva A.P., Bruand A., Tormena C.A., Da Silva E.M., Santos G.G., Giarola N.F.B., Guimaraes R.M.L., Marchao R.L., Klain V.A., 2014. Indicators of soil physical quality: From simplicity to complexity. *In : Application of Soil Physics in Environmental Analyses* (Teixera V.G., Ceddia M.B., Ottoni M.V., Kangussa Dunnagema G., dir.). Springer, Collection Progress in Soil Sciences, 201-221.

Fies J.-C., 1992. Analysis of soil textural porosity relative to skeleton particle size, using mercury porosimetry. *Soil Science Society of America Journal*, 56 (4), 1062-1067.

Julien J.-L., 2017. Histoire de la représentation de l'acidité des sols en France et rôle majeur de l'Académie d'agriculture de France dans l'évolution de cette représentation. *Comptes rendus de l'Académie d'agriculture de France*, 100, sous presse.

Lavel P., Spain A., Blouin M., 2016. Ecosystem engineers in a self-organized soil: A review of concepts and future research questions. *Soil Science*, 181 (3-4), 91-109.

Limousin G., Tessier D., 2006. Effects of no-tillage on chemical gradients and topsoil acidification. *Soil and Tillage Research*, 92 (1-2), 167-174.

Michel J.C., 2009. Influence of clay addition on physical properties and wettability of peat-growing media. *HortScience*, 44 (6), 1694-1697.

Musy A., Soutter M., 1991. *Physique du sol*, volume 6. Lausanne, Presses polytechniques et universitaires romandes, Collection Gérer l'environnement.

Pernes-Debuyser A., Pernes M., Velde B., Tessier D., 2003. Soil mineralogy evolution in the 42 plots experiment (Versailles, France). *Clays and Clay Minerals*, 51 (5), 578-585.

Pernes-Debuyser A., Tessier D., 2004. Soil physical properties affected by long-term fertilization. *European Journal of Soil Science*, 55 (3), 505-512.

Robert M., Varet J., 1996. *Le sol : interface pour l'environnement, ressource pour le développement.* Paris, Masson, Collection Sciences de l'environnement.

Chapitre 2

Localisation des matières organiques et des activités microbiennes : conséquences pour le fonctionnement du sol

Claire Chenu, Naoise Nunan, Laure Vieublé, Patricia Garnier, Valérie Pot, Sylvie Recous

Les matières organiques assurent de nombreuses fonctions dans les sols : source d'éléments et d'énergie pour les organismes vivants du sol, elles sont un facteur essentiel de la présence de végétaux, d'animaux et de microorganismes nombreux et divers. Elles contribuent à la biodiversité des sols ainsi qu'à leur fertilité physique, chimique et biologique (organismes auxiliaires). En étant biodégradées et minéralisées par les organismes vivants, les matières organiques fournissent des nutriments minéraux ; leurs capacités d'adsorption leur permettent également d'en retenir temporairement : elles contribuent donc à la fertilité chimique des sols. Elles agrègent les particules de sol en agrégats et permettent une meilleure infiltration de l'eau et circulation de l'air entre ces agrégats, ainsi qu'une bonne résistance des sols à la dégradation physique : battance, érosion, tassement. Leur grande capacité à retenir l'eau leur permet de contribuer significativement à la réserve utile des sols. Elles jouent un rôle de premier plan dans la dynamique des contaminants dans les sols, qu'elles retiennent, tout en étant à l'origine, par leur minéralisation, de composés qui affectent la qualité de l'eau lorsqu'ils sont en excès (nitrates et phosphates). Enfin, leurs transformations affectent les bilans de gaz à effet de serre : si leur minéralisation produit CO_2, N_2O ou méthane, elles représentent un stock de carbone important de notre planète, trois fois plus important que le carbone contenu dans l'atmosphère, et peuvent donc contribuer à limiter l'effet de serre. Véritable plaque tournante du cycle des éléments à la surface de notre planète, les matières organiques sont précieuses, à la fois par leur présence et par leur biodégradation. Elles rendent de nombreux services écosystémiques. Les interactions entre matières organiques et biodiversité sont étroites : l'abondance et la diversité des organismes vivants dépendent de l'abondance et de la nature de leur nourriture, les matières organiques présentes ; en retour, ces organismes biodégradent et minéralisent les matières organiques ; leur abondance et leur diversité affectent donc la nature et la vitesse des biotransformations. L'agroécologie remet les sols au centre des pratiques agricoles et les matières organiques sont le carburant de la vie du sol. Comprendre les mécanismes et les facteurs de la biodégradation des matières organiques est donc essentiel.

▶▶ Biodégradation des matières organiques : de multiples facteurs

Le rôle des microorganismes dans la biodégradation des matières organiques du sol est établi depuis les travaux de Serguéï Nikolaïevitch Winogradski (un microbiologiste russe considéré comme l'un des fondateurs de l'écologie microbienne ; voir chapitre 4 de cet ouvrage) et a fait l'objet de nombreuses recherches et écrits. La faune et les microorganismes hétérotrophes concourent à la biodégradation des matières organiques, mais les microorganismes sont responsables de l'essentiel des flux de C minéralisé (Lavelle et Spain, 2001). La biodégradation dépend de la nature des matières organiques, de l'abondance et de la diversité des microorganismes, de la satisfaction de leurs autres besoins nutritionnels (N, P, S...) et des conditions de leur environnement, comme cela est expliqué dans le chapitre 3 de cet ouvrage. Les travaux de ces deux dernières décennies montrent que, si la nature biochimique des matières organiques explique largement leur devenir à court terme (semaines, mois ; ainsi du glucose disparaît en quelques heures alors qu'une aiguille de pin mettra quelques années à se décomposer), la nature biochimique ne semble pas jouer un rôle de premier plan à long terme (décennies, siècles), hormis le cas de carbonisats (charbons) (Schmidt *et al.*, 2011). La diversité microbienne est considérable dans les sols et la plupart des travaux montrent une absence de relation entre la diversité microbienne dans les sols et la vitesse de minéralisation des matières organiques (Griffiths *et al.*, 2000 ; Wertz *et al.*, 2006 ; Juarez *et al.*, 2013), ce que l'on explique par la grande redondance fonctionnelle des microorganismes. Les principaux facteurs environnementaux affectant l'activité des microorganismes décomposeurs des matières organiques sont la température, la disponibilité de l'eau et de l'air, le pH, lesquels dépendent non seulement du climat à l'échelle régionale, mais également du type de sol, du mode d'occupation et des pratiques culturales (Lavelle et Spain, 2001 ; Calvet *et al.*, 2011). À l'échelle pluriannuelle, outre ces facteurs environnementaux, c'est l'interaction des matières organiques avec les surfaces minérales sur lesquelles elles s'adsorbent et la limitation de l'accessibilité des matières organiques aux microorganismes à l'échelle très locale qui expliquent la persistance des matières organiques. À ces échelles temporelles, les protections physicochimiques et physiques apparaissent plus importantes que la récalcitrance intrinsèque des molécules organiques (figure 2.1), ce qui est un véritable changement de paradigme (Balesdent *et al.*, 2000 ; Schmidt *et al.*, 2011). C'est à une échelle spatiale microscopique que ces contrôles et ces processus agissent.

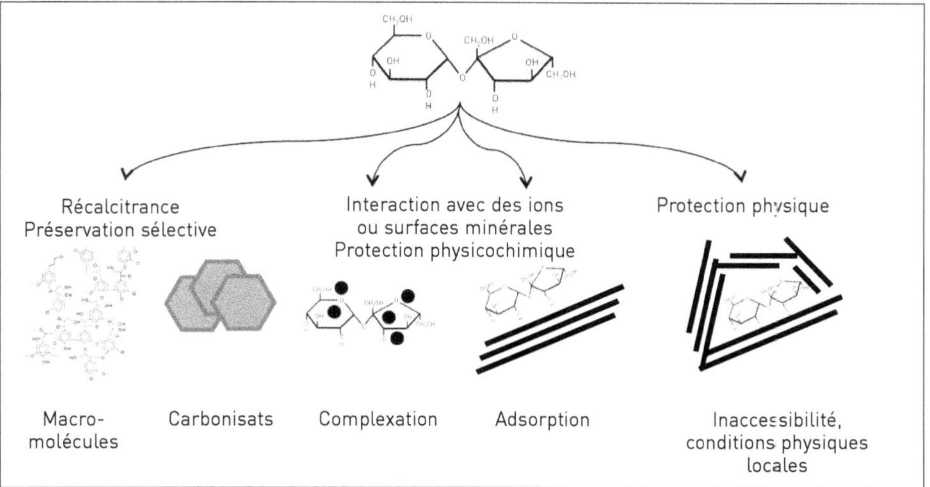

Figure 2.1. Processus expliquant la persistance de matières organiques dans les sols pour des durées de plusieurs décennies ou siècles.

Source : Chenu *et al.* (2009).

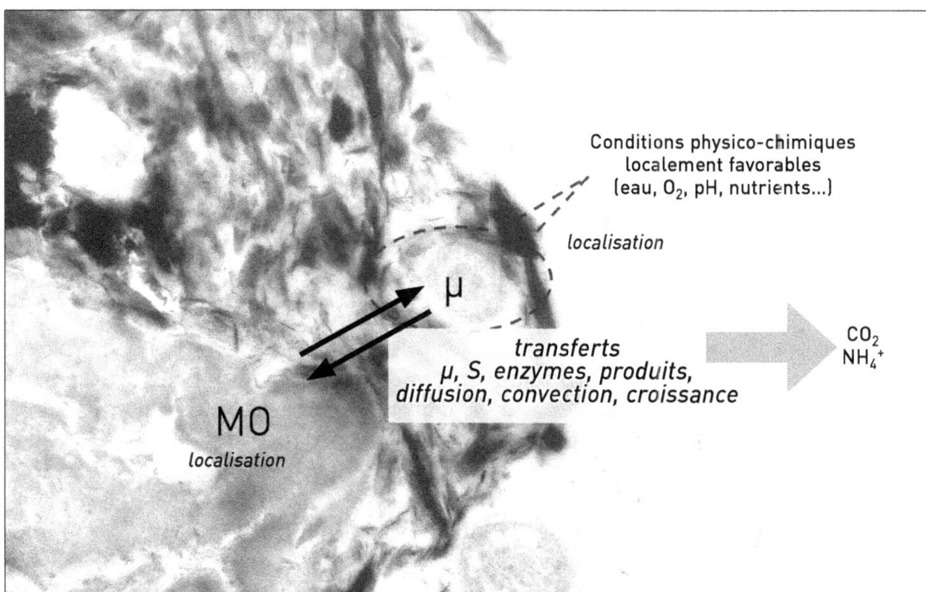

Figure 2.2. La biodégradation microbienne de matières organiques.

MO, matière organique ; µ, microorganisme.

La biodégradation microbienne de matières organiques dans le sol dépend de la nature des matières organiques, de la présence de microorganismes compétents et des conditions de l'environnement, facteurs qui agissent également à une échelle locale.

Sources : Chenu, non publié ; photo © Chenu.

En effet, à l'échelle même de leur habitat, pour que la biodégradation ait lieu, un contact est nécessaire entre les microorganismes, ou leurs enzymes extracellulaires, et les substrats organiques. La biodégradation dépend donc de la localisation respective des microorganismes et des matières organiques, et des possibilités de transferts entre ces sites des substrats, des produits de la réaction, des microorganismes ou de leurs enzymes (figure 2.2). L'importance de la structure a été mise en évidence de manière empirique : en effet, la destruction de la structure du sol par des expérimentations de broyage a pour effet général de stimuler la minéralisation des matières organiques, les conditions locales de l'habitat ou l'accessibilité limitant la biodégradation (Balesdent *et al.*, 2000).

Le sol est un milieu hétérogène, complexe et structuré. La distribution spatiale des matières organiques y est très hétérogène, depuis des échelles métriques à micrométriques, comme le montrent de nombreux travaux basés sur la séparation d'agrégats de sol, selon leur taille ou leur stabilité (voir par exemple Puget *et al.*, 1995 ; Six *et al.*, 1998), la séparation de zones externes ou internes des agrégats du sol (Smucker *et al.*, 1998 ; Chenu *et al.*, 2001), ou encore par observation en microscopie électronique (Villemin *et al.*, 1995 ; Chenu et Plante, 2006 ; Chenu *et al.*, 2015). Il en est de même pour les microorganismes, qui occupent moins de 1 % du volume poral des sols (Chenu et Stotzky, 2002). Ils sont donc très nombreux (de l'ordre du milliard par gramme de sol), mais ne sont pas répartis de manière homogène et ne sont donc pas partout à une échelle micrométrique. Différentes approches ont permis de montrer l'hétérogénéité de cette distribution spatiale, laquelle reste encore largement méconnue (Dechesne *et al.*, 2007 ; Nunan *et al.*, 2007). Il a été montré que l'hétérogénéité spatiale de distribution des microorganismes capables de minéraliser un herbicide, le 2,4-D (acide 2,4-dichlorophénoxyacétique), était plus importante à l'échelle millimétrique (agrégats séparés, pris comme petits volumes élémentaires du sol) qu'à l'échelle décimétrique ou métrique (Vieublé Gonod *et al.*, 2003, 2006). Des approches portant sur la séparation physique ont permis de montrer une localisation préférentielle des microorganismes dans les fractions de particules correspondant à des débris végétaux en cours de décomposition et aux argiles granulométriques (voir par exemple Kandeler *et al.*, 1999), et leur distribution par rapport à des agrégats de différente taille et stabilité (Six *et al.*, 2004), ou par rapport à la surface ou à l'intérieur d'agrégats (Hattori, 1988). Des méthodes de visualisation, comme l'observation de lames minces de sol en microscopie à fluorescence après marquage des microorganismes (figure 2.3), ont montré que la distribution des bactéries n'était pas aléatoire, mais structurée et agrégée (Nunan *et al.*, 2002, 2003), dépendante de la proximité de macropores et de débris végétaux (Nunan *et al.*, 2003 ; Bruneau *et al.*, 2005). Analysant 744 images issues de l'observation de lames minces de sol, Raynaud et Nunan (2014) ont trouvé que la distance moyenne entre deux cellules bactériennes était de 12,46 μm, quantifiant ainsi la dispersion des bactéries dans le sol (n'oublions pas que les bactéries ont une taille inférieure au micromètre). Des pores de taille différente (0,3-3 μm, 1-100 μm et 10-300 μm) hébergent des microorganismes différents, qui minéralisent un substrat apporté, le fructose, à des vitesses différentes (Ruamps *et al.*, 2011) : non seulement, les microorganismes sont répartis de manière hétérogène, mais leur activité est également spatialement hétérogène. À ces hétérogénéités de distribution des molécules organiques et des microorganismes s'ajoutent celles des conditions de

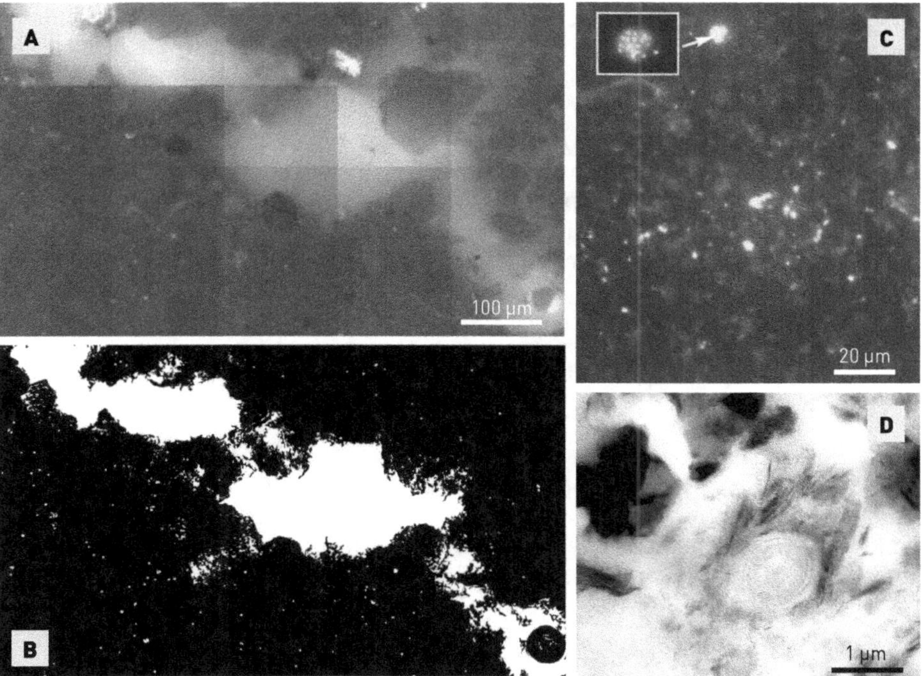

Figure 2.3. Visualisation de la localisation des microorganismes dans la structure du sol.
A. Visualisation de bactéries (colorées en clair) en microscopie à fluorescence dans une lame mince de sol. **B.** Binarisation de l'image pour faire apparaître la porosité, les bactéries étant alors de couleur blanche (Nunan *et al.*, 2003). **C.** Visualisation de bactéries en microscopie à fluorescence après fixation d'un chromophore fluorescent par hybridation (Card-Fish) (Eickhorst et Tipptoker, 2008). **D.** Bactérie entourée d'une gangue d'argile, observée en microscopie électronique à transmission (Chenu et Plante, 2006).
Photo © Chenu.

l'environnement : pH, disponibilité de l'eau, aération (Chenu et Storzky, 2002). La taille, la forme, l'interconnexion entre les pores du sol et le degré de saturation de la porosité réguleront la vitesse des transferts, en particulier par diffusion (Moyano *et al.*, 2012).

Des expérimentations en conditions contrôlées ont permis de quantifier l'effet de la distribution spatiale respective des substrats et des microorganismes sur les vitesses de minéralisation. Ainsi, Pinheiro *et al.* (2015) ont montré que la co-localisation de l'herbicide 2,4-D et de microorganismes dégradants à l'échelle millimétrique augmentait fortement la vitesse et la proportion du 2,4-D minéralisé lors d'incubations en laboratoire (figure 2.4), en réduisant la distance microorganisme-substrat. À une échelle spatiale plus fine, il apparaît que la vitesse de minéralisation d'un substrat apporté (ici le fructose) ou des matières organiques du sol dépend de la taille des pores considérés : des pores de diamètres différents correspondraient à des habitats différents, hébergeant des microorganismes contrastés et caractérisés par des conditions physiques différentes (Ruamps *et al.*, 2011, 2013). Les bactéries, qui sont des organismes aquatiques, sont beaucoup plus sensibles que les champignons à leur environnement local et à l'inaccessibilité des substrats organiques. En effet, les champignons, grâce à leur forme filamenteuse, ont la capacité d'accéder à des ressources trophiques distantes et à « traverser » des pores non saturés (Harris, 1981 ; Otten *et al.*, 1999). Ces expérimentations ne prennent cependant pas en compte un autre processus qui pourrait être également très dépendant des constituants présents localement et des conditions physicochimiques : de nombreux substrats ne peuvent être assimilés et minéralisés par les microorganismes lorsqu'ils sont adsorbés (ce que l'on nomme la protection physicochimique, voir figure 2.1) (voir revues dans Chenu et Stotzky, 2002 ; Barré *et al.*, 2014). Les composés organiques doivent donc être accessibles (protection physique) et biodisponibles (protection physicochimique) pour être biodégradés.

La complexité des processus à l'œuvre, physiques, chimiques et biologiques, rend précieuse une approche par modélisation assez fine. Cependant, les modèles actuels de la dynamique du carbone et de l'azote considèrent le sol comme un milieu homogène localement. Une nouvelle génération de modèles se démarque fortement de cette approche en représentant, de manière explicite et exhaustive, la complexité de la structure du sol et des processus mis en jeu à l'échelle même de l'habitat microbien. Ces modèles s'appuient sur une représentation de la structure du sol

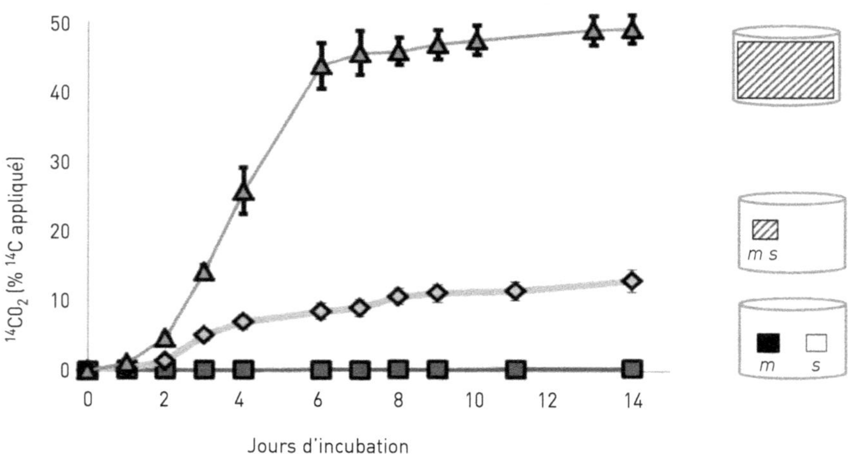

Figure 2.4. Minéralisation d'un herbicide, le 2,4-D, dans des massifs d'agrégats de sol, lorsque substrat (apporté) et microorganismes dégradants (inoculés) sont co-localisés ou non.
Symboles : carrés, distribution non localisée ; losanges, distribution localisée ; triangles, distribution homogène.
Source : Pinheiro *et al.* (2015).

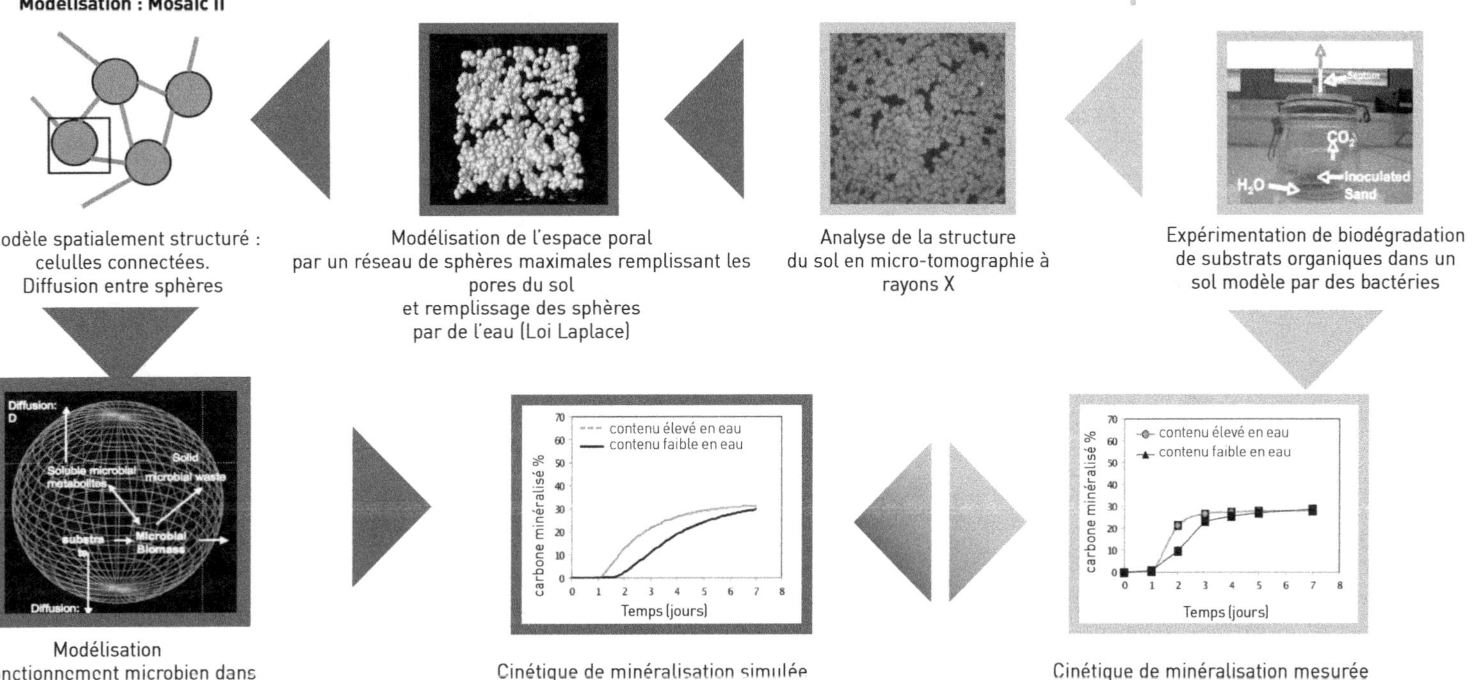

Figure 2.5. Modélisation multiéchelle des sols.

Des modèles prenant en compte explicitement la structure du sol et la répartition spatiale des composés organiques, des microorganismes, de l'eau et de l'air permettent d'étudier le fonctionnement microbien dans les sols. Approche développée dans le projet Mepsom (Modélisation multiéchelle et propriétés émergentes de la dégradation microbienne des matières organiques ; http://www.agroparistech.fr/-Projet-MEPSOM-.html), combinant expérimentation et modélisation.

Traduction des termes anglais : *inoculated sand* = sable inoculé, *soluble microbial metabolites* = métabolites solubles microbiens, *solid microbial waste* = déchets solides microbiens, *microbial biomass* = biomasse microbienne.

Source : Monga *et al.* (2014).

à des échelles centimétriques à micrométriques, en utilisant la visualisation de la phase solide et de la porosité du sol en 3D permise par la microtomographie aux rayons X. L'espace est représenté en 3D, soit avec des approches de type primitive géométrique (en modélisation, formes géométriques de base) (Monga *et al.*, 2008, 2014) (figure 2.5), soit en utilisant directement les voxels (pixels en 3D) de l'image 3D (Pajor *et al.*, 2010 ; Vogel *et al.*, 2015). Dans ces modèles, les pores y sont saturés d'eau ou non, selon les conditions hydriques choisies. Les bactéries, les champignons et les matières organiques sont placés dans cet espace. À l'avenir, leur placement pourra se faire en se basant sur des observations comme celles décrites au paragraphe précédent. Dans chaque unité spatiale (primitive géométrique ou voxel), un modèle simple permet de prédire la minéralisation du substrat, en tenant compte de l'abondance des microorganismes, de leur physiologie et de leur mortalité. Le transfert des substrats entre ces unités spatiales a lieu en simulant leur diffusion (figure 2.5). Les équations de transfert sont résolues soit par les techniques classiques de résolution d'équations aux dérivées partielles (Monga *et al.*, 2014), soit par des approches de type méthode Boltzmann sur réseau (*Lattice-Boltzmann method* ; méthode de dynamique des fluides permettant de reproduire le comportement de fluides complexes) comme décrit dans Vogel *et al.* (2015). Ces approches de modélisation, couplées aux possibilités récentes et en plein développement de visualisation de la structure du sol et de ses constituants, ouvrent des perspectives qui permettront de prendre en compte la complexité des processus à l'œuvre et interagissant dans les sols à l'échelle spatiale même des microorganismes.

▶▶ Les processus à l'échelle microscopique affectent les flux à une échelle macroscopique, voire globale

La variabilité incomplètement comprise de plusieurs processus serait en fait expliquée par les processus mis en jeu à l'échelle locale et par l'hétérogénéité des sols. Ainsi, même dans des sols bien aérés, il existe des microsites anaérobies, dans des pores de petite taille, au centre de mottes ou d'agrégats, ou encore à proximité de débris végétaux en cours de décomposition. Ceux-ci expliquent pourquoi de tels sols peuvent émettre du N_2O, puissant gaz à effet de serre résultat de transformations microbiennes de l'azote en conditions anaérobies (voir par exemple Parkin, 1987 ; Parry *et al.*, 2000).

La grande variabilité de la minéralisation des pesticides dans les sols pourrait également être en partie expliquée par ces processus. Ainsi, Vieublé Gonod *et al.* (2006) ont mesuré la capacité d'agrégats d'un sol cultivé à minéraliser le 2,4-D et calculé que si l'herbicide appliqué entrait en contact avec les 10 % d'agrégats présentant la plus faible capacité de minéralisation, alors 12,3 % du 2,4-D apporté serait minéralisé en cinq jours, tandis que s'il entrait en contact avec le décile minéralisant le plus, 62 % du 2,4-D serait minéralisé. L'hétérogénéité de répartition des microorganismes capables de dégrader le 2,4-D à une échelle millimétrique peut donc avoir des effets très importants à une échelle macroscopique. Une application de ces phénomènes se retrouve dans les techniques de biorémédiation des sols contaminés : que l'on soit *in situ* ou *ex situ*, un travail du sol fréquent et intensif vise à favoriser le contact microorganismes-contaminants, ainsi que l'aération du milieu.

La persistance de matières organiques, pourtant décomposables dans les sols pendant des décennies ou des siècles, voire plus, s'expliquerait en grande partie par les interactions entre matières organiques, microorganismes et matrice solide du sol : protection par adsorption, protection par accessibilité réduite. Quel est l'effet des modes de gestion des sols sur ces processus ? L'absence de labour s'accompagne, dans certaines situations, d'un stockage additionnel de carbone dans les sols cultivés (Angers et Eriksen-Hamel, 2008 ; Virto *et al.* 2012). La protection physique des matières organiques a été avancée pour expliquer ce stockage (Balesdent *et al.*, 2000 ; Six *et al.*, 2000). En effet, en l'absence de travail du sol, la structure du sol étant moins fréquemment perturbée et les agrégats souvent plus stables vis-à-vis de l'action destructrice de l'eau, les matières organiques peu accessibles aux microorganismes le restent. Cependant, divers processus, aux effets parfois opposés, affectent la dynamique des matières organiques en non labour. Ainsi, pour que les matières organiques soient protégées de la biodégradation dans la structure du sol, comme nous l'avons décrit ici, il faut qu'elles soient incorporées au sol. Or, on peut s'attendre à une moindre incorporation des résidus de culture en non labour par rapport au labour, même si les vers de terre anéciques (qui font des galeries verticales dans le sol), plus abondants en non labour, y contribuent. Les résidus de culture, non incorporés, forment un paillis (encore appelé *mulch* en anglais) à la surface du sol. Leur décomposition est pilotée par les cycles d'humectation-dessiccation liés aux conditions climatiques (pluies et évaporation) et peut alors être limitée par la colonisation microbienne, et la disponibilité de l'azote minéral qui doit diffuser du sol vers le *mulch* pour que les microorganismes l'assimilent (Coppens *et al.*, 2007), favorisant alors le stockage de carbone. La température du sol est généralement plus basse et le sol plus humide en non labour, ce qui tend à réduire les vitesses de minéralisation, donc là aussi à favoriser le stockage de matières organiques. Cependant, les conditions climatiques, hydriques en particulier, ont un fort impact sur la vitesse de décomposition des *mulchs* (Iqbal *et al.*, 2015). Ces multiples processus et facteurs intervenant dans le profil de sol et à l'interface entre le sol et le *mulch* pourraient contribuer à la grande variabilité des taux de stockage de carbone dans les sols en non labour, variabilité encore inexpliquée.

▶▶ Conclusion

Les matières organiques sont une ressource essentielle en agriculture. Elles sont « le carburant de l'agroécologie » (Feix, communication personnelle) dont il faut prévoir et gérer l'abondance, la nature, la localisation et la dynamique. Leur devenir et leur mobilisation par les organismes vivants du sol, microorganismes dont il a été question ici, mais aussi la faune du sol, dépendent largement d'interactions bio-organo-minérales à l'échelle microscopique. C'est l'échelle des microorganismes eux-mêmes et souvent celle de leur habitat qui est en jeu. La compréhension des processus et de ces interactions requiert des approches interdisciplinaires (pédologie, microbiologie, biogéochimie, physique, physicochimie, etc.) et mobilise des outils performants pour décrire l'hétérogénéité de constitution et d'organisation des sols à des échelles spatiales très fines. Ces thématiques ont connu des développements importants ces dernières années et devraient à l'avenir intégrer d'autres organismes vivants (faune du sol, racines, etc.), d'autres processus (adsorption, etc.), donc potentiellement d'autres échelles spatiales.

Références bibliographiques

Angers D.A., Eriksen-Hamel N.S., 2008. Full-inversion tillage and organic carbon distribution in soil profiles: A meta-analysis. *Soil Science Society of America Journal*, 72 (5), 1370-1374.

Balesdent J., Chenu C., Balabane M., 2000. Relationship of soil organic matter dynamics to physical protection and tillage. *Soil and Tillage Research*, 53 (3-4), 215-230.

Barré P., Fernandez-Ugalde O., Virto I., Velde B., Chenu C., 2014. Impact of phyllosilicate mineralogy on organic carbon stabilization in soils: Incomplete knowledge and exciting prospects. *Geoderma*, 235-236, 382-395.

Bruneau P.M.C., Davidson D.A., Grieve I.C., Young I.M., Nunan N., 2005. The effects of soil horizons and faunal excrement on bacterial distribution in an upland grassland soil. *FEMS Microbiology Ecology*, 52 (1), 139-144.

Calvet R., Chenu C., Houot S., 2011. *Les matières organiques des sols : rôles agronomiques et environnementaux*. Paris, Éditions France agricole, Collection Agri production.

Chenu C., Hassink J., Bloem J., 2001. Short term changes in the spatial distribution of microorganisms in soil aggregates as affected by glucose addition. *Biology and Fertility of Soils*, 34 (5), 349-356.

Chenu C., Stotzky G., 2002. Interactions between microorganisms and soil particles: An overview. *In : Interactions Between Soil Particles and Microorganisms* (Huang P.M., Bollag J.M., Senesi N., dir.). New York, John Wiley & Sons, Collection IUPAC Series of Applied Geochemistry, 3-40.

Chenu C., Plante A.F., 2006. Clay-sized organo-mineral complexes in a cultivation chronosequence: Revisiting the concept of the "primary organo-mineral complex". *European Journal of Soil Science*, 56 (4), 596-607.

Chenu C., Rumpel C., Lehmann J., 2015. Methods for studying soil organic matter: Nature, dynamics, spatial accessibility, and interactions with minerals. *In : Soil Microbiology, Ecology and Biochemistry* (Paul E.A., dir.). Amsterdam, Elsevier, 4ᵉ édition, 381-417.

Coppens F., Gamier P., Findeling A., Merckx R., Recous S., 2007. Decomposition of mulched versus incorporated residues: Modelling with PASTIS clarifies interaction between residue quality and location. *Soil Biology and Biochemistry*, 39 (9), 1339-2350.

Dechesne A., Pallud C., Grundmann G., 2007. Spatial distribution of bacteria at the microscale in soils. *In : The Spatial Distribution of Microbes in the Environment* (Franklin R.B., Mills A.L., dir.). New York, Kluwer Academic Publishers, 87-107.

Eickhorst R., Tippkotter R., 2008. Detection of microorganisms in undisturbed soil by combining fluorescence in situ hybridization (FISH) and micropedological methods. *Soil Biology and Biochemistry*, 40 (6), 1284-1293.

Griffiths B.S., Ritz K., Bardgett R.D., Cook R., Christensen S., Ekelund F., Sørensen S.J., Baath E., Bloem J., de Ruiter P.J., Dolfing J., Nicolardot B., 2000. Ecosystem response of pasture soil communities to fumigation-induced microbial diversity reductions: An examination of the biodiversity-ecosystem function relationship. *Oikos*, 90 (2), 279-294.

Harris R.F., 1981. Effect of water potential on microbial growth and activity. *In : Water Potential Relations in Soil Microbiology* (Parr J.F., Gardner W.R., Elliott L.F., dir.). Madison (Wisconsin), Soil Science Society of America, 23-96.

Hattori T., 1988. Soil aggregates as microhabitats for microorganisms. *Reports of the Institute for Agricultural Research*, 37, 23-26.

Iqbal A., Aslam S., Alavoine G., Benoit P., Garnier P., Recous S., 2015. Rain regime and soil type affect the C and N dynamics in soil columns that are covered with mixed-species mulches. *Plant and Soil*, 393 (1-2), 319-334.

Juarez S., Nunan N., Duday A.C., Pouteau V., Chenu C., 2013. Soil carbon mineralisation responses to alterations of microbial diversity and soil structure. *Biology and Fertility of Soils*, 49 (7), 939-948.

Kandeler E., Stemmer M., Klimanek E.M., 1999. Response of soil microbial biomass, urease and xylanase within particle size fractions to long-term soil management. *Soil Biology and Biochemistry*, 31 (2), 261-273.

Lavelle P., Spain A.V., 2001. *Soil Ecology*. Dordrecht (Pays-Bas), Springer Science & Business Media.

Monga O., Bousso M., Garnier P., Pot V., 2008. 3D geometrical structures and biological activity: Application to soil organic matter microbial decomposition in pore space. *Ecological Modelling*, 216 (3-4), 291-302.

Monga O., Garnier P., Pot V., Coucheney E., Nunan N., Otten W., Chenu C., 2014. Simulating microbial degradation of organic matter in a simple porous system using the 3-D diffusion based model MOSAI. *Biogeosciences*, 11 (8), 2201-2209.

Moyano F.E., Vasilyeva N., Bouckaert L., Cook F., Craine J., Yuste J.C., Don A., Epron D., Formanek P., Franzluebbers A., Ilstedt U., Katterer T., Orchard V., Reichstein M., Rey A., Ruamps L., Subke J.A., Thomsen I.K., Chenu C., 2012. The moisture response of soil heterotrophic respiration: Interaction with soil properties. *Biogeosciences*, 9 (3), 1173-1182.

Nunan N., Wu K., Young I.M., Crawford J.W., Ritz K., 2002. In situ spatial patterns of soil bacterial populations, mapped at multiple scales, in an arable soil. *Microbial Ecology*, 44 (4), 296.

Nunan N., Wu K., Young I.M., Crawford J.W., Ritz K., 2003. Spatial distribution of bacterial communities and their relationships with the micro-architecture of soil. *FEMS Microbiology Ecology*, 44 (2), 203-215.

Nunan N., Young I.M., Crawford J.W., Ritz K., 2007. Bacterial interactions at the microscale: Linking habitat to function in soil. *In : The Spatial Distribution of Microbes in the Environment* (Franklin R.B., Mills A.L., dir.). New York, Kluwer Academic Publishers, 61-86.

Otten W., Gilligan C.A., Watts C.W., Dexter A.R., Hall D., 1999. Continuity of air-filled pores and invasion thresholds for a soil-borne fungal plant pathogen, *Rhizoctonia solani. Soil Biology and Biochemistry*, 31 (13), 1803-1810.

Pajor R., Falconer R., Hapca S., Otten W., 2010. Modelling and quantifying the effect of heterogeneity in soil physical conditions on fungal growth. *Biogeosciences*, 7 (11), 3731-3740.

Parkin T.B., 1987. Soil microsites as a source of denitrification variability. *Soil Science Society of America Journal*, 51 (5), 1194-1199.

Parry S., Renault P., Chadoeuf J., Chenu C., Lensi R., 2000. Particulate organic matter as a source of denitrification variability in soil clods. *European Journal of Soil Science*, 51 (2), 271-281.

Pinheiro M., Garnier P., Beguet J., Martin-Laurent F., Vieublé Gonod L., 2015. The millimetre-scale distribution of 2,4-D and its degraders drives the fate of 2,4-D at the soil core scale. *Soil Biology and Biochemistry*, 88, 90-100.

Puget P., Chenu C., Balesdent J., 1995. Total and young organic carbon distributions in aggregates of silty cultivated soils. *European Journal of Soil Science*, 46 (3), 449-459.

Raynaud X., Nunan N., 2014. Spatial ecology of bacteria at the microscale in soil. *PloS One*, 9 (1), e87217. doi:10.1371/journal.pone.0087217

Ruamps L.S., Nunan N., Chenu C., 2011. Microbial biogeography at the soil pore scale. *Soil Biology and Biochemistry*, 43 (2), 280-286.

Ruamps L.S., Nunan N., Pouteau V., Leloup J., Raynaud X., Roy V., Chenu C., 2013. Regulation of soil organic C mineralisation at the pore scale. *FEMS Microbiology Ecology*, 86 (1), 26-35.

Schmidt M.W.I., Torn M.S., Abiven S., Dittmar T., Guggenberger G., Janssens I.A., Kleber M., Kogel-Knabner I., Lehmann J., Manning D.A.C., Nannipieri P., Rasse D.P., Weiner S., Trumbore S.E., 2011. Persistence of soil organic matter as an ecosystem property. *Nature*, 478 (7367), 49-56.

Six J., Bossuyt H., De Gryze S., Denef K., 2004. A history of research on the link between (micro) aggregates, soil biota, and soil organic matter dynamics. *Soil and Tillage Research*, 79 (1), 7-31.

Six J., Elliott E.T., Paustian K., 2000. Soil macroaggregate turnover and microaggregate formation: A mechanism for C sequestration under no-tillage agriculture. *Soil Biology and Biochemistry*, 32 (14), 2099-2103.

Six J., Elliott E.T., Paustian K., Doran J.W., 1998. Aggregation and soil organic matter accumulation in cultivated and native grassland soils. *Soil Science Society of America*, 62 (5), 1367-1377.

Smucker A.J.M., Santos D., Kavdir Y., Paul E.A., 1998. Concentric gradients within stable soil aggregates. *In : Proceedings of the 16th World Congress of Soil Science*, Montpellier, Cirad, 720-724.

Vieublé Gonod L., Chenu C., Soulas G., 2003. Spatial variability of 2,4-dichlorophenoxy acetic acid (2,4-D) mineralisation potential at a millimetre scale in soil. *Soil Biology and Biochemistry*, 35 (3), 373-382.

Vieublé Gonod L., Chadoeuf J., Chenu C., 2006. Spatial distribution of a microbial function (2,4-D mineralisation) from parcel to microhabitat. *Soil Science Society of America Journal*, 70 (1), 64-71.

Villemin G., Mansot J.L., Watteau F., Ghanjaba J., Toutain F., 1995. Étude de la biodégradation et de l'humification de la matière organique végétale du sol par spectroscopie des pertes d'électrons transmis (EELS) : répartition du carbone, de l'azote et évaluation du rapport C/N au niveau ultrastructural in situ. *Comptes rendus de l'Académie des sciences de Paris*, série IIa, 321 (10), 861-868.

Virto I., Barré P., Burlot A., Chenu C., 2012. Carbon input differences as the main factor explaining the variability in soil organic C storage in no-tilled compared to inversion tilled agrosystems. *Biogeochemistry*, 108 (1), 17-26.

Vogel L., Makowski D., Garnier P., Vieublé Gonod L., Raynaud X., Nunan N., Coquet Y., Chenu C., Falconer R., Pot V., 2015. Modeling the effect of soil meso- and macropores topology on the biodegradation of a soluble carbon substrate. *Advances in Water Resources*, 83, 123-136.

Wertz S., Degrange V., Prosser J.I., Poly F., Commeaux C., Freitag T., Guillaumaud N., Roux X.L., 2006. Maintenance of soil functioning following erosion of microbial diversity. *Environmental Microbiology*, 8 (12), 2162-2169.

Chapitre 3

Couplages et contrôles des cycles du carbone et de l'azote par les communautés microbiennes dans les sols cultivés

Sylvie Recous, Gwenaëlle Lashermes, Isabelle Bertrand

Les transformations du carbone et de l'azote des matières organiques dans les sols sont essentiellement (micro) biologiques, car ces matières organiques sont les ressources trophiques des organismes hétérotrophes des sols (Paterson *et al.*, 2009). Les matières organiques se trouvent au centre de nombreux services écosystémiques rendus par les sols (Dominati *et al.*, 2010). Leur dégradation par les organismes du sol permet le recyclage des nutriments (essentiellement azote, phosphore et soufre) indispensables à la croissance des plantes et à la vie des écosystèmes (fonction d'approvisionnement). Les matières organiques stockées dans les sols jouent un rôle dans le maintien de la structure et de la fertilité des sols (fonction de support). Le stockage des matières organiques dans les sols permet aussi de réguler les émissions de gaz à effets de serre pouvant entraîner un bouleversement de l'équilibre climatique et de limiter les fuites de nitrates dans l'environnement, responsables des pollutions des eaux (service de régulation). C'est pourquoi leur gestion est questionnée et mobilisée dans l'évolution des systèmes de culture, dans la réduction des impacts environnementaux liés à l'azote et dans le potentiel de séquestration du carbone par les sols (Six *et al.*, 2006 ; Schimel et Schaeffer, 2012). De très nombreuses recherches actuelles portent sur les communautés microbiennes impliquées dans les cycles du carbone et de l'azote, leurs activités, les relations entre la diversité des microorganismes et l'identification de leurs fonctions, les relations entre couverts végétaux et les communautés du sol, et les effets de ces différentes composantes sur le stockage du carbone à long terme (Arcand *et al.*, 2016). Nombre de ces travaux et les connaissances et les concepts qui en sont issus proviennent d'études menées dans les écosystèmes peu anthropisés, mais les résultats sont en grande partie transposables et ont donc vocation à irriguer les réflexions et les approches en milieu cultivé. En effet, l'agriculture évolue vers des systèmes de culture moins anthropisés (réduction des intrants chimiques, diversification des cultures, réduction ou abandon du labour), et basés davantage sur les ressources organiques et leur recyclage (résidus de culture, déchets verts, effluents industriels, urbains et d'élevage). Inventer ou concevoir de nouveaux systèmes agricoles peut s'appuyer sur une diversité végétale accrue (nous verrons quel en est l'intérêt). Ce paradigme est au cœur de l'agroécologie, dont la démarche vise à valoriser les processus écologiques pour concilier, au sein des systèmes agricoles, performance économique et performance environnementale.

Dans ce chapitre, nous aborderons à travers des exemples tirés des travaux scientifiques récents les questions suivantes :
– Comment les cycles biogéochimiques des éléments majeurs (principalement le carbone et l'azote) interagissent dans les sols et de quelle manière ils sont couplés ; quel est le rôle de la biomasse microbienne dans ce couplage ?
– En quoi la composition taxonomique (qui est là ?) et fonctionnelle (qui fait quoi ?) des communautés microbiennes hétérotrophes des sols influence les processus de transformation de C et de N ?
– Comment la végétation impacte les communautés microbiennes du sol et les flux d'éléments ?
– Quelles sont les perspectives de gestion des matières organiques pour développer une agriculture valorisant les processus écologiques ?

Si ce chapitre, à travers les exemples choisis, concerne le carbone et l'azote, les concepts liés aux transformations des matières organiques des sols sont pour la plupart extrapolables aux formes organiques du phosphore et du soufre.

▸▸ Les mécanismes mis en jeu

Couplage des cycles à l'échelle du système sol-plante

Le schéma présenté (figure 3.1) permet de rappeler de manière simplifiée les processus impliqués dans le couplage des cycles biogéochimiques du carbone (C) et de l'azote (N) au cours des transformations des matières organiques des sols.
– Le C et le N atmosphériques entrent initialement dans le système sol-plante grâce aux processus biologiques que sont la photosynthèse réalisée à partir du CO_2 par les plantes autotrophes et les organismes autotrophes (tels les cyanobactéries), et la fixation de N_2 par des cyanobactéries et des bactéries symbiotiques fixatrices d'azote, ainsi que par la synthèse chimique d'ammoniac selon le procédé Haber-Bosch, qui permet la production des engrais minéraux de synthèse (Haber, 1920).
– Les entrées de matières organiques dans les sols sont réalisées par la restitution de biomasses végétales (résidus de culture, organes sénescents, racines et rhizodépôts) et par les apports d'effluents d'élevage et de produits résiduaires organiques lorsqu'ils sont épandus sur les sols.

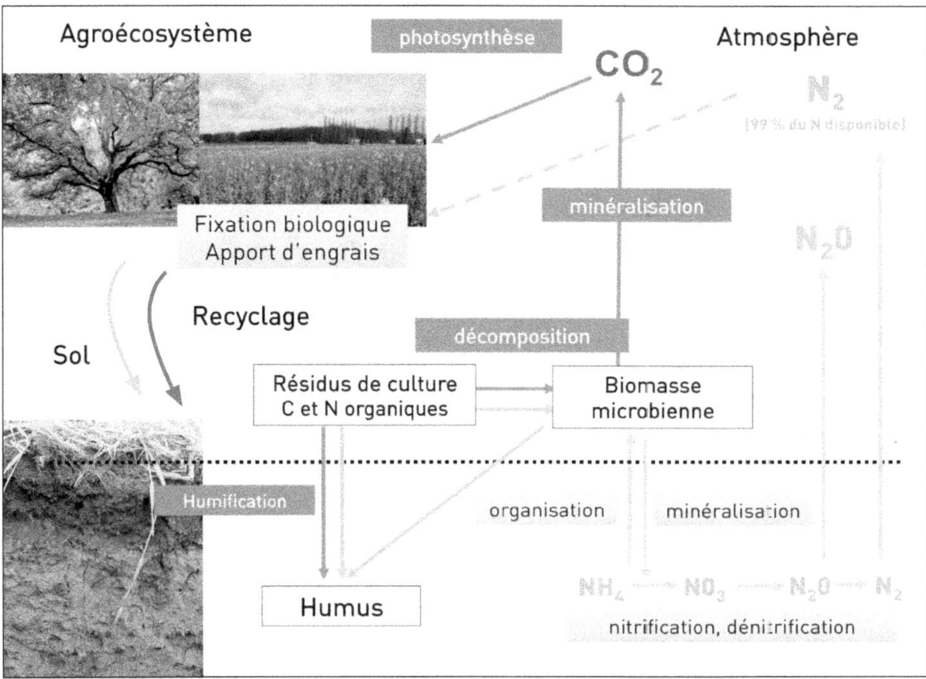

Figure 3.1. Schéma simplifié des principaux processus du carbone et de l'azote dans un sol cultivé.
Photos © C. Slagmulder/Inra (haut gauche), Slavin/Inra (haut droite), Cluzeau/Inra (bas gauche).

– Les microorganismes hétérotrophes des sols, aussi appelés «biomasse microbienne», tirent leur énergie et les éléments nécessaires à leur croissance de la décomposition de ces matières organiques. Cela se traduit par la minéralisation d'une partie du carbone sous forme ultime de CO_2 émise vers l'atmosphère (le métabolisme oxydatif produit de l'ATP en consommant de l'O_2 et en libérant du CO_2), l'autre partie est assimilée dans les corps microbiens. La partition entre assimilation et minéralisation se reproduit au cours du recyclage microbien, conduisant *in fine* à ce qu'une grande partie du carbone apporté à un sol soit minéralisé. Les microorganismes morts sont à leur tour consommés par les microorganismes vivants au cours du recyclage microbien. Une faible fraction des matières organiques apportées au sol (résidus végétaux, animaux, fumier etc.) est directement humifiée ou transformée en matières organiques inaccessibles à la biodégradation. Les produits du recyclage microbien peuvent aussi être inclus dans les agrégats et/ou adsorbés sur les surfaces minérales et contribuer à l'humification. La partition du carbone entrant dans les sols ou minéralisée varie donc en fonction du pas de temps considéré (court terme ou long terme), ce qui a des implications différentes selon les

fonctions considérées (par exemple à court terme : effets sur la vie biologique du sol ; à long terme : bilan sur le stockage du C).
– L'activité des organismes hétérotrophes agit directement sur les cycles des nutriments dont, quantitativement, le principal élément est l'azote. L'importance des flux d'azote et des autres éléments majeurs (P et S) associés à la dégradation du carbone dépend de la richesse relative de ces éléments dans les matières organiques entrant dans les sols et dans les organismes, cet aspect sera détaillé plus loin.

Les communautés microbiennes hétérotrophes du sol sont donc au cœur du couplage entre les cycles du carbone et les autres nutriments, notamment l'azote. De la nature de la ressource et de leurs activités dépend l'intensité des processus qui consomment ou au contraire alimentent les formes minérales et organiques, minéralisation, nitrification, assimilation microbienne (organisation). Ces flux sont eux-mêmes sources des autres flux tels que la volatilisation, la lixiviation, la dénitrification qui impactent la qualité des eaux (par exemple la teneur en nitrate) et de l'atmosphère (émissions d'ammoniac et de protoxyde d'azote).

Rôle des communautés microbiennes hétérotrophes

L'importance quantitative et qualitative des communautés bactériennes et fongiques des sols est connue et mentionnée ailleurs dans cet ouvrage (voir chapitres 4 et 10). Les méthodes, notamment en biologie moléculaire, ont énormément progressé au cours des vingt dernières années, rendant possible l'étude à grande échelle des communautés, en particulier en comparant des situations culturales, mais aussi l'étude de la dynamique fine d'évolution de ces communautés après des changements de facteurs environnementaux ou anthropiques. L'abondance microbienne est appréhendée par la mesure de la quantité d'ADN microbien extrait par gramme de sol (biomasse moléculaire microbienne) et a permis d'établir des référentiels pour des modes d'occupation des sols et des pratiques culturales (Dequiedt *et al.*, 2011). La mesure de la densité des bactéries et des champignons (nombre d'individus) basée sur le dénombrement des gènes ribosomiques spécifiques de ces communautés (ADNr-16S et ADNr-18S respectivement), et la caractérisation de la diversité des communautés de bactéries et de champignons appréhendée par pyroséquençage de ces gènes ribosomiques permettent de réaliser des inventaires taxonomiques des organismes présents (Bouchez *et al.*, 2016). La diversité, appréhendée par des indices de diversité, permet d'estimer le nombre d'espèces (richesse) et l'équilibre entre les espèces microbiennes (équitabilité) (Leinster et Cobbold, 2012). Enfin, les phospholipides, composants essentiels des membranes de toutes les cellules vivantes, extraits d'échantillons de sol sous forme d'acides gras (PLFA : acides gras phospholipidiques), apportent des connaissances quantitatives et qualitatives relatives à la biomasse microbienne active du sol. Les PLFA peuvent également permettre une différentiation fonctionnelle à l'intérieur de communautés microbiennes complexes (Fanin et Bertrand, 2016). L'ensemble des organismes hétérotrophes des sols dégrade les substrats en produisant des enzymes extracellulaires. Ces enzymes, acteurs de la dégradation, sont utilisées comme des indicateurs fonctionnels des besoins en nutriments de la biomasse microbienne hétérotrophe (Amin *et al.*, 2014 ; Lashermes *et al.*, 2016).

Ces diverses méthodes utilisées en écologie microbienne des sols ont été mobilisées dans la plupart des travaux récents présentés dans ce chapitre. Néanmoins, de nombreuses connaissances ont également été acquises par des méthodes plus simples, comme par exemple la mesure du carbone de la biomasse microbienne hétérotrophe totale, proposée initialement par Jenkinson et Powlson (1976) et qui a fait l'objet de très nombreux travaux. Cette méthodologie a l'intérêt de pouvoir être quantitativement comparée à des compartiments spécifiques du carbone séparés chimiquement ou physiquement (par exemple le carbone total des sols, le carbone de fractions granulométriques ou d'agrégats des sols, etc.). Cette mesure de la quantité de C microbien total est bien corrélée aux quantités de matières organiques des sols. Ceci a été montré depuis assez longtemps (Chaussod *et al.*, 1986) et se trouve confirmé dans une grande diversité de situations. Bien que le carbone microbien représente une faible part du C total des sols (0 à 3 % du C total du sol) (Fierer *et al.*, 2009), la biomasse microbienne hétérotrophe est le compartiment biologique clé de toutes les transformations du carbone et des nutriments (Paterson *et al.*, 2009) et de la formation des matières organiques des sols (Miltner *et al.*, 2012). Sous l'influence de changements d'occupation des sols (par exemple la substitution de prairies temporaires par une rotation de cultures annuelles et *vice versa*), Attard *et al.* (2016) ont montré l'étroite corrélation dans les évolutions du carbone organique du sol et du carbone de la biomasse microbienne totale, sur une échelle de quelques mois à trois ans.

Processus impliqués dans le couplage des cycles

Quantitativement, les cycles C et N sont couplés par les transformations des matières organiques (mais c'est le cas aussi pour P et S), à travers les proportions de ces éléments dans les différents compartiments concernés, c'est-à-dire les matières organiques jeunes ou humifiées, les produits organiques (substrats des microorganismes hétérotrophes) et les corps microbiens (figure 3.2). Ces rapports, appelés rapports stœchiométriques (C:N ; C:P ; C:S ; N:P, etc.), et les différences entre les différents compartiments, leur stabilité ou leur flexibilité éventuelle régissent l'intensité des flux entre compartiments (Mooshammer *et al.*, 2014).

Selon la teneur en azote des substrats en décomposition (rapport C:N), le rendement d'assimilation du carbone par les microorganismes, encore appelé efficience d'utilisation du carbone (ou CUE pour «*Carbon Use Efficiency*» en anglais), et le rapport C:N des microorganismes décomposeurs, l'azote disponible pour les décomposeurs au cours de la dégradation d'un substrat ne sera pas suffisant pour couvrir leurs besoins (N limitant) ou au contraire permettra de les couvrir. Pour un substrat ayant un rapport C:N élevé, l'azote sera prélevé par les microorganismes dans le stock d'azote minéral du sol (on observe alors une diminution de l'azote minéral du sol, il se produit une organisation d'azote). Si l'azote minéral n'est pas disponible en quantité suffisante, la croissance microbienne et donc la dégradation pourront être ralenties. L'exemple donné (figure 3.2a) montre que la décomposition d'une paille de céréales avec un rapport C:N de 100 va provoquer une organisation d'azote minéral du sol si celui-ci est disponible (Nicolardot *et al.*, 1997). Dans le cas d'un substrat à faible rapport C:N (par exemple l'humus ou un résidu d'une culture

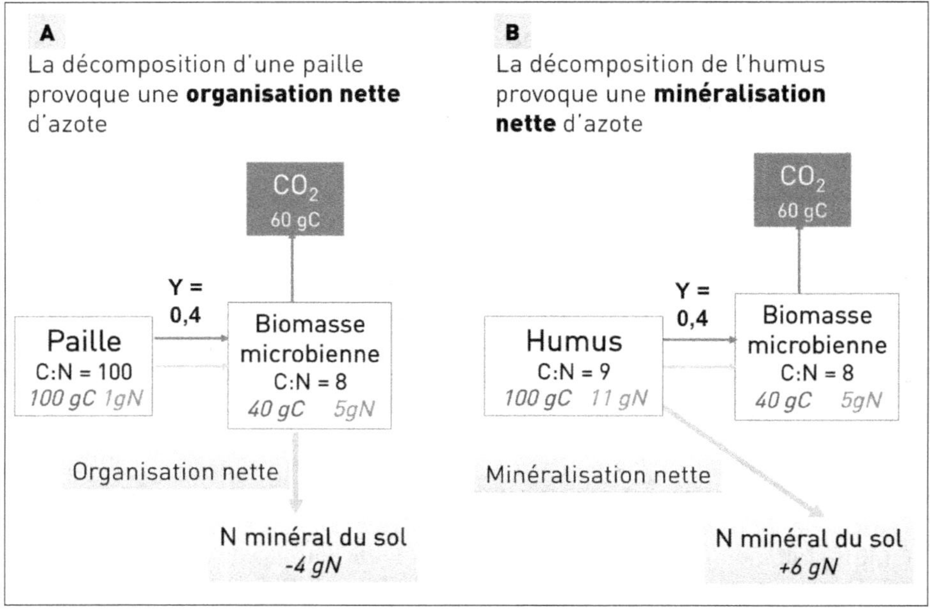

Figure 3.2. Relations entre la richesse en azote des substrats à décomposer et la minéralisation-organisation de l'azote dans les sols.
A. La décomposition d'une paille pauvre en azote provoque l'organisation d'azote minéral du sol pour assurer les besoins en azote de la biomasse hétérotrophe. **B.** La dégradation de l'humus riche en azote conduit à la minéralisation nette d'azote minéral dans les sols. Y est le rendement d'assimilation des microorganismes.
Adapté de Nicolardot *et al.* (1997).

riche en N) (figure 3.2b), la quantité d'azote disponible au cours de la dégradation du substrat sera suffisante, voire en excès des besoins en azote des microorganismes décomposeurs, et l'excès d'azote pourra s'accumuler dans le sol. On constate alors une augmentation de la teneur en azote minéral du sol, qui représente une minéralisation nette d'azote. L'effet net sur les flux d'azote dans le sol (bilan des processus opposés d'assimilation de l'azote minéral et de minéralisation de l'azote organique) dépend donc de la concentration en azote des différents compartiments. Cet équilibre va dépendre aussi des valeurs prises par les autres paramètres, c'est-à-dire le rendement d'assimilation (Y) et le rapport C:N de la biomasse qui peut varier. Notamment, les caractéristiques chimiques et physiques des substrats déterminent leur plus ou moins grande récalcitrance intrinsèque à la dégradation, en modifiant l'accessibilité des nutriments contenus dans les substrats aux décomposeurs et à leurs enzymes. Cette accessibilité plus ou moins facile des nutriments du substrat va elle aussi modifier les rendements d'assimilation et les vitesses de dégradation (Amin *et al.*, 2014 ; Geyer *et al.*, 2016 ; Lashermes *et al.*, 2016).

Ces principes, déjà anciens, forment la base théorique de nombreux modèles numériques décrivant les transformations des matières organiques des sols et ne sont pas remis en cause actuellement (Manzoni et Porporato, 2009). Néanmoins, on s'intéresse davantage que par le passé à la diversité taxonomique et fonctionnelle des populations microbiennes des sols, et à décrire plus finement le fonctionnement microbien afin de mieux anticiper leur adaptation possible aux changements (climatiques, des modes d'occupation des sols, des pratiques culturales). La question est notamment posée de savoir dans quelle mesure une population microbienne peut modifier, ou non, son efficience d'utilisation du carbone et ses besoins en azote (donc son rapport C:N), et être remplacée par une population avec des besoins différents (Strickland *et al.*, 2009 ; Schimel et Schaeffer, 2012).

Facteurs de contrôle

Plusieurs facteurs importants contrôlent ces processus dans les sols et l'on commence à bien en comprendre le déterminisme. Cependant, leur importance relative dépend de l'échelle de temps et d'espace à laquelle on se situe.

Le premier facteur important est la qualité du substrat à décomposer, déjà évoquée, et qui modifie très fortement la dégradation des matières organiques à court terme (jours à année). Ce facteur fait l'objet d'une quantité considérable de travaux depuis de nombreuses années, notamment en raison de ses effets déterminants sur les flux de minéralisation/organisation de l'azote (figure 3.2). La très grande diversité des ressources végétales et des produits résiduaires organiques recyclés dans les sols cultivés, et la variation de leur composition en fonction des conditions culturales (plante) ou des conditions de production (produits organiques) rendent difficile l'obtention de lois d'action simples et génériques pour une large gamme de situations. Le seul rapport C:N des litières végétales ne permet pas de prédire leur décomposition (Sall *et al.*, 2007). L'importance de la composition chimique des tissus végétaux, représentée par la teneur en composés solubles et par la proportion et la composition des parois des cellules végétales (cellulose, hémicellulose, lignine), pour la dégradation est connue depuis assez longtemps (Heal *et al.*, 1997 ; Bertrand *et al.*, 2006 ; Machinet *et al.*, 2011 ; Talbot et Treseder, 2012). Ces indicateurs de la biodégradabilité du substrat ont également été transposés aux produits résiduaires organiques bien que les matières organiques les constituant aient subi des transformations biologiques (compostage, digestion) et ne contiennent plus les tissus végétaux intacts. Ils sont utilisés pour prédire des classes de comportements de minéralisation de ces produits (Parnaudeau *et al.*, 2004 ; Lashermes *et al.*, 2010).

Il reste pourtant très difficile de prédire la croissance microbienne et les flux de minéralisation de C et de N avec précision en fonction de la composition chimique initiale des substrats car la composition chimique globale ne reflète que très indirectement l'accessibilité du carbone aux microorganismes et à leurs enzymes (Amin *et al.*, 2014). Les recherches plus récentes cherchent à caractériser des typologies de réponse, basées sur :
– la maturité des plantes : une même espèce modifie considérablement la composition de ses parois cellulaires (parois primaires puis parois secondaires) et l'organisation tissulaire en cours de maturation (Bertrand *et al.*, 2009) ;

– la famille botanique : par exemple, les céréales (famille des *Poaceae*) et les légumineuses (famille des *Fabaceae*) présentent des caractéristiques anatomiques et biochimiques différentes de leurs tiges et de leurs racines, qui impactent significativement leur dégradation et leur minéralisation potentielles (Roumet *et al.*, 2008 ; Redin *et al.*, 2014) ;

– le type d'organes (tiges, feuilles, racines), dont les fonctions déterminent des organisations tissulaires spécifiques, relativement stables par grands types d'espèces et qui produisent une typologie de réponse au cours de la décomposition dans les sols. C'est le concept d'«*after-life effect*» (Freschet *et al.*, 2012). Les racines des cultures ont fait l'objet de nombreux travaux au cours des dernières années, pour connaître leur composition chimique et estimer leur contribution à la stabilisation du carbone dans les sols. Leur structure chimique les rend moins rapidement dégradables que les tiges et les feuilles à court terme (Rasse *et al.*, 2005 ; Bertrand *et al.*, 2006), mais les conditions environnementales de leur décomposition *in situ* favorisent leur contribution au carbone du sol à long terme (Rasse *et al.*, 2005 ; Tahir *et al.*, 2016).

Un autre facteur important est la structure des communautés microbiennes des sols, en relation avec l'historique d'usage des sols. La question posée est celle de savoir si un substrat organique (résidu végétal, litière d'arbre, etc.) se dégradant dans un sol ayant déjà reçu le même type de substrat organique subit une dégradation accélérée comparé à des substrats nouveaux pour ce sol et, si oui, par quels mécanismes (Austin *et al.*, 2014). L'hypothèse d'une dégradation accélérée est appelée «*home-field advantage*» (HFA), ce qui peut se traduire, par analogie avec le sport, par l'avantage donné quand on «joue à domicile», et ceci grâce à l'adaptation des communautés dégradantes du sol et/ou de leurs enzymes, à ce substrat. Veen *et al.* (2015), analysant 125 jeux de données, chiffrent l'accroissement moyen à +7,5 % de C minéralisé par processus HFA, avec néanmoins une forte variabilité entre situations. Un avantage pourrait aussi être donné aux communautés microbiennes dégradant habituellement des composés plutôt récalcitrants (exemple en sol forestier) lorsqu'elles sont confrontées à des substrats plus labiles. Ces communautés auraient alors acquis une amplitude fonctionnelle plus importante, leur donnant un avantage quel que soit le substrat (*functional breadth*) (Strickland *et al.*, 2009 ; Fanin *et al.*, 2016). D'une manière générale, les travaux récents montrent que les différences générées par les interactions locales entre substrat et communautés microbiennes des sols sur la minéralisation de ce substrat sont quantitativement faibles quoique significatives, et très inférieures à celles engendrées par des différences de composition initiale des substrats (Veen *et al.*, 2015 ; Fanin *et al.*, 2016).

Actuellement, de nombreux travaux s'attachent à comprendre comment les usages des sols, et en particulier les conditions trophiques et environnementales des microorganismes du sol, modulent leur diversité taxonomique et leur diversité fonctionnelle, et comment, en retour, cela impacte les fonctions microbiennes. Ceci concerne d'une part l'adaptation des communautés microbiennes à la qualité des substrats entrants (les litières végétales) et, d'autre part, à la richesse en azote du sol. Les résultats s'accordent pour montrer des réponses rapides des communautés microbiennes aux apports de substrats (Pascault *et al.*, 2010 ; Marschner *et al.*, 2011). Pascault *et al.* (2010), par exemple, observent une différenciation marquée des familles de bactéries présentes dans les sols au cours de la décomposition de résidus végétaux de composition variée (résidus de blé, colza et luzerne) et une dynamique de différentiation spécifique à chaque résidu en relation avec sa dynamique de dégradation. De nombreux travaux portent aussi sur les effets de la richesse en azote du milieu, résultant soit d'une fertilisation organique ou minérale (sols agricoles) ou de dépôts atmosphériques (milieux naturels) (Fierer *et al.*, 2012 ; Ramirez *et al.*, 2012). Fierer *et al.* (2012), par exemple, ont étudié la structure et les caractéristiques fonctionnelles des communautés microbiennes du sol de parcelles soumises à des fertilisations azotées contrastées sur le long terme. Ces auteurs n'ont révélé aucun effet significatif de la fertilisation azotée sur la diversité bactérienne, mais des effets significatifs sur la composition des communautés sur les différents sites. Les taxons de type copiotrophes (organismes vivant dans des milieux riches en nutriments, ayant une croissance rapide, opportunistes) ont généralement augmenté en abondance relative dans les parcelles riches en azote, alors que l'abondance des taxons de types oligotrophes (organismes vivant dans des milieux pauvres en nutriments, ayant une croissance lente, une activité faible et généralement une densité de population faible) a présenté la tendance inverse. Dans l'ensemble, les résultats suggèrent que la fertilisation azotée peut, directement ou indirectement, provoquer un changement dans les stratégies microbiennes d'acquisition de nutriments, favorisant une communauté plus active (aussi appelée en écologie communauté d'espèces de stratégie type r), quand N est élevé en remplacement d'espèces de stratégie type K.

Quels effets ces différences de composition des communautés induisent-elles sur des fonctions liées aux cycles du carbone et de l'azote dans les sols ? La littérature n'est pas unanime sur l'effet de la composition de la communauté microbienne du sol sur la dégradation du carbone, avec des résultats montrant une redondance fonctionnelle importante (Griffiths *et al.*, 2001 ; Fanin *et al.*, 2016), alors que d'autres résultats suggèrent une relation entre diversité microbienne et dynamique du carbone (par exemple Louis *et al.*, 2016). D'autre part, pour l'azote, dont on connaît les gènes impliqués dans certaines transformations, les travaux mettent en évidence l'altération significative d'une fonction comme la nitrification ou la dénitrification lors de la perte de diversité microbienne dans le sol (Philippot *et al.*, 2013). Schimel *et al.* (2005) ont proposé de distinguer la réponse des processus agrégés (c'est le cas notamment de la respiration ou de la minéralisation de l'azote) qui vont rarement répondre au changement de composition des communautés microbiennes, et celles des processus spécifiques, c'est-à-dire réalisés par un nombre plus restreint d'espèces, par exemple la nitrification ou la dénitrification. Pour la dégradation de la matière organique, la manifestation de différences fonctionnelles des microorganismes sur le cycle du carbone ou de l'azote, liées à leur diversité, implique aussi que le facteur biologique soit le facteur limitant de la transformation (Schimel et Schaeffer, 2012). Cela pourrait être le cas pour la dégradation des litières végétales fraîchement restituées au sol (en mélange ou en paillis à la surface d'un sol) pour lesquelles la dégradation est liée à la production des enzymes extracellulaires dégradant les lignocelluloses. Mais la diversité taxonomique des communautés bactériennes et fongiques entre sols semble peu affecter la dégradation des litières. Les communautés, bien que différentes, semblent converger, d'un point de vue fonctionnel, vers une stratégie enzymatique (intensités des activités enzymatiques et efficiences enzymatiques) plutôt dictée par la stratégie d'utilisation des ressources par les organismes du sol, que par la structure de leur communauté, et donc la nature des sols (Fanin *et al.*, 2016). Le développement des décomposeurs, la succession des populations et leurs activités enzymatiques dépendent donc très fortement de la quantité de substrat disponible et de la composition de ce substrat, et non de la structure initiale de la communauté du sol. En ce qui concerne les matières organiques humifiées, la protection physique de la matière organique est considérée actuellement comme le principal facteur de contrôle de la dynamique des micro-organismes et de leurs fonctions de dégradation (Dungait *et al.*, 2012). Ce contrôle s'exerce notamment à travers la distribution spatiale des matières organiques et leur accessibilité au sein de la structure du sol par les microorganismes et leurs enzymes (voir chapitre 2 de cet ouvrage ; Schimel et Schaeffer, 2012).

Les autres facteurs importants sont climatiques, la température et l'humidité, et les types de réponses sont bien connus même si les paramètres utilisés pour décrire ces réponses varient pour différents écosystèmes et climats (Kirschbaum, 1995 ; Moyano *et al.*, 2013).

Rétrocontrôles du cycle de C par N et « *priming effect* »

Un premier rétrocontrôle entre les cycles du carbone et de l'azote s'exerce lors des interactions entre disponibilité de l'azote minéral du sol et dégradation des matières organiques. Depuis longtemps, il a été observé que les matières organiques pauvres en azote et relativement riches en carbone hydrolysable (exemple des pailles de céréales à maturité) sont dégradées plus rapidement en présence d'azote minéral dans le sol (rendu disponible par un apport de fertilisant minéral ou organique, favorisé par l'incorporation dans le sol ou par l'apport conjoint d'un autre substrat fournisseur d'azote). Il a été montré que ce ralentissement de la dégradation, lié à la non-satisfaction des besoins en azote des décomposeurs, est transitoire et s'estompe avec la dégradation du substrat qui correspond à la disparition des formes les plus hydrolysables du C. Ce ralentissement est accompagné d'un moindre besoin en azote des microorganismes décomposeurs par unité de carbone décomposé (Recous *et al.*, 1995), qui est attribué à l'adaptation de la composition de la communauté microbienne dégradante à la pauvreté en azote, ou à sa flexibilité stœchiométrique, ou encore à sa stratégie enzymatique vis-à-vis du substrat, sans que l'importance relative de chacune de ces trois hypothèses soit, à ce jour, établie. L'effet de la disponibilité de l'azote sur la dégradation du carbone est inversé pour la matière organique humifiée. Il a en effet été observé que la pauvreté en azote d'un sol favorise la dégradation de la matière organique humifiée en développant les communautés fongiques (stratégie oligotrophe d'acquisition des nutriments ou stratège K) équipées d'enzymes oxydatives spécifiques (laccases, peroxydases) leur permettant de récupérer l'azote des matières organiques humifiées des sols pour satisfaire leurs besoins (Allison *et al.*, 2009 ; Rinkes *et al.*, 2016).

Un processus important – et qui fait l'objet de très nombreux travaux scientifiques depuis une décennie environ – est le « *priming effect* », processus qui correspond à une sur-minéralisation de la matière organique humifiée des sols, qui se produit lors de la dégradation de matière organique nouvellement apportée (Blagodatskaya et Kuzyakov, 2008). Ce processus est mis en évidence, la plupart du temps, au laboratoire. Plusieurs phénomènes sont au cœur de ce processus, qui ne peut être mis en évidence qu'avec l'utilisation de l'isotope stable du carbone (le carbone 13) (Fontaine *et al.*, 2007 ; Guenet *et al.*, 2012). Une des hypothèses est que la dégradation de la matière organique qualifiée de stable des sols serait due à un manque d'énergie disponible pour les décomposeurs, énergie alors fournie, temporairement, à ceux-ci par l'apport d'un substrat plus labile à décomposer. Néanmoins, ce processus ne correspond qu'à quelques pourcents du carbone minéralisé (Fanin *et al.*, 2016). Fontaine *et al.* (2007) ont montré que le C-CO_2 supplémentaire émis était un carbone plus ancien que le C minéralisé par le sol sans apport de substrat, indiquant indirectement que ce compartiment ancien du carbone organique était stocké non pas en raison de sa nature chimique récalcitrante à la dégradation, mais en raison de l'absence d'énergie pour la croissance et l'activité des décomposeurs. D'autres auteurs suggèrent plutôt une récalcitrance physicochimique ou une inaccessibilité physique (voir chapitre 2 de cet ouvrage), mais finalement ces différentes visions ne se contredisent pas forcément puisque l'inaccessibilité physique, physicochimique ou chimique peut être en partie surmontée en présence d'énergie disponible pour les microorganismes. Cette question n'est pas que théorique, puisque les causes du stockage des matières organiques dans les sols sont posées de manière récurrente (Kemmitt *et al.*, 2008 ; Schmidt *et al.*, 2011).

Finalement, il est possible de relier les scénarios de limitation par le carbone ou par l'azote disponibles, le rôle des communautés et les effets sur les équilibres minéralisation-humification (du carbone mais aussi de l'azote) (Fontaine *et al.*, 2011 ; Keiluweit *et al.*, 2015). Une situation de faible disponibilité en azote minéral du sol peut être rencontrée pour différentes raisons : forte absorption de l'azote minéral par le couvert végétal, faible recyclage de l'azote en raison de la quantité ou de la nature des litières végétales recyclées, faible teneur en matière organique du sol considéré. Cette situation va favoriser les communautés du sol ayant les enzymes adaptées à la dégradation de la matière organique plus récalcitrante, par exemple les champignons qui, en dégradant le C organique des sols, vont exploiter la matière organique du sol riche en azote (on parle de «*mining*» ou déstockage) (figure 3.3a). C'est la situation évoquée auparavant avec le *priming effect*. En situation de plus forte disponibilité en azote (due au recyclage de couverts végétaux riches en azote, à la fertilisation et à une teneur en matière organique du sol plus élevée) et en présence de C à décomposer, les microorganismes vont assimiler l'azote disponible (organisation de l'azote minéral) au cours de la décomposition et vont contribuer au stockage de matière organique par l'humification (figure 3.3b).

Cette approche conceptuelle a le mérite de relier les stratégies de développement des couverts et d'absorption et d'accumulation de l'azote (*via* leur vitesse de croissance, leurs besoins en azote et le type de litières en fin de vie), l'adaptation des communautés des sols, et les flux d'azote et de carbone dans le sol. Dans ces deux scénarios, les disponibilités relatives de l'azote et du carbone peuvent donc conduire à stocker ou à déstocker la matière organique du sol et donc influencer aussi le *priming effect*. Le sol est alors considéré comme une sorte de banque pour l'azote, affectée par les modes d'occupation et de gestion des sols.

Cette démarche peut être transposée à une plus large échelle des interactions entre peuplements végétaux et leurs caractéristiques (encore appelés traits fonctionnels

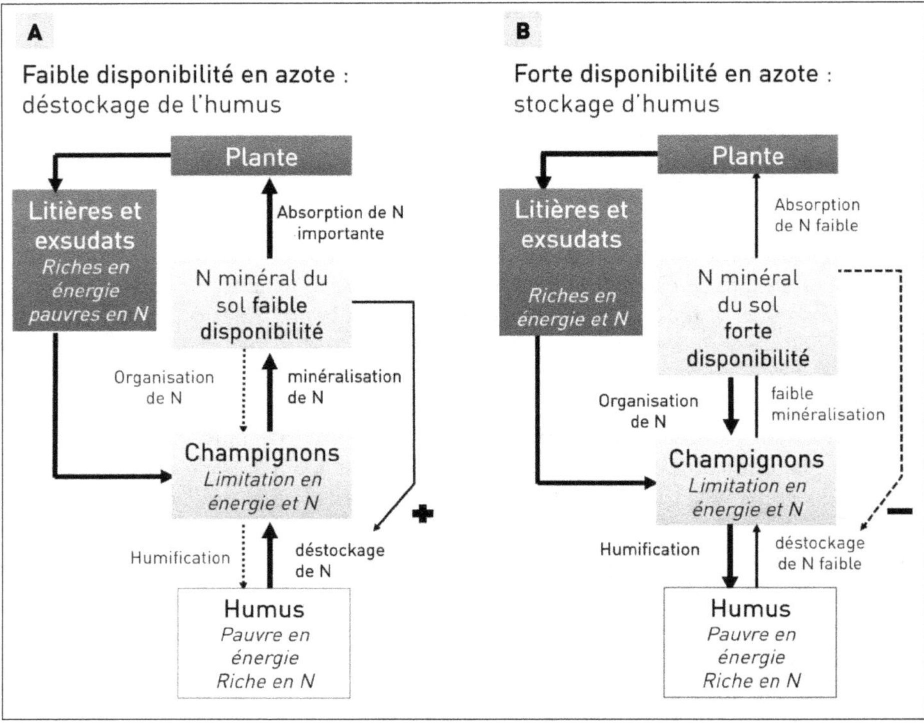

Figure 3.3. Relations entre stratégies de croissance des plantes, richesse en azote du milieu, stratégies microbiennes de champignons cellulolytiques, et stockage et déstockage du carbone et de l'azote contenus dans l'humus des sols.

A. Situation de faible disponibilité en azote du sol provoquant la minéralisation de la matière organique des sols (*mining* ou déstockage). **B.** Situation de forte disponibilité de l'azote dans le sol provoquant l'organisation microbienne de l'azote et son accumulation ultérieure dans les sols.

Adapté de Fontaine *et al.* (2011).

en écologie) et les communautés des sols. De Deyn *et al.* (2008) ont aussi proposé une relation entre typologie de croissance des plantes et stratégies d'acquisition des nutriments : les espèces de type exploitative présentent des vitesses de croissance élevées (plutôt les cultures annuelles, en particulier les graminées), alors que les espèces de type conservative ont des vitesses faibles (plutôt les espèces pérennes à semi-pérennes et les légumineuses) (figure 3.4). À cette typologie d'espèces correspondent des types de litières (feuilles sénescentes, tiges, racines) ayant aussi des traits différents (composition chimique, teneur en azote, diamètre et densité des organes), et, au niveau racinaire, les espèces incluent, ou non, des interactions racinaires (symbioses) (voir chapitres 12, 15 et 16 de cet ouvrage). L'approche propose une cohérence entre le type de couverts végétaux, les communautés microbiennes fonctionnelles des sols et les flux de matières (nutriments et matières organiques). Les céréales et, d'une manière plus générale, la plupart des espèces annuelles

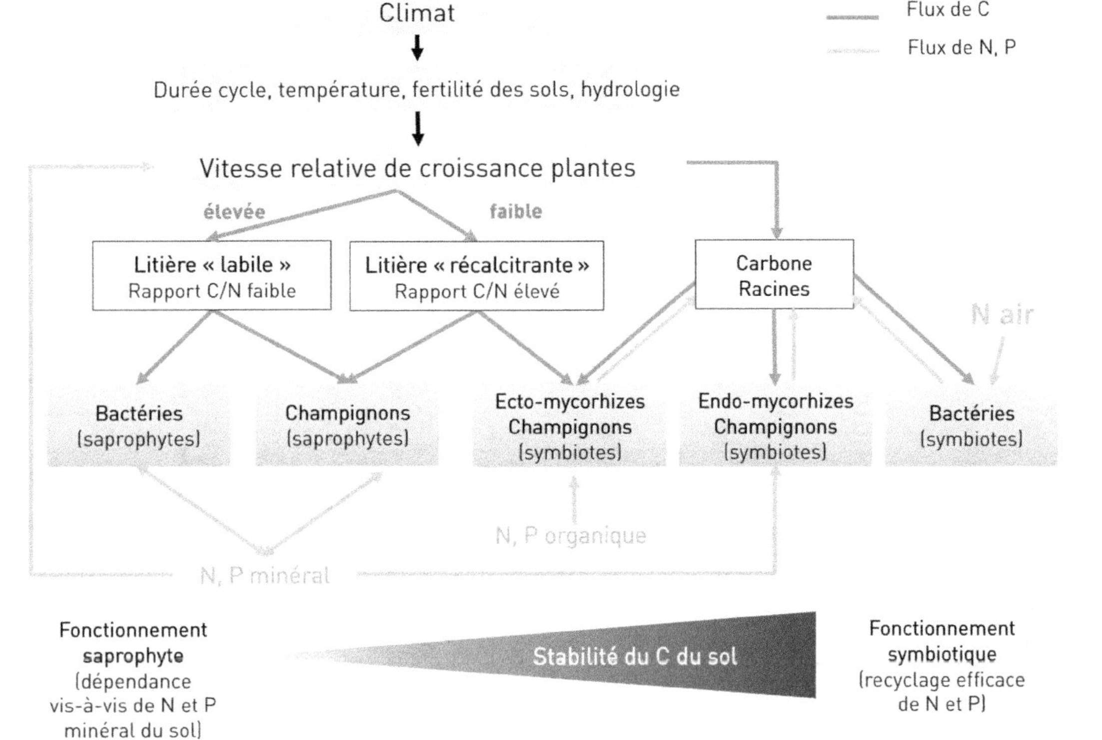

Figure 3.4. Relations fonctionnelles entre stratégies de croissance des couverts végétaux, recyclages des litières aériennes et racinaires, communautés microbiennes des sols et cycles du carbone et des nutriments.

En fin de vie, les racines constituent un apport de C dégradé par les bactéries et les champignons saprophytes.

Adapté de De Deyn *et al.* (2008).

cultivées au champ (à vitesse de croissance et absorption d'azote rapides) orientent le système sol-plante vers un fonctionnement saprophyte. Les systèmes naturels ou cultivés incluant des espèces pérennes ou semi-pérennes, dont des légumineuses, vont orienter le système sol-plante vers un fonctionnement plutôt de type symbiose, un recyclage de litières plus récalcitrantes à la décomposition et une stabilité du C entrant dans les sols plus grande. Ainsi, il est possible de mieux comprendre et donc d'orienter, à l'échelle des agroécosystèmes et sur la durée des successions culturales, les interactions entre mode d'occupation des sols, communautés microbiennes des sols et stockage du carbone et des nutriments dans les sols.

⏵ Quelles options envisager pour l'évolution des systèmes cultivés ?

Gestion des ressources et couplage-découplage des cycles

Nombre des connaissances et des approches conceptuelles présentées ici ont été obtenues à partir de travaux sur des écosystèmes peu anthropisés ou des agrosystèmes plus pérennes (comme les prairies), car, dans ces systèmes, le couplage étroit entre végétation et ressources n'est pas ou peu perturbé par la fertilisation, et il s'établit sur des durées pluriannuelles qui mettent en exergue les processus. La nécessaire évolution des systèmes de culture vers davantage d'autonomie pour réduire les intrants chimiques, économiser les ressources et réduire les impacts environnementaux rapproche ces systèmes cultivés des écosystèmes peu anthropisés. Quelles sont finalement les options possibles pour une gestion globale optimisant les recyclages et limitant au maximum les pertes vers l'environnement (on parle de «bouclage» des cycles biogéochimiques) tout en préservant les capacités de production des milieux cultivés? L'approche proposée par Drinkwater et ses collaborateurs aux États-Unis (Drinkwater et Snapp, 2007; Hufnagl-Eichiner *et al.*, 2011) met en regard des options techniques de management pour l'agriculture, leurs effets sur la rétention de l'azote dans les systèmes, et la mobilisation (ou non) des couplages des cycles de C et de N (figure 3.5). Ce schéma présente l'intérêt de positionner concrètement les options techniques face aux connaissances acquises et classe ces options en trois grands types de mesures :
— la correction des pollutions;
— les mesures que les auteurs qualifient d'éco-efficientes, améliorant la valorisation des apports minéraux et organiques par exemple;
— les mesures impliquant une re-conception des systèmes de culture.

Lorsque l'on passe horizontalement d'une mesure à l'autre, on mobilise plus ou moins le couplage des cycles du carbone et de l'azote. Lorsque l'on passe verticalement de l'une à l'autre, la rétention de l'azote dans le système sol-plante est accrue ou diminuée. Les cultures pérennes et les rotations incluant des légumineuses fixatrices d'azote mobilisent un couplage fort du cycle du carbone et de l'azote : le couplage le plus étroit est par essence celui de la fixation symbiotique de l'azote et de la fixation du carbone au cours de la croissance des légumineuses. L'amélioration des pratiques

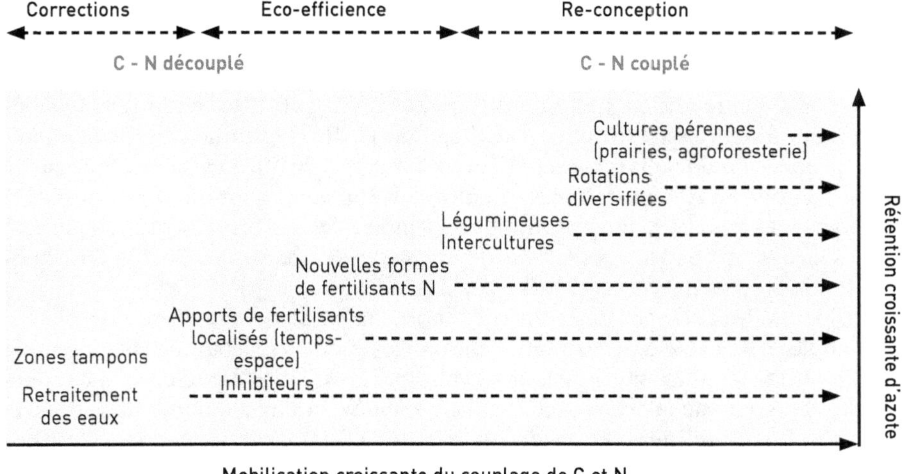

Figure 3.5. Pratiques culturales et gestion des cycles biogéochimiques.
Relations entre options techniques, intensité de la mobilisation du couplage des cycles du carbone et de l'azote, et pertes d'azote dans les systèmes de culture.
Source : Hufnagl-Eichiner *et al.* (2011).

de fertilisation raisonnée, visant à augmenter l'efficacité de l'azote apporté (nouvelles formes d'engrais à relargage lent, localisation et dates d'apport, incorporation des effluents à l'épandage par exemple), contribue à l'efficience des systèmes (options éco-efficientes), mais ne mobilise pas le couplage des cycles du carbone et de l'azote, excepté à travers les effets de la fertilisation sur la production végétale. Enfin, certaines options sont seulement correctives et ne mobilisent pas du tout le couplage.

La démarche d'optimisation des pratiques est certes indispensable pour améliorer le bouclage des cycles biogéochimiques et limiter les nuisances vers l'environnement. Néanmoins, le couplage des cycles du carbone et des nutriments, valorisant les interactions entre cultures, communautés des sols et matières organiques, doit conduire à intensifier les travaux vers la re-conception de systèmes de culture performants basés sur la connaissance et la valorisation des interactions biologiques dans les sols et la diversification des espèces végétales (Duru *et al.*, 2015). C'est tout le sens de l'agroécologie.

Diversification et mélange des espèces

Les divers couverts végétaux procurent aux interactions sol-plante des fonctions différentes qui dépendent des caractéristiques des parties aériennes (biomasse produite, morphologie, composition, etc.) et souterraines (densité racinaire, profondeur d'enracinement, longueur et diamètre des racines) et des cinétiques de croissance et d'accumulation des nutriments (McDaniel *et al.*, 2014). La quantité et la dynamique des besoins en élément nutritifs ne sont pas les mêmes pour différentes espèces, ainsi que la capacité de ces différentes espèces à intercepter les ressources (lumière, eau, nutriments). Il a été montré que les litières ou résidus de culture ont des caractéristiques bien différentes qui régulent les communautés des sols et leurs fonctions (respiration, stockage de C, flux de minéralisation/organisation, production enzymatique, etc.) (Freschet *et al.*, 2012). Les recherches sur la mise au point de nouveaux systèmes de culture, valorisant les interactions sol-plante et les bouclages des cycles biogéochimiques, sont basées sur une valorisation accrue des ressources et une diversification des cultures (Gaba *et al.*, 2015). Quelques exemples des recherches récentes sont présentés ici :

– Le principe de mélanges des cultures repose sur la complémentarité de niches, par exemple avec deux espèces n'utilisant pas les mêmes ressources (par exemple le nitrate et le N_2 atmosphérique), et n'ayant pas les mêmes caractéristiques fonctionnelles au cours de la croissance (feuilles, racines) et dans la phase de recyclage (caractéristiques des litières et résidus de récolte). C'est ce principe qui a été utilisé pour explorer le potentiel de mélanges d'espèces (légumineuses et graminées) en cultures intermédiaires (Hinsinger *et al.*, 2011). Tribouillois *et al.* (2016) ont étudié 25 mélanges de deux cultures ayant des caractéristiques différentes (une graminée et une légumineuse) et susceptibles d'être cultivées pendant les phases d'interculture. L'une, la graminée, contribuerait davantage à la capture efficace de l'azote minéral, et l'autre, la légumineuse, valoriserait mieux le service « d'engrais vert » au moment de la destruction du couvert. Le mélange peut, grâce à cette complémentarité, répondre à deux fonctions écosystémiques des cultures intermédiaires.

– Un autre exemple est celui de l'utilisation accrue (ou de la réintroduction) des cultures de légumineuses dans les systèmes de culture (Magrini *et al.*, 2016), qui permet de supprimer les engrais minéraux de synthèse sur certaines phases de la rotation. Une étude comparée des systèmes de culture en agriculture conventionnelle et en agriculture biologique (système sans aucun intrant chimique) a montré en région Île-de-France que le changement majeur est l'allongement des rotations (dans l'exemple pris, la rotation typique blé-orge-colza sur 3 ou 4 ans, passe à une rotation de 8 à 14 ans selon les cas avec plusieurs années de légumineuses) et une diversification des cultures (Anglade *et al.*, 2015). Certes, la possibilité de le faire à grande échelle tout en assurant la production agricole nécessaire est sujette à de nombreuses controverses, mais il est intéressant de retenir que les solutions passent par une évolution de la longueur et de la composition des rotations culturales et pas seulement par des pratiques appliquées aux systèmes de culture actuels.

– L'association des arbres aux cultures annuelles, dans le cadre de l'agroforesterie, apparaît aussi comme un agroécosystème prometteur qui structure dans le temps et dans l'espace les interactions biotiques et abiotiques dont il est le siège. Ainsi, les systèmes agroforestiers pourraient conduire à une résilience fonctionnelle accrue face aux changements climatiques (Malézieux *et al.*, 2009). Ils sont aussi décrits comme pouvant favoriser une large gamme de services écosystémiques, y compris ceux associés aux interactions biotiques souterraines comme la séquestration du C, le maintien de la qualité/fertilité du sol, la protection contre l'érosion des sols et la réduction des pertes de N par lixiviation (Lorenz et Lal, 2014).

▸▸ Conclusion

La décomposition de la matière organique par les microorganismes hétérotrophes des sols constitue le fondement de la chaîne trophique, pilote globalement les cycles du carbone et des nutriments, et impacte la production végétale (en régulant la disponibilité des nutriments) et la composition atmosphérique (émission de gaz à effet de serre). En retour, les couverts végétaux modifient le fonctionnement biotique des sols par des interactions racinaires (effets rhizosphériques) ou par la nature des litières qui retournent au sol. Les relations stœchiométriques entre le carbone, l'azote et les autres éléments majeurs régissent les flux de carbone et des nutriments entre les divers compartiments des matières organiques vivantes et mortes. La densité et les diversités taxonomique et fonctionnelle des microorganismes des sols sont modifiées par le type de couverts végétaux, à travers la quantité et la qualité de leurs substrats (les litières végétales, les exsudats racinaires), la richesse en azote du sol (fertilisation, minéralisation des matières organiques du sol et recyclées, besoins de la plante) et la présence ou non d'organismes symbiotiques. Les caractéristiques de ces communautés, leur limitation relative en carbone assimilable et en nutriments, peuvent modifier l'équilibre entre minéralisation et stabilisation du carbone et de l'azote.

Gérer des matières organiques afin de réduire les intrants minéraux et de limiter les pertes vers l'environnement, c'est gérer un compromis entre la minéralisation et la stabilisation des matières organiques, toutes deux indispensables au fonctionnement du système sol-plante. Ceci est potentiellement facilité par l'usage simultané, dans l'espace et/ou dans le temps, de combinaison d'espèces ayant des caractéristiques fonctionnelles (traits) différentes : modes de croissance, allocation de biomasse, caractéristiques chimiques, exploration racinaire, etc.

Les pertes vers l'environnement, notamment d'azote, sont liées à l'accumulation temporaire d'azote minéral dans le sol, soit par défaut de synchronisation entre la production (minéralisation de la matière organique humifiée, décomposition de produits ou résidus végétaux) et l'absorption par la culture, soit par apport excessif, notamment dans le cadre de la fertilisation. Ces pertes peuvent être réduites, voire supprimées, par la recherche d'un couplage étroit des cycles C et N. Le couplage idéal est celui offert par les plantes fixatrices d'azote pendant leur croissance, et leur réintroduction accrue dans les systèmes de grande culture, en culture principale ou en culture intermédiaire, est une option importante de ce point de vue. Tous les mécanismes évoqués sollicitent les composantes taxonomiques et fonctionnelles des microorganismes hétérotrophes dans les sols.

Références bibliographiques

Allison S.D., LeBauer D.S., Ofrecio M.R., Reyes R., Ta A.-M., Tran T.M., 2009. Low levels of nitrogen addition stimulate decomposition by boreal forest fungi. *Soil Biology and Biochemistry,* 41 (2), 293-302.

Amin B.A.Z, Chabbert B., Moorhead D., Bertrand I., 2014. Impact of fine litter chemistry on lignocellulolytic enzyme efficiency during decomposition of maize leaf and root in soil. *Biogeochemistry,* 117 (1), 169-183.

Anglade J., Billen G., Garnier J., Makridis T., Puech T., Tittel C., 2015. Nitrogen soil surface balance of organic vs. conventional cash crop farming in the Seine watershed. *Agricultural Systems,* 139, 82-92.

Arcand M.M., Helgason B.L., Lemke R.L., 2016. Microbial crop residue decomposition dynamics in organic and conventionally managed soils. *Applied Soil Ecology,* 107, 347-359.

Attard E., Le Roux X., Charrier X., Delfosse O., Guillaumaud N., Lemaire G., Recous S., 2016. Delayed and asymmetric responses of soil C pools and N fluxes to grassland/cropland conversions. *Soil Biology and Biochemistry,* 97, 31-39.

Austin A.T., Vivanco L., Gonzalez-Arzac A., Pérez L.I., 2014. There's no place like home? An exploration of the mechanisms behind plant litter–decomposer affinity in terrestrial ecosystems. *New Phytologist,* 204 (2), 307-314.

Bertrand I., Chabbert B., Kurek B., Recous S., 2006. Can the biochemical features and histology of wheat residues explain their decomposition in soil? *Plant and Soil,* 281 (1-2), 291-307.

Bertrand I., Prevot M., Chabbert B., 2009. Soil decomposition of wheat internodes of different maturity stages: Relative impact of the soluble and structural fractions. *Bioresource Technology,* 100 (1), 155-163.

Blagodatskaya E.., Kuzyakov Y., 2008. Mechanisms of real and apparent priming effects and their dependence on soil microbial biomass and community structure: Critical review. *Biology and Fertility of Soils,* 45 (2), 115-131.

Bouchez T., Blieux A.L., Dequiedt S., Domaizon I., Dufresne A., Ferreira S., Godon J.J., Hellal J., Joulian C., Quaiser A., Martin-Laurent F., Mauffret A., Monier J.M., Peyret P., Schmitt-Koplin P., Sibourg O., D'oiron E., Bispo A., Deportes I., Grand C., Cuny P., Maron P.A., Ranjard L., 2016. Molecular microbiology methods for environmental diagnosis. *Environmental Chemistry Letters,* 14 (4), 423-441.

Chaussod R., Nicolardot B., Catroux G., Chrétien J., 1986. Relations entre les caractéristiques physico-chimiques et microbiologiques de quelques sols cultivés. *Science du sol,* 2, 213-226.

De Deyn G.B., Cornelissen J.H.C., Bardgett R.D., 2008. Plant functional traits and soil carbon sequestration in contrasting biomes. *Ecology Letters,* 11 (5), 516-531.

Dequiedt S., Saby N.P.A., Lelievre M., Jolivet C., Thioulouse J., Toutain B., Arrouays D., Bispo A., Lemanceau P., Ranjard L., 2011. Biogeographical patterns of soil molecular microbial biomass as influenced by soil characteristics and management. *Global Ecology and Biogeography,* 20 (4), 641-652.

Dominati E., Patterson M., Mackay A., 2010. A framework for classifying and quantifying the natural capital and ecosystem services of soils. *Ecological Economics,* 69 (9), 1858-1868.

Drinkwater L.E., Snapp S.S., 2007. Nutrients in agroecosystems: Rethinking the management paradigm. *Advances in Agronomy,* 92, 163-186.

Dungait J.A.J., Hopkins D.W., Gregory A.S., Whitmore A.P., 2012. Soil organic matter turnover is governed by accessibility not recalcitrance. *Global Change Biology,* 18 (6), 1781-1796.

Duru M., Therond O., Fares M., 2015. Designing agroecological transitions: A review. *Agronomy for Sustainable Development,* 35 (4), 1237-1257.

Fanin N., Bertrand I., 2016. Aboveground litter quality is a better predictor than belowground microbial communities when estimating carbon mineralization along a land-use gradient. *Soil Biology and Biochemistry,* 94, 48-60.

Fanin N., Fromin N., Bertrand I., 2016. Functional breadth and home-field advantage generate functional differences among soil microbial decomposers. *Ecology*, 97 (4), 1023-1037.

Fierer N., Lauber C.L., Ramirez K.S., Zaneveld J., Bradford M.A., Knight R., 2012. Comparative metagenomic, phylogenetic and physiological analyses of soil microbial communities across nitrogen gradients. *The ISME Journal*, 6, 1007-1017.

Fierer N., Strickland M.S., Liptzin D., Bradford M.A., Cleveland C.C., 2009. Global patterns in belowground communities. *Ecology Letters*, 12 (11), 1238-1249.

Fontaine S., Barot S., Barré P., Bdioui N., Mary B., Rumpel C., 2007. Stability of organic carbon in deep soil layers controlled by fresh carbon supply. *Nature*, 450 (7167), 277-280.

Fontaine S., Henault C., Aamor A., Bdioui N., Bloor J.M.G., Maire V., Mary B., Revaillot S., Maron P.A., 2011. Fungi mediate long term sequestration of carbon and nitrogen in soil through their priming effect. *Soil Biology and Biochemistry*, 43 (1), 86-96.

Freschet G.T., Aerts R., Cornelissen J.H.C., 2012. A plant economics spectrum of litter decomposability. *Functional Ecology*, 26 (1), 56-65.

Gaba S., Lescourret F., Boudsocq S., Enjalbert J., Hinsinger P., Journet E.-P., Navas M.-L., Wery J., Louarn G., Malézieux E., Pelzer E., Prudent M., Ozier-Lafontaine H., 2015. Multiple cropping systems as drivers for providing multiple ecosystem services: From concepts to design. *Agronomy for Sustainable Development*, 35 (2), 607-623.

Geyer K.M., Kyker-Snowman E., Grandy A.S., Frey S.D., 2016. Microbial carbon use efficiency: Accounting for population, community, and ecosystem scale controls over the fate of metabolized organic matter. *Biogeochemistry*, 127 (2), 173-188.

Griffiths B.S., Ritz K., Wheatley R., Kuan H.L., Boag B., Christensen S., Ekelund F., Sørensen S.J., Muller S., Bloem J., 2001. An examination of the biodiversity-ecosystem function relationship in arable soil microbial communities. *Soil Biology and Biochemistry*, 33 (12-13), 1713-1722.

Guenet B., Juarez S., Bardoux G., Abbadie L., Chenu C., 2012. Evidence that stable C is as vulnerable to priming effect as is more labile C in soil. *Soil Biology and Biochemistry*, 52, 43-48.

Haber F., 1920. *The Synthesis of Ammonia from its Elements: Nobel Lecture.* 2 juin, Oslo, Nobel Foundation.

Heal O.W., Anderson J.M., Swift M.J., 1997. Plant litter quality and decomposition: An historical overview. *In : Driven by Nature: Plant Litter Quality and Decomposition* (Cadisch G., Giller K.E., dir.). Wallingford, CAB International, 3-30.

Hinsinger P., Betencourt E., Bernard L., Brauman A., Plassard C., Shen J., Tang X., Zhang F., 2011. P for two, sharing a scarce resource: Soil phosphorus acquisition in the rhizosphere of intercropped species. *Plant Physiology*, 156 (3), 1078-1086.

Hufnagl-Eichiner S., Wolf S.A., Drinkwater L.E., 2011. Assessing social–ecological coupling: Agriculture and hypoxia in the Gulf of Mexico. *Global Environmental Change*, 21 (2), 530-539.

Jenkinson D.S., Powlson D.S., 1976. The effects of biocidal treatments on metabolism in soil – I. Fumigation with chloroform. *Soil Biology and Biochemistry*, 8 (3), 167-177.

Keiluweit M., Bougoure J.J., Nico P.S., Pett-Ridge J., Weber P.K., Kleber M., 2015. Mineral protection of soil carbon counteracted by root exudates. *Nature Climate Change*, 5 (6), 588-595.

Kemmitt S.J., Lanyon C.V., Waite I.S., Addiscott T.M., Bird N.R.A., O'Donnell A.G., Brookes P.C., 2008. Mineralization of native soil organic matter is not regulated by the size activity or composition of the soil microbial biomass: A new perspective. *Soil Biology and Biochemistry*, 40 (1), 61-73.

Kirschbaum M.U.F., 1995. The temperature dependence of soil organic matter decomposition, and the effect of global warming on soil organic C storage. *Soil Biology and Biochemistry*, 27 (6), 753-760.

Lashermes G., Gainvors-Claisse A., Recous S., Bertrand I., 2016. Enzymatic strategies and carbon use efficiency of a litter-decomposing fungus grown on maize leaves, stems, and roots. *Frontiers in Microbiology*, 7, 1315.

Lashermes G., Nicolardot B., Parnaudeau V., Thuries L., Chaussod R., Guillotin M.L., Lineres M., Mary B., Metzger L., Morvan T., Tricaud A., Villette C., Houot S., 2010. Typology of exogenous organic matters based on chemical and biochemical composition to predict potential nitrogen mineralization. *Bioresource Technology*, 101 (1), 157-164.

Leinster T., Cobbold C.A., 2012. Measuring diversity: The importance of species similarity. *Ecology*, 93 (3), 477-489.

Lorenz K., Lal R., 2014. Soil organic sequestration in agroforestry systems: A review. *Agronomy for Sustainable Development*, 34 (2), 443-454.

Louis B.P., Maron P.-A., Menasseri-Aubry S., Sarr A., Lévêque J., Mathieu O., Jolivet C., Leterme P., Viaud V., 2016. Microbial diversity indexes can explain soil carbon dynamics as a function of carbon source. *PLoS One*, 11 (8), e0161251.

Machinet G.E., Bertrand I., Barrière Y., Chabbert B., Recous S., 2011. Impact of plant cell wall network on biodegradation in soil: Role of lignin composition and phenolic acids in roots from 16 maize genotypes. *Soil Biology and Biochemistry*, 43 (7), 1544-1552.

Magrini M.-B., Anton M., Cholez C., Corre-Hellou G., Duc G., Jeuffroy M.-H., Meynard J.-M., Pelzer E., Voisin A.-S., Walrand S., 2016. Why are grain-legumes rarely present in cropping systems despite their environmental and nutritional benefits? Analyzing lock-in in the French agrifood system. *Ecological Economics*, 126, 152-162.

Malézieux E., Crozat Y., Dupraz C., Laurans M., Makowski D., Ozier-Lafontaine H., Rapidel B., De Tourdonnet S., Valantin-Morison M., 2009. Mixing plant species in cropping systems: Concepts, tools and models. A review. *Agronomy for Sustainable Development*, 29 (1), 43-62.

Manzoni S., Porporato A., 2009. Soil carbon and nitrogen mineralization: Theory and models across scales. *Soil Biology and Biochemistry*, 41 (7), 1355-1379.

Marschner P., Umar S., Baumann K., 2011. The microbial community composition changes rapidly in the early stages of decomposition of wheat residue. *Soil Biology and Biochemistry*, 43 (2), 445-451.

McDaniel M.D., Tiemann L.K., Grandy A.S., 2014. Does agricultural crop diversity enhance soil microbial biomass and organic matter dynamics? A meta-analysis. *Ecological Applications*, 24 (3), 560-570.

Miltner A., Bombach P., Schmidt-Brucken B., Kastner M., 2012. SOM genesis: Microbial biomass as a significant source. *Biogeochemistry*, 111 (1), 41-55.

Mooshammer M., Wanek W., Zechmeister-Boltenstern S., Richter A., 2014. Stoichiometric imbalances between terrestrial decomposer communities and their resources: Mechanisms and implications of microbial adaptations to their resources. *Frontiers in Microbiology*, 5, 22.

Moyano F.E., Manzoni S., Chenu C., 2013. Responses of soil heterotrophic respiration to moisture availability: An exploration of processes and models. *Soil Biology and Biochemistry*, 59, 72-85.

Nicolardot B., Mary B., Houot S., Recous S., 1997. La dynamique de l'azote dans les sols cultivés. *In : Maîtrise de l'azote dans les agrosystèmes* (Lemaire G., Nicolardot B., dir.). Paris, Inra éditions, Collection Les colloques 83, 87-104.

Parnaudeau V., Nicolardot B., Pages J., 2004. Relevance of organic matter fractions as predictors of wastewater sludge mineralization in soil. *Journal of Environmental Quality*, 33 (5), 1885-1894.

Pascault N., Nicolardot B., Bastian F., Thiebeau P., Ranjard L., Maron P.A., 2010. In situ dynamics and spatial heterogeneity of soil bacterial communities under different crop residue management. *Microbial Ecology*, 60 (2), 291-303.

Paterson E., Midwood A.J., Millard P., 2009. Through the eye of the needle: A review of isotope approaches to quantify microbial processes mediating soil carbon balance. *New Phytologist*, 184 (1), 19-33.

Philippot L., Spor A., Henault C., Bru D., Bizouard F., Jones C.M., Sarr A., Maron P.A., 2013. Loss in microbial diversity affects nitrogen cycling in soil. *The ISME Journal*, 7 (8), 1609-1619.

Ramirez K.S., Craine J.M., Fierer N., 2012. Consistent effects of nitrogen amendments on soil microbial communities and processes across biomes. *Global Change Biology*, 18 (6), 1918-1927.

Rasse D.P., Rumpel C., Dignac M.F., 2005. Is soil carbon mostly root carbon? Mechanisms for a specific stabilization. *Plant and Soil*, 269 (1), 341-356.

Recous S., Robin D., Darwis D., Mary B., 1995. Soil inorganic N availability: Effect on maize residue decomposition. *Soil Biology and Biochemistry*, 27 (12), 1529-1538.

Redin M., Guenon R., Recous S., Schmatz R., de Freitas L.L., Aita C., Giacomini S.J., 2014. Carbon mineralization in soil of roots from twenty crop species, as affected by their chemical composition and botanical family. *Plant and Soil*, 378 (1-2), 205-214.

Rinkes Z.L., Bertrand I., Amin B.A.Z., Grandy S., Wickings K., Weintraub M.N., 2016. Nitrogen alters microbial enzyme dynamics but not lignin chemistry during maize decomposition. *Biogeochemistry*, 128 (1), 171-186.

Roumet C., Lafont F., Sari M., Warembourg F., Garnier E., 2008. Root traits and taxonomic affiliation of nine herbaceous species grown in glasshouse conditions. *Plant and Soil*, 312 (1), 69-83.

Sall S., Bertrand I., Chotte J.L., Recous S., 2007. Separate effects of the biochemical quality and N content of crop residues on C and N dynamics in soil. *Biology and Fertility of Soils*, 43 (6), 797-804.

Schimel J.P., Bennett J., Fierer N., 2005. Microbial community composition and soil nitrogen cycling: Is there really a connection? *In : Biological Diversity and Function in Soils* (Bardgett R.D., Hopkins D.W., Usher M.B., dir.). Cambridge, Cambridge University Press, 171-188.

Schimel J.P., Schaeffer S.M., 2012. Microbial control over carbon cycling in soil. *Frontiers in Microbiology*, 3, 348.

Schmidt M.W.I., Torn M.S., Abiven S., Dittmar T., Guggenberger G., Janssens I.A., Kleber M., Kogel-Knabner I., Lehmann J., Manning D.A.C., Nannipieri P., Rasse D.P., Weiner S., Trumbore S.E., 2011. Persistence of soil organic matter as an ecosystem property. *Nature*, 478 (7367), 49-56.

Six J., Frey S.D., Thiet R.K., Batten K.M., 2006. Bacterial and fungal contributions to carbon sequestration in agroecosystems. *Soil Science Society of America Journal*, 70 (2), 555-569.

Strickland M.S., Osburn E., Lauber C., Fierer N., Bradford M.A., 2009. Litter quality is in the eye of the beholder: Initial decomposition rates as a function of inoculum characteristics. *Functional Ecology*, 23 (3), 627-636.

Tahir M.M., Recous S., Aita C., Schmatz R., Pilecco G.A., Giacomini S.J., 2016. In situ roots decompose faster than shoots left on the soil surface under subtropical no-till conditions. *Biology and Fertility of Soils*, 52 (6), 853-865.

Talbot J.M., Treseder K.K., 2012. Interactions among lignin, cellulose, and nitrogen drive litter chemistry–decay relationships. *Ecology*, 93 (2), 345-354.

Tribouillois H., Cohan J.-P., Justes E., 2016. Cover crop mixtures including legume produce ecosystem services of nitrate capture and green manuring: Assessment combining experimentation and modelling. *Plant and Soil*, 401 (1), 347-364.

Veen G.F., Sundqvist M.K., Wardle D.A., 2015. Environmental factors and traits that drive plant litter decomposition do not determine home-field advantage effects. *Functional Ecology*, 29 (7), 981-991.

Chapitre 4

La richesse des communautés microbiennes des sols, un trésor inestimable

Jean Charles Munch, Jacques Berthelin

▸▸ Les sols, réacteurs bio-physicochimiques

Les sols sont des entités ayant leurs caractéristiques constitutives spécifiques ; ils possèdent des propriétés qui les distinguent des sols d'autres planètes telluriques (par exemple Mars) car ils hébergent des organismes vivants d'une grande diversité et présentent des organisations liées à l'activité de ces organismes. La vie, qui a colonisé les océans voilà environ 3,8 milliards d'années, s'est établie sur les continents sous forme microbienne procaryotique (bactéries et cyanobactéries) lorsque l'atmosphère est devenue oxydante au protérozoïque (2,3 milliards d'années). Les premiers sols devaient sans doute se présenter comme des croûtes semblables à celle des déserts chauds ou froids actuels. Les organismes eucaryotiques (algues, champignons) apparaissent il y a 1 milliard 200 millions d'années, et enfin les plantes se diversifièrent (au Silurien) voilà environ 400 millions d'années. Après l'ère microbienne, les premiers végétaux vasculaires ont alors contribué à former les premiers environnements pédoclimatiques de l'ère primaire avec des ensembles plantes-microorganismes. Les microorganismes, de l'origine de la vie terrestre au développement de la vie végétale, se caractérisaient déjà par des stratégies énergétiques et nutritionnelles très diversifiées (Bada, 2004), participant au contrôle du fonctionnement des cycles biogéochimiques (Berthelin, 1988, 2007). Les microorganismes s'associèrent aux plantes par des relations allant de simples interactions à des associations symbiotiques spécifiques (essentiellement racinaires comme celles assurant la fixation de l'azote atmosphérique). Les microorganismes sont reconnus comme des acteurs clés des recyclages biogéochimiques (Berthelin, 2007) et du fonctionnement des systèmes sol-plante (voir chapitres 1, 3, 9 et 11 de cet ouvrage ; Lambers *et al.*, 2009 ; Roose *et al.*, 2016), les plantes en retour influençant le microbiote des racines et de la solution du sol (voir chapitre 10 de cet ouvrage). Il y a en effet, en complément des associations spécifiques (par exemple symbioses micro-organismes-racines), de véritables effets rhizosphériques qualitatifs et quantitatifs sur les communautés microbiennes et les solutions du sol (par exemple Gobat *et al.*, 2010). Ces effets rhizosphériques entraînent aussi des modifications chimiques et physiques du milieu, comme par exemple les teneurs en éléments minéraux disponibles pour la nutrition végétale (phosphore, potassium, calcium, magnésium, etc.), la nature et les teneurs des matières organiques, la structure en agrégats… (Leyval et Berthelin, 1991 ; Hinsinger *et al.*, 2009 ; Lambers *et al.*, 2009 ; Gobat *et al.*, 2010 ; voir chapitres 1, 7 et 10 de cet ouvrage).

Par leurs propriétés et leurs organisations favorables à la vie et les interactions physiques, physicochimiques, chimiques, biochimiques qui s'y manifestent, les sols peuvent être considérés comme des réacteurs biogéochimiques complexes, interactifs, réservoirs de microorganismes et compartiments majeurs d'écosystèmes terrestres plus ou moins anthropisés (Totsche *et al.*, 2010 ; Berthelin *et al.*, 2011). Ce sont des systèmes ouverts, interactifs, quadridimensionnels (espace-temps) à cinq types de constituants principaux – matières organiques, matières minérales, eau (solutions), gaz (atmosphère du sol), organismes vivants (microorganismes, faune, plantes) – où les microorganismes jouent un rôle essentiel (Berthelin *et al.*, 2011) (figure 4.1). Ces organisations des sols, avec leurs communautés microbiennes au service de la nutrition végétale, furent déjà envisagées par les travaux de Winogradsky (1949) (figure 4.2).

La dynamique et l'activité des populations et des communautés microbiennes sont sous la dépendance des paramètres du milieu d'origine naturelle ou anthropique (conditions énergétiques et nutritionnelles, humidité, température, modes d'occupation des sols) et de la structure et de l'organisation du réacteur sol qui les hébergent

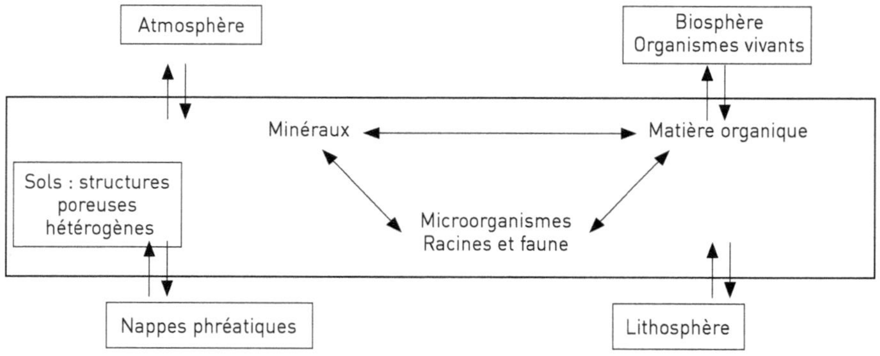

Figure 4.1. Les sols réacteurs bio-physicochimiques, multiphasiques, interactifs, réservoirs de microorganismes.
Source : Berthelin *et al.* (2011).

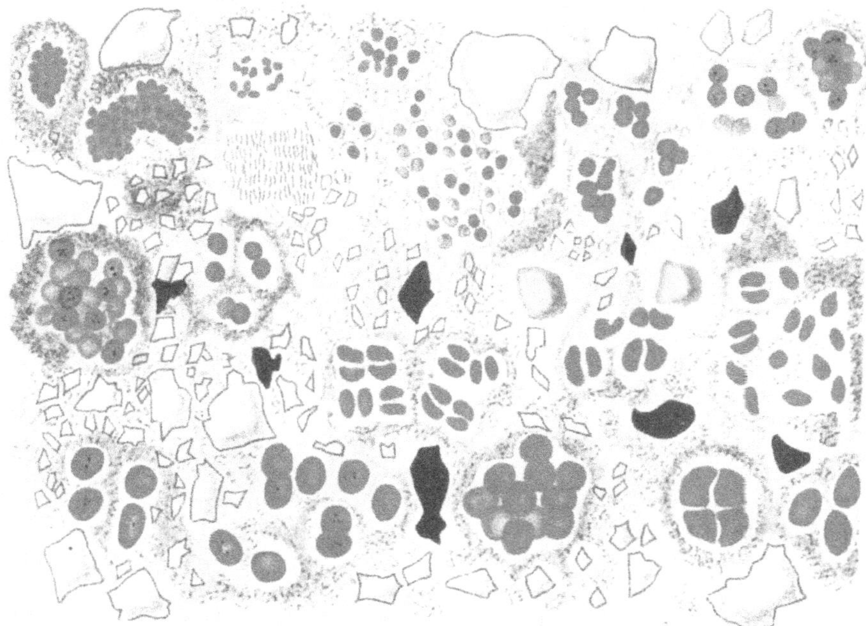

Figure 4.2. Représentation schématique de bactéries dans le sol « agricole » de Brie-Comte-Robert (Seine-et-Marne) d'après les observations microscopiques de Winogradsky (1949).
Cette représentation, à un grossissement de 1 800 fois, souligne que « les bactéries sont en majorité des formes arrondies (cocci et cocobacilles) et de bâtonnets ténus, et le plus souvent regroupées par famille et colonies ».
Reproduit avec l'autorisation des éditions Masson et Cie.

(chapitres 1 et 2 de cet ouvrage). Les organismes du sol, en interaction entre eux et avec le milieu, façonnent aussi leurs habitats, et développent ou maintiennent des conditions favorables à leur activité et à leur survie (par exemple Dommergues et Mangenot, 1970 ; Hattori, 1973 ; Gobat *et al.*, 2010 ; Marx *et al.*, 2010). Ce chapitre se focalisera plus particulièrement sur la connaissance des organismes et de ces interactions microorganismes-milieux qui apparaît essentielle pour mieux définir, modéliser et gérer les systèmes sol-plante.

▸▸ Les sols, réservoirs de microorganismes aux activités multiples

Deux types de questionnement présidèrent, au XIXe siècle, à la naissance de la microbiologie des sols : la recherche des processus de croissance et de nutrition des plantes avec l'origine des nitrates d'une part, et la découverte des microorganismes avec les travaux de Pasteur d'autre part. La fin du XIXe siècle fut une période faste pour la microbiologie des sols avec en particulier les travaux de Winogradsky et de Beijerinck (Berthelin *et al.*, 2006 ; Madigan *et al.*, 2009). Parmi leurs découvertes, il faut citer, pour Winogradsky (1856-1953), la nitrification, la fixation anaérobie et aérobie libre de l'azote, la dégradation de la cellulose et des matières organiques, les bactéries du cycle du soufre et du cycle du fer, l'autotrophie bactérienne, la mise au point de milieux spécifiques, la création de la microbiologie écologique (ou microbiologie dynamique). Pour Beijerinck (1851-1931), ses découvertes concernent la fixation symbiotique de l'azote, le développement de milieux sélectifs, la fixation aérobie libre de l'azote, les bactéries oxydantes et réductrices du soufre, les bactéries lactiques, les bases de la virologie (mosaïque du tabac). À la fin du xixe siècle et au début du xxe siècle, Pfeffer (1887) et Frank (1885) découvrirent les associations champignons-racines qu'ils appelleront mycorhizes, et Hiltner définit en 1904 la rhizosphère, site d'échange et d'activité intense au niveau des systèmes racinaires (cités par Berthelin *et al.*, 2006 ; Hartmann *et al.*, 2008).

Depuis cette période, parallèlement aux travaux poursuivis par Winogradsky et Beijerinck, s'ajoutent de nouvelles découvertes, de nouveaux domaines et de nouvelles applications qui conduisirent à l'écologie microbienne actuelle (par exemple Dommergues et Mangenot, 1970 ; Alexander, 1977 ; Davet, 1996 ; Gobat *et al.*, 2010). Il y eut des événements remarquables comme l'attribution du prix Nobel de physiologie et de médecine à Waksman en 1952 pour sa découverte de nouveaux antibiotiques (actinomycine, streptomycine), qu'il mena à bien à partir d'études d'antagonismes entre populations microbiennes du sol (cité par Berthelin *et al.*, 2006). Actuellement, l'homme n'a pas fini de découvrir de nouveaux organismes vivants dans les sols qui renferment 25 % de la biodiversité globale (par exemple van Elsas *et al.*, 2006 ; Decaëns, 2010). Tous les grands groupes de microorganismes sont présents dans les sols : bactéries, archées, champignons, algues, protozoaires (Davet, 1996 ; van Elsas *et al.*, 2006 ; Gobat *et al.*, 2010). Ils contiennent aussi des virus et des enzymes d'origine végétale et microbienne (enzymes secrétées par ces organismes dans le milieu extérieur) qui participent significativement à la biodiversité et au fonctionnement des sols (Burns et Dick, 2002 ; Caldwell, 2005 ; van Elsas *et al.*, 2006). Les communautés bactériennes incluant les archéobactéries sont les plus nombreuses et les plus diversifiées. Leur nombre peut atteindre 10 millions à 10 milliards par g de sol sec et leur biomasse peut être d'environ 1 500 kg ha^{-1} pour les vingt premiers centimètres de sol, dans des milieux fertiles (par exemple Gobat *et al.*, 2010 ; chapitre 10). Les champignons développent des filaments mycéliens qui, selon les sols et les saisons, s'étendent sur 100 à 10 000 km pour 1 m^2. Des biomasses moyennes de champignons, d'algues, de protozoaires sont évaluées, respectivement et pour les vingt premiers centimètres de sol, à 3 500, 10 à 1 000, 250 kg par hectare (par exemple Gobat *et al.*, 2010). La faune, selon les groupes considérés, aurait des biomasses de 1 à 5 000 kg par ha (Gobat *et al.*, 2010).

Les sols disposent de sources d'énergie de nature minérale provenant des constituants minéraux (par exemple sulfures), mais surtout de sources de nature organique, apportées essentiellement par les plantes et qui favorisent des activités biochimiques d'une variété fantastique. Ces activités de biodégradation, biotransformation, et de biosynthèse s'appliquent à l'ensemble des constituants d'origine végétale et animale, mais aussi à des composés xénobiotiques (par exemple Dommergues et Mangenot,

1970 ; Madigan *et al.*, 2009 ; Bertrand *et al.*, 2011 ; Li *et al.*, 2016). Ce sont essentiellement les microorganismes du sol qui assurent la minéralisation des matières organiques que reçoivent les surfaces continentales. Ils contribuent pour la plus grande part au flux d'environ 60 gigatonnes (Gt) de carbone (CO_2) par an des surfaces continentales vers l'atmosphère, soit dix fois plus que les activités humaines (par exemple Huc *et al.*, 2007). En raison de cette richesse en matière organique des sols, les microorganismes sont pour l'essentiel hétérotrophes, mais plusieurs groupes bactériens sont chimio-autotrophes, comme les bactéries nitrifiantes et les bactéries oxydantes du fer et du soufre qui jouent un rôle fondamental dans le fonctionnement des cycles biogéochimiques de ces éléments. Les microorganismes ont ainsi la capacité d'assurer la transformation de plusieurs éléments de l'état le plus oxydé à l'état le plus réduit et *vice versa* : à titre d'exemple pour le carbone, du CO_2 au CH_4 et du CH_4 au CO_2 ; pour l'azote, du NO_3 au N_2 et du N_2 au NO_3 ; pour le soufre, des sulfures aux sulfates et des sulfates aux sulfures et, dans tous ces cycles, en ayant les matières organiques comme phase intermédiaire (Berthelin, 2007 ; Madigan *et al.*, 2009 ; Gobat *et al.*, 2010).

Les communautés d'organismes telluriques diffèrent selon les types, les usages et les modes d'occupation des sols. Elles présentent des hétérogénéités de structure, des variabilités temporelles, spatiales et fonctionnelles liées aux conditions environnementales (par exemple Gobat *et al.*, 2010 ; Ranjard *et al.*, 2013). Certaines zones des sols, comme la rhizosphère, la spermosphère (environnement des graines et de leurs radicelles), les litières, les turricules des vers de terre, les tubes digestifs de la faune du sol… constituent des lieux d'échanges et d'activités biochimiques intenses (*hot spots*) (par exemple Davet, 1996 ; Lavelle et Spain, 2001 ; van Elsas *et al.*, 2006 ; Gobat *et al.*, 2010). D'autres zones sont endormies et confinées car sans échange d'eau, de gaz ou de nutriments. Les microorganismes y sont à l'état de dormance, mais constituent des inocula potentiellement actifs si les conditions deviennent favorables à leur activité. La figure 4.3, qui montre des bactéries sur un agrégat de sol et des bactéries dans un agrégat de sol où elles sont entourées par des feuillets d'argiles, suggère bien que l'accessibilité aux nutriments sera dans un cas facilitée et dans l'autre ralentie.

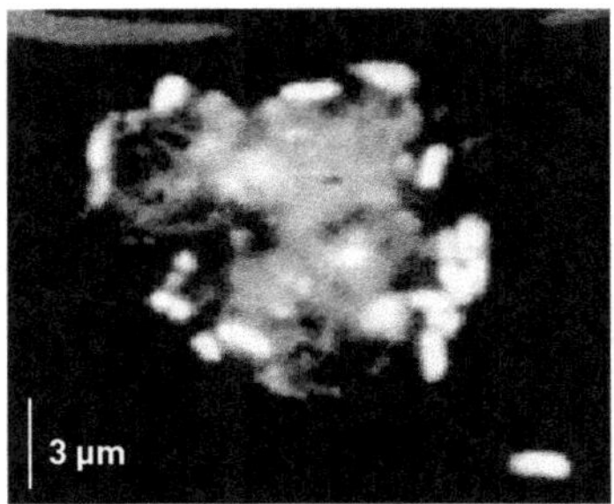

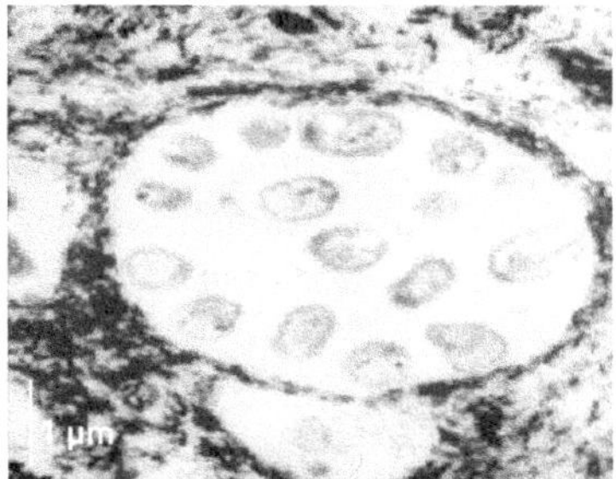

Figure 4.3. Bactéries sur et dans un agrégat de sol.
Photographies d'un agrégat fixé sur lame enfouie dans un sol et observé en microscopie photonique après coloration fluorescente et de la coupe d'un agrégat recueilli dans un sol forestier et observé en microscopie électronique à transmission (MET).
Photos © J. Berthelin et F. Toutain.

▶▶ Les microorganismes des sols, clés des recyclages biogéochimiques, agents de fonctions essentielles des sols

La diversité des microorganismes des sols leur permet d'occuper l'ensemble des milieux, même extrêmes. Les microorganismes sont présents dans les sols les plus acides, les sols basiques, les milieux désertiques (croûtes microbiennes des déserts chauds et froids), les sols salins, en manifestant des activités impliquées dans les processus chimiques, biogéochimiques et écologiques essentiels à la vie terrestre et aux activités humaines (cycles du carbone, de l'azote, du soufre, du fer, etc.). Les domaines d'observation des activités microbiennes s'élargissent et, par exemple, la nitrification, qui était censée se manifester uniquement dans des sols à pH neutre ou voisin de la neutralité, est aujourd'hui observée dans des sols acides. À ce sujet, les travaux de Prosser et Graeme (2012) soulignent le besoin de chercher les facteurs environnementaux clés qui déterminent la spécialisation et la différenciation des micro-habitats de ces communautés bactériennes. Ces processus microbiens et leurs différents types d'association sont relativement bien identifiés (par exemple Berthelin, 2007 ; Madigan *et al.*, 2009 ; Gobat *et al.*, 2010). Sans les microorganismes du sol, la biodégradation et la minéralisation des matières organiques et la production de nutriments pour les plantes seraient impossibles. Ils sont de plus des acteurs majeurs de la production, mais aussi de l'élimination, des gaz à effet de serre (CO_2, CH_4, N_2O). Ce sont les agents de la production des formes assimilables de l'azote, du phosphore, du soufre, du fer... et de la libération d'éléments nutritifs majeurs (K, Ca, Mg) et en traces (Cu, Zn, Co, Mn, etc.) qu'utilisent les plantes et les organismes du sol. Ils altèrent et transforment les minéraux, et solubilisent, déposent, concentrent des métaux et oligo-éléments non métalliques (Fe, Mn, U, Hg, Cr, Se, As, etc.) (Berthelin, 1988 ; Uroz *et al.*, 2015). Ils forment des associations (bénéfiques, antagonistes ou parasitaires) avec les plantes et la faune du sol :
– associations rhizosphériques symbiotiques (par exemple mycorhizes, nodules avec bactéries fixatrices d'azote) ou non symbiotiques (fixation d'azote, production de substances de type hormonal, etc.) améliorant la nutrition et la croissance végétale ;
– associations synergiques avec divers animaux du sol (lombrics, termites, collemboles) favorisant la minéralisation et l'humification des matières organiques, la structure du sol... (chapitre 6 de cet ouvrage ; Lavelle et Spain, 2001) ;
– associations pour la stimulation ou l'inhibition de la croissance, de la dynamique et de l'installation de communautés végétales ;
– développement ou inhibition de pathologies végétales (PGPR ou *Plant Growth Promoting Rhizobacteria*) (chapitre 10 de cet ouvrage).

Ils sont acteurs de la qualité des eaux, « épurateurs et agents de remédiation » de sols et de sites pollués, de déchets, agents d'extraction de métaux. Certains de ces processus, comme la nitrification, sont connus depuis le début de la microbiologie des sols (par exemple Winogradsky, 1890a, 1890b, 1890c). D'autres furent découverts au fil du siècle dernier (par exemple Davet, 1996 ; Dommergues et Mangenot,

1970 ; Alexander 1977). Enfin, plus récemment, d'autres fenêtres se sont ouvertes avec le développement d'outils biologiques, biochimiques, physiques, chimiques, tant pour caractériser les organismes et la biodiversité que pour définir leurs habitats et leurs propriétés (par exemple Prosser, 2002 ; van Elsas *et al.*, 2006 ; Madigan *et al.*, 2009 ; Gobat *et al.*, 2010 ; Totsche *et al.*, 2010 ; Bertrand *et al.*, 2011).

▶▶ Les sols abritent des systèmes biologiques hautement régulés

Les sols abritent des systèmes biologiques holistiques avec une organisation très complexe. Leurs propriétés structurales sont favorables à la rétention et à la circulation d'eau et d'air, à la fixation et à l'échange de nutriments, à l'installation de racines et d'organismes vivants qui, par ailleurs, y sont protégés. Ces propriétés structurales sont élaborées par les organismes telluriques (Lavelle et Spain, 2001 ; Gobat *et al.*, 2010). Ainsi, les organismes du sol participent à l'élaboration de structures (agrégats, pores, etc.) qui leur sont favorables. La formation des sols, c'est-à-dire la transformation d'un système minéral légèrement aqueux très compact en un système organisé présentant 50 % d'espaces libres (structures en agrégats à architecture complexe et réseaux de pores), est un processus essentiellement biologique (voir chapitres 1 et 2 de cet ouvrage). Le système sol est fondé sur le fait que la matière organique primaire synthétisée par des organismes pionniers (par exemple cyanobactéries, lichens), puis par la végétation est transformée par les microorganismes, pas seulement pour leurs besoins énergétiques, mais pour partie en divers types de structures relativement stables (par exemple Balesdent, 2011 ; chapitre 2 de cet ouvrage), la matière humique ou matière organique des sols. Celle-ci cimente les produits de la transformation et de la dégradation des minéraux en structures poreuses hétérogènes stables qui assurent un fort pouvoir tampon chimique et, par leur porosité, la circulation des solutés et des gaz (Geistlinger *et al.*, 2014 ; voir chapitres 1 et 2 de cet ouvrage). Les organismes des sols élaborent et façonnent donc eux-mêmes leur milieu de vie, le stabilisent, et l'entretiennent par la transformation continue des matières organiques en utilisant les résidus de la végétation (litières foliaires et racinaires…) ou des apports externes (fumures organiques) sur les sols agricoles et horticoles.

Ce milieu de vie très hétérogène et très complexe constitue un assemblage de micro-habitats et de microsites biochimiquement spécialisés, peuplés de communautés complexes d'organismes qui assurent de multiples fonctions, comme par exemple celles nécessitant l'utilisation successive d'accepteurs d'électrons (oxygène, nitrates, manganèse, fer, sulfates, molécules organiques, dioxyde de carbone), dans des sites où les conditions passent d'aérobies à aéro-anaérobies et à anaérobies (par exemple Dommergues et Mangenot, 1970 ; Gobat *et al.*, 2010) ou bien encore avec l'intervention simultanée dans les cycles du carbone et de l'azote (voir chapitre 3 de cet ouvrage). Comme nous l'avons vu, la biodiversité des sols est actuellement considérée comme une des plus vastes et des plus riches des écosystèmes naturels, avec celle des océans (Gobat *et al.*, 2010 ; voir chapitre 10 de cet ouvrage).

Cette hétérogénéité d'habitats et cette diversité biologique, et donc en ressources génétiques, sont une richesse dont, paradoxalement, la régulation se fait dans des systèmes déficitaires en énergie, mais protecteurs et adaptés ou adaptables pour assurer le maintien, la dynamique et la fonctionnalité de l'ensemble des organismes telluriques (Baveye *et al.*, 2016). Ces organisations en biosystèmes hétérogènes sont indispensables pour assurer la survie des organismes en attente de conditions favorables à leur activité, conditions très variables non seulement à l'échelle spatiale mais aussi à l'échelle temporelle en fonction des flux de matières et d'énergie qui se manifesteront.

▸▸ Les sols, habitats de biosystèmes adaptés

Les sols sont des bioréacteurs à paramètres variables sous la dépendance des conditions environnementales. Ils subissent les variations saisonnières, avec des périodes de croissance végétale accompagnées de consommation, voire d'épuisement, de l'eau et des nutriments, des entrées discontinues de composés organiques énergétiques, et des phases de production et d'utilisation des nutriments sous la dépendance des conditions pédoclimatiques. Ils subissent les variations météorologiques sur des périodes courtes (des gelées et des sécheresses) qui provoquent par exemple des saturations rapides en eaux, et donc des conditions de vie brusquement modifiées. De fait, des conditions qui deviennent anoxiques ou qui bloquent les échanges de nutriments peuvent s'établir. Les sols subissent des modes d'occupation avec des pratiques culturales variées, tout en maintenant leurs divers modes de fonctionnement. Ceci est dû à l'hétérogénéité des habitats poreux et des surfaces des constituants des sols, ainsi qu'à l'organisation en agrégats, ce qui promeut l'établissement, le développement et le maintien de communautés microbiennes variées et denses (par exemple Hattori, 1973 ; Stotzky, 1986).

Comment le sol peut-il nourrir tous ces organismes qui, comme nous venons de le voir, sont particulièrement nombreux ? Les conditions environnementales éliminent de la vie active les microorganismes dont l'activité instantanée ne peut se mettre en place ou être activée, et qui de fait n'est pas sollicitée. Ces microorganismes se mettent en dormance, par des mécanismes pas ou mal établis, mais ils peuvent être réactivés très rapidement quand les conditions énergétiques, nutritionnelles, d'humidité, de température deviennent favorables et provoquent ou activent leurs voies métaboliques. Le sol est bien un système holistique avec ses capacités d'utilisation optimale de l'énergie et du potentiel génétique qu'il génère et exprime sous des conditions pédoclimatiques variables. Il apparaît donc que l'étude des microorganismes des sols et de leurs modes de fonctionnement ne peut se faire avec des souches isolées ou par la simple caractérisation des gènes considérés séparément, mais bien par celle de communautés, de populations, *via* des approches de métagénomique visant à caractériser le microbiote des sols dans leurs conditions de milieu, où elles forment des unités actives (Baveye *et al.*, 2016 ; chapitre 10 de cet ouvrage).

▸▸ Pourquoi nos connaissances des communautés microbiennes et des conditions de leur activité sont-elles encore si réduites ?

L'approche classique de la microbiologie est l'étude de souches isolées, voire d'une association observée en culture expérimentale. Cette approche apporte des résultats sur les processus, la nature des mécanismes et les interactions dans des systèmes modèles. À titre d'exemple, des domaines d'activité de la fixation d'azote, de la dissolution des phosphates insolubles, de la biodégradation de matières organiques, etc., ont déjà été observés, et même depuis longtemps, en fonction de teneurs en azote, en phosphore disponible, mais dans des conditions expérimentales contrôlées qu'il faut élargir et valider aux champs.

Certaines applications agronomiques des microorganismes telluriques sont aujourd'hui relativement bien maîtrisées, dans des conditions simples et bien définies, comme l'effet bénéfique de la mycorhization sur la reprise de plants en pépinières ou la biodégradation de polluants organiques dans certaines plantations. Il convient d'observer que diverses applications peuvent avoir, selon les objectifs visés, des effets délétères ou des impacts bénéfiques. À titre d'exemple, la nitrification produit une forme assimilable de l'azote nécessaire à la croissance de végétaux, mais elle peut aussi être à l'origine de phénomènes d'acidification des sols, et même de toxicité aluminique en milieu acide « peu tamponné » (Boudot *et al.*, 1994). Si ces approches contribuent au progrès de la connaissance des processus impliqués dans les systèmes sol-plante, elles ne permettent cependant pas de définir de manière intégrative les grands modes de fonctionnement des sols, la hiérarchisation des paramètres de contrôle des activités microbiennes ou la mise en place de modèles pertinents et robustes, pour les principales raisons suivantes (Baveye *et al.*, 2016) :
– le milieu de vie dans les pores des sols est très peu connu en termes de qualité et de distribution des substrats énergétiques, humidité, conditions redox, etc., et reste difficile à reproduire en laboratoire ;
– *in situ,* la durée de génération moyenne et de croissance des cellules est souvent très longue, s'étalant sur des journées, des semaines, des mois, et non pas des minutes comme c'est le cas en fermenteurs industriels ou dans les études pathologiques ;
– les microorganismes des sols vivent en communautés complexes qui réalisent ensemble une fonction, une communauté pouvant être considérée comme un ensemble opérationnel ; ces communautés ne sont connues que dans de rares exemples et la caractérisation de leur système de communication chimique est pour l'instant au stade de la découverte ;
– les études de biodiversité permettent de découvrir des populations nouvelles, mais ne sont pas encore reliées, ou insuffisamment, aux modes de fonctionnement et à leurs facteurs de contrôle.

Les méthodes développées depuis quelques décennies (biochimie et biologie moléculaire) (van Elsas *et al.*, 2006 ; Bertrand *et al.*, 2011) permettent une définition plus complète des microbiotes des sols, actuellement surtout descriptive. Le couplage avec l'analyse des caractéristiques des sols doit s'y ajouter pour une compréhension et une modélisation plus proches de la réalité. Ce type d'approche est aujourd'hui possible, à toutes les échelles, du moléculaire et micrométrique à celles du champ et du paysage (Baveye *et al.*, 2016). Tout comme les outils de biochimie et de biologie moléculaire, les méthodes chimiques et physiques d'analyse des constituants des sols et de leur organisation, ainsi que les méthodes de traitement des données et de modélisation ont considérablement progressé (voir chapitres 1, 2, 5 et 8 de cet ouvrage). Ces caractérisations se font au niveau du microhabitat, du profil de sol, mais aussi de la parcelle, c'est-à-dire du niveau réactionnel (moléculaire et microsites), et au niveau de l'intégration des processus, c'est-à-dire de la parcelle et du paysage (Sommer *et al.*, 2008 ; Totsche *et al.*, 2010 ; Roose *et al.*, 2016).

Les progrès de la physique, de la chimie et de la modélisation durant les dernières décennies permettent maintenant de caractériser à diverses échelles, de celle de l'agrégat à celle d'un ensemble de parcelles cultivées, des paramètres fonctionnels des systèmes sol-plante (Sommer *et al.*, 2008 ; Totsche *et al.*, 2010 ; Naveed *et al.*, 2013 ; Rabot *et al.*, 2014 ; Roose *et al.*, 2016 ; chapitres 1 et 2 de cet ouvrage). Des méthodes d'étude, comme l'imagerie par résonance magnétique (IRM) ou bien encore la tomographie aux rayons X assistée par ordinateur, permettent d'observer très précisément le développement racinaire dans des sols, de définir les interactions des organismes telluriques avec le sol, et d'établir des relations avec la chimie et la biochimie de la rhizosphère pour mieux comprendre les processus permettant ensuite d'établir des modèles rhizosphériques (par exemple Roose *et al.*, 2016). La figure 4.4 montre des observations et des mesures de certains de ces paramètres au niveau des microsites avec un aperçu de la structure d'un agrégat de 2 à 3 cm de diamètre, de sa porosité et de son état hydrique (Totsche *et al.*, 2010). Ce type d'ana-

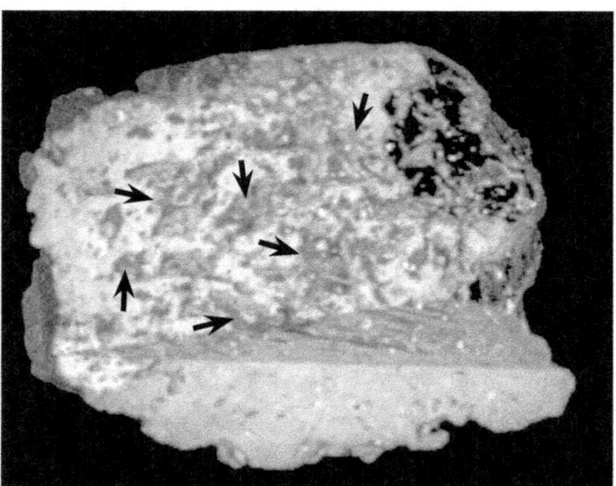

Figure 4.4. Exemple d'observation en micro-tomographie d'agrégat de sol non perturbé, de sa porosité et de son état hydrique.
Les pores remplis d'air apparaissent en gris clair et les pores remplis d'eau en gris plus foncé (flèches). La photographie en couleurs est disponible auprès des auteurs.
D'après Totsche *et al.* (2010).

lyse permet de caractériser les paramètres qui contrôlent l'activité des communautés microbiennes à l'échelle de micro-compartiments fonctionnels des sols. À l'échelle des parcelles ou d'un ensemble de parcelles cultivées, des méthodes d'analyse des plantes et des sols (indice de surface foliaire, état du système poreux, pH, niveau de fertilisation, communautés microbiennes, etc.) pourront aider à construire des modèles ou à mettre au point des indicateurs pour mieux utiliser le potentiel microbien des sols (Sommer *et al.*, 2008 ; Roose *et al.*, 2016).

▸▸ Les connaissances à développer pour mieux valoriser les organismes du sol et leur potentiel génétique

Les principaux processus microbiens des sols sont relativement bien connus mais de nombreux microorganismes des sols ne sont pas cultivables et sont encore à découvrir (Gobat *et al.*, 2010 ; Baveye *et al.*, 2016 ; chapitre 10 cet ouvrage). Les animaux de la micro- et de la mésofaune qui leur sont associés ne sont pas tous connus (chapitre 6 de cet ouvrage), de même que certaines des relations plantes-microorganismes-sols comme celles impliquées dans la mobilisation des nutriments (N, P, K, Ca, etc.) (chapitres 7 et 11 de cet ouvrage). La génétique et la compréhension des mécanismes de reconnaissance des symbioses racinaires bactériennes fixatrices d'azote et des symbioses mycorhiziennes ont progressé considérablement, mais le fonctionnement de la rhizosphère reste encore mystérieux, car de nombreuses études sont essentiellement orientées vers les relations racines des plantes-microorganismes sans intégrer les paramètres environnementaux. Les méthodes d'analyse moléculaire des acides nucléiques, des protéines, des métabolites, c'est-à-dire les méthodes d'analyses génomiques (ADN), transcriptomiques (ARN), protéomiques (protéines), métabolomiques (substrats, flux, produits) ont permis et permettent encore des avancées fondamentales majeures, comme par exemple pour ce qui concerne l'altération des minéraux et la disponibilité des éléments (Uroz *et al.*, 2015) ou la nitrification (Prosser et Graeme, 2012) et, de fait, ouvrent de nouvelles pistes de recherche (van Elsas *et al.*, 2006 ; Bertrand *et al.*, 2011). Ce sont ainsi de larges « portes qui s'ouvrent » (Gobat *et al.*, 2010 ; chapitre 10 de cet ouvrage). La connaissance de la géométrie de la rhizosphère et de son évolution a aussi progressé (Roose *et al.*, 2016). Pour mieux avancer dans la connaissance et la gestion des systèmes sol-plante, ces approches doivent être associées à la définition des paramètres du milieu qui déterminent la dynamique et l'activité des communautés et des populations impliquées (Baveye *et al.*, 2016).

La connaissance physique du milieu de vie des organismes (tomographie à nombreuses échelles, sondes radar, résonance magnétique nucléaire, etc.) (Totsche *et al.*, 2010 ; Roose *et al.*, 2016) permet aujourd'hui, en interactions avec les analyses moléculaires, de porter un regard très précis sur le monde des microorganismes, de la faune des sols et des systèmes racinaires, en particulier leur diversité d'activités biochimiques et biophysiques, en relation avec les propriétés des milieux (voir chapitre 2 de cet ouvrage). Les valeurs seuils des paramètres, qui orientent et déterminent les activités microbiennes, comme la disponibilité des substrats énergétiques et des nutriments majeurs et oligoéléments, les caractéristiques physiques, physicochimiques des milieux (état hydrique, conditions d'oxydo-réduction et acido-basiques) sont à mieux prendre en compte pour déterminer les modes et les conditions de fonctionnement des sols et pour développer des modèles plus robustes et pertinents (Fuss *et al.*, 2011). Pour avancer dans leur connaissance, leur gestion et les applications, les zones ou habitats d'activité forte des organismes (*hot spots*), comme la rhizosphère, les litières et les horizons humifères, les agrégats, les habitats d'animaux (drilosphère et termitosphère respectivement pour les vers de terre et les termites), peuvent être mieux caractérisés. Les interactions entre organismes, les relations racines-microorganismes-sol, entre prédateurs et proies (par exemple nématodes-bactéries), et entre organismes et constituants solides des sols doivent être aussi mieux comprises (Hattori, 1973 ; Stotzky, 1986 ; Chenu et Stotzky, 2002 ; Totsche *et al.*, 2010 ; Berthelin *et al.*, 2011).

Une interdisciplinarité renforcée doit être soutenue pour conduire à l'intégration des paramètres biotiques et abiotiques à différentes échelles d'espace et de temps pour l'acquisition de connaissances fondamentales nouvelles, qui aideraient au développement d'une ingénierie écologique ou d'une agroécologie pertinente, et/ou de biotechnologies environnementales de qualité (Berthelin et Munch, 2015 ; Baveye *et al.*, 2016).

Avec les connaissances actuelles et leur amélioration concernant les modes de régulation, les forces directives des fonctions et des facteurs déterminant la dynamique des populations et des communautés, le potentiel microbien des sols devrait être utilisé pour soutenir et contrôler de nombreuses fonctions, dont :
— la disponibilité d'éléments nutritifs pour les cultures,
— la stabilité (physique, chimique) des sols,
— le contrôle de souches phytopathogènes,
— la dégradation de contaminants organiques.

Les résultats devraient conduire à la réduction des apports de fertilisants synthétiques et de produits phytosanitaires qui peuvent présenter de nombreux effets secondaires (par exemple émergences de *Clostridium botulinum* dans les sols traités au glyphosate et danger de botulisme chez des agriculteurs, ainsi que chez le bétail) (Rodloff et Krüger, 2012), et à la conservation des sols par une meilleure maîtrise de la dynamique de la matière organique. Les applications pourraient porter en particulier sur la possibilité d'améliorer les rendements et la qualité des productions dans des pays à pouvoir d'achat faible par le développement de ces outils et donc l'utilisation du potentiel biologique des sols.

▸▸ Conclusion

La microbiologie des sols, qui devint écologie microbienne des sols, émergea et se développa considérablement, d'abord à des fins agronomiques (par exemple Winogradsky, 1890a, 1890b, 1890c), et sans être nécessairement en relation avec la pédologie et les sciences du sol. Elle eut un rôle majeur pour l'émergence de la biogéochimie, le développement de la phytopathologie, des biotechnologies et de l'ingénierie environnementale (traitement des eaux, des matières premières minérales et organiques, des déchets) ou la définition de paramètres de contrôle de la qualité de l'eau, de l'air, etc. Comme souligné précédemment (Berthelin, 2007), les microorganismes sont les clefs du fonctionnement et du contrôle des cycles biogéochimiques terrestres. La connaissance de leurs communautés, de leurs activités et les applications à en attendre sont fondamentales pour une meilleure compréhension des modes de fonctionnement des sols et une bonne gestion de leurs usages.

La possibilité d'utilisation des sols, fondée sur une meilleure connaissance de leurs ressources biologiques et des conditions de leurs activités, devrait se développer pour les préserver et réduire les intrants, car des moyens analytiques sont désormais disponibles pour progresser. Les modes de gestion récente, et encore actuelle, des sols agricoles, soupçonnés d'être à l'origine de la dégradation de ce patrimoine, s'orienteraient alors vers une utilisation s'appuyant mieux sur ses ressources biologiques. La base de ce développement repose sur une analyse écosystémique intégrant des approches physiques, chimiques, biologiques, microbiologiques des modes de fonctionnement des sols, et par l'utilisation de modélisations mathématiques qui vérifient les hypothèses et permettent des extrapolations spatiales et temporelles.

Références bibliographiques

Alexander M., 1977. *Introduction to Soil Microbiology*. New York, John Wiley and Sons, 2ᵉ édition.

Bada J.-L., 2004. How life began on earth: A status report. *Earth and Planetary Science Letters*, 226 (1-2), 1-15.

Baveye P.C., Berthelin J., Munch J.C., 2016. Too much or not enough: Reflection on two contrasting perspectives on soil biodiversity. *Soil Biology and Biochemistry*, 103, 320-326.

Balesdent J., 2011. Stockage et recyclage du carbone. *In : Sols et environnement : cours, exercices corrigés et études de cas* (Girard M.-C., Walter C., Rémy J.-C., Berthelin J., Morel J.L., dir.). Paris, Dunod, Collection Sciences sup, 2ᵉ édition, 108-132.

Berthelin J., 1988. Microbial weathering processes in natural environments. *In : Physical and Chemical Weathering in Geochemical Cycles* (Lerman A., Meybeck M., dir.). Londres, Kluwer Academic Press, 33-59.

Berthelin J., 2007. Les microorganismes, clé des recyclages biogéochimiques. *In : Cycles biogéochimiques et écosystèmes continentaux* (Pédro G., dir.). Les Ulis, EDP sciences, Collection Académie des sciences, 265-296.

Berthelin J., Munch J.C., 2015. Vers une nouvelle ingénierie écologique des sols. *La revue de l'Académie d'agriculture*, 7, 42-45.

Berthelin J., Babel U., Toutain F., 2006. History of soil biology. *In : Foot Prints in the Soil-People and Ideas in Soil History* (Warkentin B., dir.). Amsterdam, Elsevier, 279-306.

Berthelin J., Andreux F., Munier-Lamy C., 2011. Constituants originaux du sol : réactivité et interactions. *In : Sols et environnement : cours, exercices corrigés et études de cas* (Girard M.-C., Walter C., Rémy J.-C., Berthelin J., Morel J.L., dir.). Paris, Dunod, Collection Sciences sup, 2ᵉ édition, 39-65.

Bertrand J.-C., Caumette P., Lebaron P., Matheron R., Normand P., 2011. *Écologie microbienne, microbiologie des milieux naturels et anthropisés*. Pau, Presses universitaires de Pau.

Boudot J.P., Becquer T., Merlet D., Rouiller J., 1994. Aluminium toxicity in declining forests: A general overview with a seasonal assessment in a silver fir forest in the Vosges mountains (France). *Annales des sciences forestières*, 51 (1), 27- 51.

Burns R.G., Dick R.P., 2002. *Enzymes in the Environment: Activity, Ecology and Applications*. New York, Marcel Dekker.

Caldwell B.P., 2005. Enzyme activities as a component of soil biodiversity: A review. *Pedobiologia*, 49 (6), 637-644.

Chenu C., Stotzky G., 2002. Interactions between microorganisms and soil particles: An overview. *In : Interactions Between Soil Particles and Microorganisms* (Huang P.M., Bollag J.M., Senesi N., dir.). New York, John Wiley & Sons, Collection IUPAC Series of Applied Geochemistry, 3-40.

Davet P., 1996. *Vie microbienne du sol et production végétale*. Paris, Inra éditions, Collection Mieux comprendre.

Decaëns T., 2010. Macroecological patterns in soil communities. *Global Ecology and Biogeography*, 19 (3), 287-302.

Dommergues Y., Mangenot F., 1970. *Écologie microbienne du sol*. Paris, Masson.

Fuss R., Ruth B., Schilling R., Scherb H., Munch J.C., 2011. Pulse emissions of N_2O and CO_2 from an arable field depending on fertilization and tillage practice. *Agriculture, Ecosystems and Environment*, 144 (1), 61-68.

Geistlinger H., Mohammadian S., Schlueter S., Vogel H.-J., 2014. Quantification of capillary trapping of gas clusters using X-ray microtomography. *Water Resources Research*, 50 (5), 4514-4529.

Gobat J.-M., Aragno M., Matthey W., 2010. *Le sol vivant : bases de pédologie – biologie des sols*. Lausanne, Presses polytechniques et universitaires romandes, Collection Science et ingénierie de l'environnement, 3ᵉ édition.

Hartmann A., Rothballer M., Schmid M., 2008. Lorenz Hiltner, a pioneer in rhizosphere microbial ecology and soil bacteriology. *Plant and Soil*, 312 (1), 7- 14.

Hattori T., 1973. *Microbial Life in the Soil: An Introduction*. New York, Marcel Dekker.

Hinsinger P., Bengough A.G., Vetterlein D., Young J.M., 2009. Rhizosphere: Biophysics, biogeochemistry and ecological relevance. *Plant and Soil*, 321 (1), 117-152.

Huc A.Y., Ourisson G., Albrecht P., Gaillardet J., 2007. Cycle du carbone. *In : Cycles biogéochimiques et écosystèmes continentaux* (Pédro G., dir.). Les Ulis, EDP sciences, Collection Académie des sciences, 25-47.

Lambers H., Mougel C., Jaillard B., Hinsinger P., 2009. Plant-microbe-soil interactions in the rhizosphere: An evolutionary perspective. *Plant and Soil*, 321 (1), 83-115.

Lavelle P., Spain A.V., 2001. *Soil Ecology*. Dordrecht (Pays-Bas), Springer Science & Business Media.

Leyval C., Berthelin J., 1991. Weathering of a mica by roots and rhizospheric micro-organisms. *Soil Science Society of America Journal*, 55 (4), 1009-1016.

Li R., Doerfler U., Schroll R., Munch J.C., 2016. Biodegradation of isoproturon in agricultural soils with contrasting pH by exogenous soil microbial communities. *Soil Biology and Biochemistry*, 103, 149 -159.

Madigan M.T., Martinko J.M., Dunlaps P.V., Clark D.P., 2009. *Brock Biology of Microorganisms*. San Francisco, Pearson Benjamin-Cummings, 12e édition.

Marx M., Buegger F., Gattinger A., Zsolnay Á., Munch J.C., 2010. Determination of the fate of regularly applied ^{13}C-labeled-artificial-exudates C in two agricultural soils. *Journal of Plant Nutrition and Soil Science*, 173 (1), 80-87.

Naveed M., Moldrup P., Arthur E., Wildenschild D., Eden M., Lamandé M., Vogel H.-J., de Jonge L.W., 2013. Revealing soil structure and functional macroporosity along a clay gradient using x-ray computed tomography. *Soil Science Society of America Journal*, 77 (2), 403-411.

Prosser J.I., 2002. Molecular and functional diversity in soil microorganisms. *Plant and Soil*, 244 (1), 9-17.

Prosser J.I., Graeme W.N., 2012. Archeal and bacterial ammonia-oxidizers in soil: The question for niche specialisation and differentiation. *Trends in Microbiology*, 20 (11), 523-531.

Rabot E., Henault C., Cousin I., 2014. Temporal variability of nitrous oxide emissions by soils as affected by hydric history. *Soil Science Society of America Journal*, 78 (2), 434-444.

Ranjard L., Dequiedt S., Prevost-Boure N.C., Thioulouse J., Saby N.P.A., Lelievre M., Maron P.A., Morin F.E.R., Bispo A., Jolivet C., Arrouays D., Lemanceau P., 2013. Turnover of soil bacterial diversity driven by wide-scale environmental heterogeneity. *Nature Communications*, 4, 134.

Rodloff A.C., Krüger M., 2012. Chronic *Clostridium botulinum* infections in farmers. *Anaerobe*, 18 (2), 226- 228.

Roose T., Keyes S.D., Daly K.R., Carminati A., Otten W., Vetterlein D., Peth S., 2016. Challenges in imaging and predictive modelling of rhizosphere processes. *Plant and Soil*, 407 (1), 9-38.

Sommer M., Wehrhan M., Zipprich M., Weller U., 2008. Assessment of soil landscape variability. *In : Perspectives for Agroecosystem Management. Balancing Environmental and Socio-economic Demands* (Schröder P., Pfadenhauer J., Munch J.C., dir.). Amsterdam, Elsevier, 351-373.

Stotzky G., 1986. Influence of soil mineral colloids on metabolic processes, growth, adhesion and ecology of microbes and viruses. *In : Interactions of Soil Minerals with Natural Organics and Microbes* (Huang P.M., Schnitzer M., dir.). Madison (Wisconsin), Soil Science Society of America, Collection Soil Science Society of America Special Publication n° 17, 305-428.

Totsche K.U., Rennert T., Gerzabek M.H., Kögel-Knabner I., Smalla K., Spiteller M., Vogel H.J., 2010. Biogeochemical interfaces in soil: The interdisciplinary challenge for soil science. *Journal of Plant Nutrition and Soil Science*, 173 (1), 88-99.

Uroz S., Kelly L.C., Turpault M.-P., Lepleux C., Frey-Klett P., 2015. The mineralosphere concept: Mineralogical control of the distribution and function of mineral-associated bacterial communities. *Trends in Microbiology*, 23 (12), 751-762.

van Elsas J.D., Trevors J.T., Jansson J.K., Nannipieri P., 2006. *Modern Soil Microbiology*. Boca Raton (Floride), CRC Press, 2e édition.

Winogradsky S., 1890a. Recherches sur les organismes de la nitrification. *Annales de l'Institut Pasteur*, 4, 213-231.

Winogradsky S., 1890b. Recherches sur les organismes de la nitrification. *Annales de l'Institut Pasteur*, 5, 257-275.

Winogradsky S., 1890c. Recherches sur les organismes de la nitrification. *Annales de l'Institut Pasteur*, 12, 760-771.

Winogradsky S., 1949. *Microbiologie du sol : problèmes et méthodes*. Paris, Masson.

Modélisation de la croissance des cultures considérant l'hétérogénéité physique et spatiale du sol

Eckart Priesack, Xiahong Duan, Jean Charles Munch

Les sols (Jamagne, 1967) sont des habitats pour de nombreux organismes se développant dans l'espace poreux (la porosité est le volume des vides du sol, les pores, par lesquels circulent l'eau et les gaz dans le sol, et est retenue l'eau). Cette vie tellurique est hautement diversifiée et englobe tous les règnes : animaux, plantes, champignons, protistes, eubactéries, archées. La composition de ces populations, en partie concentrées sur des volumes étroits, varie selon le type de sol, le site, et l'écosystème considérés. Seule une faible part du volume poreux est habitée (de l'ordre de 1 %) car une très large majorité (99 %) des pores a une taille inférieure à 1 μm, ce qui les rend inaccessibles même aux organismes les plus petits. Ceci montre que les paramètres physiques, chimiques et hydrauliques du sol sont déterminants pour l'établissement d'une activité biologique dans les sols. Les plantes, qui avec leurs racines pénètrent le sol et créent activement du volume poreux, sont également ment dépendantes des conditions physiques du sol, lesquelles peuvent empêcher ou limiter l'enracinement, et donc influencer la communauté des plantes et leur croissance.

Les conditions physiques des sols sont pour la plupart facilement déterminables, souvent par la connaissance de paramètres de base que sont le profil (horizons des sols : un horizon est une couche du sol homogène et parallèle à la surface, et l'ensemble des horizons constitue le profil de sol), la densité, la texture et le contenu de carbone organique. Ainsi, ces descripteurs permettent d'expliquer les différences observées dans la capacité adaptative des plantes à des sols différents, par exemple en termes de biomasse ou de rendement en grains. Dans ce chapitre, nous décrirons, sur la base d'un exemple concret, comment un modèle de simulation numérique prenant en compte de tels processus dans le sol permet de décrire l'enracinement et la croissance d'un blé d'hiver.

▶▶ Expérimentations au champ

Dans notre exemple, le blé d'hiver est intégré dans une rotation constituée d'une culture de blé d'hiver suivie de cultures de maïs, de blé d'hiver, puis de pommes de terre. Le champ considéré, noté A15, a une superficie de 4,5 ha et il est situé dans un paysage vallonné du tertiaire, à environ 40 km au nord de Munich en Allemagne (48° 30' N – 11° 27' E ; Sommer *et al.*, 2003). Le climat y est caractérisé par une précipitation moyenne sur trente années de 803 mm et par une température moyenne sur trente années de 7,4 °C (Schröder *et al.*, 2002 ; Sommer *et al.*, 2003). Le champ montre une grande hétérogénéité dans la composition du sous-sol formé au tertiaire et au quaternaire, et donc des sols. Les sédiments du tertiaire, qui sont les matériaux de base du sol, sont composés de sables contenant des taux variables de graviers. Des lentilles d'argile s'y trouvent. Des couches de lœss formées au quaternaire – dépôt sédimentaire détritique meuble, de la taille des limons (2 à 50 μm), carbonaté, d'origine éolienne – allant jusqu'à 3 m de profondeur sont présentes sur les faibles pentes inclinées vers l'est, alors que le loess est plus rare sur les pentes plus fortes orientées à l'ouest, probablement suite à des épisodes d'érosion. Il est établi qu'une grande variabilité dans les propriétés de sols résulte des divers matériaux originels, du relief et des modes d'usage (Tessier *et al.*, 1996 ; Sinowski et Auerswald, 1999 ; Sommer *et al.*, 2003). Ainsi, Sommer *et al.* (2003) ont identifié huit types de sols différents dans ce champ A15 (figure 5.1). De plus, ces auteurs ont émis l'hypothèse que la disponibilité en eau est le principal facteur influençant la croissance des plantes dans ce champ. Cette étude montre également que l'hétérogénéité de la croissance végétale observée résulte d'une disponibilité impropre de l'eau entraînant un stress hydrique dans certaines zones et une déficience en oxygène dans d'autres. Puisqu'une fertilisation d'azote fut apportée lors de ces expérimentations, il s'ensuit que seule la connaissance de l'hétérogénéité des propriétés hydrauliques des sols est suffisante pour expliquer les différences observées dans la croissance des cultures (Sommer *et al.*, 2003). Nous avons testé plus avant cette hypothèse en calculant les bilans en eau du sol pour trois sites typiques du champ A15, en utilisant les propriétés de base des sols et en appliquant le modèle agroécosystémique Expert-N.

▶▶ Modélisation couplant sols-végétation-atmosphère

Le modèle Expert-N est un système de développement permettant de simuler le cycle de l'azote en agriculture[7]. Il intègre plusieurs sous-modèles modulaires pour les transports d'eau, de solutés et de chaleur, les transformations de matière organique et pour la croissance des cultures (Stenger *et al.*, 1999 ; Priesack, 2006 ; Priesack *et al.*, 2006 ; Biernath *et al.*, 2011). Les sous-modèles utilisés actuellement dans

---

7. https://soil-modeling.org/models/model-descriptions/expert-n (consulté le 2 janvier 2017).

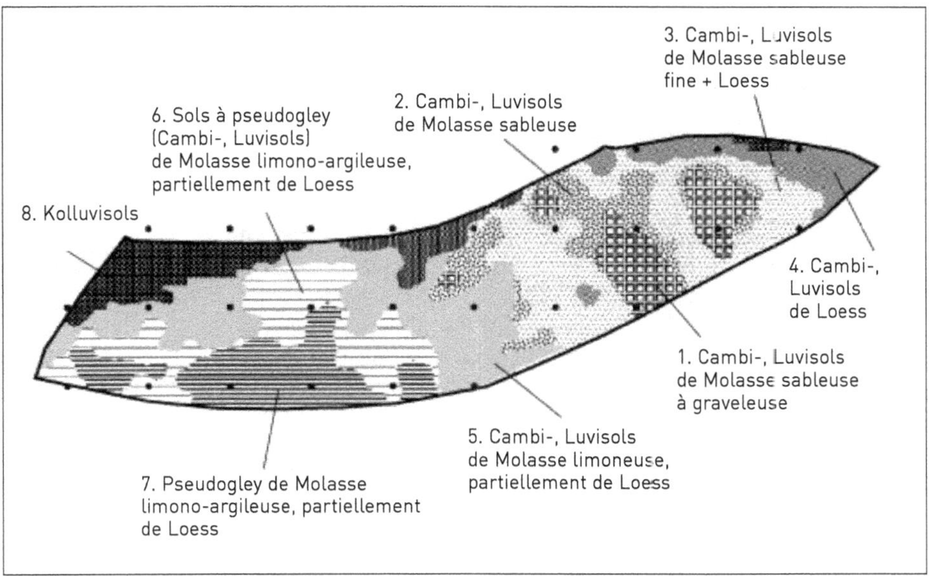

Figure 5.1. Carte des sols du champ A15 (4,5 ha) selon l'analyse de Sommer *et al.* (2003).

Expert-N sont issus de modèles publiés tels LEACHN-3,0[8] (Leaching Estimation and Chemistry Model) (Hutson et Wagenet, 1992), SoilN[9] (Johnsson *et al.*, 1987), HYDRUS[10] (Šimůnek *et al.*, 2005), CERES-Wheat 2.0[11] (Crop Environment Resource Synthesis) (Ritchie *et al.*, 1988) et GECROS (Genotype-by-Environment interaction on CROp growth Simulator) (Yin et van Laar, 2005) ou développés par l'équipe implémentant Expert-N – par exemple le modèle de croissance végétale SPASS (Soil-Plant-Atmosphere System and its Simulation; Wang, 1997; Gayler *et al.*, 2002).

Les sous-modèles utilisés pour notre étude comprennent des modules pour simuler les transports d'eau, de chaleur et d'azote au travers de sols différents. Les flux d'eau sont modélisés par l'équation de Richards modifiée selon Šimůnek *et al.* (2005), et le modèle d'Hutson et Cass (1987) est utilisé pour paramétrer les fonctions hydrauliques des sols. Dans toutes les simulations, nous considérons trois zones de sols caractérisées par des gammes de profondeur allant de 0 à 0,32 m, de 0,32 à 0,48 m et de 0,48 m à 0,90 m. Le transfert de chaleur et le transport d'azote sont calculés en utilisant LEACHN, alors que les transformations de carbone et d'azote sont simulées

---

8. http://ecobas.org/www-server/rem/mdb/leachm.html (consulté le 2 janvier 2017).
9. https://www.apsim.info/Documentation/Model,CropandSoil/SoilModulesDocumentation/SoilN.aspx (consulté le 2 janvier 2017).
10. https://www.pc-progress.com/en/Default.aspx?h3d-description (consulté le 2 janvier 2017).
11. http://nowlin.css.msu.edu/wheat_book/ (consulté le 2 janvier 2017).

avec le modèle SoilN. Dans tous les cas, l'évaporation potentielle est calculée par l'équation de Penman-Monteith avec les paramètres du blé d'hiver (Allen, 2000). Cette équation incorpore de nombreux paramètres qui sont mesurables ou bien calculables à partir de données météorologiques et agronomiques. Les données météorologiques utilisées comportent par exemple les variations de température, d'humidité et de pression atmosphérique, la latitude, l'altitude, la durée d'ensoleillement et la force du vent. Les paramètres agronomiques comportent l'albédo (pouvoir réfléchissant d'une surface) et la conductivité stomatique des plantes, la hauteur des plantes, le type de sol, etc. La consommation d'eau par les plantes et la transpiration sont simulées par le logiciel CERES à partir de calculs de la photosynthèse, de la formation de biomasse, du développement des surfaces foliaires, de la distribution racinaire et de sénescence, en lien avec des facteurs environnementaux tels que la température, de la radiation ou la disponibilité d'eau et d'azote.

Sur la base de la mesure des distributions de longueur des racines dans les différents sols (figure 5.2), nous avons développé un nouveau modèle de croissance racinaire qui considère l'interaction entre la croissance racinaire et les propriétés des sols influençant le blé (Duan, 2011). Le nouveau modèle racinaire est ainsi une combinaison du modèle racinaire proposé par Jones *et al.* (1991) et du modèle de croissance

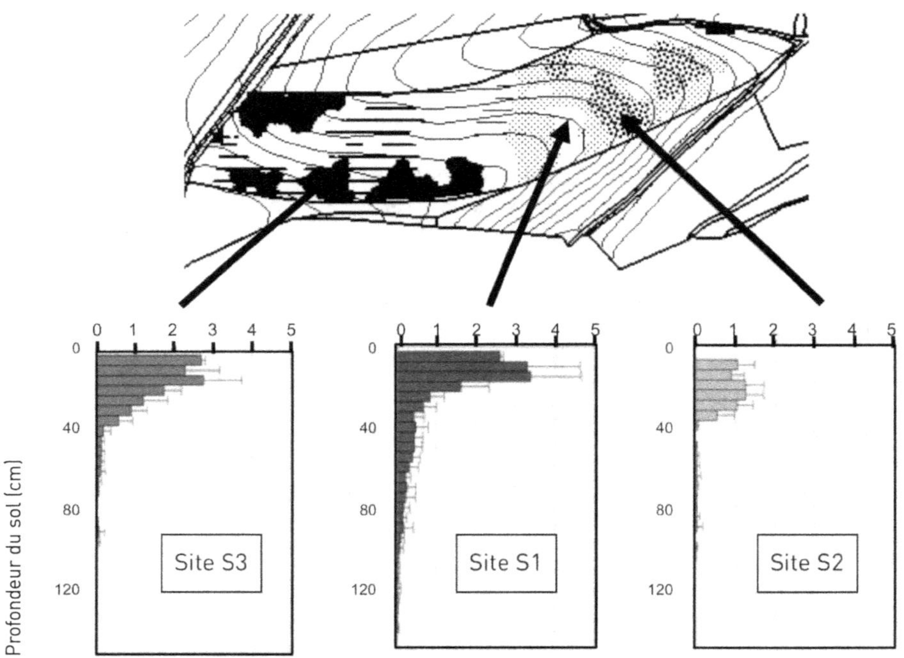

Figure 5.2. Densités de longueurs racinaires de blé d'hiver mesurées sur différents sites (S1, S2, S3) du champ A15.
Source : Sommer *et al.* (2003).

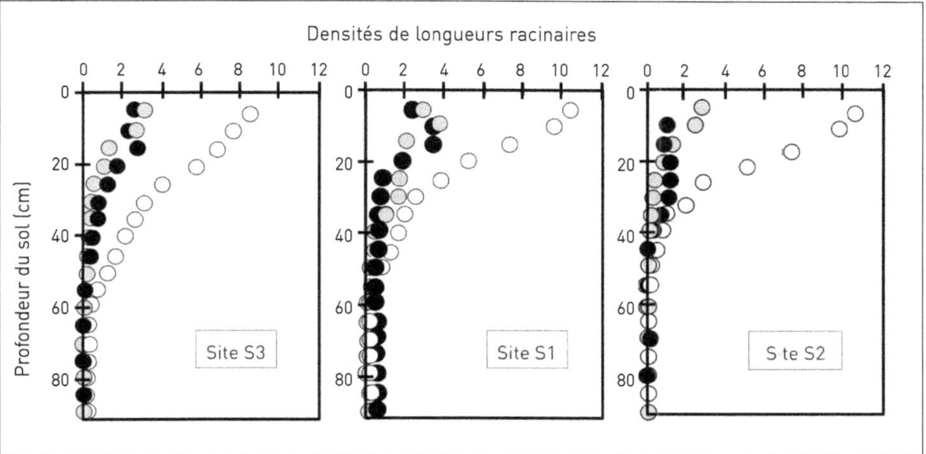

Figure 5.3. Densités de longueurs racinaires de blé d'hiver aux différents sites du champ A15 mesurées (ronds noirs) et simulées avec le modèle CERES (ronds blancs) ou avec le modèle développé dans le texte (ronds gris).
Définition des sites S1, S2, S3 (voir figure 5.2).

racinaire SPASS développé par l'équipe Expert-N (Wang, 1997; Priesack, 2006). De plus, un index de stress a été introduit afin d'estimer les propriétés relatives à la simulation de chaque zone de profondeur pour la croissance racinaire. Le nouveau modèle racinaire est ainsi validé pour les conditions de stress dans le sol qui peuvent potentiellement réduire la profondeur de pénétration racinaire, conduire à moins d'allocation de carbone dans les racines, augmenter leur degré de sénescence et réduire le rapport entre leur longueur et la biomasse racinaire.

La simulation couplant le sous-modèle de croissance végétale CERES avec notre nouveau modèle de croissance racinaire (CERES+) permet une description assez fidèle de la distribution des longueurs de racines à maturité (figure 5.3). Nous notons en particulier que les différences de distribution verticales sont bien représentées par le nouveau modèle, les racines du site S1 préférant la croissance plutôt dans le sous-sol et les racines du site S2 préférant une croissance dans le sol superficiel, alors que le modèle CERES originel ne montre pas de différences dans la distribution verticale des racines entre les sites.

▸▸ Conclusion

Notre nouveau modèle de croissance racinaire du blé basé sur le modèle de Jones *et al.* (1991) permet de décrire les interactions directes entre la croissance végétale et les propriétés du sol qui limitent la croissance racinaire. Nous observons en particulier des conditions favorables à la croissance des racines dans la couche de

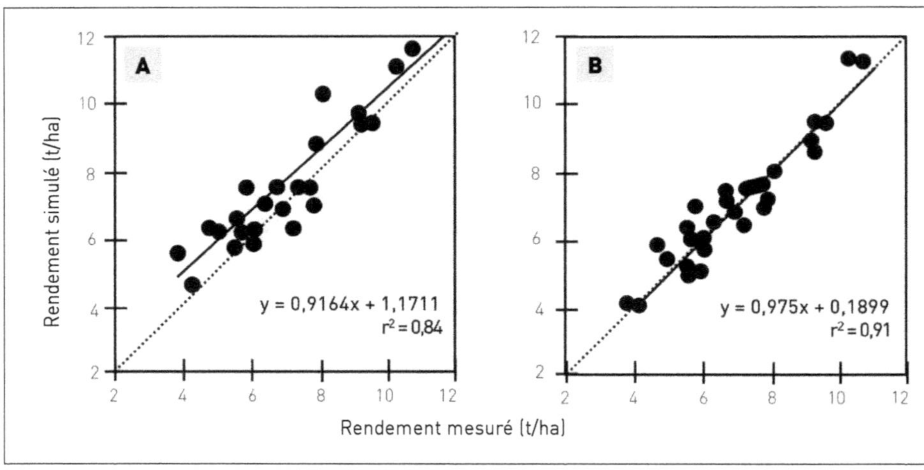

Figure 5.4. Comparaison de rendements simulés *versus* mesurés avec le modèle CERES de croissance végétale (**A**) et le nouveau modèle racinaire (**B**) développé dans cette étude.

loess du quaternaire où se trouve la densité la plus forte de longueurs de racines et de biomasse racinaire, en contraste avec les conditions sableuses ou argileuses du sous-sol. De fait, le nouveau modèle de croissance racinaire offre une meilleure simulation de la croissance de la plante et des rendements (figure 5.4), et il permet de plus de comprendre la variabilité de biomasses et de rendements dans le champ A15 spatialement hétérogène considéré. De surcroît, le modèle est utilisable pour des conditions de paysages formés sur des sédiments limno-fluviatiles. Ces sédiments peu stables comportent des graviers, des sables, des limons et des argiles du tertiaire (les sédiments limniques et fluviatiles déposés dans des environs très proches pendant plusieurs cycles au cours de l'ère tertiaire) et sont partiellement couverts de loess ou de matériaux colluviaux (sédiments du quaternaire). La cartographie précise leurs limites entre les ères tertiaire et quaternaire (Sinowski et Auerswald, 1999). Ainsi, ce modèle pourra être utilisé en agriculture de précision pour prendre en compte l'hétérogénéité des sols.

Enfin, cet exemple peut être adapté et extrapolé à d'autres processus biologiques, dont des activités microbiennes qui sont également régies par les propriétés chimiques et physiques de leurs habitats. Les habitats microbiens sont des micro-habitats, établis dans un volume global de sol formant un ensemble (voir chapitre 4 de cet ouvrage). Néanmoins, les conditions physiques des micro-habitats sont caractérisables de nos jours en raison des récents développements analytiques dans ce domaine (voir chapitre 2 de cet ouvrage). La compréhension des processus mis en jeu est possible à cette micro-échelle grâce à une modélisation appropriée utilisant un paramétrage adéquat.

Références bibliographiques

Allen R.G., 2000. Using the FAO-56 dual crop coefficient method over an irrigated region as part of an evapotranspiration intercomparison study. *Journal of Hydrology*, 229 (1-2), 27-41.

Biernath C., Gayler S., Klein C., Bittner S., Högy P., Fangmeier A., Priesack E., 2011. Evaluating the ability of four crop models to predict different environmental impacts on spring wheat grown in open-top chambers. *European Journal of Agronomy*, 35 (2), 71-82.

Duan X., 2011. Modeling the impact of soil heterogeneity on the variability of crop growth at field scale. dissertation, spécialité sciences naturelles, Munich, Technical University Munich.

Gayler S., Wang E., Priesack E., Schaaf T., Maidl F.-X., 2002. Modeling biomass growth, N-Uptake and phenological development of potato crop. *Geoderma*, 105 (3), 367-383.

Hutson J.L., Cass A., 1987. A retentivity function for use in soil-water simulation models. *European Journal of Soil Science*, 38 (1), 105-113.

Hutson J.L., Wagenet R.J., 1992. LEACHM Version 3.0. *Research Series*, 93 (3), Cornell University, consultable en ligne : http://ecobas.org/www-server/rem/mdb/leachm.html (consulté le 7 décembre 2016).

Jamagne M., 1967. Bases et techniques d'une cartographie des sols. *Annales agronomiques*, 18 (hors-série).

Johnsson H., Bergström L., Jansson P.E., Paustian K., 1987. Simulated nitrogen dynamics and losses in a layered agricultural soil. *Agriculture, Ecosystems & Environment*, 18 (4), 333-356.

Jones C., Bland W.L., Ritchie J., Williams J., 1991. Simulation of root growth. *In : Modeling Plant and Soil Systems* (Hanks J., Ritchie T., dir.). Madison (Wisconsin), ASA/CSSA/SSSA Publishers, Collection Agronomy no. 31, 91-123.

Priesack E., 2006. Expert-N Dokumentation der Modell-Bibliothek. *FAM Bericht*, 60, Munich, Hieronymus.

Priesack E., Gayler S., Hartmann H., 2006. The impact of crop growth sub-model choice on simulated water and nitrogen balances. *Nutrient Cycling in Agroecosystems*, 75 (1), 1-13.

Ritchie J.T., Godwin D.C., Otter-Nacke S., 1988. *CERES-Wheat: A Simulation Model of Wheat Growth and Development*. Austin (Texas), University of Texas Press, consultable en ligne : http://nowlin.css.msu.edu/wheat_book/ (consulté le 7 décembre 2016).

Schröder P., Huber B., Olazabal U., Kämmerer A., Munch J.C., 2002. Land use and sustainability: FAM research network on agroecosystems. *Geoderma*, 105 (3-4), 155-166.

Šimůnek J., van Genuchten M.T., Šejna M., 2005. The HYDRUS-1D software package for simulating the one-dimensional movement of water, heat, and multiple solutes in variably-saturated media. Version 3.0. Riverside, University of California, Department of Environmental Sciences, consultable en ligne : https://www.pc-progress.com/en/Default.aspx?h3d-description (consulté le 7 décembre 2016).

Sinowski W., Auerswald K., 1999. Using relief parameters in a discriminant analysis to stratify geological areas with different spatial variability of soil properties. *Geoderma*, 89 (1-2), 113-128.

Sommer M., Wehrhan M., Zipprich M., Weller U., zu Castell W., Ehrich S., Tandler B., Selige T., 2003. Hierarchical data fusion for mapping soil units at field scale. *Geoderma*, 112 (3-4), 179-196.

Stenger R., Priesack E., Barkle G., Sperr C., 1999. Expert-N, a tool for simulating nitrogen and carbon dynamics in the soil-plant-atmosphere system. *In : NZ Land Treatment Collective Proceedings Technical Session 20: Modelling of Land Treatment Systems* (Tomer M., Robinson M., Gielen G., dir.). New Plymouth (Nouvelle-Zélande), NZ Land Collective, 19-28.

Tessier D., Bruand A., Le Bissonnais Y., Dambrine E., 1996. Qualité chimique et physique des sols : variabilité et évolution. *Étude et gestion des sols*, 3 (4), 229-244.

Wang E., 1997. Development of a generic process-oriented model for simulation of crop growth. Thèse de doctorat, Munich, Institut für Landwirtschaftlichen und Gärtnerischen Pflanzenbau/ Fachgebiet für Ackerbau und Informatik im Pflanzenbau/TU München/Herbert Utz Verlag.

Yin X., van Laar H.H., 2005. *Crop Systems Dynamics: An Ecophysiological Simulation Model for Genotype-by-Environment Interactions.* Wageningen (Pays-Bas), Wageningen Academic Publishers.

Impact des invertébrés sur les fonctions des sols et leurs applications dans les systèmes sol-plante

Mickael Hedde, Éric Blanchart, Manuel Blouin,
Sophie Boulanger-Joime, Yvan Capowiez, Thibaud Decaëns,
Pascal Jouquet, Guénola Pérès, Marine Zwicke

▸▸ Les sols, milieux vivants

Une immense diversité

Au même titre que les fonds abyssaux et la canopée des forêts tropicales, les sols partagent les caractéristiques des frontières biotiques (André *et al.*, 1994). De par leur structure tridimensionnelle, leur large gamme de porosité, la diversité de leurs caractéristiques physicochimiques et des conditions microclimatiques, les sols abritent un nombre considérable, parfois inestimable, d'organismes. Ainsi, on estime que les sols hébergent environ un quart des espèces animales (vertébrés et invertébrés) décrites (Decaëns *et al.*, 2006). Cette faune du sol comprend plusieurs échelles de taille, depuis les organismes microscopiques (amibes) jusqu'à des animaux de plusieurs dizaines de centimètres (vers de terre, rongeurs). Elle regroupe une multitude de taxons exprimant une diversité de formes, de stades de développement, de modes de vie et de régimes alimentaires qui impacte le fonctionnement physicochimique du sol à toutes les échelles, depuis l'arrangement des particules élémentaires (échelle texturale) jusqu'à l'arrangement macroscopique des agrégats, des macropores et des horizons de sol (échelle structurale). Tous ces organismes, liés par leur position dans les réseaux trophiques, participent au flux d'énergie dans les écosystèmes. On considère généralement de façon séparée les organismes des sols vivant dans les compartiments épigés (pour les animaux vivant à la surface du sol) et endogés (pour les animaux vivants dans les sols).

Pour simplifier l'appréhension de cette diversité d'organismes, une pratique courante en écologie est de grouper les espèces selon leur taille (Lavelle et Spain, 2001) (figure 6.1). Les animaux dont la taille excède 2 mm sont inclus dans la macrofaune, ceux dont la taille est comprise entre 100 μm et 2 mm appartiennent à la mésofaune, et les animaux dont la taille est inférieure à 100 μm sont regroupés dans la microfaune. La macrofaune comprend les cloportes, les mille-pattes, les mollusques, les vers de terre et beaucoup d'arachnides et d'insectes. La mésofaune regroupe les collemboles, les acariens ou encore les enchytrées, et la microfaune est composée de protistes et de nématodes. Selon les auteurs, la faune du sol peut aussi être regroupée en type d'organismes (Suigihara *et al.*, 1997), en groupes fonctionnels (Faber, 1991), selon leurs activités (Lavelle *et al.*, 1997) ou encore en niveaux ou guildes trophiques (Tsiafouli *et al.*, 2015). Cette approche est basée sur le postulat que ces espèces ainsi groupées ont un impact identique sur certaines fonctions écologiques, telles que la bioturbation (phénomène de transfert de particules par des êtres vivants au sein d'un compartiment d'un écosystème ou entre différents compartiments) ou le biocontrôle (ensemble de méthodes de protection des végétaux par l'utilisation de mécanismes naturels). Ce regroupement est utile car il satisfait un besoin de simplification mais ne permet pas de prendre en compte la variabilité des réponses/effets des espèces, le *turn-over* des espèces, ni les interactions entre espèces, à l'intérieur de chaque groupe.

Des espèces aux réseaux d'interaction

Les travaux sur les réseaux trophiques des sols ont mobilisé plusieurs approches complémentaires. L'isotopie permet de marquer les producteurs primaires, puis de tracer les consommateurs (Coleman *et al.*, 2002). Les acides gras phospholipidiques (PLFA) sont des indicateurs de la structure et de la composition des communautés microbiennes et de nématodes (Niwa *et al.*, 2008). Les groupes trophiques sont le plus souvent définis à partir d'informations collectées sur l'habitat et les ressources consommées par les espèces étudiées sans étudier les interactions entre eux (Yeates *et al.*, 1993 ; Ingham et Thies, 1996). Ces interactions peuvent alors être confirmées en testant des relations deux à deux (Kuperman *et al.*, 1998). Une autre méthodologie consiste à modéliser les flux d'énergie (exprimés en flux de C) entre groupes trophiques pour construire un réseau d'interactions quantitatif (Hunt *et al.*, 1987 ; de Ruiter *et al.*, 1995). Cette méthodologie a été utilisée pour démontrer l'impact de l'intensification de l'usage des terres sur les réseaux trophiques des sols (Tsiafouli *et al.*, 2015) et sur le lien entre réseau et fonction des sols (de Vries *et al.*, 2013). Toutefois, les réseaux écologiques des sols n'ont pas qu'une composante proie-prédateur. On peut mentionner les réseaux mycorhiziens (Tylianakis *et al.*, 2008 ; Kiers *et al.*, 2011) et l'ingénierie écologique, qui est un type d'interaction indirecte très rarement intégrée dans les réseaux écologiques (Kéfi *et al.*, 2012). La modélisation théorique montre que les interactions non trophiques qui modifient les interactions trophiques peuvent profondément influencer les propriétés

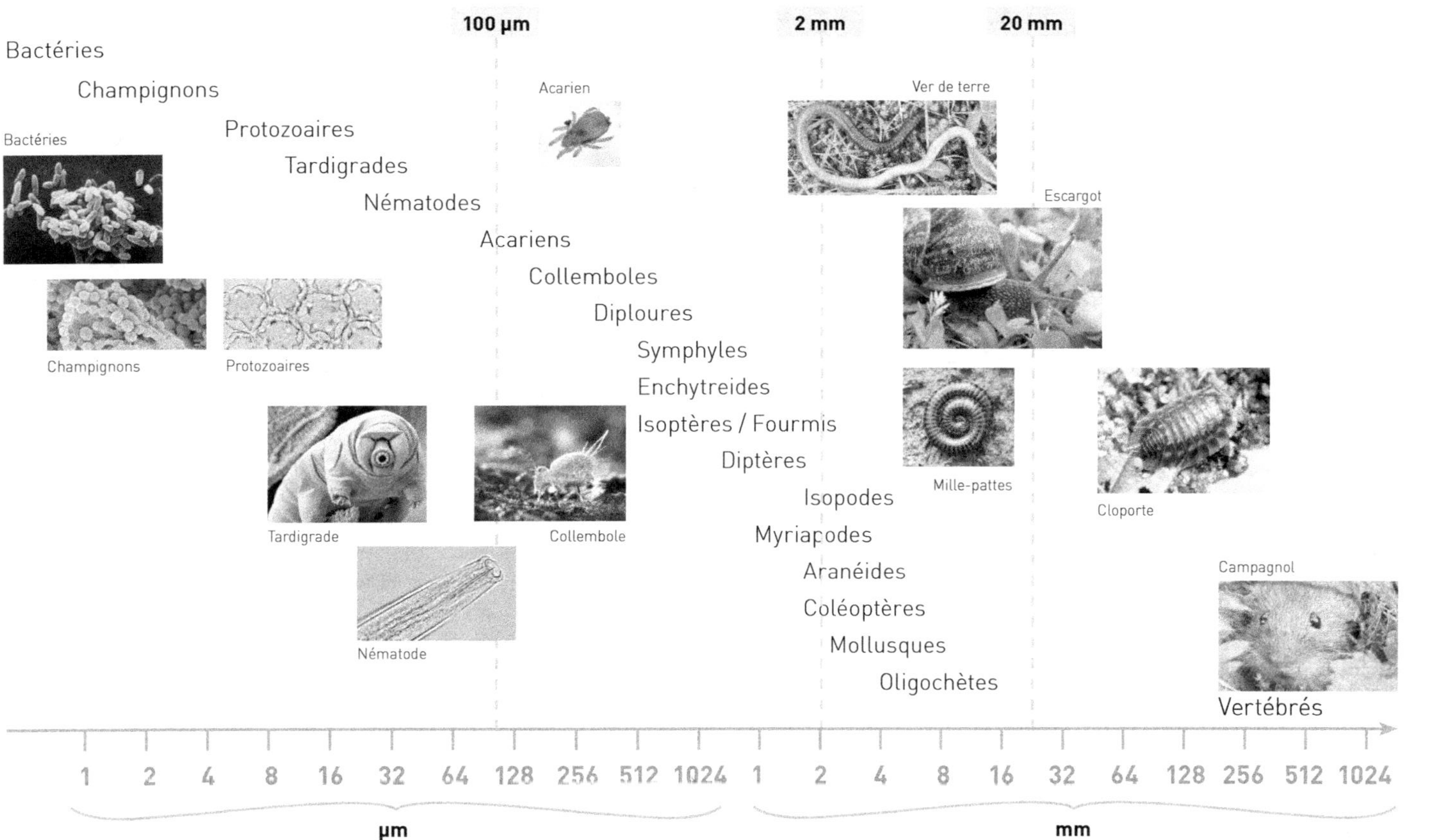

Figure 6.1. Diversité des organismes de la faune du sol, organisée en fonction de leur taille.

Photos de gauche à droite et de haut en bas © Inra (bactéries), Dennis Kunkel/Microscopy Inc. (champignons), M. Pussard/Inra (protozoaires), Dino Hristopoulos (tardigrade), Elisol Environnement (nématode), Marc Fouchard/Inra (acarien), Philippe Lebeaux/www.animailes.com (collembole), G. Tuzeau/univ. de Rennes (ver de terre), A. de Vaufleury/univ. de Franche-Comté (escargot), Buraratn100/Fotolia#82516698 (mille-pattes), CNRS (cloporte), Clémentine Fritsch (campagnol).

des écosystèmes telles la biomasse et la production végétales (Arditi *et al.*, 2005 ; Goudard et Loreau, 2008). On peut donc fortement supposer que cela interagit avec d'autres fonctions telles la dynamique des matières organiques des sols (voir chapitre 2 de cet ouvrage) ou le biocontrôle des ravageurs de culture.

Des espèces aux fonctions

Dans les travaux récents en écologie théorique, les questions classiques liées aux patrons de richesse en espèces ont été revisitées au travers d'approches basées sur les traits (Lavorel et Garnier, 2002 ; Violle *et al.*, 2007). L'écologie fonctionnelle assume le fait que certains traits sont fonctionnels, dans le sens où ils lient l'environnement et les variations de performance et de *fitness* (valeur adaptative) des individus (Violle *et al.*, 2007). Une autre hypothèse forte de l'écologie fonctionnelle est que les traits des individus peuvent être utilisés pour prédire leurs performances individuelles et permettre des changements d'échelle pour expliquer l'assemblage des communautés ou le fonctionnement des écosystèmes, le «*Holy Grail*» (Lavorel et Garnier, 2002). Ainsi, plutôt que sur la richesse en espèces, on insiste sur les traits fonctionnels et la diversité de leurs valeurs (Petchey, 2004 ; Mason *et al.*, 2005).

Depuis les vingt dernières années, les travaux décrivant la relation BEF (*Biodiversity – Ecosystem Functioning*) se focalisent principalement sur l'implication de la diversité des espèces au sein d'un même niveau trophique (Tilman *et al.*, 2014). Toutefois, une seule fonction est généralement étudiée. Il est donc nécessaire d'envisager comment différents types d'organismes affectent les flux et les stocks de matière/énergie dans les écosystèmes à travers un/des réseaux d'interactions. Pour cela, Brose et Hillebrand (2016) proposent une approche multi-trophique dans l'évaluation du BEF en considérant une large échelle spatio-temporelle. Les expérimentations sur le BEF ont majoritairement manipulé les plantes ou les organismes des faibles niveaux trophiques (Balvanera *et al.*, 2006). Cependant, dans les écosystèmes réels, la distinction claire entre diversité des consommateurs et celle des proies est altérée par la structure complexe des réseaux trophiques (Digel *et al.*, 2014). Ainsi, les autotrophes sont bien délimités par leur ressource minérale, alors que les consommateurs des niveaux trophiques supérieurs distribuent leurs interactions trophiques au travers de plusieurs niveaux trophiques (Finke et Denno, 2004). Par exemple, la perte de diversité des prédateurs peut avoir des conséquences positives, négatives ou neutres sur les niveaux trophiques inférieurs en fonction de la position des espèces perdues dans le réseau (Schneider et Brose, 2013).

La théorie «*mass-ratio*» stipule que le fonctionnement des écosystèmes est porté par les espèces dominantes (Grime 1998 ; Garnier *et al.*, 2004). Toutefois, les communautés d'organismes des sols sont caractérisées par un grand nombre d'espèces parfois considérées comme rares. Cette rareté peut avoir plusieurs origines. Certaines espèces présentent de faibles populations, d'autres sont territoriales (diminuant ainsi la probabilité d'occurrence dans un échantillon), certaines sont morphologiquement proches d'espèces congénériques (et donc difficiles à identifier). Parfois, les techniques ou l'intensité d'échantillonnage ne sont pas à même de détecter certaines populations. Cette rareté a plusieurs conséquences sur les indices des réseaux étudiés et sur la compréhension du lien entre biodiversité et fonctionnement d'un écosystème. En effet, les espèces contactées une seule fois (*singletons*) sont *de facto* considérées comme spécialistes. Les raisons de cette rareté doivent être élucidées pour comprendre les patrons des réseaux d'interactions. D'autre part, les espèces rares sont couramment évincées des jeux de données car elles sont considérées comme ayant un poids négligeable dans le fonctionnement des écosystèmes. Toutefois, les individus caractérisés par des traits ou des valeurs rares (*hidden players*) peuvent jouer un rôle important en étant porteurs d'interactions spécifiques (Thompson *et al.*, 2001). Leur disparition peut alors engendrer des variations de flux d'énergie (Barnes *et al.*, 2014). Ainsi, l'importance fonctionnelle de ces espèces rares est reconnue depuis une décennie (Lyons *et al.*, 2005), mais reste relativement peu étudiée. Si les traits fonctionnels des espèces rares sont similaires à ceux des espèces dominantes, la redondance fonctionnelle maintient la réalisation d'une fonction donnée en cas de gain ou de perte d'espèce, dans le cas contraire, la perte (ou le gain) d'espèces rares portant des traits fonctionnels particuliers peut rendre vulnérable (ou améliorer) certaines fonctions écologiques (Mouillot *et al.*, 2013). Soliveres *et al.* (2016) ont mis en évidence que les espèces rares contribuent à de hauts niveaux de multifonctionnalité alors que les espèces communes participent à maintenir des niveaux de multifonctionnalité moyens.

Écologie fonctionnelle des sols agricoles

Au sein des agroécosystèmes, les enjeux sont de comprendre les relations entre la plante cultivée et son environnement biophysique incluant les interactions biologiques et les effets de la biodiversité. Si le service final attendu est la production agricole, certains services intermédiaires (ensemble de fonctions qui ont un effet sur le service final) peuvent être mobilisés. De très nombreuses études ont relayé l'importance des organismes des sols dans la réalisation de grandes fonctions écologiques des sols agricoles telles la production primaire, la dynamique du carbone, le recyclage des nutriments, la maintenance de la structure des sols, la dynamique de l'eau et la régulation des bioagresseurs (Kibblewhite *et al.*, 2008). Cependant, les sols hébergent aussi des organismes néfastes pour les cultures ou qui peuvent indirectement affecter la production primaire *via* des boucles de rétroaction. Par exemple, Bradford *et al.* (2002) ou Wurst *et al.* (2008) concluent que les effets positifs et négatifs des communautés des sols s'annulent et que la résultante sur la productivité des plantes reste inchangée. D'un autre côté, Wolters (2001) souligne que le bilan net de l'effet de la biodiversité des sols sur le fonctionnement des écosystèmes dépend du nombre de fonctions étudiées. C'est pourquoi il est important de considérer la multifonctionnalité des organismes des sols pour mieux appréhender le rôle de la diversité biologique des sols sur la production agricole.

▸▸ Implications de la faune du sol pour la production primaire

Service attendu : production primaire

Dans une méta-analyse récente, van Groenigen *et al.* (2014) démontrent que la présence de vers de terre augmente significativement le rendement (+25 %) et la biomasse (totale, aérienne et souterraine ~+20%) des plantes cultivées. Cet effet globalement positif dépend du type et du taux de fertilisation azotée, de la présence de résidus de culture et de la densité lombricienne. Les effets les plus importants sont relevés dans les sols argileux alors que, dans les sols sableux (peu propices aux vers), les effets seraient nuls. De même, les plantes poussant sur des sols à pH élevé (> 7,0) bénéficient peu ou pas de l'effet des lombrics. Enfin, le climat (tempéré/continental *versus* (sub)tropical), la teneur en C organique du sol et le C/N du sol n'influenceraient pas cet effet. Ces animaux modifient la croissance des plantes mais aussi l'allocation des ressources dans la plante, il est courant de constater qu'ils altèrent le rapport entre biomasse aérienne et biomasse racinaire (Scheu, 2003 ; Laossi *et al.*, 2010). Les collemboles sont aussi responsables de modifications de la biomasse des plantes. Eisenhauer *et al.* (2011) montrent que l'identité des espèces, la composition en espèces et en groupes fonctionnels sont des facteurs modulant la croissance des plantes, avec toutefois des différences selon les groupes fonctionnels de plantes.

Pour expliquer l'effet de la faune du sol sur la production primaire, Brown *et al.* (2004) proposent cinq processus d'effet des détritivores du sol sur la croissance des plantes : i) l'augmentation de la disponibilité des nutriments, ii) les modifications de la structure des sols, iii) le biocontrôle des ravageurs et des maladies, iv) la stimulation des microsymbiontes et v) la production de substances régulant la croissance des plantes. Si les premiers processus (i-ii) sont connus depuis longtemps (Brown *et al.*, 2004), les derniers (iii-v) n'ont été étudiés que plus récemment. À cela, on peut ajouter la modulation des interactions entre les plantes (facilitation, compétition) par la faune du sol. Nous proposons de revoir cette classification car, par exemple, la stimulation des microsymbiontes et l'augmentation de la disponibilité des nutriments nous apparaissent être deux mécanismes de la fonction liée à la nutrition des plantes. L'impact de la faune du sol sur la production primaire peut être vu au travers de leur effet sur les fonctions i) de recyclage des nutriments, ii) d'entretien de la stabilité/structure du sol, iii) de contrôle des bioagresseurs et iv) de soutien de la biodiversité. Ces fonctions écosystémiques sont respectivement associées du point de vue des plantes i) à leur nutrition, ii) au milieu physique dans lequel les plantes se développent, iii) à leur santé et iv) aux interactions entre plantes. L'effet de la faune du sol sur chaque fonction peut être expliqué par de nombreux processus et mécanismes qui impliquent l'ensemble des organismes des sols. Ces différents processus sont détaillés dans les paragraphes suivants.

Fonction 1 : recyclage des nutriments pour la nutrition des plantes

Disponibilité de l'azote

Effet des lombriciens

D'après une méta-analyse récente, van Groenigen *et al.* (2014) affirment que la modification de la disponibilité de l'azote est le principal effet des vers de terre sur la croissance des plantes. Pour cela, ils s'appuient sur le fait que l'effet des vers diminue jusqu'à être nul quand la fertilisation azotée dépasse 30 kg N ha^{-1} an^{-1}. Leur effet sur la croissance des plantes varie d'une espèce à une autre. Par exemple, il tend à disparaître en présence de légumineuses, car ces plantes sont capables de fixer l'azote atmosphérique grâce à une symbiose racinaire avec une bactérie *Rhizobium sp.* Si quelques études montrent que les vers concourent à la nutrition azotée des légumineuses, on peut supposer que cela intervient dans les stades précoces de la plante, avant le développement des symbioses. La densité des vers de terre a aussi un rôle important sur la croissance des plantes et il est estimé qu'un effet significatif est observable au-delà de 400 individus m^{-2} (> +30 %), alors qu'en dessous l'effet positif est de l'ordre de +10 % à +20 % (Karsten et Drake 1997 ; Drake et Horn, 2006). On peut cependant noter que des densités de 400 individus par m^{-2} ou plus sont peu courantes dans les agrosystèmes cultivés.

Plusieurs mécanismes permettent d'expliquer l'effet positif des vers de terre sur la disponibilité de l'azote. Tout d'abord, les turricules (rejet des vers de terre présents à la surface du sol) fraîchement produits sont riches en ammonium ($NH4^+$) issu de la minéralisation de la matière organique ingérée. Ce NH_4^+ est progressivement nitrifié, on observe alors une bascule entre ammonium et nitrate (NO_3^-) à mesure que les turricules vieillissent (Syers *et al.*, 1979 ; Decaëns *et al.*, 1999, ; Chaoui *et al.*, 2003). Des teneurs dans les turricules de 27 à 290 μg NO_3^- g^{-1} sont observées (Parkin et Berry, 1994 ; Curry *et al.*, 1995 ; Chaoui *et al.*, 2003). Selon les quantités de NO_3^- et l'humidité des turricules, ceux-ci sont aussi un siège de la dénitrification (Elliott *et al.*, 1990). D'après Parkin et Berry (1994), les taux de dénitrification, de l'ordre de 0,2 pg de NO_3^- denitrifié par g de turricule et par jour, sont faibles comparés aux concentrations en NO_3^- dans les turricules (80-100 μg NO_3^- g^{-1}). Mais, à partir d'échantillons collectés au champ, Elliott *et al.* (1990, 1991) estiment que la contribution potentielle des turricules à la dénitrification est de 10 % de 29,3 kg ha^{-1} an^{-1} (parcelle drainée et non fertilisée) et de 22 % de 82,5 kg ha^{-1} an^{-1} (parcelle non drainée et fertilisée). La dénitrification dans les turricules serait d'abord déterminée par la quantité de NO_3^-, puis par l'humidité des turricules (Elliott *et al.*, 1991). La dénitrification dans les turricules peut également varier d'une espèce de vers de terre à une autre. Par exemple, Rizhiya *et al.* (2007) mesurent des émissions de N_2O, après 90 jours d'incubation avec une litière de graminée (35 g N kg^{-1}) déposée à la surface du sol, de 789 et de 227 μg de N_2O kg sol^{-1} en présence de *Lumbricus rubellus* et d'*Aporrectodea longa* (vers de terre anéciques vivant dans le profil de sol et se nourrissant à la surface) respectivement. Si cette litière est mixée avec le sol, alors les différences entre espèces disparaissent et la nitrification augmente fortement (1 064 μg de N_2O kg sol^{-1} après 50 jours d'incubation). Ces résultats mettent en lumière l'effet fondamental de la bioturbation sur la minéralisation de l'azote. Enfin, la dénitrification intervient aussi dans le corps des vers eux-mêmes (Karsten et Drake, 1997 ; Drake et Horn, 2006).

De manière similaire aux turricules, les parois de galeries, tapissées de mucus ou de déjections, sont enrichies en NO_3^- et en NH_4^+, et ont des populations de bactéries nitrifiantes et dénitrifiantes plus importantes que le sol (Parkin et Berry, 1999). Cela a pour effet potentiel de faciliter le transport vertical du NO_3^- vers les couches plus profondes du sol où les conditions sont moins favorables à la nitrification. Les transformations et le lessivage de l'azote à partir des biostructures dépendent de nombreux facteurs. McInerney et Bolger (2000) montrent que ces facteurs (cycle d'humectation/déshydratation, température, texture) interagissent et peuvent expliquer des pertes d'azote par lessivage vers les horizons plus profonds (Subler et Kirsch, 1998). Enfin, les mucus et les tissus en décomposition des animaux sont aussi des voies d'entrée de l'azote dans le système sol-plante (Hopp et Slater, 1948 ; Whalen *et al.*, 1999). En effet, les vers excrètent *via* leur mucus entre 2,9 et 3,6 g de N m^{-2} an^{-1} (Curry *et al.*, 1995).

Il existe dans la littérature des estimations des sols impactés par la faune du sol. Par exemple dans la savane tropicale de Lamto (Côte d'Ivoire), les populations de vers produisent entre 30 et 50 kg ha^{-1} an^{-1} d'azote minéral (Lavelle *et al.*, 2004b). Grâce à une approche basée sur la modélisation, Bouché *et al.* (1997) ont estimé que, chaque année, 1 kg de vers de terre anéciques ingère 1,75 kg de N, en défèque 1,15 kg et en métabolise 0,6 kg (assimilation + excrétion). À l'aide de marquage isotopique, Hameed *et al.* (1994) ont observé que, sur une période de 48 jours, 80 % de l'azote du corps des vers de terre anéciques est excrété dans le sol et 24 % de cet azote est retrouvé dans la végétation. Étant donné les densités de vers dans les sols, cela pourrait représenter quelques centaines de kg de N ha^{-1} an^{-1}. Ainsi, les vers de terre fournissent 10-30 % de l'azote assimilé par les plantes (soit 10 à 74 kg N ha^{-1} an^{-1} dans un agrosystème fertilisé avec de l'azote inorganique) selon les conditions climatiques (Whalen et Parmelee, 2000). Cette contribution des vers de terre à la nutrition azotée des plantes varie selon la végétation considérée (10-12 % des besoins azotés des plantes en prairie ; 38 % des besoins en N d'un plant de sorgho) (James, 1991).

Effets de la micro- et de la mésofaune

Mis à part les lombriciens, d'autres groupes d'animaux des sols participent à la disponibilité de l'azote pour les plantes. Les nitrates (NO_3^-) issus de l'ammonium (NH_4^+) excrété par les protozoaires sont suspectés d'influencer l'architecture racinaire, avec une prolifération des racines latérales dans les micro-zones plus riches en nitrates (Forde, 2002). De plus, le broutage des microorganismes par la microfaune (nématodes) augmente le couplage entre la mise à disposition des nutriments et les prélèvements par les plantes (Bonkowski *et al.*, 2000b ; Irshad *et al.*, 2011). Les collemboles sont également reconnus pour leur contribution à la dynamique de l'azote, par leur activité de broutage des microorganismes, principalement les champignons. Kaneda et Kaneko (2011) ont montré que la biomasse et le quotient métabolique des collemboles expliquent en partie leurs effets sur la minéralisation de l'azote.

En outre, les interactions entre invertébrés de différents niveaux trophiques complexifient grandement les processus (Bardgett et Chan, 1999 ; Scheu *et al.*, 1999). D'après Kaneda et Kaneko (2008), les collemboles peuvent modifier la minéralisation de l'azote de façon indirecte sans affecter la biomasse microbienne. En fonction de leur densité, les collemboles changent les rapports de biomasse entre microfaune et microorganismes, et donc la régulation de la boucle microbienne sur la dynamique de l'azote. L'étude de l'effet des régulations multiples au travers des réseaux trophiques est un prérequis pour une meilleure compréhension des mécanismes de la dynamique de l'azote dans les sols.

Disponibilité du phosphore

Il y a un intérêt croissant à étudier la dynamique du phosphore (P) dans les sols, principalement pour trois raisons :
— la raréfaction des ressources en phosphore d'origine fossile dont les stocks seraient épuisés d'ici 100 à 300 ans (van Enk et van der Vee, 2011) ;
— le phosphore est le second facteur limitant de la croissance des plantes, le premier en milieu tropical ;
— le phosphore est peu soluble dans l'eau, et donc peu mobile et disponible pour les plantes (Hinsinger, 2001).

D'autre part, la dynamique du phosphore dans les sols (son ruissellement et son transfert potentiel) est un facteur concourant à l'eutrophisation des eaux continentales (rivières, lacs, etc.). Tout comme dans la rhizosphère, les conditions physico-chimiques dans la sphère d'influence des invertébrés des sols (principalement des lombriciens) diffèrent profondément de celle du sol, ce qui peut impacter la nutrition en phosphore des plantes. Par exemple, les turricules et les galeries des vers de terre contiennent des quantités de phosphore disponible pour les plantes plus fortes que celles du sol (Chaoui *et al.*, 2003 ; Kuczak *et al.*, 2006 ; Vos *et al.*, 2014) et équivalentes à 50 % des besoins annuels des plantes (James, 1991). Les modifications de la dynamique du phosphore ont lieu soit pendant le passage dans le tube digestif, soit dans les biostructures créées. Dans une revue de la littérature, Le Bayon et Milleret (2009) mentionnent au moins trois voies par lesquelles le passage dans le tube digestif des lombrics du sol peut modifier la dynamique du phosphore : i) une modification de pH, ii) l'émission forte de mucus qui modifie la sorption du phosphore et augmente sa disponibilité, et iii) l'augmentation de l'activité microbienne pendant le processus de digestion. Cette activité renforcée de sorption/désorption sous l'effet des vers de terre a été démontrée par Chapuis-Lardy *et al.* (1998) pour des sols ferralitiques très fixateurs vis-à-vis du P.

De nombreux travaux mettent en avant une augmentation de l'activité enzymatique et de l'activité microbienne dans les turricules de vers de terre (Lopez-Hernandez *et al.*, 1993 ; Le Bayon et Binet, 2006). Toutefois, Zhang *et al.* (2000) et Devliegher et Verstraete (1996) concluent à une augmentation du phosphore inorganique dans les sols en présence de vers, malgré une diminution des activités enzymatiques phosphatases (acides et alcalines) dans les turricules, suggérant une prévalence des processus se déroulant dans le tube digestif. Globalement, la plus forte disponibilité du phosphore en présence de vers de terre serait due au *turn-over* rapide d'une quantité de phosphore organique en augmentation (Chapuis-Lardy *et al.*, 2011). Cependant, en fonction des espèces présentes/dominantes, l'activité lombricienne peut aussi aboutir à une protection du phosphore organique dans des macroagrégats stables et à une augmentation de la sorption de phosphore inorganique sur des hydroxydes de Fe ou de Al (Scheu et Parkinson, 1994). Enfin, une autre voie par laquelle les invertébrés du sol peuvent modifier l'assimilation du phosphore par les plantes est l'interaction avec les microsymbiontes racinaires qui est décrite dans la partie suivante.

Effets sur les mycorhizes

Les interactions entre les invertébrés des sols et les champignons mycorhiziens ont des impacts indirects mais importants sur la dynamique des populations/communautés de plantes et sur les fonctions écosystémiques. Des études ont établi que les microarthropodes (en particulier les collemboles) influencent négativement la distribution et la densité des champignons mycorhiziens par le broutage. La faune du sol est aussi un agent de la distribution des champignons mycorhiziens. Certains macro-arthropodes détritivores, principalement les termites (*Isopoda*) et les mille-pattes (*Diplopoda*), ingèrent et dispersent l'inoculum mycorhizien (Rabatin et Stinner, 1988). Des coléoptères carabiques et scarabéides ont aussi été retrouvés avec des spores dans leur système digestif. Les vers accumulent et dispersent les spores *via* leurs turricules (Reddell et Spain, 1991 ; Gange, 1993), probablement en consommant les racines mycorhizées sénescentes. Zaller *et al.* (2011) montrent que les vers de terre altèrent la colonisation des racines par les mycorhizes. Zaller *et al.* (2013b) suggèrent que les turricules de sub-surface produisent des microsites à partir desquels la colonisation des racines par les champignons mycorhiziens commence. Tuffen *et al.* (2002) notent une augmentation du transport de ^{32}P des champignons mycorhiziens vers les plantes en présence de vers de terre (*Aporrectodea caliginosa*). Ces auteurs mettent en avant plusieurs facteurs pour expliquer leurs résultats dont la rupture des hyphes qui favoriserait la croissance mycélienne et l'amélioration de la colonisation par les spores. L'intensité du broutage des hyphes dépend des espèces mycorhiziennes, la faune du sol ayant des préférences dans leur diète. Klironomos et Kendrick (1996) montrent que les collemboles et les acariens préfèrent brouter des champignons saprophages, et qu'en présence de champignons mycorhiziens ils consomment les extrémités les plus distantes des racines. Un résultat semblable a été trouvé par Currie *et al.* (2006) qui identifient que la rhizophagie due aux larves du moustique *Tipula paludosa* augmente la colonisation de la graminée *Agrostis capillaris* par les champignons mycorhiziens du genre Glomus.

L'usage de pesticides est susceptible de profondément modifier les interactions entre faune du sol et symbiose mycorhizienne. Zaller *et al.* (2014) ont montré que l'usage de glyphosate a un faible effet à court terme sur les vers de terre, mais important sur les champignons mycorhiziens et sur l'interaction entre champignons et lombrics. Un déclin de la population des champignons mycorhiziens implique une moins bonne nutrition des plantes et donc obligera à pratiquer une fertilisation plus forte avec des coûts écologique et économique conséquents.

Fonction 2 : dynamique de la structure des sols et régulation hydrique

Généralités

Ce processus est la résultante de plusieurs mécanismes dont la bioturbation et la stabilité des agrégats. La bioturbation est la formation de biostructures et de biopores dont les propriétés sont différentes de celles du sol environnant du fait :
– de la translocation de sol pouvant venir d'horizons profonds (cas de termites qui rapportent du sol en surface qui provient des horizons profonds, potentiellement plusieurs dizaines de mètres de profondeur),
– de la modification texturale des sols du fait de la sélection d'éléments fins (on observera d'autant plus un enrichissement en éléments fins que les sols sont riches en sables),
– d'une modification de l'organisation des agrégats du fait du passage du sol au travers du tube digestif des organismes humivores ou de son remaniement dans les pièces buccales des termites, par exemple.

En conséquence, les effets de la bioturbation se répercutent sur plusieurs échelles, de la particule d'argile au profil de sol, voire à l'échelle du paysage dans certaines situations (Bottinelli *et al.*, 2015). Si on accorde une place importante aux organismes de grande taille (macrofaune) dans ce processus, il n'en demeure pas moins que les microorganismes agissent aussi de manière importante, notamment sur la stabilisation de la structure des agrégats de sol.

Activité fouisseuse

Chaque être vivant ayant naturellement tendance à essayer de vivre dans les meilleures conditions, il crée l'habitat le plus favorable pour lui. Aussi la faune agit-elle mécaniquement sur les sols en y aménageant des galeries et des tunnels. Gobat *et al.* (2003) distinguent :
– les organismes fouisseurs (taupe, campagnol, scarabée), qui creusent essentiellement avec leurs pattes, modifiées ou non ;
– les organismes mineurs qui creusent leur chemin avec leurs mandibules ou leurs dents, transportant la terre à l'extérieur (fourmis, termites) ou la repoussant derrière eux (larves de hannetons) ;
– les organismes tunneliers forant des galeries soit en forçant le passage et en profitant d'une porosité déjà existante (mille-pattes type diplopode, vers de terre), soit en consommant la terre et en la rejetant sous forme de déjection (vers de terre).

En milieu tempéré, parmi la macrofaune du sol, les vers de terre sont reconnus comme ayant un impact majeur (Gobat *et al.*, 2003). Leur activité fouisseuse va aboutir à la création de macropores ayant la forme de galeries et de logettes d'estivation (porosité créée lors de leur phase léthargique) qui peuvent représenter 5 % du volume du sol dans certains cas. En fonction de la végétation, du climat et des pratiques culturales, le nombre de galeries varie entre 45 et 1 400 par m² (Zehe et Flühler, 2001 ; Lamandé *et al.*, 2011). En prairie tempérée, la longueur totale des

galeries peut atteindre 890 m par m² de sol (Kretzschmar, 1982). Les galeries sont majoritairement concentrées dans les 40 à 60 premiers centimètres sous la surface du sol, mais sont observables jusqu'à 3 m de profondeur (Lavelle et Spain, 2001); elles sont ainsi susceptibles de rejoindre les drains mis en place dans des champs cultivés (Nuutinen et Butt, 2003). Les caractéristiques des réseaux de galeries sont très variables selon la catégorie écologique des vers de terre (Bouché, 1977) :
— les épigés, espèces de petite taille (1-5 cm) vivant en surface du sol, ne créent pas ou très peu de galeries;
— les anéciques, espèces de moyenne à grande taille (10-110 cm), construisent des galeries verticales à sub-verticales, permanentes car entretenues, relativement peu ramifiées et ouvertes en surface;
— les endogés, espèces de petite à moyenne taille (1-20 cm), construisent des galeries horizontales à sub-horizontales, temporaires, très ramifiées et discontinues, car rebouchées partiellement par les déjections.

Cela étant, il existe aussi une forte variabilité entre espèces de la même catégorie comme cela est montré pour les endogés (Le Couteulx *et al.*, 2015) et les anéciques (Jégou *et al.*, 2000). Par ailleurs, l'activité fouisseuse des vers va aussi être conditionnée par les caractéristiques environnementales, notamment la teneur en matière organique des sols et l'accès à la ressource trophique (Martin, 1982; Pérès *et al.*, 1998), la compaction du sol (Jégou *et al.*, 2002), les interactions entre espèces (Jégou *et al.*, 2001), l'usage des sols (Capowiez *et al.*, 2009; Pérès *et al.*, 2010) et la saison (Kretzschmar, 1982); ce qui complexifie la possibilité de lier le nombre de galeries aux communautés lombriciennes (Pérès *et al.*, 2010).

Ces galeries jouent un rôle très important dans le fonctionnement hydrique des sols car elles vont constituer des voies d'écoulement préférentiel pour l'eau et ses solutés. Ainsi, dès les années 1970, les travaux d'Ehlers (1975) portant sur l'effet de l'introduction de vers de terre montraient qu'en 10 ans le taux d'infiltration avait augmenté de presque 50 % (de 15 à 27 mm par heure). Les effets sont d'autant plus importants en présence de vers de terre anéciques, leur galerie pouvant avoir un diamètre de plus de 1 cm et atteindre plus de 2 m de profondeur, comme c'est le cas pour *Lumbricus terrestris* (ver de terre commun) (Edwards et Bohlen, 1996), et ce malgré la présence de turricules réduisant le diamètre d'ouverture de la galerie à la surface et la présence de vers dans la galerie (Shipitalo et Butt, 1999). En milieu tropical, la présence d'espèces endogées compactantes (*Reginaldia omodei* et *Dichogaster terraenigrae*) améliore peu l'infiltration (+22 à 27 %), alors que la seule présence d'espèces décompactantes (*Hyperiodrilus africanus*) augmente de 77 % ce taux d'infiltration (Guéi *et al.*, 2012). L'effet des galeries sur l'infiltration est très fortement conditionné par les caractéristiques des réseaux de galeries; ainsi, le diamètre des galeries, la tortuosité et l'interconnexion augmentent l'infiltration et la conductivité (Shipitalo et Butt, 1999; Bastardie *et al.*, 2002), alors que le taux de branchement les réduit (Pérès, 2003). L'augmentation de l'infiltration, liée aux galeries, a aussi un effet sur l'érosion, et les travaux menés sur le terrain par Shuster *et al.* (2002) montrent ainsi une diminution de 50 % de l'érosion. Cependant, l'intensité de cet effet va fortement varier selon la pente, la présence d'un couvert végétal, l'intensité de la pluie, le type de sol et les espèces lombriciennes présentes. Ainsi, en milieu tropical, les espèces décompactantes peuvent améliorer l'infiltration. En effet, ces espèces, en générant des petits agrégats très labiles, vont favoriser l'imperméabilisation de surface et de ce fait l'érosion (Blanchart *et al.*, 1999). Une autre contrainte majeure à notre appréciation du rôle de ces galeries dans le fonctionnement hydrodynamique des sols est notre faible connaissance de leurs durées de vie.

Production d'agrégats

Les organismes du sol vont participer à la production d'agrégats lors de l'ingestion de sol combinée ou non à l'ingestion de la matière organique prélevée à la surface du sol. Ces fractions minérales et organiques ingérées sont mixées lors du transit dans le tube digestif des organismes et excrétées sous la forme de déjections, soit dans le sol, soit à la surface du sol. Les propriétés (quantité et qualité) de ces déjections dépendent des groupes biologiques, de la localisation de la ressource trophique, des conditions pédoclimatiques et de la densité du sol (Binet et Le Bayon, 1999 ; Le Couteulx *et al.*, 2015). L'estimation de la quantité de sol ingérée est toujours difficile à réaliser ; cependant, Tomlin *et al.* (1995) suggèrent qu'en milieu tempéré cette quantité ingérée annuellement est en général inférieure à 100 t par hectare. Se basant sur plusieurs études menées en climat tempéré en Europe, Feller *et al.* (2003) rapportent que la quantité annuelle de déjections de surface produite est environ de 40 t par hectare, contribuant ainsi à constituer annuellement 0,4 cm de l'horizon de surface (couche du sol homogène et parallèle à la surface) ; par ailleurs, les travaux de Bouché et Al-Addan (1997) font état de 240 t de déjections (endogées et de surface) produites annuellement par hectare pour une densité de 1 tonne de vers de terre, ce qui est très courant en prairie. Des valeurs encore plus importantes sont mesurées en milieu tropical où les vers de terre endogés peuvent ingérer quotidiennement 5 à 30 fois leur poids (Lavelle, 1988) conduisant ainsi à une production annuelle de déjections à hauteur de 1 200 t par hectare (Lavelle *et al.*, 1989). Les déjections déposées dans le sol vont impacter directement la compaction des sols. Ainsi, des expériences de terrain montrent que l'absence de vers de terre conduit à une hausse de la densité apparente (Clements *et al.*, 1991). Cela étant, cet effet positif des vers de terre sur la structure du sol n'est pas toujours observé. En effet, en milieu tropical, il est démontré que les vers de terre agissent tant sur la décompaction que sur la compaction des sols. Ainsi, les travaux de Alegre *et al.* (1996) et de Blanchart *et al.* (1997) montrent que les espèces telles que *Reginaldia omodeoi* ou *Pontoscolex corethrurus*, qui sont considérées comme des espèces compactantes, augmentent la densité apparente du sol (respectivement de 1,24 à 1,31 g cm^{-3} et de 1,12 à 1,23 g cm^{-3}) en réduisant la porosité (respectivement de 3 % et de 10 %), alors que les petits vers de type Eudrilidae, qui sont des vers décompactants, peuvent augmenter la porosité de 21 % (Blanchart *et al.*, 1997). Ceci s'explique par le fait que les vers décompactants détruisent les macroagrégats produits par les vers compactants, alors que ces derniers compactent les déjections des vers décompactants. Cette succession de processus conduit à la dynamique et à la régulation de la structure du sol. Cela étant, ces études soulignent le fait que les vers compactants, en augmentant la proportion de macroagrégats (> 2 mm), peuvent aboutir à une augmentation de la densité du sol de 15 % (Gilot-Villenave *et al.*, 1996 ; Blanchart *et al.*, 1997). Il convient donc de prendre en compte ces effets négatifs pouvant être induits par les vers.

La production de ces agrégats, soit de surface (turricules), soit souterrains, va agir aussi sur la régulation hydrique, tant sur le ruissellement que sur la rétention en eau. Ainsi, concernant le ruissellement, les travaux menés au printemps sur un sol limoneux du bassin rennais démontrent que, sur une parcelle présentant une faible pente (4,5 %), la présence de turricules réduit de plus de trois fois la vitesse de ruissellement et la quantité de sol érodée (Le Bayon et Binet, 2001). Concernant la capacité de rétention en eau, en climat tempéré, l'introduction de vers de terre permet, au bout de 10 ans, d'améliorer de 25 % la capacité de rétention en eau du sol (Ehlers, 1975), et donc la réserve en eau utilisable par les plantes. Cependant, en milieu tropical, la présence d'espèces compactantes diminue de 7 % la capacité de rétention, ce qui peut être préjudiciable pour le développement des plantes lors d'une période de déficit hydrique (Blouin *et al.*, 2007).

Stabilité structurale des agrégats

Il est reconnu que la stabilité structurale des agrégats du sol est fortement liée aux propriétés du sol, notamment à sa texture (Chenu *et al.*, 2011), à la minéralogie des argiles (Denef et Six, 2005), à la teneur en cations et en oxydes d'aluminium et de fer, ou encore à la teneur en matière organique (Abiven *et al.*, 2009, et citations incluses). Parmi tous ces agents, la matière organique apparaît être le facteur majeur impactant la stabilité structurale des agrégats en agissant comme un lien entre particules minérales et organiques, en protégeant la surface des agrégats et en agissant sur les propriétés d'hydrophobicité de ces agrégats (Le Bissonnais *et al.*, 2007). Cela étant, les organismes du sol contribuent aussi au maintien de cette structure. L'action des microorganismes est de plusieurs ordres comme précisé par Chenu et Cosentino (2011) : les champignons agissent majoritairement par un processus physique en créant un maillage autour des particules ; les bactéries et, dans une moindre mesure, les champignons agissent par un processus chimique en produisant des exopolysaccharides qui constituent une colle entre les agrégats, cimentant ainsi la structure et agissant aussi sur l'hydrophobicité des agrégats. En complément des microorganismes, les invertébrés agissent aussi sur la stabilité des agrégats. À titre d'exemple, les lombriciens, en stimulant l'activité microbienne et en enrichissant en carbone organique leur déjection, augmentent la taille des agrégats, la quantité d'agrégats stables et leur distribution (Scullion et Malik, 2000 ; Fonte *et al.*, 2007). Mais cette action est très variable dans le temps ; ainsi, les déjections récemment produites sont peu stables (Milleret *et al.*, 2009), alors qu'elles sont plus stables que le sol environnant lorsqu'elles sont plus âgées (Shipitalo et Protz, 1989). Par ailleurs, les lombriciens pourraient aussi agir négativement sur la stabilisation des agrégats en fractionnant les hyphes mycéliens (Milleret *et al.*, 2009). De plus, l'influence des lombriciens sur l'agrégation est aussi conditionnée par les espèces et de leurs interactions (Bossuyt *et al.*, 2006). En contexte agricole, il est aussi nécessaire de prendre en compte l'effet spécifique des plantes (Pérès *et al.*, 2013). En effet, ces dernières agissent directement sur la stabilisation des agrégats *via* leur système racinaire (effet positif de la biomasse des radicelles), mais aussi indirectement en augmentant ou non la teneur en carbone organique des sols, les activités microbiennes et lombriciennes ; ainsi, les travaux de Pérès *et al.* (2013) ont souligné l'effet positif de la présence des graminées (*versus* celle des légumineuses) sur la stabilité des agrégats.

Fonction 3 : contrôle des bioagresseurs

Généralités

La faune du sol, par ses activités trophiques et ingénieriques, modifie les relations entre les plantes et leurs bioagresseurs souterrains et aériens (Wurst *et al.*, 2003 ; Blouin *et al.*, 2005). Lorsque ces effets sont bénéfiques à l'agriculture, les animaux prédateurs sont considérés comme des auxiliaires des cultures. Toutefois, dans certains cas, l'effet des animaux du sol peut ne pas être bénéfique. Les effets connus sur la régulation des adventices, des ravageurs et des pathogènes sont détaillés dans les trois sous-parties ci-après.

Régulation des adventices

Principes généraux

La faune du sol participe à la régulation des adventices de nombreuses manières. Certains animaux consomment les graines (en phase pré- ou post-dispersion), participent à la distribution spatiale et temporelle des graines, ou encore influencent la croissance des plantules. Il existe de nombreuses observations de la consommation de graines sur la plante avant la dispersion, notamment par les coléoptères carabiques (Aubrook, 1949). Après dispersion, beaucoup d'invertébrés se nourrissent de graines comme les carabiques, les cloportes, les vers de terre ou les limaces (Honek *et al.*, 2003 ; Eisenhauer *et al.*, 2010a ; Clause *et al.*, 2015). Par exemple, un taux de prédation moyen des graines par les carabiques a été déterminé en laboratoire ($0{,}33$ mg graine mg carabique^{-1} j^{-1}) et extrapolé, grâce à des observations au champ, à plus de $1\,000$ graines m^{-2} j^{-1} (Honek *et al.*, 2003). La consommation ne se fait pas au hasard, et les animaux ont des préférences pour certaines graines. Toutefois, les mécanismes de sélection alimentaire sont encore peu étudiés.

Régulation trophique : le cas des carabiques

Les carabiques sont des coléoptères primitivement prédateurs. Les adaptations morphologiques qui facilitent la consommation des graines par les carabiques sont maintenant bien connues (Forsythe, 1983). Toutefois, ce n'est que récemment que les bases physiologiques de cette adaptation ont été comprises. Les prédateurs se nourrissent sur des proies à haute valeur énergétique. Bien que les graines soient généralement de bonne valeur énergétique, elles sont structurellement et nutritionnellement différentes selon les espèces végétales. Pour pallier cette différence, les carabiques omnivores-granivores ont établi des symbioses digestives avec des bactéries (Lehman *et al.*, 2009 ; Lundgren et Lehman, 2010). Ces bactéries sont des symbiontes facultatifs (aucune n'est ubiquiste), elles correspondent à des bactéries couramment retrouvées dans le tube digestif d'autres espèces d'invertébrés herbivores et ne sont donc pas des bactéries du sol accidentellement retrouvées dans le tube digestif des carabes. Ces communautés de symbiontes sont très peu diversifiées ; Lundgren et Lehman (2010) identifient 25 OTU (*operational taxonomic unit*) bactériens (dominés par des Gammaproteobacteria et des Alphaproteobacteria) dans le tube digestif de 75 carabiques. Grâce à des traitements antibiotiques, ces auteurs identifient que des populations d'une même espèce de carabiques avec des communautés symbiotiques différentes peuvent cohabiter et avoir des performances en matière de consommation de graines très variées. Cela permettrait d'expliquer en partie la forte variabilité phénotypique qui est souvent observée lors d'études en laboratoire. Dans une étude portant sur la prédation de graines par trois espèces d'insectes (deux carabiques et un grillon), Lundgren et Rosentrater (2007) montrent que les carabiques détruisent plus de graines petites et denses, avec des enveloppes plus dures. De façon plus générale, ces auteurs démontrent ainsi que la prédation des graines est dépendante des traits fonctionnels de celles-ci, et que les carabiques sont capables de distinguer la taille, mais aussi la densité et la résistance des graines. Une approche basée sur les traits fonctionnels des graines et des prédateurs pourrait très probablement identifier les mécanismes de la consommation et permettre une généralisation des résultats. Les travaux récents montrent que la prédation des graines est plus sous la dépendance de facteurs liés à la composition du paysage que sous l'influence des pratiques locales (Trichard *et al.*, 2013). En effet, les invertébrés agents de cette prédation appréhendent leur habitat à l'échelle du paysage (Menalled *et al.*, 2000). Il est couramment constaté que les paysages hétérogènes favorisent la régulation des graines en hébergeant une plus grande diversité de carabiques ; toutefois, le contraire (forte régulation et diversité dans des paysages homogènes) a aussi été montré (Jonason *et al.*, 2013).

Régulation trophique et ingénierique : le cas des vers de terre

Plusieurs études ont démontré les préférences des lombriciens en fonction de la taille des graines, de leur forme, de leur ornementation ou du contenu lipidique (Shumway et Koide, 1994 ; Milcu *et al.*, 2006 ; Aira et Piearce, 2009 ; Clause *et al.*, 2011). Les vers de terre ont une action directe sur la distribution verticale et horizontale (Willems et Huijsmans, 1994 ; Decaëns *et al.*, 2003 ; Eisenhauer *et al.*, 2008 ; Donath et Eckstein, 2012) et temporelle (Smith *et al.*, 2005) des graines, avec des quantités dans les turricules plus importantes que dans le sol adjacent. Ces effets ont été décrits *in extenso* dans une revue récente sur les interactions entre graines et vers de terre (Forey *et al.*, 2011). La banque de graines viables dans les turricules n'a pas la même composition que celle du sol adjacent, probablement à cause de la digestion préférentielle de certaines de ces graines (Decaëns *et al.*, 2003). Ces auteurs obtiennent des taux de germination des plantes diminués de 70 % à 97 % après passage dans le tube digestif des vers. Cela est très certainement dû à la destruction physique par contraction du gésier et à des attaques par des enzymes dans le tube digestif. De plus, il a été démontré que le mucus des lombriciens a des effets qui peuvent être à la fois négatifs (forte concentration en NH_4^+ qui peut induire une dormance des graines ou un retard de germination) et positifs (présence de molécules rhizogéniques) sur la germination des graines (Eisenhauer *et al.*, 2009b). Cet effet contrasté du mucus dépend de surcroît des traits des plantes, et notamment des caractéristiques de l'enveloppe de la graine. Forey *et al.* (2011) estiment que le mucus réduirait la germination des graines peu protégées et faciliterait celle des graines à enveloppe épaisse. Dans le cas de *L. terrestris*, Eisenhauer et Scheu (2008) proposent que les vers de terre pourraient consommer les graines qui ont des traits fonctionnels adéquats (taille, contenu énergétique) et cultiver d'autres graines dans leurs galeries ou leurs turricules. Cela leur permettrait i) de consommer les graines après une décomposition partielle par les microorganismes, ii) de profiter des processus rhizosphériques lors de la germination, voire iii) de consommer les plantules comme montré par Shumway et Koide (1994). Bien que dépendantes des espèces lombriciennes (Eisenhauer *et al.*, 2009a), les préférences des vers pour les petites graines et l'enfouissement des grosses graines dans le sol ont des répercussions sur l'assemblage des communautés de plantes (Milcu *et al.*, 2006). Les grosses graines sont moins consommées, sont aussi celles qui ont souvent moins d'exigences quant aux conditions de germination et germent plus facilement dans le sol qu'à la surface du sol. D'un autre côté, les petites graines (plus consommées par les vers) ont des besoins précis en termes d'amplitude de lumière ou d'humidité, et germeront moins bien ou pas en profondeur. Zaller et Saxler (2007) observent que les vers *L. terrestris* préfèrent généralement les graines de plantes non légumineuses (pissenlit, sanguisorbe) et de légumineuses herbacées (trèfle) aux graines de graminées. Par le biais de la sélection de plantes appartenant à certains groupes fonctionnels, les lombriciens agissent indirectement sur les processus écosystémiques et sur la compétition entre plantes (Laossi *et al.*, 2009 ; Forey *et al.*, 2011).

Mitigation de l'effet des ravageurs

Dans une revue récente, van Geem *et al.* (2013) montrent l'amplitude de l'importance des relations épigé-endogé sur les traits de défense des plantes et sur leur variation génétique. Ces auteurs estiment que les travaux actuels sous-estiment le potentiel des ennemis naturels des herbivores à arbitrer les compromis entre tolérance des ravageurs (croissance) et défense de la plante. Il devient donc nécessaire d'appréhender la réponse de la plante aux bioagresseurs dans un réseau d'interactions faisant intervenir plusieurs niveaux trophiques à la fois édaphiques et aériens. Il existe très peu d'études prenant en compte toutes ces interactions. Les principaux mécanismes sont détaillés dans les parties suivantes.

Régulation directe : prédation des herbivores épigés

Des nombreux herbivores ravageurs des cultures passent par un stade de développement inféodé au sol (par exemple larve, nymphe, pupes) ou transitent par la surface du sol, par exemple lors d'une chute. On peut citer certains coléoptères (par exemple pucerons, altises, charançons, méligèthes), diptères (par exemple cécidomyies et autres mouches), les chenilles de lépidoptères (par exemple pyrales, tordeuses), les hémiptères (par exemple pucerons, cicadelles, cochenilles) ou les gastéropodes (limaces). Les prédateurs en surface du sol (carabes, araignées, staphylins, perce-oreilles, larves d'insectes) sont des auxiliaires dans la lutte contre ces ravageurs. Le sujet étant vaste de par la diversité des ravageurs et des mécanismes de régulation, nous proposons ici un regard centré uniquement sur la régulation des populations de pucerons, comme exemple de la complexité des mécanismes mis en jeu, impliquant des facteurs infra-individuels (détoxication), individuels (demande nutritionnelle, reconnaissance olfactive), communautaires (compétition intra-guilde), écologique (connexion des réseaux « bruns » et « verts ») et écosystémiques (organisation du paysage).

La régulation biologique des pucerons est sous la dépendance d'aphidiphages spécialistes (par exemple coccinelles, syrphes, chrysopes) et d'aphidiphages généralistes (par exemple carabes, araignées, staphylins) (Toft, 2005). Les deux groupes de prédateurs jouent des rôles différents dans le contrôle des pucerons. Les généralistes peuvent être vus comme une force préventive, présente avant le début de l'infection. Les spécialistes sont efficaces lorsque les populations de pucerons sont installées, plus tard dans la saison. Les animaux du sol font partie des aphidiphages généralistes.

La qualité nutritionnelle des pucerons pour les prédateurs du sol est faible, et ces derniers en consomment moins que leur demande nutritionnelle (comparée à une consommation de larves de drosophile). Cela peut être dû à une satiation ou à un rejet. Toft (1997) démontre que les juvéniles de l'araignée *Pardosa prativaga* acceptent initialement les pucerons des céréales, puis les rejettent ensuite. Cela indique le développement d'une aversion apprise après avoir capturé et consommé les pucerons. La vitesse d'apprentissage dépend des espèces consommées, le rejet intervenant après avoir consommé en moyenne 2,6 *Rhopalosiphum padi*, 3,0 *Sitobion avenae* et 3,5 *Metopolophium dirhodum*. Le principal mécanisme de cette aversion est la présence de molécules toxiques chez les pucerons (Bilde et Toft, 2001). Cette toxicité des pucerons est espèce-dépendante tout comme la capacité de détoxication (*via* les glutathion-S-transférases) par les prédateurs (Nielsen *et al.*, 2000 ; Nielsen et Toft, 2000).

En dépit de cette toxicité, les carabiques sont reconnus et très étudiés pour leur rôle sur la prédation des pucerons (Kromp, 1999). Depuis plus de quarante ans (Sunderland, 1975), l'importance relative des différences espèces de carabiques sur la prédation de pucerons est évaluée au travers de techniques variées au laboratoire (préférences alimentaires), en conditions semi-contrôlées (cage d'exclusion) ou en conditions de terrain (suivis ELISA, marquage ^{15}N, vidéo-surveillance) (Kromp, 1999). Par exemple, dans une étude en laboratoire, Chiverton (1988) estime que la consommation moyenne journalière de pucerons par *Metallina lampros* est au maximum de 16 nymphes et de 9 adultes de *R. padi*, alors que *Poecilus cupreus* est beaucoup plus vorace, consommant 125 adultes par jour. Une fois au sol, les pucerons peuvent être localisés par les carabiques soit par une prospection aléatoire, soit par apprentissage, soit grâce à des composés organiques volatils (COV). Ainsi, Chiverton (1988) montre que le comportement de *P. cupreus* diffère de celui de *M. lampros* en ce qu'il est capable de grimper sur la plante à la base de laquelle il a trouvé des pucerons pour aller les consommer sur les tiges/feuilles, et de surcroît provoquer plus de chutes de pucerons au sol. D'autre part, Kielty *et al.* (1996) identifient que les carabiques sont olfactivement attirés par un sesquiterpène, le (E)-β-farnésène, une phéromone d'alarme émise par les pucerons. Les populations de carabiques aphidiphages et de pucerons sont fortement corrélées spatialement pendant la première phase d'expansion des populations de pucerons, mais pas avant, ni après (Winder *et al.*, 2005). La majeure partie des études a été réalisée sur des pucerons de céréales et ces résultats sont à confirmer pour d'autres cultures.

La régulation des populations de pucerons est sous la dépendance d'interactions entre les différents groupes de prédateurs, généralistes-généralistes ou généralistes-spécialistes, qui aboutissent à deux principaux *scénarii* (Lucas, 2005), régulatif (neutre ou synergique) ou disruptif (antagoniste). Dans une étude au champ, Lang (2003) apporte les preuves d'une interférence intraguilde (interaction biologique à mi-chemin entre compétition et prédation) entre généralistes (carabiques et araignées) et d'effets en cascade sur les traits des plantes en lien avec leur qualité agronomique. Les généralistes et les spécialistes peuvent interagir de manière synergique (Losey et Denno, 1998) ou antagoniste (Snyder et Ives, 2001 ; Traugott *et al.*, 2012). Ainsi, Losey et Denno (1998) montrent l'existence d'une interaction doublement bénéfique entre une coccinelle se nourrissant sur la plante et un carabique prospectant les pucerons au sol. D'un autre côté, les prédateurs généralistes peuvent avoir un effet négatif sur la régulation par parasitisme des pucerons. S'ils diminuent les populations de pucerons en début de saison, ils ont un effet qui supprimera l'impact du parasistisme plus tard dans la saison i) en prélevant les adultes des parasitoïdes, ii) en réduisant les *hot spots* de pucerons qui favorisent la détection par les parasitoïdes et iii) en grimpant dans la végétation pour consommer les momies (nymphes infectées), ce qui *in fine* diminue les populations de parasitoïdes (Snyder et Ives, 2001 ; Traugott *et al.*, 2012).

Les réseaux trophiques «bruns» (= détritique), basés sur la consommation de matière organique morte du sol, et les réseaux «verts», basés sur la consommation de la biomasse vivante aérienne, sont traditionnellement appréhendés séparément, par des communautés d'écologues disjointes. Toutefois, leur articulation est de plus en plus étudiée et elle est importante pour la compréhension du maintien d'une forte abondance/diversité de prédateurs généralistes en début de saison, avant l'arrivée des prédateurs spécialistes. Le maintien d'un réseau détritique avec de fortes densités de microbivores-détritivores (comme les collemboles) permet à des carabes et à des araignées de prélever les pucerons (Wise *et al.*, 2006 ; Bell *et al.*, 2008). Toutefois, les résultats de la littérature montrent des effets contexte-dépendant, et Harwood et Obrycki (2005) proposent trois voies de relations entre détritivores et auxiliaires. Premièrement, en présence d'une faible densité de proies alternatives, les populations de prédateurs généralistes sont faibles et le taux d'émigration élevé, ce qui aboutit à peu de consommation des pucerons. Dans le cas de la présence de fortes densités de proies alternatives, les populations de prédateurs généralistes augmentent par reproduction et immigration, et deux voies sont possibles. Les prédateurs consomment les pucerons et cela augmente le biocontrôle, ou les prédateurs préfèrent les proies alternatives aux pucerons (de plus faible qualité nutritionnelle) et le biocontrôle est faible.

Les pratiques agricoles influencent la régulation biologique des pucerons par les prédateurs généralistes à la surface du sol. Östman *et al.* (2001) montrent que les ennemis naturels ont un plus fort impact sur l'établissement de *R. padi* dans les systèmes en agriculture biologique (AB) que dans les parcelles menées avec des pratiques conventionnelles. Toutefois, il n'y a plus de différence entre AB (agriculture biologique) et agriculture conventionnelle sur le taux de croissance de *R. padi*. La dichotomie entre AB et agriculture conventionnelle fait sens du point de vue des moyens de phytoprotection utilisés et de leur impact sur la régulation biologique, les produits utilisés en agriculture conventionnelle altérant profondément la relation entre prédateurs et pucerons. Toutefois, cette dichotomie cache aussi l'effet d'autres pratiques agricoles (Puech *et al.*, 2014). Par exemple, il est reconnu que le travail du sol impacte fortement les populations de la faune du sol (Holland et Reynolds, 2003), dont les prédateurs généralistes qui sont en tête des réseaux trophiques, et la relation potentielle entre prédateur et pucerons (Heimbach et Garbe, 1996 ; Andersen, 2003 ; Hajek *et al.*, 2007).

Enfin, la régulation des pucerons par les prédateurs de la surface des sols est contrainte par les caractéristiques du paysage entourant la parcelle cultivée (Östman *et al.*, 2001 ; Caballero-López *et al.*, 2012). Östman *et al.* (2001) mettent en avant l'importance de la structure du paysage et de l'abondance des cultures pérennes, Collins *et al.* (2002) celle de bandes enherbées, et Zhao *et al.* (2013a) celle des habitats adjacents. La dynamique des paysages entre aussi en jeu (Tscharntke *et al.*, 2012). Par exemple, dans le cas d'une augmentation de la proportion de culture de céréale (blé) d'une année sur l'autre, Zhao *et al.* (2013b) montrent un effet de dilution pour certains organismes (par augmentation de la surface d'habitat favorable) et au contraire un effet de regroupement pour d'autres (*crowding effect*, dû à la plus faible surface d'habitat favorable), et cela conduit à une altération des réseaux composés de pucerons, de prédateur spécialistes, de prédateurs généralistes, de parasitoïdes et d'hyperparasitoïdes.

Effets indirects des rhizophages sur les herbivores épigés

Dans une revue récente, Soler *et al.* (2012) dressent un état des lieux des mécanismes expliquant les effets positifs ou négatifs des organismes rhizophages sur la survie, la fécondité et la croissance des herbivores épigés. Les insectes et les nématodes sont les deux plus importants groupes d'organismes rhizophages présents dans les sols. De façon synthétique, deux grands ensembles de mécanismes relient les rhizophages et les herbivores épigés, les changements nutritionnels induits sur la plante et l'induction de composés de défense. En détail, les rhizophages influencent les herbivores épigés par plusieurs mécanismes comme la facilitation (mise en stress des plantes), le commensalisme (antagonisme entre signalisation des défenses des plantes, modification des signaux attracteurs des parasitoïdes), la compétition (pour une même ressource *via* le phloème), l'amensalisme (diminution de la *fitness* des herbivores) ou encore l'induction de défenses similaires.

Concernant la réponse à la rhizophagie par les insectes, un premier mécanisme est appelé « *stress response hypothesis* » (Masters *et al.*, 1993). Il s'agit d'un mécanisme de facilitation par lequel la rhizophagie a un effet positif sur la consommation des organes aériens par les pucerons. La consommation des racines contraint l'acquisition d'eau et de nutriments et aboutit à l'accumulation de C et de N soluble dans les feuilles, ce qui facilite le développement des herbivores. Toutefois, cette hypothèse est peu corroborée par les résultats de méta-analyses récentes (Koricheva *et al.*, 1998). D'autre part, les relations négatives entre rhizophages et herbivores épigés peuvent être expliquées par la *defense induction hypothesis* (Bezemer *et al.*, 2003). Cette hypothèse propose que les herbivores épigés et souterrains s'influencent mutuellement par des modifications des teneurs en composés secondaires des plantes. Les herbivores se nourrissant sur le phloème seraient moins exposés car les phytotoxines sont plus généralement stockées dans les cellules. Cela expliquerait que les piqueurs (pucerons) ne sont pas ou peu affectés par la rhizophagie, contrairement aux brouteurs (chenilles). D'autre part, plusieurs phytohormones sont impliquées dans la signalisation des attaques d'herbivores, comme les jasmonates dont l'acide jasmonique (JA) et l'acide salicylique (SA), et ces phytohormones peuvent agir de façon antagoniste. La rhizophagie implique l'émission et le transport de JA dans toute la plante, alors que les consommateurs de phloème induisent l'émission de SA. L'antagonisme entre JA et SA pourrait expliquer le mécanisme de facilitation apparente entre rhizophages et piqueurs. Toutefois, chez le maïs, ni le JA, ni le SA ne sont exprimés après consommation des racines, alors que des niveaux d'acide abscissique élevés ont été enregistrés (Erb *et al.*, 2011). L'exploration de cette autre voie de signalisation reste à entreprendre.

Soler *et al.* (2012) rapportent que, contrairement aux insectes rhizophages, les nématodes phytophages induisent systématiquement des effets négatifs sur les performances des pucerons. Le mécanisme principal serait l'induction d'un même gène de défense envers les nématodes, les aleurodes et les pucerons, nommé *Mi-1*, mais avec des voies de signalisation différentes (Mantelin *et al.*, 2011). Une autre hypothèse pour expliquer cette compétition entre nématodes et pucerons est la *sink competition hypothesis* (Kaplan *et al.*, 2011). Les deux types d'organismes seraient en compétition pour la ressource (phloème) et le premier à consommer la plante créerait un puits de ressource qui limiterait le développement du second. Ainsi, il a été montré que la concentration en acides aminés est plus faible dans les plantes infestées par les nématodes phytophages et que cela est corrélé avec une diminution de la *fitness* des pucerons. Cette hypothèse est encore à vérifier.

Il a été démontré que l'herbivorie affecte la manière dont les femelles parasitoïdes perçoivent leur hôte potentiel grâce aux composés organiques volatiles (COV) émis par les plantes attaquées, que la composition de ces mélanges de COV est affectée par la rhizophagie et que cela amène à une plus faible attractivité de la plante pour les parasitoïdes recherchant un hôte (Soler *et al.*, 2012). De plus, des études ont montré que la rhizophagie altère le développement des larves de parasitoïdes plus que la *fitness* des herbivores (Bezemer *et al.*, 2005 ; Soler *et al.*, 2005). Des effets en cascade ont aussi été observés sur les hyperparasitoïdes, soit au quatrième niveau trophique (Soler *et al.*, 2005). La question du meilleur choix d'hôte (c'est-à-dire un herbivore consommant une plante infestée par un rhizophage ou non) pour la femelle reste posée.

Les interactions entre les rhizophages et le parasitoïde d'un herbivore épigé peuvent dépasser le cadre d'une seule plante. Chez le maïs, le pourcentage de parasitisme de la pyrale du maïs par son parasitoïde spécialiste *Macrocentrus grandi* est significativement diminué en présence de la chrysomèle des racines du maïs *Diabrotica virgifera* (White et Andow, 2006). La hauteur des plantes et leur densité sont réduites dans les habitats où *D. virgifera* était présent, résultant en des habitats plus ouverts qui sont moins préférés par la femelle de *M. grandi*. Les rhizophages peuvent également influer sur les interactions hôte-parasitoïde épigé par des changements dans la qualité de l'environnement provoquée par les insectes du sol. Les femelles de parasitoïde *Cotesia glomerata* trouvent leurs hôtes sur les plantes hôtes beaucoup plus rapidement dans des situations où les plantes voisines ont été exposées à la rhizophagie que lorsque les plantes voisines ont été maintenues en bon état. Dans cette étude, le microhabitat était composé de plantes à racines endommagées et à racines intactes de la même espèce qui avaient toutes la même taille, ce qui minimise l'influence des caractéristiques physiques des plantes sur la prospection des guêpes (Soler *et al.*, 2012).

Effets indirects des détritivores sur les herbivores épigés

Il y a depuis une quinzaine d'années un corpus en littérature scientifique en plein développement sur les interactions multiples entre les compartiments souterrains (*below-ground*) et épigés (*above-ground*), la plante étant au cœur de ces interactions. L'écologie allemande (S. Scheu, N. Eisenhauer, S. Wurst) contribue de manière importante à ces études. La plupart des travaux ont été menés sur les relations tri-trophiques détritivores-plantes-pucerons, une étude existe sur les effets des lombrics sur l'herbivorie des limaces (Zaller *et al.*, 2013a), et une autre lie la composition fonctionnelle des communautés édaphiques et le réseau plante-herbivore-parasitoïde épigé (Bezemer *et al.*, 2005). Ce dernier aspect ne sera pas traité ici car il ne mobilise pas clairement les détritivores, mais plutôt la boucle microbienne (nématodes-microorganismes). Les détritivores peuvent aussi jouer un rôle indirect important dans la régulation des herbivores épigés en étant des proies alternatives pour les prédateurs (Symondson *et al.*, 2000).

Les effets des détritivores semblent aller dans le sens d'une amélioration de la résistance des plantes aux herbivores épigés (Ke et Scheu, 2008 ; Wurst et Forstreuter, 2010), avec toutefois quelques contre-exemples présentant des résultats contrastés (Scheu *et al.*, 1999 ; Endlweber *et al.*, 2011). Scheu *et al.* (1999) observent que la reproduction des pucerons sur un trèfle est diminuée en présence de collemboles (–45 %), mais augmentée sur un pâturin (x 3). Ils en concluent que les collemboles diminuent la reproduction des pucerons sur les plantes appétantes, mais l'augmentent sur les plantes moins appétantes. Dans cette étude, les effets produits par les vers sont moins forts que ceux des collemboles et tendent à une augmentation de la reproduction des pucerons. Wurst et Jones (2003) isolent un effet positif des vers de terre sur la reproduction d'un puceron sur une herbacée dicotylédone, la cardamine. Dans un travail similaire, Wurst *et al.* (2003) étudient l'effet de deux espèces de vers endogés sur le développement de pucerons sur des plantes appartenant à trois groupes fonctionnels distincts, une légumineuse, une graminée et une herbacée dicotylédone. Contrairement à Wurst et Jones (2003) et à Scheu *et al.* (1999), Wurst *et al.* (2003) montrent que les vers de terre endogés n'influencent pas positivement le puceron sur légumineuse ou sur graminée, et qu'ils diminuent sa reproduction sur une herbacée dicotylédone. Ils expliquent ce hiatus par des différences de localisation de matière organique dans les sols entre les études qui influenceraient la nutrition azotée et la palatabilité (caractéristique de la texture des aliments intervenant dans la préférence alimentaire) des feuilles. Wurst *et al.* (2003) suggèrent que l'activité des détritivores (lombrics) modifie la biochimie des plantes et les mécanismes de défense contre les herbivores. Cela est corroboré par l'étude de Endlweber *et al.* (2011) qui propose que les collemboles améliorent la résistance des plantes aux herbivores en augmentant la production de composés secondaires et en compensant leurs coûts de production par une meilleure exploitation des nutriments. Toutefois, il semble que le sens de cette modification soit dépendant du contexte, des exemples existent pour les phytostérols et les glycosides iridoïdes (monoterpènes servant souvent d'intermédiaires dans la biosynthèse d'alcaloïdes)

(Wurst *et al.*, 2004a, 2004b) ou pour les glucosinolates (métabolites secondaires des plantes de l'ordre des Brassicales, et en particulier de la famille des Brassicaceae comme le chou ou le radis, et qui agissent en tant que moyen de défense contre les ravageurs) (Wurst *et al.*, 2006 ; Lohmann *et al.*, 2009). Ainsi, l'effet des détritivores semble être une bascule entre l'amélioration de la nutrition qui rend les plantes plus attractives pour les pucerons et l'induction de l'émission de composés secondaires liés à la défense qui diminuent la reconnaissance ou la digestibilité des plantes.

Une autre source de variation de la réponse des pucerons aux détritivores est testée par Singh *et al.* (2014) qui font varier l'espèce de puceron (une espèce généraliste et une espèce spécialiste des légumineuses) et la variété de vesce (légumineuse). Leurs résultats montrent que la variété de la plante hôte a un effet prépondérant en comparaison de l'effet indirect des vers de terre sur les pucerons généralistes, les vers de terre augmentant le taux de croissance des pucerons dans trois variétés de plantes, mais les diminuant dans une autre variété. Ces auteurs ne trouvent aucun effet de vers de terre sur les pucerons spécialistes. Les vers semblent ne pas avoir d'effet sur les espèces spécialistes qui ont probablement développé les stratégies nécessaires pour pallier les éventuelles modifications de physiologie de leur plante hôte. Zaller *et al.* (2013a) quantifient les interactions entre lombriciens, composition floristique et herbivorie par la limace *Arion vulgaris* en microcosmes. Globalement, les limaces endommagent 60 % moins les plantes quand les vers de terre sont présents. Toutefois, lorsque la diversité des plantes est maximale (12 espèces), l'herbivorie est diminuée de 40 % alors que, dans les communautés les plus faiblement diversifiées (trois espèces), la présence des vers de terre augmente l'herbivorie. Dans les communautés les plus diversifiées, les vers de terre induisent une diminution de la biomasse végétale. La diminution de l'herbivorie en présence de vers de terre dans les communautés riches par rapport aux communautés pauvres pourrait être la conséquence d'une plus grande diversité de sources nutritionnelles et d'une structure de communauté moins dense. Une autre explication serait que l'augmentation de la biomasse aérienne des plantes aboutit à des peuplements plus denses et à un microclimat plus favorable aux limaces.

Régulation des populations de pathogènes

Plusieurs processus peuvent être invoqués pour expliquer le rôle de la faune du sol sur les interactions plantes-pathogènes : i) vecteurs de la dissémination des propagules, ii) régulation lors de phases de vie libre, iii) modification des communautés de pathogènes ou iv) broutage des champignons pathogènes.

Les organismes des sols peuvent participer à la dissémination de propagules des microorganismes, incluant les pathogènes. Ainsi, les collemboles sont d'importants disséminateurs, spécialement là où la matière organique abonde (Rusek, 1998). La dispersion de certains pathogènes a été intensivement étudiée, dont par exemple celle des pathogènes du genre *Phytophtora* (Oomycète). Ristaino et Gumpertz (2000) indiquent que des fourmis, des termites ou des escargots sont des vecteurs de dissémination des spores. De même, cette dissémination à échelle locale est bien documentée, des pistes existent aussi pour expliquer les mouvements de pathogènes à une échelle régionale ou globale (Ristaino et Gumpertz, 2000). Il n'est pas improbable que la dispersion globale de certaines espèces d'invertébrés (par exemple la colonisation de l'Amérique du Nord par les lombrics européens ou des tropiques par le ver de terre invasif *Pontoscolex corethrurus*) ait entraîné une dispersion des pathogènes.

Les parasites ont des phases libres durant lesquelles les interactions avec d'autres organismes peuvent limiter la densité de leur population. Par exemple, les ingénieurs de l'écosystème modulent la disponibilité des ressources pour les autres organismes en organisant physiquement le sol. Il a été montré que les nématodes phytoparasites peuvent être grandement affectés par cette bioturbation (Senapati, 1992). En particulier, Blouin *et al.* (2005) ont montré un effet systémique de la présence d'un ver de terre sur la physiologie du riz, améliorant sa tolérance à un nématode phytoparasite. Il a été démontré que l'effet est indirect car, dans les expérimentations contrôle, les vers de terre n'avaient pas d'effet sur la taille de la population de nématodes.

D'autre part, plus que le nombre de nématodes pathogènes, la diversité et la composition des communautés de pathogènes influencent la pathogénicité de cette communauté (Lavelle *et al.*, 2004a). Ainsi, l'augmentation de la diversité des nématodes participe à l'augmentation de la compétition entre espèces et en réduirait la pathogénicité. Elmer (2009) a aussi montré une réduction des maladies causées par les pathogènes du sol en présence de vers de terre.

De nombreux champignons se développent dans les sols, certains d'entre eux étant bénéfiques pour les plantes (champignons décomposeurs et mycorhiziens), d'autres étant pathogènes pour les racines. Le broutage de ces champignons participe à moduler i) les interactions plante-champignon (Bonkowski *et al.*, 2000a), ii) la compétition entre champignons (Newell, 1984) et iii) la dispersion des spores (Moore *et al.*, 1987). Les collemboles sont connus pour consommer sélectivement les champignons, dont certains pathogènes (Sabatini et Innocenti, 2000a, 2000b ; Larsen *et al.*, 2008). La viabilité des spores fongiques (*Fusarium culmorum* et *Gaeumannomyces graminis* var. *tritici*) après passage dans le tube digestif de collemboles est faible et n'est pas considérée comme suffisante pour induire une maladie (Sabatini *et al.*, 2004). Dans une série d'articles des années 1990, P. Stephens et ses collaborateurs ont mis en évidence que l'activité des vers de terre participe à la diminution de la sévérité des effets de plusieurs pathogènes (*Rhizoctonia solani*, *Gaeumannomyces graminis* var. *tritici*) sur les plantes (Stephens *et al.*, 1993, 1994 ; Stephens et Davoren, 1995, 1997). Toutefois, Wolfarth *et al.* (2011) pointent des différences entre les catégories fonctionnelles de vers de terre et proposent que la catégorie des anéciques soit l'acteur majeur de cette diminution de la sévérité des maladies.

Parmi les effets des PGPR (*Plant Growth Promoting Rhizobacteria*), on peut citer la répression de pathogènes par la production d'antibiotiques, de sidérophores, ou par la compétition pour les nutriments (Gupta *et al.*, 2015). Elmer (2009) a montré une réduction des maladies causées par les pathogènes du sol en présence de vers de terre en lien avec une forte augmentation des populations de *Pseudomonas fluorescens*, reconnue comme PGPR. De façon similaire, les protozoaires sont capables de sélectionner les communautés de bactéries fonctionnelles de la rhizosphère par un broutage différentiel (Bonkowski, 2004).

Fonction 4 : modification des interactions entre plantes

Un nombre croissant d'études a été réalisé depuis le milieu des années 1990 pour élucider le rôle des animaux du sol sur les interactions entre plantes. Cependant, le sujet d'étude est vaste et les conclusions apportées aujourd'hui par ces études restent fragmentaires. Endlweber et Scheu (2007) montrent qu'un collembole modifie la compétition entre une légumineuse et une graminée. Alors qu'en l'absence de collembole, le *ray-grass* est plus compétitif que le trèfle, la présence du collembole diminue la biomasse aérienne du *ray-grass*. Ces résultats confirment les observations de Kreuzer *et al.* (2004) et de Partsch *et al.* (2006) sur les collemboles. D'autre part, l'activité des vers de terre s'oppose à la dominance de la légumineuse *Trifolium repens* (trèfle blanc) en augmentant fortement la biomasse du *ray-grass* *Lolium perenne* (Kreuzer *et al.*, 2004). La réduction de la limitation en azote par l'activité lombricienne a probablement augmenté les capacités compétitrices de *L. perenne*. Des résultats similaires ont été trouvés par Wurst *et al.* (2005). D'un autre côté, les vers de terre augmentent la croissance et les performances de la légumineuse *Trifolium dubium* (trèfle douteux) dans un assemblage de trois espèces comprenant cette légumineuse, un pâturin et un séneçon (Thompson *et al.*, 1993). Les mécanismes proposés sont l'augmentation de la disponibilité du phosphore et de la nodulation des légumineuses. Puisque les animaux augmentent la disponibilité du phosphore et de l'azote dans le sol, mais avec des magnitudes différentes, ils peuvent changer le rapport N:P disponible et affecter la dominance des espèces, les légumineuses étant supposées être plus compétitrices dans les sols avec des rapports N:P faibles. Il est intéressant de noter que les travaux qui montrent une promotion des légumineuses soient des études de long terme (> 9 mois), alors que ceux qui mettent en évidence une dominance des graminées sont des études de court terme (< 3 mois) (Wurst *et al.*, 2003). L'effet des vers de terre pourrait être dépendant des conditions édaphiques initiales et de leur capacité à rendre disponible relativement plus de N ou de P, ainsi que de leur effet sur la dynamique temporelle de cette disponibilité.

Dans une étude faisant varier à la fois la diversité des collemboles et le groupe fonctionnel de plantes, Eisenhauer *et al.* (2011) montrent que la composition (et non le nombre d'espèces) au sein des communautés de collemboles module la productivité des plantes, mais uniquement de certains types fonctionnels. La composition en espèces de collembole joue un rôle important car deux espèces fonctionnellement proches ont une forte probabilité d'interaction négative et donc de diminution de leur performance sur la dynamique des nutriments. À l'instar de Partsch *et al.* (2006), Eisenhauer *et al.* (2010b, 2011) démontrent que les effets des animaux du sol s'expriment en fonction des types de plantes, les collemboles ayant un effet positif plus marqué sur les herbacées dicotylédones non fixatrices que sur les graminées ou les légumineuses. Leurs résultats montrent aussi que les turricules de sub-surface produits par les vers de terre jouent un rôle dans la structuration des communautés de plantes en affectant spécifiquement certains groupes fonctionnels (herbacées *versus* légumineuses) (Zaller *et al.*, 2011).

D'autre part, les rhizophages altèrent les peuplements végétaux en consommant certaines racines plutôt que d'autres. Il faut mentionner une étude récente très pertinente qui démontre les effets à long terme de l'herbivorie par des larves de taupin (*Agriotes* sp.) d'un peuplement précédent sur un nouveau peuplement végétal (Sonnemann *et al.*, 2013). Les auteurs montrent une augmentation de la biomasse végétale totale d'un assemblage de six espèces communes (*Achillea millefolium, Plantago lanceolata, Taraxacum officinale, Holcus lanatus, Poa pratensis, Trifolium repens*) poussant sur un sol ayant un historique d'herbivorie. Ils montrent aussi i) la capacité de certaines de ces espèces à mieux résister à une attaque d'herbivore (*A. millefolium* et *T. repens*) et ii) un changement de compétitivité de *T. repens* (diminuée) et de *T. officinale* (augmentée). L'hypothèse principale est une modification des communautés de champignons mycorhiziens lors de la première phase d'herbivorie.

Toutefois, il existe aussi des cas où les communautés de plantes ne sont pas affectées pas une manipulation des organismes des sols, principalement dans le cas de plantes pérennes (Watkin et Wheeler, 1966; Chapin, 1980; Zaller et Arnone, 1999). Les observations suggèrent que :
— ces communautés végétales sont moins réactives ou réagissent plus lentement aux modifications de disponibilité en nutriments;
— les effets sur le long terme (modification de la structure physique du sol) semblent être plus importants que les effets à court terme (modification de la disponibilité des nutriments);
— les manipulations d'abondance/biomasse réalisées dans ces essais étaient trop faibles pour induire des effets;
— les contraintes en termes de disponibilité en nutriment ou de milieu physique étaient trop faibles, de sorte que les lombriciens n'ont pas pu avoir d'effet levier par suppression/diminution de contrainte.

De rares travaux traitent de l'interaction des effets des organismes épigés et endogés sur la production et la diversité végétale (Ladygina *et al.*, 2010; Wurst et Rillig, 2011). Dans une étude portant sur l'additivité des effets d'organismes à fonctionnement dissimilaires (lombrics, escargots et champignons mycorhiziens), Wurst et Rillig (2011) concluent que les effets sont globalement indépendants et peuvent être considérés comme additifs. Ces conclusions nous semblent prématurées car fortement dépendantes des conditions expérimentales. Ainsi, dans ce travail, les vers de terre n'ont pas d'effet significatif, seuls ou en interaction avec d'autres organismes. Toutefois, leur abondance et leur biomasse sont remarquablement faibles et ne sont pas écologiquement réalistes.

Les études ainsi décrites posent les bases de l'effet des invertébrés sur la compétition entre plantes. Toutefois, plusieurs fronts de science apparaissent :
— Les études citées s'intéressent à des espèces/associations végétales qui comprennent très rarement des plantes cultivées. Les années à venir devraient voir fleurir des travaux sur les effets des invertébrés sur différentes variétés de plantes agricoles, seules ou en mélange.
— Il est remarquable qu'avec l'émergence de l'agroécologie aucune étude n'a porté sur l'impact de la faune du sol sur les performances des couverts associés, que ce soit en termes de production primaire ou de compétition avec les adventices.
— L'un des biais des études précédemment citées, intimement lié aux difficultés expérimentales, est qu'elles s'intéressent principalement à des stades jeunes de

plantes annuelles. Or les plantes utilisées dans ces expérimentations sont majoritairement des plantes à stratégie acquisitive. Il est impératif de considérer aussi le rôle des invertébrés des sols dans des systèmes associant des plantes pérennes et annuelles, comme en agroforesterie.

▸▸ Piloter la biodiversité des sols ?

La biodiversité représente un atout pour l'agriculture (Doré, 2011). Pourtant, en agroécosystèmes, nombre de publications énoncent une diminution de la biodiversité sous l'effet de la forte utilisation des produits phytosanitaires, ainsi que de la fragmentation des habitats naturels (Zhao *et al.*, 2016). Cette diminution peut agir sur les interactions biologiques et induire un plus faible niveau de services rendus, notamment pour la pollinisation ou le contrôle des ravageurs (Médiène *et al.*, 2011). Cette prise de conscience a conduit à une évolution des pratiques agricoles et à la création de nouvelles agricultures, telles que l'agroécologie ou l'agriculture de conservation, en plaçant les interactions biotiques et les régulations biologiques au cœur des processus de production (Clermont-Dauphin *et al.*, 2014 ; Tixier-Boichard et Lescourret, 2015). L'idée est de « cultiver la biodiversité » (Papy et Goldringer, 2011 ; Ratnadass *et al.*, 2013) afin de maintenir, voire d'améliorer, des services rendus grâce au pilotage de la biodiversité.

Bien que les relations entre la biodiversité et le fonctionnement des agroécosystèmes soient complexes, il est possible d'agir sur une ou plusieurs pratiques, mais aussi à l'échelle du paysage, et d'observer des effets sur les interactions biotiques (Altieri, 1999 ; Médiène *et al.*, 2011). L'agriculture, en tant qu'acteur de cette biodiversité, peut ainsi agir à différentes échelles spatio-temporelles. À l'échelle de la culture, les modifications peuvent porter sur l'utilisation des rotations de culture, du choix du cultivar, du couvert végétal ou du sans labour (Médiène *et al.*, 2011 ; Zhao *et al.*, 2016). À titre d'exemple, l'effet de la pratique sans labour ou de la réduction du travail du sol a d'une manière générale un effet positif sur la biodiversité des sols (Pérès, 2014). Cela permet en général une augmentation de la biomasse et de la densité des vers de terre (van Capelle *et al.*, 2012), ainsi que du nombre d'espèces et de leur diversité (Pelosi *et al.*, 2009), favorisant tout particulièrement le développement d'espèces anéciques (Kladivko, 2001). Cela favorise aussi l'abondance des collemboles (El Titi, 2003), ainsi que l'abondance et la diversité des nématodes (Villenave et Ba, 2009). Enfin, les biomasses microbiennes y sont le plus souvent plus importantes, ainsi que la diversité microbienne et les activités enzymatiques (Andrade *et al.*, 2003). Mais ces effets positifs sont fortement dépendants du contexte et des résultats opposés peuvent être aussi observés comme démontré dans la synthèse de van Capelle *et al.* (2012).

Au niveau de la parcelle, l'agriculteur peut mettre en place des infrastructures agro-environnementales telles que les haies ou les bandes enherbées. Smith *et al.* (2008) montrent ainsi que la gestion des bandes enherbées peut influencer significativement leur valeur pour la macrofaune du sol, avec l'installation d'organismes décomposeurs souvent moins présents dans les agrosystèmes. L'intégration de haies ou d'arbres, principe développé en agroforesterie, a aussi en général un effet bénéfique (Pérès, 2014 et références incluses). Elle permet le développement d'un plus grand nombre d'organismes et d'une plus grande diversité, que ce soit pour les microorganismes, les collemboles, les vers de terre ou encore les insectes. Par ailleurs, ces pratiques améliorent la qualité du réseau trophique, c'est-à-dire la complexité de la chaîne alimentaire, en favorisant, par exemple, le développement des nématodes omnivores et des acariens prédateurs.

D'autres mesures peuvent être prises au niveau de la gestion territoriale du paysage en favorisant les corridors et une plus grande hétérogénéité (Zhao *et al.*, 2016), qui est un facteur prépondérant de la diversité des araignées, et plus largement des prédateurs, dans les agroécosystèmes (Clough *et al.*, 2005).

Les recherches en termes de diversité fonctionnelle, plus spécifiquement sur les traits fonctionnels, amènent aussi la possibilité de mener une nouvelle approche, centrée non plus sur un cortège d'espèces, mais sur un ensemble de traits nécessaires à la réalisation d'une fonction ou d'un service. Les traits fonctionnels semblent être un moyen prometteur de relier plus aisément l'agrobiodiversité et les effets sur les services rendus (Wood *et al.*, 2015). Il reste cependant de nombreux verrous scientifiques à lever pour mener ce type d'approche, tant au niveau de la recherche sur la biodiversité des sols que de l'application de ces connaissances à la gestion des agroécosystèmes.

Certaines méthodes de pilotage de la biodiversité vont plus loin et proposent d'introduire des organismes dans le milieu, pour lutter contre un ravageur ou pour leur activité d'ingénieurs du sol (Jouquet *et al.*, 2014). Ces méthodes, correspondant à de la biostimulation directe, ne sont pas nouvelles et on retrouve des mentions d'inoculations de vers de terre en 1971 au sein de polders aux Pays-Bas, introduits en 1957, pour faire face au manque d'activité biologique dans ces sols construits. Certaines tentatives d'inoculation de vers de terre se sont avérées concluantes comme le souligne la revue de Butt (2011). En Inde, l'introduction de vers de terre dans des sols agricoles ayant une faible activité biologique a aussi été testée avec succès (Senapati *et al.*, 1999). Toujours en Inde, l'introduction de vers de terre, combinée ou non à un apport de matière organique (bouse de vache, résidu de thé), a conduit à une augmentation de plus de 200 % de la production de feuilles de thé (Barrios, 2007). De la même manière, en Nouvelle-Zélande, l'introduction de lombriciens dans une prairie a permis un gain économique de plus de 300 % (Stockdill, 1982). Cela étant, ces techniques restent encore à la marge car très coûteuses et encore hasardeuses (Butt, 2011). Il est donc préférable de réfléchir à des pratiques culturales permettant la restauration sur le long terme de la biodiversité des sols et de ses fonctions. À une autre échelle, de nouveaux tests s'avèrent prometteurs. Plus récemment en agriculture urbaine, dans le cadre de procédés de génie pédologique, des vers de terre ont été inoculés dans les bacs de culture sur les toits (Grard *et al.*, 2015) ou encore dans des Technosols (catégories de sols combinant les sols dont les propriétés et la pédogenèse sont dominées par leur origine technique). Si l'effet positif de la présence de vers de terre n'est plus à démontrer, une surpopulation peut parfois induire des effets négatifs sur la structure physique du sol (Ester et van Rozen, 2002).

En ce qui concerne la lutte biologique, l'utilisation d'auxiliaires de culture s'effectue aussi par des lâchers d'organismes dans le milieu. Ces organismes peuvent être des œufs ou bien des organismes adultes qui sont considérés comme des ennemis du ravageur considéré. Il est aussi possible d'utiliser des individus adultes stériles pour réguler une population (Pousset, 2012). Ces méthodes, outre leur difficulté de mise en œuvre, peuvent aussi avoir des effets non attendus sur une espèce non ciblée.

Outre ces effets indésirables potentiels sur les interactions biologiques, d'autres limites peuvent être liées à ces méthodes, telles que le besoin de ré-inoculer des organismes fréquemment ou le coût de production de ces organismes. En raison de ses risques et des coûts d'utilisation, la lutte biologique par introduction d'organismes reste surtout efficiente dans le cadre des cultures sous serre.

L'utilisation de certains principes de l'écologie dans les agrosystèmes a déjà été initiée (Tixier-Boichard et Lescourret, 2015). Le pilotage de la biodiversité, et plus largement des interactions biotiques, à travers l'ensemble des pratiques agricoles et des aménagements paysagers à différentes échelles spatiales reste encore cependant largement inexploré.

Références bibliographiques

Abiven S., Menasseri S., Chenu C., 2009. The effects of organic inputs over time on soil aggregate stability—A literature analysis. *Soil Biology and Biochemistry*, 41 (1), 1-12.

Aira M., Piearce T.G., 2009. The earthworm *Lumbricus terrestris* favours the establishment of *Lolium perenne* over *Agrostis capillaris* seedlings through seed consumption and burial. *Applied Soil Ecology*, 41 (3), 360-363.

Alegre J., Pashanasi B., Lavelle P., 1996. Dynamics of soil physical properties in Amazonian agroecosystems inoculated with earthworms. *Soil Science Society of America Journal*, 60 (5), 1522-1529.

Altieri M.A., 1999. The ecological role of biodiversity in agroecosystems. *Agriculture, Ecosystems & Environment*, 74 (1-3), 19-31.

Andersen A., 2003. Long-term experiments with reduced tillage in spring cereals. II. Effects on pests and beneficial insects. *Crop Protection*, 22 (1), 147-152.

Andrade D., Colozzi-Filho A., Giller K., 2003. The soil microbial community and soil tillage. *In : Soil Tillage in Agroecosystems* (El Titi A., dir.). Boca Raton (Floride), CRC Press, 51-81.

André H.M., Noti M.I., Lebrun P., 1994. The soil fauna: The other last biotic frontier. *Biodiversity and Conservation*, 3 (1), 45-56.

Arditi R., Michalski J., Hirzel A.H., 2005. Rheagogies: Modelling non-trophic effects in food webs. *Ecological Complexity*, 2 (3), 249-258.

Aubrook E.W., 1949. *Amara familiaris* Duft. (Col., Carabidae) feeding in flowers heads. *The Entomologist's Monthly Magazine*, 85, 4.

Balvanera P., Pfisterer A., Buchmann N., He J.-S., Nakashizuka T., Raffaelli D., Schmid B., 2006. Quantifying the evidence for biodiversity effects on ecosystem functioning and services. *Ecology Letters*, 9 (10), 1146-1156.

Bardgett R.D., Chan K.F., 1999. Experimental evidence that soil fauna enhance nutrient mineralization and plant nutrient uptake in montane grassland ecosystems. *Soil Biology and Biochemistry*, 31 (7), 1007-1014.

Barnes A.D., Jochum M., Mumme S., Haneda N.F., Farajallah A., Widarto T.H., Brose U., 2014. Consequences of tropical land use for multitrophic biodiversity and ecosystem functioning. *Nature Communications*, 5, 5351.

Barrios E., 2007. Soil biota, ecosystem services and land productivity. *Ecological Economics*, 64 (2), 269-285.

Bastardie F., Cannavacciuolo M., Capowiez Y., de Dreuzy J.R., Bellido A., Cluzeau D., 2002. A new simulation for modelling the topology of earthworm burrow systems and their effects on macropore flow in experimental soils. *Biology and Fertility of Soils*, 36 (2), 161-169.

Bell J.R., Traugott M., Sunderland K.D., Skirvin D.J., Mead A., Kravar-Garde L., Reynolds K., Fenlon J.S., Symondson W.O.C., 2008. Beneficial links for the control of aphids: The effects of compost applications on predators and prey. *Journal of Applied Ecology*, 45 (4), 1266-1273.

Bezemer T.M., de Deyn G.B., Bossinga T.M., van Dam N.M., Harvey J.A., van der Putten W.H., 2005. Soil community composition drives aboveground plant-herbivore-parasitoid interactions. *Ecology Letters*, 8 (6), 652-661.

Bezemer T.M., Wagenaar R., van Dam N.M., Wackers F.L., 2003. Interactions between above- and belowground insect herbivores as mediated by the plant defense system. *Oikos*, 101 (3), 555-562.

Bilde T., Toft S., 2001. The value of three cereal aphid species as food for a generalist predator. *Physiological Entomology*, 26 (1), 58-68.

Binet F., Le Bayon R.C., 1999. Space-time dynamics in situ of earthworm casts under temperate cultivated soils. *Soil Biology and Biochemistry,* 31 (1), 85-93.

Blanchart E., Albrecht A., Alegre J., Duboisset A., Villenave C., Pashanasi B., Lavelle P., Brussaard L., 1999. Effects of earthworms on soil structure and physical properties.

In : Earthworm Management in Tropical Agroecosystems (Lavelle P., Brussaard L., Hendrix P., dir.). Wallingford, Cabi Publishing, 149-172.

Blanchart E., Lavelle P., Braudeau E., Le Bissonnais Y., Valentin C., 1997. Regulation of soil structure by geophagous earthworm activities in humid savannas of Côte d'Ivoire. *Soil Biology and Biochemistry*, 29 (3-4), 431-439.

Blouin M., Lavelle P., Laffray D., 2007. Drought stress in rice (*Oryza sativa* L.) is enhanced in the presence of the compacting earthworm *Millsonia anomala. Environmental & Experimental Botany*, 60 (3), 352-359.

Blouin M., Zuily-Fodil Y., Pham-Thi A.-T., Laffray D., Reversat G., Pando A., Tondoh J., Lavelle P., 2005. Belowground organism activities affect plant aboveground phenotype, inducing plant tolerance to parasites. *Ecology Letters*, 8 (2), 202-220.

Bonkowski M., 2004. Protozoa and plant growth: The microbial loop in soil revisited. *New Phytologist*, 162 (3), 617–631.

Bonkowski M., Cheng W.X., Griffiths B.S., Alphei G., Scheu S., 2000a. Microbial-faunal interactions in the rhizosphere and effects on plant growth. *European Journal of Soil Biology*, 36 (3-4), 135-147.

Bonkowski M., Griffiths B.S., Scrimgeour C., 2000b. Substrate heterogeneity and microfauna in soil organic 'hotspots' as determinants of nitrogen capture and growth of ryegrass. *Applied Soil Ecology*, 14 (1), 37-53.

Bossuyt H., Six J., Hendrix P.F., 2006. Interactive effects of functionally different earthworm species on aggregation and incorporation and decomposition of newly added residue carbon. *Geoderma*, 130 (1-2), 14-25.

Bottinelli N., Jouquet P., Capowiez Y., Podwojewski P., Grimaldi M., Peng X., 2015. Why is the influence of soil macrofauna on soil structure only considered by soil ecologists? *Soil and Tillage Research*, 146 (part A), 118-124.

Bouché M.B., 1977. Stratégies lombriciennes. *In : Soil Organisms as Components of Ecosystems* (Lohm U., Persson T., dir.). Stockholm, Volume Ecological Bulletins 25.

Bouché M.B., Al-Addan F., 1997. Earthworms, water infiltration and soil stability: Some new assessments. *Soil Biology and Biochemistry*, 29 (3-4), 441-452.

Bouché M.B., Al-Addan F., Cortez J., Hammed R., Heidet J.-C., Ferrière G., Mazaud D., Samih M., 1997. Role of earthworms in the N cycle: A falsifiable assessment. *Soil Biology and Biochemistry*, 29 (3-4), 375-380.

Bradford M.A., Jones T.H., Bardgett T.H., Black H.I.J., Boag B., Bonkowski A., Cook R., Eggers T., Gange A.C., Grayston S.J., Kandeler E., McCaig A.E., Newington J.E., Prosser J.I., Setälä H., Staddon P.L., Tordoff G.M., Tscherko D., Lawton J.H., 2002. Impacts of soil faunal community composition on model grassland ecosystems. *Science*, 298 (5593), 615-618.

Brose U., Hillebrand H., 2016. Biodiversity and ecosystem functioning in dynamic landscapes. *Philosophical Transactions of the Royal Society B: Biological Sciences*, 19 (1964), DOI: 10.1098/rstb.2015.0267

Brown G.G., Edwards C.A., Brussaard L., 2004. How earthworms affect plant growth: Burrowing into the mechanisms. *In : Earthworm Ecology* (Edwards C.A., dir.). Boca Raton (Floride), CRC Press, 2ᵉ édition, 13-49.

Butt K.R. 2011. The earthworm inoculation unit technique: Development and use in soil improvement over two decades. *In : Biology of Earthworms* (Karaca A., dir.). Berlin/Heidelberg, Springer-Verlag, Collection Soil Biology 24, 87-105.

Caballero-López B., Bommarco R., Blanco-Moreno J.M., Sans F.X., Pujade-Villar J., Rundlöf M., Smith H.G., 2012. Aphids and their natural enemies are differently affected by habitat features at local and landscape scales. *Biological Control*, 63 (2), 222-229.

Capowiez Y., Cadoux S., Bouchant P., Ruy S., Roger-Estrade J., Richard G., Boizard H., 2009. The effect of tillage type and cropping system on earthworm communities, macroporosity and water infiltration. *Soil and Tillage Research*, 105 (2), 209-216.

Chaoui H.I., Zibilske L.M., Ohno T., 2003. Effects of earthworm casts and compost on soil microbial activity and plant nutrient availability. *Soil Biology and Biochemistry*, 35 (2), 295-302.

Chapin F.S.I., 1980. The mineral nutrition of wild plants. *Annual Review of Ecology and Systematics*, 11, 233-260.

Chapuis-Lardy L., Brossard M., Lavelle P., Schouller E., 1998. Phosphorus transformations in a ferralsol through ingestion by *Pontoscolex corethrurus*, a geophagous earthworm. *European Journal of Soil Biology*, 34 (2), 61-67.

Chapuis-Lardy L., Le Bayon R.C., Brossard M., Lopez-Hernandez D., Blanchart E., 2011. Role of soil macrofauna in phosphorus cycling. *In : Phosphorus in Action: Biological Processes in Soil Phosphorus Cycling* (Bünemann E.K., Oberson A., Frossard E., dir.). New York, Springer, Collection Soil Biology 26,199-213.

Chenu C., Abiven S., Annabi M., Barray S., Bertrand M., Bureau F., Cosentino D., Darboux F., Duval O., Fourrié L., Francou C., Houot S., Jolivet C., Laval K., Le Bissonnais Y., Lemée L., Menasseri S., Pétraud J., Verbèque B., 2011. Mise au point d'outils de prévision de l'évolution de la stabilité de la structure de sols sous l'effet de la gestion organique des sols. *Étude et gestion des sols*, 18 (3), 161-174.

Chenu C., Cosentino D., 2011. Microbial regulation of soil structural dynamics. *In : The Architecture and Biology of Soils: Life in Inner Space* (Ritz K., Young I., dir.). Oxford, Oxford University Press, 37-70.

Chiverton P.A., 1988. Searching behaviour and cereal aphid consumption by *Bembidion lampros* and *Pterostichus cupreus*, in relation to temperature and prey density. *Entomologia Experimentalis et Applicata*, 47 (2), 173-182.

Clause J., Barot S., Furey E., 2015. Effects of cast properties and passage through the earthworm gut on seed germination and seedling growth. *Applied Soil Ecology*, 96, 108-113.

Clause J., Margerie P., Langlois E., Decaëns T., Forey E., 2011. Fat but slim: Criteria of seed attractiveness for earthworms. *Pedobiologia*, 54, S159-S165.

Clements R.O., Murray P.J., Sturdy R.G., 1991. The impact of 20 years' absence of earthworms and three levels of N fertilizer on a grassland soil environment. *Agriculture, Ecosystems & Environment*, 36 (1-2), 75-85.

Clermont-Dauphin C., Blanchart E., Loranger-Merciris G., Meynard J.M. 2014, Cropping systems to improve soil biodiversity and ecosystem services: The outlook and lines of research. *In : Agroecology and Global Change* (Ozier-Lafontaine H., Lesieur-Jannoyer M., dir.). Springer International Publishing, Collection Sustainable Agriculture Reviews 14.

Clough Y., Kruess A., Kleijn D., Tscharntke T., 2005. Spider diversity in cereal fields: Comparing factors at local, landscape and regional scales. *Journal of Biogeography*, 32 (11), 2007-2014.

Coleman D., Fu S., Hendrix P., Crossley Jr. D., 2002. Soil foodwebs in agroecosystems: Impacts of herbivory and tillage management. *European Journal of Soil Biology*, 38 (1), 21-28.

Collins K.L., Boatman N.D., Wilcox A., Holland J.M., Chaney K., 2002. Influence of beetle banks on cereal aphid predation in winter wheat. *Agriculture, Ecosystems & Environment*, 93 (1-3), 337-350.

Currie A.F., Murray P.J., Gange A.C., 2006. Root herbivory by *Tipula paludosa* larvae increases colonization of *Agrostis capillaris* by arbuscular mycorrhizal fungi. *Soil Biology and Biochemistry*, 38 (7), 1994-1997.

Curry J.P., Byrne D., Boyle K.E., 1995. The earthworm population of a winter cereal field and its effects on soil and nitrogen turnover. *Biology and Fertility of Soils*, 19 (2), 166-172.

de Ruiter P., Neutel A., Moore J., 1995. Energetics, patterns of interaction strengths, and stability in real ecosystems. *Science*, 269 (5228), 1257-1260.

de Vries F.T., Thébault E., Liiri M., Birkhofer K., Tsiafouli M.A., Bjørnlund L., Bracht Jørgensen H., Brady M.V., Christensen S., de Ruiter P.C., d'Hertefeldt T., Frouz J., Hedlund K., Hemerik L., Hol W.H.G., Hotes S., Mortimer S.R., Setälä H., Sgardelis S.P., Uteseny K., van der Putten W.H., Wolters V., Bardgett R.D., 2013. Soil food web properties explain ecosystem services across European land use systems. *Proceedings of the National Academy of Sciences of the United States of America*, 110 (35), 14296-14301.

Decaëns T., Jiménez J.J., Gioia C., Measey J., Lavelle P., 2006. The values of soil animals for conservation biology. *European Journal of Soil Biology*, 42, S23-S28.

Decaëns T., Mariani L., Betancourt N., Jiménez J.J., 2003. Seed dispersion by surface casting activities of earthworms in Colombian grasslands. *Acta Oecologica*, 24 (4), 175-185.

Decaëns T., Rangel A.F., Asakawa N., Thomas R.J., 1999. Carbon and nitrogen dynamics in ageing earthworm casts in grasslands of the eastern plains of Colombia. *Biology and Fertility of Soils*, 30 (1-2), 20-28.

Denef K., Six J., 2005. Clay mineralogy determines the importance of biological versus abiotic processes for macroaggregate formation and stabilization. *European Journal of Soil Science*, 56 (4), 469-479.

Devliegher W., Verstraete W., 1996. *Lumbricus terrestris* in a soil core experiment: Nutrient-enrichment processes (NEP) and gut-associated processes (GAP) and their effect on microbial biomass and microbial activity. *Soil Biology and Biochemistry*, 27 (2), 1573-1580.

Digel C., Curtsdotter A., Riede J., Klarner B., Brose U., 2014. Unravelling the complex structure of forest soil food webs: Higher omnivory and more trophic levels. *Oikos*, 123 (10), 1157-1172.

Donath T.W., Eckstein R.L., 2012. Litter effects on seedling establishment interact with seed position and earthworm activity. *Plant Biology*, 14 (1), 163-170.

Doré T., 2011. Regard 24 : la biodiversité, atout pour l'agriculture. Société française d'écologie, consultable en ligne : https://www.sfecologie.org/regard/r24-dore/ (consulté le 7 décembre 2016).

Drake H.L., Horn M.A., 2006. Earthworms as a transient heaven for terrestrial denitrifying microbes: A review. *Engineering in Life Sciences*, 6 (3), 261-265.

Edwards C.A., Bohlen P.J., 1996. Role of earthworms in soil structure, fertility and productivity. *In : Biology and Ecology of Earthworms* (Edwards C.A., Bohlen P.J., dir.). Londres, Chapman & Hall, 3ᵉ édition, 196-201.

Ehlers W., 1975. Observations on earthworm channels and infiltration on tilled and untilled loess soil. *Soil Science*, 119 (3), 242-249.

Eisenhauer N., Scheu S., 2008. Invasibility of experimental grassland communities: The role of earthworms, plant functional group identity and seed size. *Oikos*, 117 (7), 1026-1036.

Eisenhauer N., Marhan S., Scheu S., 2008. Assessment of anecic behavior in selected earthworm species: Effects on wheat seed burial, seedling establishment, wheat growth and litter incorporation. *Applied Soil Ecology*, 38 (1), 79-82.

Eisenhauer N., Schuy M., Butenschoen O., Scheu S., 2009a. Direct and indirect effects of endogeic earthworms on plant seeds. *Pedobiologia*, 52 (3), 151-162.

Eisenhauer N., Straube D., Johnson E.A., Parkinson D., Scheu S., 2009b. Exotic ecosystem engineers change the emergence of plants from the seed bank of a deciduous forest. *Ecosystems*, 12 (6), 1008-1016.

Eisenhauer N., Butenschoen O., Radsick S., Scheu S., 2010a. Earthworms as seedling predators: Importance of seeds and seedlings for earthworm nutrition. *Soil Biology and Biochemistry*, 42 (8), 1245-1252.

Eisenhauer N., Sabais A.C.W., Schonert F., Scheu S., 2010b. Soil arthropods beneficially rather than detrimentally impact plant performance in experimental grassland systems of different diversity. *Soil Biology and Biochemistry*, 42 (9), 1418-1424.

Eisenhauer N., Sabais A.C.W., Scheu S., 2011. Collembola species composition and diversity effects on ecosystem functioning vary with plant functional group identity. *Soil Biology and Biochemistry*, 43 (8), 1697-1704.

El Titi A., 2003. Effect of tillage on invertebrates in soil ecosystems. *In : Soil Tillage in Agrosystems* (El Titi A., dir.). Boca Raton (Floride), CRC Press, 261-296.

Elliott P.W., Knight D., Anderson J.M., 1990. Denitrification in earthworm casts and soil from pastures under different fertilizer and drainage regimes. *Soil Biology and Biochemistry*, 22 (5), 601-605.

Elliott P.W., Knight D., Anderson J.M., 1991. Variables controlling denitrification from earthworm casts and soil in permanent pastures. *Biology and Fertility of Soils*, 11 (1), 24-29.

Elmer W., 2009. Influence of earthworm activity on soil microbes and soilborne diseases of vegetables. *Plant Disease*, 93 (2), 175-179.

Endlweber K., Krome K., Welzl G., Schäffner A.R., Scheu S., 2011. Decomposer animals induce differential expression of defence and auxin-responsive genes in plants. *Soil Biology and Biochemistry*, 43 (6), 1130-1138.

Endlweber K., Scheu S., 2007. Interactions between mycorrhizal fungi and Collembola: Effects on root structure of competing plant species. *Biology and Fertility of Soils*, 43 (6), 741-749.

Erb M., Kollner T.G., Degenhardt J., Zwahlen C., Hibbard B.E., Turlings T.C.J., 2011. The role of abscisic acid and water stress in root herbivore-induced leaf resistance. *New Phytologist*, 189 (1), 308-320.

Ester A., van Rozen K., 2002. Earthworms (*Aporrectodea* spp.; *Lumbricidae*) cause soil structure problems in young Dutch polders. *European Journal of Soil Biology*, 38 (2), 181-185.

Faber J.H., 1991. Functional classification of soil fauna: A new approach. *Oikos*, 62 (1), 110-117.

Feller C., Brown G.G., Blanchart E., Deleporte P., Chernyanskii S.S., 2003. Charles Darwin, earthworms and the natural sciences: Various lessons from past to future. *Agriculture, Ecosystems & Environment*, 99 (1-3), 29-49.

Finke D., Denno R., 2004. Predator diversity dampens trophic cascades. *Nature*, 429 (6990), 407-410.

Fonte S.J., Kong A.Y.Y., van Kessel C., Hendrix P.F., Six J., 2007. Influence of earthworm activity on aggregate-associated carbon and nitrogen dynamics differs with agroecosystem management. *Soil Biology and Biochemistry*, 39 (5), 1014-1022.

Forde B., 2002. Local and long range signalling pathways regulating plant response to nitrate. *Annual Review of Plant Biology*, 53, 203-224.

Forey E., Barot S., Decaëns T., Langlois E., Laossi K.R., Margerie P., Scheu S., Eisenhauer N., 2011. Importance of earthworm-seed interactions for the composition and structure of plant communities: A review. *Acta Oecologica*, 37 (6), 594-603.

Forsythe T.G., 1983. Mouthparts and feeding of certain ground beetles (Coleoptera: Carabidae). *Zoological Journal of the Linnean Society*, 79 (4), 319-376.

Gange A.C., 1993. Translocation of mycorrhizal fungi by earthworms during early succession. *Soil Biology and Biochemistry*, 25 (8), 1021-1026.

Garnier E., Cortez J., Billès G., Navas M.-L., Roumet C., Debussche M., Laurent G., Blanchard A., Aubry D., Bellmann A., Neill C., Toussaint J.-P., 2004. Plant functional markers capture ecosystem properties during secondary succession. *Ecology*, 85 (9), 2630-2637.

Gilot-Villenave C., Lavelle P., Ganry F., 1996. Effect of a tropical geophageous earthworm, *Millsonia anomala*, on some soil characteristics, on maize-residue decomposition and maize production in Ivory Coast. *Applied Soil Ecology*, 4 (3), 201-211.

Gobat J.-M., Aragno M., Matthey W., 2010. *Le sol vivant : bases de pédologie – biologie des sols.* Lausanne, Presses polytechniques et universitaires romandes, Collection Science et ingénierie de l'environnement, 3ᵉ édition.

Goudard A., Loreau M., 2008. Non-trophic interactions, biodiversity and ecosystem functioning: An interaction web model. *The American Naturalist*, 171 (1), 91-106.

Grard B., Bel N., Marchal N., Madre N., Castell J.-F., Cambier P., Houot S., Manouchehri N., Besancon S., Michel J.C., Chenu C., Frascaria-Lacoste N., Aubry C., 2015. Recycling urban waste as possible use for rooftop vegetable garden. *Future of Food: Journal on Food, Agriculture and Society*, 3 (1), 21-34.

Grime J., 1998. Benefits of plant diversity to ecosystems: Immediate, filter and founder effects. *Journal of Ecology*, 86 (6), 902-910.

Guéi A.M., Baidai Y., Tondoh J.E., Huising J., 2012. Functional attributes: Compacting vs decompacting earthworms and influence on soil structure. *Current Zoology*, 58 (4), 556-565.

Gupta G., Parihar S.S., Ahirwar N.K., Snehi S.K., Singh V., 2015. Plant Growth Promoting Rhizobacteria (PGPR): Current and future prospects for development of sustainable agriculture. *Journal of Microbial and Biochemical Technology*, 7, 96-102.

Hajek A.E., Hannam J.J., Nielsen C., Bell A.J., Liebherr J.K., 2007. Distribution and abundance of Carabidae (Coleoptera) associated with soybean aphid (Hemiptera: Aphididae) populations in central New York. *Annals of the Entomological Society of America*, 100 (6), 876-886.

Hameed R., Bouché M.B., Cortez J., 1994. Études in situ des transferts d'azote d'origine lombricienne (*Lumbricus terrestris* L.) vers les plantes. *Soil Biology and Biochemistry*, 26 (4), 495-501.

Harwood J.D., Obrycki J.J., 2005. The role of alternative prey in sustaining predator populations. *In : 2nd International Symposium on the Biological Control of Arthropods*. United States Department of Agriculture, Forest Service, Washington D.C., CABI Publishing, 453-462.

Heimbach U., Garbe V., 1996. Effects of reduced tillage systems in sugar beet on predatory and pest arthropods. *Arthropod Natural Enemies in Arable Land*, 71, 195-208.

Hinsinger P., 2001. Bioavailability of soil inorganic P in the rhizosphere as affected by root-induced chemical changes: A review. *Plant and Soil*, 237 (2), 173-195.

Holland J.M., Reynolds C.J.M., 2003. The impact of soil cultivation on arthropod (Coleoptera and Araneae) emergence on arable land. *Pedobiologia*, 47 (2), 181-191.

Honek A., Martinkova Z., Jarosik V., 2003. Ground beetles (Carabidae) as seed predators. *European Journal of Entomology*, 100 (4), 531-544.

Hopp H., Slater C.S., 1948. Influence of earthworms on soil productivity. *Soil Science*, 66 (6), 421-428.

Hunt H.W., Coleman D.C., Ingham E.R., Ingham R.E., Elliott E.T., Moore J.C., Rose S.L., Reid C.P.P., Morley C.R., 1987. The detrital food web in a shortgrass prairie. *Biology and Fertility of Soils*, 3 (1-2), 57-68.

Ingham E.R., Thies W.G., 1996. Responses of soil foodweb organisms in the first year following clearcutting and application of chloropicrin to control laminated root rot. *Applied Soil Ecology*, 3 (1), 35-47.

Irshad U., Villenave C., Brauman A., Plassard C., 2011. Grazing by nematodes on rhizosphere bacteria enhances nitrate and phosphorus availability to *Pinus pinaster* seedlings. *Soil Biology and Biochemistry*, 43 (10), 2121-2126.

James S.W., 1991. Soil, nitrogen, phosphorus, and organic matter processing by earthworms in tallgrass prairie. *Ecology*, 72 (6), 2101-2109.

Jégou D., Cluzeau D., Hallaire V., Balesdent J., Trehen P., 2000. Burrowing activity of the earthworms *Lumbricus terrestris* and *Aporrectodea giardi* and consequences on C transfers in soil. *European Journal of Soil Biology*, 36 (1), 27-34.

Jégou D., Schrader S., Diestel H., Cluzeau D., 2001. Morphological, physical and biochemical characteristics of burrow walls formed by earthworms. *Applied Soil Ecology*, 17 (2), 165-174.

Jégou D., Brunotte J., Rogasik H., Capowiez Y., Diestel H., Schrader S., Cluzeau D., 2002. Impact of soil compaction on earthworm burrow systems using X-ray computed tomography: Preliminary study. *European Journal of Soil Biology*, 38 (3-4), 329-336.

Jonason D., Smith H.G., Bengtsson J., Birkhofer K., 2013. Landscape simplification promotes weed seed predation by carabid beetles (Coleoptera: Carabidae). *Landscape Ecology*, 28 (3), 487-494.

Jouquet P., Blanchart E., Capowiez Y., 2014. Utilization of earthworms and termites for the restoration of ecosystem functioning. *Applied Soil Ecology*, 73, 34-40.

Kaneda S., Kaneko N., 2008. Collembolans feeding on soil affect carbon and nitrogen mineralization by their influence on microbial and nematode activities. *Biology and Fertility of Soils*, 44 (3), 435-442.

Kaneda S., Kaneko N., 2011. Influence of Collembola on nitrogen mineralization varies with soil moisture content. *Soil Science and Plant Nutrition*, 57 (1), 40-49.

Kaplan I., Sardanelli S., Rehill B.J., Denno R.F., 2011. Toward a mechanistic understanding of competition in vascular-feeding herbivores: An empirical test of the sink competition hypothesis. *Oecologia*, 166 (3), 627-636.

Karsten G.R., Drake H.L., 1997. Denitrifying bacteria in the earthworm gastrointestinal tract and in vivo emission of nitrous oxide (N_2O) by earthworms. *Applied and Environmental Microbiology*, 63 (5), 1878-1882.

Ke X., Scheu S., 2008. Earthworms, Collembola and residue management change wheat (*Triticum aestivum*) and herbivore pest performance (Aphidina: *Rhopalosiphum padi*). *Oecologia*, 157 (4), 603-617.

Kéfi S., Berlow E.L., Wieters E.A., Navarrete S.A., Petchey O.L., Wood S.A., Boit A., Joppa L.N., Lafferty K.D., Williams R.J., Martinez N.D., Menge B.A., Blanchette C.A., Iles A.C., Brose U., 2012. More than a meal… integrating non-feeding interactions into food webs. *Ecology Letters*, 15 (4), 291-300.

Kibblewhite M.G., Ritz K., Swift M.J., 2008. Soil health in agricultural systems. *Philosophical Transactions of the Royal Society B-Biological Sciences*, 363 (1492), 685-701.

Kielty J.P., Allen-Williams L.J., Underwood N., Eastwood E.A., 1996. Behavioral responses of three species of ground beetle (Coleoptera: Carabidae) to olfactory cues associated with prey and habitat. *Journal of Insect Behavior*, 9 (2), 237-250.

Kiers E.T., Duhamel M., Beesetty Y., Mensah J.A., Franken O., Verbruggen E., Fellbaum C.R., Kowalchuk G.A., Hart M.M., Bago A., Palmer T.M., West S.A., Vandenkoornhuyse P., Jansa J., Buecking H., 2011. Reciprocal rewards stabilize cooperation in the mycorrhizal symbiosis. *Science*, 333 (6044), 880-882.

Kladivko E.J., 2001. Tillage systems and soil ecology. *Soil and Tillage Research*, 61 (1-2), 61-76.

Klironomos J.N., Kendrick W.B., 1996. Palatability of microfungi to soil arthropods in relation to the functioning of arbuscular mycorrhizae. *Biology and Fertility of Soils*, 21 (1), 43-52.

Koricheva J., Larsson S., Haukioja E., 1998. Insect performance on experimentally stressed woody plants: A meta-analysis. *Annual Review of Entomology*, 43, 195-216.

Kretzschmar A., 1982. Description des galeries de vers de terre et variation saisonnière des réseaux (observations en conditions naturelles). *Revue d'écologie et de biologie du sol*, 19, 579-591.

Kreuzer K., Bonkowski M., Langel R., Scheu S., 2004. Decomposer animals (Lumbricidae, Collembola) and organic matter distribution affect the performance of *Lolium perenne* (Poaceae) and *Trifolium repens* (Fabaceae). *Soil Biology and Biochemistry*, 36 (12), 2005-2011.

Kromp B., 1999. Carabid beetles in sustainable agriculture: A review on pest control efficacy, cultivation impacts and enhancement. *Agriculture, Ecosystems & Environment*, 74 (1-3), 187-228.

Kuczak C.N., Fernandes E.C.M., Lehmann J., Rondon M.A., Luizao F.J., 2006. Inorganic and organic phosphorus pools in earthworm casts (Glossoscolecidae) and a Brazilian rainforest Oxisol. *Soil Biology and Biochemistry*, 38 (3), 553-560.

Kuperman R.G., Williams G.P., Parmelee R.W., 1998. Spatial variability in the soil foodwebs in a contaminated grassland ecosystem. *Applied Soil Ecology*, 9 (1-3), 509-514.

Ladygina N., Henry F., Kant M.R., Koller R., Reidinger S., Rodriguez A., Saj S., Sonnemann I., Witt C., Wurst S., 2010. Additive and interactive effects of functionally dissimilar soil organisms on a grassland plant community. *Soil Biology and Biochemistry*, 42 (12), 2266-2275.

Lamandé M., Labouriau R., Holmstrup M., Torp S.B., Greve M.H., Heckrath G., Iversen B.V., de Jonge L.W., Moldrup P., Jacobsen O.H., 2011. Density of macropores as related to soil and earthworm community parameters in cultivated grasslands. *Geoderma*, 162 (3-4), 319-326.

Lang A., 2003. Intraguild interference and biocontrol effects of generalist predators in a winter wheat field. *Oecologia*, 134 (1), 144-153.

Laossi K.R., Noguera D.C., Bartolome-Lasa A., Mathieu J., Blouin M., Barot S., 2009. Effects of an endogeic and an anecic earthworm on the competition between four annual plants and their relative fecundity. *Soil Biology and Biochemistry*, 41 (8), 1668-1673.

Laossi K.R., Ginot A., Noguera D.C., Blouin M., Barot S., 2010. Earthworm effects on plant growth do not necessarily decrease with soil fertility. *Plant and Soil*, 328 (1), 109-118.

Larsen J., Johansen A., Erik Larsen S., Henrik Heckmann L., Jakobsen I., Henning Krogh P., 2008. Population performance of collembolans feeding on soil fungi from different ecological niches. *Soil Biology and Biochemistry*, 40 (2), 360-369.

Lavelle P., 1988. Earthworm activities and the soil system. *Biology and Fertility of Soils*, 6 (3), 237-251.

Lavelle P., Barois I., Martin A., Zaidi Z., Schaefer R., 1989. Management of earthworm populations in agro-ecosystems: A possible way to maintain soil quality? *In : Ecology of Arable Land* (Clarholm M., Bergström L., dir.). Londres, Kluwer Academic Publishers, 109-122.

Lavelle P., Bignell D., Lepage M., Wolters V., Roger P., Ineson P., Heal O.W., Dhillion S., 1997. Soil function in a changing world: The role of invertebrate ecosystem engineers. *European Journal of Soil Biology*, 33 (4), 159-193.

Lavelle P., Blouin M., Boyer J., Cadet P., Laffray D., Pham-Thi A.-T., Reversat G., Settle W., Zuily Y., 2004a. Plant parasite control and soil fauna diversity. *Comptes rendus biologies*, 327 (7), 629-638.

Lavelle P., Charpentier F., Villenave C., Rossi J.-P., Derouard L., Pashanasi B., Andre J., Ponge J.-F., Bernier N., 2004b. Effects of earthworms on soil organic matter and nutrient dynamics at a landscape scale over decades. *In : Earthworm Ecology* (Edwards C.A., dir.). Boca Raton (Floride), CRC Press, 145-160.

Lavelle P., Spain A.V., 2001. *Soil Ecology*. Dordrecht (Pays-Bas), Springer Science & Business Media.

Lavorel S., Garnier E., 2002. Predicting changes in community composition and ecosystem functioning from plant traits: Revisiting the Holy Grail. *Functional Ecology*, 16 (5), 545-556.

Le Bayon R.C., Binet F., 2001. Earthworm surface casts affect soil erosion by runoff water and phosphorus transfer in a temperate maize crop. *Pedobiologia*, 45 (5), 430-442.

Le Bayon R.C., Binet F., 2006. Earthworms change the distribution and availability of phosphorous in organic substrates. *Soil Biology and Biochemistry*, 38 (2), 235-246.

Le Bayon R.C., Milleret R., 2009. Effects of earthworms on phosphorus dynamics: A review. *Dynamic Soil, Dynamic Plant*, 3 (2), 21-27.

Le Bissonnais Y., Blavet D., De Noni G., Laurent J., Asseline J., Chenu C., 2007. Erodibility of Mediterranean vineyard soils: Relevant aggregate stability methods and significant soil variables. *European Journal of Soil Science*, 58 (1), 188-195.

Le Couteulx A., Wolf C., Hallaire V., Pérès G., 2015. Burrowing and casting activities of three endogeic earthworm species affected by organic matter location. *Pedobiologia*, 58 (2-3), 97-103.

Lehman R.M., Lundgren J.G., Petzke L., 2009. Bacterial communities associated with the digestive tract of the predatory ground beetle, *Poecilus chalcites*, and their response to laboratory rearing and antibiotic treatment. *Microbial Ecology*, 57 (2), 349-358.

Lohmann M., Scheu S., Müller C., 2009. Decomposers and root feeders interactively affect plant defence in *Sinapis alba*. *Oecologia*, 160 (2), 289-298.

Lopez-Hernandez D., Lavelle P., Fardeau J., Niño M., 1993. Phosphorous transformations in two P-sorption contrasting tropical soils during transit through Pontoscolex corethrurus (Glossoscolecidae, Oligochaeta). *Soil Biology and Biochemistry*, 25 (6), 789-792.

Losey J.E., Denno R.F., 1998. Positive predator-predator interactions: enhanced predation rates and synergistic suppression of aphid populations. *Ecology*, 79 (6), 2143-2152.

Lucas E., 2005. Intraguild predation among aphidophagous predators. *European Journal of Entomology*, 102 (3), 351-364.

Lundgren J.G., Lehman R.M., 2010. Bacterial contributions to seed digestion in an omnivorous beetle. *PloS One*, 5 (5), e10831.

Lundgren J.G., Rosentrater K., 2007. The strength of seeds and their destruction by granivorous insects. *Arthropod-Plant Interactions*, 1 (2), 93-99.

Lyons K.G., Brigham C.A., Traut B.H., Schwartz M.W., 2005. Rare species and ecosystem functioning. *Conservation Biology*, 19 (4), 1019-1024.

Mantelin S., Peng H.C., Li B.B., Atamian H.S., Takken F.L.W., Kaloshian I., 2011. The receptor-like kinase SlSERK1 is required for Mi-1-mediated resistance to potato aphids in tomato. *The Plant Journal*, 6 (3), 459-471.

Martin N.A., 1982. The interaction between organic matter in soil and the burrowing activity of three species of earthworms (Oligochaeta: Lumbricidae). *Pedobiologia*, 24, 185-190.

Mason N.W.H., Mouillot D., Lee W.G., Wilson J.B., 2005. Functional richness, functional evenness and functional divergence: The primary components of functional diversity. *Oikos*, 111 (1), 112-118.

Masters G.J., Brown V.K., Gange A.C., 1993. Plant mediated interactions between aboveground and belowground insect herbivores. *Oikos*, 66 (1), 148-151.

McInerney M., Bolger T., 2000. Temperature, wetting cycles and soil texture effects on carbon and nitrogen dynamics in stabilized earthworm casts. *Soil Biology and Biochemistry*, 32 (3), 335-349.

Médiène S., Valantin-Morison M., Sarthou J.-P., De Tourdonnet S., Gosme M., Bertrand M., Roger-Estrade J., Aubertot J.-N., Rusch A., Motisi N., Pelosi C., Doré T., 2011. Agroecosystem management and biotic interactions: A review. *Agronomy for Sustainable Development*, 31 (3), 491-514.

Menalled F.D., Marino P.C., Renner K.A., Landis D.A., 2000. Post-dispersal weed seed predation in Michigan crop fields as a function of agricultural landscape structure. *Agriculture, Ecosystems & Environment*, 77 (3), 193-202.

Milcu A., Schumacher J., Scheu S., 2006. Earthworms (Lumbricus terrestris) affect plant seedling recruitment and microhabitat heterogeneity. *Functional Ecology*, 20 (2), 261-268.

Milleret R., Le Bayon R., Gobat J., 2009. Root, mycorrhiza and earthworm interactions: Their effects on soil structuring processes, plant and soil nutrient concentration and plant biomass. *Plant and Soil*, 316 (1-2), 1-12.

Moore J.C., Ingham E.R., Coleman D.C., 1987. Inter- and intraspecific feeding selectivity of *Folsomia candida* (Willem) (Collembola, Isotomidae) on fungi. *Biology and Fertility of Soils*, 5 (1), 6-12.

Mouillot D., Bellwood D.R., Baraloto C., Chave J., Galzin R., Harmelin-Vivien M., Kulbicki M., Lavergne S., Lavorel S., Mouquet N., Paine C.E.T., Renaud J., Thuiller W., 2013. Rare species support vulnerable functions in high-diversity ecosystems. *PLoS Biology*, 11 (5), e1001569.

Newell K., 1984. Interactions between two decomposer basidiomycetes and a Collembola under Sitka spruce: Distribution, abundance and selective grazing. *Soil Biology and Biochemistry*, 16 (3), 227-233.

Nielsen S.A., Toft S., 2000. Responses of a detoxification enzyme to diet quality in the wolf spider, *Pardosa prativaga. In : European Arachnology 2000* (Toft S., Scharff N., dir.), 19th European Colloquium of Arachnology, Aarhus, Aarhus University Press, 65-70.

Nielsen S.A., Hauge M., Nielsen F.H., Toft S., 2000. Activities of glutathione S-transferase and glutathione peroxidases related to diet quality in an aphid predator, the seven-spot ladybird, *Coccinella septempunctata* L. (Coleoptera: Coccinellidae). *Alternatives to Laboratory Animals*, 28 (3), 445-449.

Niwa S., Kaneko N., Okada H., Sakamoto K., 2008. Effects of fine-scale simulation of deer browsing on soil micro-foodweb structure and N mineralization rate in a temperate forest. *Soil Biology and Biochemistry*, 40 (3), 699-708.

Nuutinen V., Butt K.R., 2003. Interaction of *Lumbricus terrestris* L. burrows with field subdrains. *Pedobiologia*, 47 (5-6), 578-581.

Östman Ö., Ekbom B., Bengtsson J., 2001. Landscape heterogeneity and farming practice influence biological control. *Basic and Applied Ecology*, 2 (4), 365-371.

Papy F., Goldringer I., 2011. Cultiver la biodiversité. *Courrier de l'environnement de l'Inra*, 60, 55-62.

Parkin T.B., Berry E.C., 1994. Nitrogen transformations associated with earthworm casts. *Soil Biology and Biochemistry*, 26 (9), 1233-1238.

Parkin T.B., Berry E.C., 1999. Microbial nitrogen transformations in earthworm burrows. *Soil Biology and Biochemistry*, 31 (13), 1765-1771.

Partsch S., Milcu A., Scheu S., 2006. Decomposers (Lumbricidae, Collembola) affect plant performance in model grasslands of different diversity. *Ecology*, 87 (10), 2548-2558.

Pelosi C., Bertrand M., Roger-Estrade J., 2009. Earthworm community in conventional, organic and direct seeding with living mulch cropping systems. *Agronomy for Sustainable Development*, 29 (2), 287-295.

Pérès G., 2003. Identification et quantification in situ des interactions entre la biodiversité lombricienne et la bioporosité dans le contexte polyculture breton : influence sur le fonctionnement hydrodynamique du sol. Thèse de doctorat, Rennes, Université de Rennes 1.

Pérès G., 2014. Soils suppressing biodiversity. *In : Interactions in Soil: Promoting Plant Growth* (Dighton J., Krumins J.A., dir.). New York, Springer, 95-118.

Pérès G., Cluzeau D., Curmi P., Hallaire V., 1998. The influence of the relationships between organic matter and functional structure of earthworm's community, on soil structure in vineyard soils. *Biology and Fertility of Soils*, 27 (4), 417-424.

Pérès G., Bellido A., Curmi P., Marmonier P., Cluzeau D., 2010. Relationships between earthworm communities and burrow numbers under different land use systems. *Pedobiologia*, 54 (1), 37-44.

Pérès G., Cluzeau D., Menasseri S., Soussana J.F., Bessler H., Engels C., Habekost M., Gleixner G., Weigelt A., Weisser W.W., Scheu S., Eisenhauer N., 2013. Mechanisms linking plant community properties to soil aggregate stability in an experimental grassland plant diversity gradient. *Plant and Soil*, 373 (1-2), 285-299.

Petchey O.L., 2004. On the statistical significance of functional diversity effects. *Functional Ecology*, 18 (3), 297-303.

Pousset J., 2012. *Traité d'agroécologie : pour une agriculture naturelle*. Paris, Éditions France Agricole, Collection Agri production, 2ᵉ édition.

Puech C., Baudry J., Joannon A., Poggi S., Aviron S., 2014. Organic vs. conventional farming dichotomy: Does it make sense for natural enemies? *Agriculture, Ecosystems & Environment*, 194, 48-57.

Rabatin S.C., Stinner B.R., 1988. Proceedings of a workshop on interactions between soil-inhabiting invertebrates and microorganisms in relation to plant growth indirect effects of interactions between VAM fungi and soil-inhabiting invertebrates on plant processes. *Agriculture, Ecosystems & Environment*, 24 (1), 135-146.

Ratnadass A., Blanchart E., Lecomte P., 2013. Interactions écologiques au sein de la biodiversité des systèmes cultivés. *In : Cultiver la biodiversité pour transformer l'agriculture* (Hainzelin E., dir.). Versailles, Éditions Quæ, Collection Synthèses, 147-183.

Reddell P., Spain A.V., 1991. Earthworms as vectors of viable propagules of mycorrhizal fungi. *Soil Biology and Biochemistry*, 23 (8), 767-774.

Ristaino J.B., Gumpertz M.L., 2000. New frontiers in the study of dispersal and spatial analysis of epidemics caused by species in the genus Phytophthora. *Annual Review of Phytopathology*, 38 (1), 541-576.

Rizhiya E., Bertora C., Van Vliet P.C.J., Kuikman P.J., Faber J.H., van Groenigen J.W., 2007. Earthworm activity as a determinant for N_2O emission from crop residue. *Soil Biology and Biochemistry*, 39 (8), 2058-2069.

Rusek J., 1998. Biodiversity of Collembola and their functional role in the ecosystem. *Biodiversity & Conservation*, 7 (9), 1207-1219.

Sabatini M.A., Innocenti G., 2000a. Functional relationships between Collembola and plant pathogenic fungi of agricultural soils. *Pedobiologia*, 44 (3), 467-475.

Sabatini M.A., Innocenti G., 2000b. Soil-borne plant pathogenic fungi in relation to some collembolan species under laboratory conditions. *Mycological Research*, 104 (10), 1197-1201.

Sabatini M.A., Ventura M., Innocenti G., 2004. Do Collembola affect the competitive relationships among soil-borne plant pathogenic fungi? *Pedobiologia*, 48 (5-6), 603-608.

Scheu S., 2003. Effects of earthworms on plant growth: Patterns and perspectives. *Pedobiologia*, 47 (5-6), 846-856.

Scheu S., Parkinson D., 1994. Effects of earthworms on nutrient dynamics, carbon turnover and microorganisms in soil from cool temperate forests of the Canadian Rocky Mountains: Laboratory studies. *Applied Soil Ecology*, 1 (2), 113-125.

Scheu S., Theenhaus A., Jones T.H., 1999. Links between the detritivore and the herbivore system: Effects of earthworms and Collembola on plant growth and aphid development. *Oecologia*, 119 (4), 541-551.

Schneider F., Brose U., 2013. Beyond diversity: How nested predator effects control ecosystem functions. *Journal of Animal Ecology*, 82 (1), 64-71.

Scullion J., Malik A., 2000. Earthworm activity affecting organic matter, aggregation and microbial in soils restored after opencast mining for coal. *Soil Biology and Biochemistry*, 32 (1), 119-126.

Senapati B.K., 1992. Biotic interactions between soil nematodes and earthworms. *Soil Biology and Biochemistry*, 24 (12), 1441-1444.

Senapati B.K., Lavelle P., Giri S., Pashanasi B., Alegre J., Decaëns T., Jiménez J.J., Albrecht A., Blanchart E., Mahieux M., Rousseaux L., Thomas R., Panigrahi P.K., Venkatachalam M., 1999. Soil earthworm technologies for tropical agroecosystems. *In : Earthworm Management in Tropical Agroecosystems* (Lavelle P., Brussaard L., Hendrix P., dir.). Wallingford, Cabi Publishing, 199-237.

Shipitalo M.J., Butt K.R., 1999. Occupancy and geometrical properties of *Lumbricus terrestris* L. burrows affecting infiltration. *Pedobiologia*, 43 (6), 782-794.

Shipitalo M.J., Protz R., 1989. Chemistry and micromorphology of aggregation in earthworm casts. *Geoderma*, 45 (3-4), 357-374.

Shumway D.L., Koide R.T., 1994. Seed preferences of *Lumbricus terrestris* L. *Applied Soil Ecology*, 1 (1), 11-15.

Shuster W.D., McDonald L.P., McCartney D.A., Parmelee R.W., Studer N.S., Stinner B.R., 2002. Nitrogen source and earthworm abundance affected runoff volume and nutrient loss in a tilled-corn agroecosystem. *Biology and Fertility of Soils*, 35 (5), 320-327.

Singh A., Braun J., Decker E., Hans S., Wagner A., Weisser W.W., Zytynska S.E., 2014. Plant genetic variation mediates an indirect ecological effect between belowground earthworms and aboveground aphids. *BMC Ecology*, 14, 25.

Smith J., Potts S.G., Woodcock B.A., Eggleton P., 2008. Can arable field margins be managed to enhance their biodiversity, conservation and functional value for soil macrofauna? *Journal of Applied Ecology*, 45 (1), 269-278.

Smith R.G., Gross K.L., Januchowski S., 2005. Earthworms and weed seed distribution in annual crops. *Agriculture Ecosystems & Environment*, 108 (4), 363-367.

Snyder W.E., Ives A.R., 2001. Generalist predators disrupt biological control by a specialist parasitoid. *Ecology*, 82 (3), 705-716.

Soler R., Bezemer T.M., van der Putten W.H., Vet L.E.M., Harvey J.A., 2005. Root herbivore effects on above-ground herbivore, parasitoid and hyperparasitoid performance via changes in plant quality. *Journal of Animal Ecology*, 74 (6), 1121-1130.

Soler R., van der Putten W.H., Harvey J.A., Vet L.E.M., Dicke M., Bezemer T.M., 2012. Root herbivore effects on aboveground multitrophic interactions: Patterns, processes and mechanisms. *Journal of Chemical Ecology*, 38 (6), 755-767.

Soliveres S., Manning P., Prati D., Gossner M.M., Alt F., Arndt H., Baumgartner V., Binkenstein J., Birkhofer K., Blaser S., Blüthgen N., Boch S., Böhm S., Börschig C., Buscot F., Diekötter T., Heinze J., Hölzel N., Jung K., Klaus V.H., Klein A.-M., Kleinebecker T., Klemmer S., Krauss J., Lange M., Morris E.K., Müller J., Oelmann Y., Overmann J., Pašalić E., Renner S.C., Rillig M.C., Schaefer H.M., Schloter M., Schmitt B., Schöning I., Schrumpf M., Sikorski J., Socher S.A., Solly E.F., Sonnemann I., Sorkau E., Steckel J., Steffan-Dewenter I., Stempfhuber B., Tschapka M., Türke M., Venter P., Weiner C.N., Weisser W.W., Werner M., Westphal C., Wilcke W., Wolters V., Wubet T., Wurst S., Fischer M., Allan E., 2016. Locally rare species influence grassland ecosystem multifunctionality (Theme issue 'Biodiversity and ecosystem functioning in dynamic landscapes' compiled and edited by Brose U., Hillebrand H.). *Philosophical Transactions of the Royal Society of London B: Biological Sciences*, 371 (1694).

Sonnemann I., Hempel S., Beutel M., Hanauer N., Reidinger S., Wurst S., 2013. The root herbivore history of the soil affects the productivity of a grassland plant community and determines plant response to new root herbivore attack. *PloS One*, 8 (2), e56524.

Stephens P.M., Davoren C.W., 1995. Effect of the lumbricid earthworm *Aporrectodea trapezoides* on wheat grain yield in the field, in the presence or absence of *Rhizoctonia solani* and *Gaeumannomyces graminis* var tritici. *Soil Biology and Biochemistry*, 28 (4-5), 561-567.

Stephens P.M., Davoren C.W., 1997. Influence of the earthworms *Aporrectodea trapezoides* and *A. rosea* on the disease severity of *Rhizoctonia solani* on subterranean clover and ryegrass. *Soil Biology and Biochemistry*, 29 (3), 511-516.

Stephens P.M., Davoren C.W., Doube B.M., Ryder M.H., Benger A.M., Neate S.M., 1993. Reduced severity of *Rhizoctonia solani* disease on wheat seedlings associated with the presence of the earthworm *Aporrectodea trapezoides* (Lumbricidae). *Soil Biology and Biochemistry*, 25 (11), 1477-1484.

Stephens P.M., Davoren C.W., Doube B.M., Ryder M.H., 1994. Ability of the lumbricid earthworms *Aporrectodea rosea* and *Aporrectodea trapezoides* to reduce the severity of take-all under greenhouse and field conditions. *Soil Biology and Biochemistry*, 26 (10), 1291-1297.

Stockdill S.M.J., 1982. Effects of introduced earthworms on the productivity of New Zealand pastures. *Pedobiologia*, 24, 29-35.

Subler S., Kirsch S.A., 1998. Spring dynamics of soil carbon, nitrogen, and microbial activity in earthworm middens in a no-till cornfield. *Biology and Fertility of Soils*, 26 (3), 243-249.

Suigihara G., Bersier L.F., Schoenly K., 1997. Effects of taxonomic and trophic aggregation on food web properties. *Oecologia*, 112 (2), 272-284.

Sunderland K.D., 1975. The diet of some predatory arthropods in cereal crops. *Journal of Applied Ecology*, 12 (2), 507-515.

Syers J.K., Sharpley A.N., Keeney D.R., 1979. Cycling of nitrogen by surface-casting earthworms in a pasture ecosystem. *Soil Biology and Biochemistry*, 11 (2), 181-185.

Symondson W.O.C., Glen D.M., Erickson M.L., Liddell J.E., Langdon C.J., 2000. Do earthworms help to sustain the slug predator *Pterostichus melanarius* (Coleoptera: Carabidae) within crops? Investigations using monoclonal antibodies. *Molecular Ecology*, 9 (9), 1279-1292.

Thompson J.N., Reichman O.J., Morin P.J., Polis G.A., Power M.E., Sterner R.W., Couch C.A., Gough L., Holt R.D., Hooper D.U., Keesing F., Lovell C.R., Milne B.T., Molles M.C., Roberts D.W., Strauss S.Y., 2001. Frontiers of ecology. *BioScience*, 51 (1), 15-24.

Thompson L., Thomas C.D., Radley J.M.A., Williamson S., Lawton J.H., 1993. The effect of earthworms and snails in a simple plant community. *Oecologia*, 95 (2), 171-178.

Tilman D., Isbell F., Cowles J.M., 2014. Biodiversity and ecosystem functioning. *Annual Review of Ecology, Evolution, and Systematics*, 45, 471-493.

Tixier-Boichard M., Lescourret F., 2015. Mieux utiliser la biodiversité pour réussir la transition agro-écologique : une synthèse de l'atelier «Utiliser la biodiversité». *Innovations Agronomiques*, 43, 41-50.

Toft S., 1997. Acquired food aversion of a wolf spider to three cereal aphids: intra- and interspecific effects. *Entomophaga*, 42 (1), 63-69.

Toft S., 2005. The quality of aphids as food for generalist predators: Implications for natural control of aphids. *European Journal of Entomology*, 102 (3), 371-383.

Tomlin A.D., Shipitalo M.J., Edwards M.W., Protz R., 1995. Earthworms and their influence on soil structure and infiltration. *In : Earthworm Ecology and Biogeography in North America* (Hendrix P.F., dir.). Boca Raton (Floride), CRC Press, 159-183.

Traugott M., Bell J.R., Raso L., Sint D., Symondson W.O.C., 2012. Generalist predators disrupt parasitoid aphid control by direct and coincidental intraguild predation. *Bulletin of Entomological Research*, 102 (02), 239-247.

Trichard A., Alignier A., Biju-Duval L., Petit S., 2013. The relative effects of local management and landscape context on weed seed predation and carabid functional groups. *Basic and Applied Ecology*, 14 (3), 235-245.

Tscharntke T., Tylianakis J.M., Rand T.A., Didham R.K., Fahrig L., Batáry P., Bengtsson J., Clough Y., Crist T.O., Dormann C.F., Ewers R.M., Fründ J., Holt R.D., Holzschuh A., Klein A.M., Kleijn D., Kremen C., Landis D.A., Laurance W., Lindenmayer D., Scherber C., Sodhi N., Steffan-Dewenter I., Thies C., van der Putten W.H., Westphal C., 2012. Landscape moderation of biodiversity patterns and processes-Eight hypotheses. *Biological Review*, 87 (3), 661-685.

Tsiafouli M.A., Thébault E., Sgardelis S.P., De Ruiter P.C., van der Putten W.H., Birkhofer K., Hemerik L., De Vries F.T., Bardgett R.D., Brady M.V., Bjornlund L., Jørgensen H.B., Christensen S., Hertefeldt T.D., Hotes S., Gera Hol W.H., Frouz J., Liiri M., Mortimer S.R., Setälä H., Tzanopoulos J., Uteseny K., Pižl V., Stary J., Wolters V., Hedlund K., 2015. Intensive agriculture reduces soil biodiversity across Europe. *Global Change Biology*, 21 (2), 973-985.

Tuffen F., Eason W.R., Scullion J., 2002. The effect of earthworms and arbuscular mycorrhizal fungi on growth of and 32P transfer between *Allium porrum* plants. *Soil Biology and Biochemistry*, 34 (7), 1027-1036.

Tylianakis J.M., Didham R.K., Bascompte J., Wardle D.A., 2008. Global change and species interactions in terrestrial ecosystems. *Ecology Letters*, 11 (12), 1351-1363.

van Capelle C., Schrader S., Brunotte J., 2012. Tillage-induced changes in the functional diversity of soil biota – a review with a focus on German data. *European Journal of Soil Biology*, 50, 165-181.

van Enk R., van der Vee G., 2011. *The Phosphate Balance: Current Developments and Future Outlook*. Report Number 10.2.232E, Innovation Network, Utrecht, Courage and Kiemkracht.

van Geem M., Gols R., van Dam N.M., van der Putten W.H., Fortuna T., Harvey J., 2013. The importance of aboveground–belowground interactions on the evolution and maintenance of variation in plant defense traits. *Frontiers in Plant Science*, 4, 431.

van Groenigen J.W., Lubbers I.M., Vos H.M.J., Brown G.G., de Deyn G.B., van Groenigen K.J., 2014. Earthworms increase plant production: A meta-analysis. *Scientific Reports*, 4, 6365.

Villenave C., Ba A., 2009. Analyse du fonctionnement biologique du sol par l'étude de la nématofaune : semis direct versus labour sur les hautes terres près d'Antsirabé (Madagascar). *Étude et gestion des sols*, 16 (3), 369-378.

Violle C., Navas M.-L., Vile D., Kazakou E., Fortunel C., Hummel I., Garnier E., 2007. Let the concept of trait be functional. *Oikos*, 116 (5), 882-892.

Vos H.M.J., Ros M.B.H., Koopmans G.F., van Groenigen J.W., 2014. Do earthworms affect phosphorus availability to grass? A pot experiment. *Soil Biology and Biochemistry*, 79, 34-42.

Watkin B.R., Wheeler J.L., 1966. Some factors affecting earthworm populations under pasture. *Grass and Forage Science*, 21 (1), 14-20.

Whalen J.K., Parmelee R.W., 2000. Earthworm secondary production and N flux in agroecosystems: A comparison of two approaches. *Oecologia*, 124 (4), 561-573.

Whalen J.K., Parmelee R.W., McCartney D.A., Vanarsdale J.L., 1999. Movement of N from decomposing earthworm tissue to soil, microbial and plant N pools. *Soil Biology and Biochemistry*, 31 (4), 487-492.

White J.A., Andow D.A., 2006. Habitat modification contributes to associational resistance between herbivores. *Oecologia*, 148 (3), 482-490

Willems J.H., Huijsmans K.G.A., 1994. Vertical seed dispersal by earthworms: A quantitative approach. *Ecography*, 17 (2), 124-130.

Winder L., Alexander C.J., Holland J.M., Symondson W.O.C., Perry J.N., Wooley C., 2005. Predatory activity and spatial pattern: The response of generalist carabids to their aphid prey. *Journal of Animal Ecology*, 74 (3), 443-454.

Wise D.H., Moldenhauer D.M., Halaj J., 2006. Using stable isotopes to reveal shifts in prey consumption by generalist predators. *Ecological Applications*, 16 (3), 865-876.

Wolfarth F., Schrader S., Oldenburg E., Weinert J., Brunotte J., 2011. Earthworms promote the reduction of Fusarium biomass and deoxynivalenol content in wheat straw under field conditions. *Soil Biology and Biochemistry*, 43 (9), 1858-1865.

Wolters V., 2001. Biodiversity of soil animals and its function. *European Journal of Soil Biology*, 37 (4), 221-227.

Wood S.A., Karp D.S., Declerck F., Kremen C., Naeem S., Palm C.A., 2015. Functional traits in agriculture: Agrobiodiversity and ecosystem services. *Trends in Ecology & Evolution*, 30 (9), 531-539.

Wurst S., Forstreuter M., 2010. Colonization of *Tanacetum vulgare* by aphids is reduced by earthworms. *Entomologia Experimentalis et Applicata*, 137 (1), 86-92.

Wurst S., Jones T.H., 2003. Indirect effects of earthworms (*Aporrectodea caliginosa*) on an aboveground tritrophic interaction. *Pedobiologia*, 47 (1), 91-97.

Wurst S., Rillig M.C., 2011. Additive effects of functionally dissimilar above- and belowground organisms on a grassland plant community. *Journal of Plant Ecology*, 4 (4), 221-227.

Wurst S., Langel R., Reineking A., Bonkowski M., Scheu S., 2003. Effects of earthworms and organic litter distribution on plant performance and aphid reproduction. *Oecologia*, 137 (1), 90-96.

Wurst S., Dugassa-Gobena D., Scheu S., 2004a. Earthworms and litter distribution affect plant-defensive chemistry. *Journal of Chemical Ecology*, 30 (4), 691-701.

Wurst S., Dugassa-Gobena D., Langel R., Bonkowski M., Scheu S., 2004b. Combined effects of earthworms and vesicular-arbuscular mycorrhizas on plant and aphid performance. *New Phytologist*, 163 (1), 169-176.

Wurst S., Langel R., Scheu S., 2005. Do endogeic earthworms change plant competition? A microcosm study. *Plant and Soil*, 271 (1-2), 123-130.

Wurst S., Langel R., Rodger S., Scheu S., 2006. Effects of belowground biota on primary and secondary metabolites in Brassica oleracea. *Chemoecology*, 16 (1), 69-73.

Wurst S., Allema B., Duyts H., van der Putten W.H., 2008. Earthworms counterbalance the negative effect of microorganisms on plant diversity and enhance the tolerance of grasses to nematodes. *Oikos*, 117 (5), 711-718.

Yeates G.W., Bongers T., Degoede R.G.M., Freckman D.W., Georgieva S.S., 1993. Feeding-habits in soil nematode families and genera – an outline for soil ecologists. *Journal of Nematology*, 25 (3), 315-331.

Zaller J.G., Arnone J.A., 1999. Earthworm and soil moisture effects on the productivity and structure of grassland communities. *Soil Biology and Biochemistry*, 31 (4), 517-523.

Zaller J.G., Saxler N., 2007. Selective vertical seed transport by earthworms: Implications for the diversity of grassland ecosystems. *European Journal of Soil Biology*, 43 (1), S85-S91.

Zaller J.G., Heigl F., Grabmaier A., Lichtenegger C., Piller K., Allabashi R., Franck T., Drapela T., 2011. Earthworm-mycorrhiza interactions can affect the diversity, structure and functioning of establishing model grassland communities. *PloS One*, 6 (12), e29293.

Zaller J.G., Wechselberger K.F., Gorfer M., Hann P., Frank T., Wanek W., Drapela T., 2013a. Subsurface earthworm casts can be important soil microsites specifically influencing the growth of grassland plants. *Biology and Fertility of Soils*, 49 (8), 1097-1107.

Zaller J.G., Parth M., Szunyogh I., Semmelrock I., Sochurek S., Pinheiro M., Frank T., Drapela T., 2013b. Herbivory of an invasive slug is affected by earthworms and the composition of plant communities. *BMC Ecology*, 13 (1), 1-10.

Zaller J.G., Heigl F., Ruess L., Grabmaier A., 2014. Glyphosate herbicide affects belowground interactions between earthworms and symbiotic mycorrhizal fungi in a model ecosystem. *Scientific Reports*, 4, 5634.

Zehe E., Flühler H., 2001. Slope scale variation of flow patterns in soil profiles. *Journal of Hydrology*, 247 (1-2), 116-132.

Zhang B., Li G., Shen T., Wang J., Sun Z., 2000. Changes in microbial biomass C, N and P and enzyme activities in soil incubated with the earthworms Metaphire guillelmi or Eisenia fetida. *Soil Biology and Biochemistry*, 32 (14), 2055-2062.

Zhao Z.-H., Hui C., He D.-H., Ge F., 2013a. Effects of position within wheat field and adjacent habitats on the density and diversity of cereal aphids and their natural enemies. *BioControl*, 58 (6), 765-776.

Zhao Z.-H., Hui C., Ouyang F., Liu J.-H., Guan X.-Q., He D.-H., Ge F., 2013b. Effects of inter-annual landscape change on interactions between cereal aphids and their natural enemies. *Basic and Applied Ecology*, 14 (6), 472-479.

Zhao Z.-H., Reddy G.V.P., Hui C., Li B.-L., 2016. Approaches and mechanisms for ecologically based pest management across multiple scales. *Agriculture, Ecosystems and Environment*, 230, 199-209.

Chapitre 7

Les relations trophiques microfaune-bactéries rhizosphériques-mycorhizes : quel rôle dans le recyclage des nutriments (N et P) ?

Claude Plassard, Jean Trap, Patricia Ranoarisoa, Usman Irshad, Cécile Villenave, Alain Brauman

La production agricole dépend, entre autres, d'une bonne nutrition minérale en macroéléments comme l'azote (N), le phosphore (P), le souffre (S) et le potassium (K) des cultures. Dans ce chapitre, nous nous intéresserons à l'alimentation en N et en P des végétaux qui peut être assurée par la fertilisation minérale apportant les ions minéraux pouvant être absorbés plus ou moins directement par les racines, mais aussi par la minéralisation des composés organiques synthétisés par les végétaux, et retournant au sol, sous forme de débris par exemple. Ce recyclage de N et de P peut être réalisé par la racine elle-même, mais aussi par les organismes du sol, qu'ils soient symbiotiques ou non symbiotiques des racines. Dans ce chapitre, nous présenterons tout d'abord les différents groupes de microorganismes vivant dans l'environnement des racines avant d'aborder leur rôle potentiel sur le recyclage de N et de P et sur la nutrition minérale en N et en P des plantes.

▸▸ La plante et son environnement biologique dans le sol

Le sol est le milieu de vie de très nombreux organismes et constitue en fait un des plus grands réservoirs de biodiversité de la planète Terre (Decaëns, 2010 ; voir chapitres 4 et 6 de cet ouvrage). En dehors des racines, les organismes telluriques sont composés de microorganismes (bactéries, archées, champignons, algues), ainsi que d'animaux très variés (des protistes aux mammifères). En représentant 25 %

de la biomasse bactérienne et 60 % de la biomasse fongique (Gobat *et al.*, 1998), les bactéries et les champignons du sol constituent donc quantitativement la majeure partie de la biomasse vivante du sol.

Microorganismes symbiotiques : bactéries fixatrices d'azote, champignons mycorhiziens

La rencontre des racines de légumineuses (plus de 18 000 espèces de plantes de la famille des Fabacées) et d'un grand nombre d'espèces de bactéries de l'ordre des Rhizobiales (bactéries Gram négatives) va permettre une association symbiotique très importante pour l'agriculture connue sous le nom de symbiose fixatrice d'azote atmosphérique. Cependant, des espèces non légumineuses (huit familles de plantes, toutes ligneuses), dites actinorhiziennes, peuvent aussi former une symbiose fixatrice avec des bactéries filamenteuses appartenant au genre *Frankia* (Gram +) (Duhoux *et al.*, 1996). Les deux types de bactéries pénètrent dans les racines *via* les poils racinaires pour former des nodosités qui résultent de la différenciation du cortex abritant les bactéries qui se multiplient dans des symbiosomes (légumineuses) ou du péricycle dans lequel les hyphes de la bactérie sont encapsulées et ramifiées (plantes actinorhiziennes) (Duhoux *et al.*, 1996 ; Franche *et al.*, 2009). La fixation biologique de l'azote, qui réduit l'azote gazeux de l'air (N_2) en azote réduit (NH_3) sous l'action d'une enzyme spécifique, la nitrogénase, est loin d'être négligeable en termes agronomiques, puisqu'on estime qu'elle fournit de l'ordre de 30 % de l'azote des cultures à l'échelle mondiale (Voisin *et al.*, 2015). Le NH_3 formé par les bactéries dans les nodosités est rapidement assimilé dans la plante sous forme d'acides aminés ; en retour, la plante alimente les nodosités en sucres, nécessaires comme source d'énergie à la nitrogénase. C'est une demande énergétique non négligeable pour la plante : on estime que, pour une culture de soja, la symbiose nodulaire peut représenter jusqu'au quart de toute l'énergie fournie par la photosynthèse au cours de la saison de croissance (Voisin *et al.*, 2015). Grâce au fort taux de fixation permis par cette énergie photosynthétique et à une présence généralisée dans les écosystèmes du monde, la symbiose rhizobienne représente la contribution la plus importante à la fixation biologique de l'azote à l'échelle globale.

Cependant, l'efficacité de la nodulation et de la fixation de N_2 dépend tout d'abord d'une interaction efficace entre la variété de plante et les souches microbiennes présentes dans le sol, car cette interaction peut être très spécifique. L'inoculation des graines avec des souches de Rhizobia sélectionnées pour leur efficacité et leur compétitivité en présence de la plante hôte est une voie largement expérimentée pour maximiser la fixation symbiotique, et déjà couronnée de succès à grande échelle, au champ, pour le soja notamment[12].

Même si les deux partenaires de la symbiose sont présents et compatibles, la nodulation (c'est-à-dire l'étape de développement des organes symbiotiques) est fortement régulée au niveau de la plante, en particulier par la disponibilité en azote minéral. Lorsque la disponibilité du nitrate est élevée, la nodulation est inhibée.

---

12. http://www.terresinovia.fr/soja/cultiver-du-soja/inoculation/ (consulté le 3 janvier 2017).

Pour maximiser l'entrée d'azote atmosphérique dans un agroécosystème, il est donc important de maintenir une faible disponibilité en N minéral dans la rhizosphère des légumineuses : soit en limitant les apports fertilisants, soit en associant à la légumineuse une plante non fixatrice d'azote comme une céréale, qui limite alors par compétition la disponibilité en N pour sa partenaire.

À côté de l'association symbiotique avec les bactéries, les racines peuvent aussi s'associer avec des champignons du sol en formant une association mycorhizienne. Cette association est très répandue puisqu'elle s'établit sur les racines d'environ 80 % des taxons végétaux (Brundrett, 2002). Cette association est caractérisée par la formation d'un organe mixte, appelé mycorhize. Il en existe deux grands types, les ectomycorhizes, formées entre les espèces ligneuses (en particulier forestières) et des Basidiomycètes (par exemple lactaires, bolets, amanites, etc.) ou des Ascomycètes (par exemple la truffe) supérieurs, et les endomycorhizes formées par des espèces ligneuses ou non et différents ordres fongiques. Les plantes d'intérêt agronomique forment exclusivement des symbioses avec les champignons endomycorhiziens à arbuscules appartenant à la division des *Glomeromycota* (voir les chapitres 11 et 12 de cet ouvrage). Cependant, il faut aussi noter que quelques familles de plantes ne forment pas d'association mycorhizienne, comme les Brassicacées (choux, colza et moutardes, pour des espèces d'intérêt agronomique) et les Chénopodiacées (betterave, épinard, etc.). Une fois l'association établie, les hyphes des champignons mycorhiziens vont sortir de la racine et se développer dans le volume de sol adjacent, contribuant ainsi à augmenter fortement le volume de sol exploré par la racine mycorhizée. À titre d'exemple, la croissance des hyphes des champignons endomycorhiziens peut représenter jusqu'à 1 m de filament fongique par mm de longueur de racine (Allen, 2007). De la même façon, la densité des racines fines dans une plantation de pins maritimes âgés de 13 ans a été mesurée à 0,8 cm par cm^3 de sol, alors que la croissance des hyphes des champignons ectomycorhiziens a été de 300 cm par cm^3 de sol en une année (Bakker *et al.*, 2009). La croissance des hyphes représente ainsi une quantité non négligeable de biomasse produite à chaque saison de croissance avec une valeur moyenne calculée sur 137 sites de 160 kg/ha dans les dix premiers centimètres de sol forestier (Ekblad *et al.*, 2013). De plus, le faible diamètre des hyphes (10 μm en moyenne) par rapport à celui des racines fines (1 à 2 mm) augmente encore plus le volume de sol exploré par le champignon mycorhizien car il peut pénétrer dans la microporosité du sol.

Microorganismes non symbiotiques : communautés fongiques non mycorhiziennes, communautés bactériennes, importance de la rhizosphère

Les racines sont capables de modifier profondément leur environnement proche pour créer une zone bio-influencée appelée rhizosphère qui peut avoir un fonctionnement biogéochimique très différent du sol sans racine (Hinsinger *et al.*, 2009). Les racines, en produisant des exsudats racinaires, apportent dans la rhizosphère du carbone (C) et de l'azote (N). Les quantités de C sont estimées représenter en moyenne 20 % du C acquis par photosynthèse avec une fourchette variant de 10 à

50 % (Jones *et al.*, 2009). Les quantités de N libéré dans la rhizosphère représentent en moyenne 16,5 % et 10 % de l'azote de la plante, pour les légumineuses et les non-légumineuses, respectivement (Jones *et al.*, 2009). On considère que l'entrée de carbone nourrit les populations microbiennes dans l'environnement direct des racines, contribuant ainsi à l'effet «rhizosphère» de stimulation des activités microbiennes et conduisant à la formation d'un «rhizo-microbiome» spécifique (Chaparro *et al.*, 2013).

La fourniture de $^{13}CO_2$ aux parties aériennes a été abondamment utilisée pour quantifier et suivre le devenir du C provenant de la photosynthèse. Le dosage de l'abondance isotopique dans différentes fractions de C extraites des racines ou du sol rhizosphérique ou non, ainsi que dans les phospholipides provenant des membranes plasmiques des microorganismes, permet à la fois de quantifier le C mais aussi d'identifier les grands groupes de microorganismes vivant dans les racines ou dans le sol. Par exemple, les travaux de Ladygina et Hedlund (2010) ont suivi le devenir du ^{13}C fourni à une légumineuse (lotier commun ; *Lotus corniculatus*), une non-légumineuse (plantain lancéolé ; *Plantago lanceolata*) et une graminée (houlque laineuse ; *Holcus lanatus*), les espèces étant cultivées individuellement ou en mélange dans des microcosmes contenant un sol non stérilisé. Vingt jours après le marquage, les différentes espèces végétales ne modifient pas la biomasse microbienne en termes de C total. Cependant, les dosages de ^{13}C montrent que la graminée, seule ou en mélange, alloue plus de C photosynthétique à la biomasse microbienne. D'autre part, la quantification du ^{13}C dans les phospholipides membranaires extraits des racines ou du sol rhizosphérique montre que la grande majorité du C a été utilisée par les champignons vivant dans les racines, avec les valeurs suivantes : carbone des racines (58 à 70 % du ^{13}C) >> champignons AM des racines (9,3 à 35 % du ^{13}C) > champignons saprophytes dans le sol (3,7 à 6,7 % du ^{13}C) ≈ bactéries du sol (1,8 à 5,2 % du ^{13}C) >> bactéries actinomycètes et champignons AM du sol (0,1 à 0,4 % du ^{13}C). Ces données confirment donc que les champignons vivant sur ou/dans la racine représentent les puits majeurs du C alloué aux microorganismes souterrains. L'importance quantitative du puits exercé par les populations fongiques sur le ^{13}C alloué au compartiment souterrain a été confirmée au champ, après un marquage effectué sur du maïs (Pausch *et al.*, 2016). Les échantillons ont été récoltés après 0, 2, 5, 10, 15 et 20 jours. Après deux jours de marquage, les organismes de la rhizosphère ont reçu environ 5 % du traceur ^{13}C, contre 1 % dans les microorganismes du sol non rhizosphérique, et le C fongique a incorporé 10 fois plus de ^{13}C que le C bactérien, que ce soit dans le sol rhizosphérique ou non. Le marquage du C fongique et bactérien diminue ensuite régulièrement au cours du temps et devient 10 fois plus faible au jour 20 qu'au jour 2 après marquage, ce qui indique un *turnover* assez rapide de ce carbone. Enfin, dans une étude à long terme (5 ans), Müller *et al.* (2016) ont pu quantifier le devenir du C photosynthétique du maïs dans des échantillons de sol prélevés à différentes profondeurs. Après la cinquième année de culture du maïs, le C provenant du maïs est retrouvé dans les bactéries Gram + (29 %), les bactéries Gram − (46 %) et les champignons (69 %) dans le sol de surface, alors que, dans le sol plus profond, les valeurs sont de 9 % (Gram +), 20 % (Gram −) et 53 % (champignons), indiquant que les champignons ont un rôle important pour transporter en profondeur dans le sol le C issu de la photosynthèse.

La communauté fongique saprophyte se développant dans la rhizosphère est composée à la fois de levures et de champignons filamenteux avec des représentants appartenant aux grands phyla (Ascomycota et Basidiomycota) et au sous-phylum des Mucoromycotina (Buée *et al.*, 2009). Les espèces communément trouvées dans la rhizosphère sont les genres *Trichoderma* (Ascomycota) et *Mucor* (Mucoromycotina) (De Boer *et al.*, 2015), mais elles peuvent être relativement diverses. Par exemple, après fourniture de $^{13}CO_2$ marqué à 99 % sur des parties aériennes de plants de pomme de terre, la communauté fongique saprophyte active – dont l'ADN contient du ^{13}C issu de la photosynthèse de la plante – échantillonnée autour de racines des plantes comprend jusqu'à 72 séquences d'ADN différentes, dont 52 % de Basidiomycètes, 40 % d'Ascomycètes et 13 % de Glomeromycètes (principalement des Glomérales) (Hannula *et al.*, 2012). Certains groupes bactériens semblent dominer la rhizosphère (Buée *et al.*, 2009), comme par exemple les Proteobacteria dont le genre *Burkholderia* qui peut représenter jusqu'à 93 % de la communauté totale. Il faut aussi citer le genre *Pseudomonas* (Gammaproteobacteria) qui est très souvent présent dans la rhizosphère. Ces deux genres comprennent, entre autres, des bactéries dites promotrices de la croissance des plantes ou PGPR pour «*Plant Growth Promoting Rhizobacteria*». Cet effet positif résulte notamment d'effets indirects, comme la production de phytohormones ou de régulateurs de croissance ou la capacité des bactéries à modifier l'équilibre hormonal de la plante (Vacheron *et al.*, 2013) conduisant à une augmentation de la croissance racinaire, et donc à une meilleure prospection du sol par les racines. Les bactéries PGPR peuvent aussi modifier directement la disponibilité de N ou de P par divers mécanismes (Richardson *et al.*, 2009) qui seront abordés dans les paragraphes suivants.

Consommateurs des communautés telluriques fongiques et bactériennes : importance de la microfaune

Les communautés microbiennes du sol nourrissent le niveau trophique supérieur représenté par la microfaune qui comprend notamment les protistes (ou également appelés protozoaires), les nématodes et les collemboles (on peut trouver une description très précise de ces organismes avec une galerie photo très fournie dans l'*Atlas européen de la biodiversité des sols* qui est disponible gratuitement sur internet[13]). D'autres groupes, comme les rotifères ou les tardigrades, peuvent également ment consommer les microorganismes du sol (voir chapitre 6 de cet ouvrage).

Les protozoaires

Les protozoaires sont des eucaryotes unicellulaires, dont la taille varie de 3 à 250 μm, mais certains peuvent avoir un diamètre dépassant 1 mm (Jeffery *et al.*, 2013). Les protistes auquel les protozoaires appartiennent sont un groupe polyphylétique, ce qui rend leur quantification par des outils moléculaires très difficile. Ces organismes existent dans de nombreux écosystèmes mais il leur faut absolument

---

13. http://www.gessol.fr/atlas (consulté le 3 janvier 2017).

un film d'eau pour assurer leur mobilité et leur alimentation. L'identification des protozoaires est basée sur leur type de locomotion et leurs structures morphologiques, ce qui nécessite parfois un microscope électronique. Environ 50 000 espèces ont été décrites (Gobat *et al.*, 2010). Dans le sol, les protozoaires sont caractérisés par leur capacité à former des kystes résistants, ce qui leur permet de survivre à la sécheresse ou à d'autres conditions défavorables. Communément, quatre types morphologiques sont décrits : i) les amibes nues, ii) les amibes à thèque, iii) les ciliés et iv) les flagellés, qui consomment tous des bactéries. Il est intéressant de noter que certaines amibes appelées Vampyrellides consomment des champignons en pratiquant des perforations circulaires dans les parois cellulaires fongiques à l'aide des enzymes qu'elles produisent. Les amibes aspirent alors le cytoplasme de la cellule fongique avant de s'attaquer à la suivante (Jeffery *et al.*, 2013). Ces amibes s'attaquent à de nombreux types différents de champignons, incluant des pathogènes racinaires tels que *Gaeumannomyces graminis*, l'agent causal du piétin-échaudage du blé (Jeffery *et al.*, 2013). Ces organismes régulent donc les populations bactériennes et fongiques du sol, ces dernières pouvant être pathogènes, et assurent une redistribution d'énergie et de nutriments dans le sol et dans le réseau trophique en servant eux-mêmes de proie à d'autres organismes.

Les nématodes

Les nématodes, qui sont les métazoaires les plus abondants de la terre, sont caractérisés par une incroyable diversité de fonctions qui peuvent intervenir à plusieurs niveaux trophiques de la chaîne alimentaire du sol. Certains se nourrissent sur les plantes et les algues (premier niveau trophique); d'autres sont des brouteurs qui se nourrissent de bactéries et de champignons (deuxième niveau trophique); et certains se nourrissent d'autres nématodes (niveaux trophiques supérieurs) (Yeates *et al.*, 1993). Les nématodes peuvent être classés en cinq grands groupes en fonction de la morphologie de leurs pièces buccales et du pharynx qui est caractéristique de leur régime alimentaire :
– les bactérivores qui consomment uniquement des bactéries;
– les fongivores qui perforent la paroi des cellules fongiques et en aspirent le contenu interne;
– les prédateurs qui avalent les petits nématodes entiers, ou s'attachent à la cuticule des plus grands nématodes et la raclent pour pouvoir atteindre les parties internes du corps de la proie pour les extraire;
– les omnivores – généralement de grande taille – qui peuvent se nourrir à partir d'organismes variés ou avoir un régime alimentaire différent à chaque étape de leur vie;
– les phytoparasites, endo ou ecto, qui se nourrissent des racines.

Les nématodes sont suffisamment grands pour pouvoir être identifiés par microscopie optique et suffisamment petits pour vivre dans des films d'eau entourant les particules du sol. Ce sont de petits vers ronds non segmentés, bilatéralement symétriques avec un système nerveux simple, un système digestif complet, et démunis de systèmes respiratoire et circulatoire. Les nématodes ont une reproduction sexuée ou parthénognétique et un cycle de vie constitué d'un stade œuf suivi par quatre stades juvéniles séparés par des mues, et un stade adulte (Byerly *et al.*, 1976). Les espèces vivant librement dans le sol ont une longueur allant de 50 μm à 1-10 mm (Maggenti, 1981). Environ 26 600 espèces ont été décrites (Hugot, 2002), mais le nombre d'espèces vivantes estimé dans le phylum Nematoda a été évalué à 500 000 par Hammond (1992).

Les collemboles

Les collemboles sont de petits arthropodes très communs dans la plupart des sols et ils colonisent des environnements extrêmement variés, y compris en Arctique et en Antarctique (Jeffery *et al.*, 2013). Ils ont six pattes et font donc partie du groupe le plus abondant d'arthropodes, les hexapodes, qui comprend notamment les insectes tout en étant considérés comme un groupe distinct des insectes. Les collemboles sont nommés «*Springtail*» par les Anglo-Saxons, ce qui signifie littéralement «queue qui saute». Ceci est dû au fait que la plupart des espèces possèdent au bout de leur abdomen un organe, la furca, qui est repliée sous le ventre de l'animal la plupart du temps. Cependant, la furca peut se déployer à tout moment pour permettre à l'animal de se déplacer rapidement en effectuant un saut et échapper ainsi aux prédateurs (*ibid.*). Actuellement, environ 6 000 espèces de collemboles ont été décrites et, dans une poignée de sol provenant d'une pâture, plusieurs centaines à milliers d'individus, représentant plusieurs dizaines d'espèces, sont présents. Les collemboles sont essentiellement détritivores et microphytophages, se nourrissant d'hyphes mycéliens et de résidus de matières organiques. Même s'ils n'ont pas besoin d'eau liquide pour vivre, les collemboles sont très sensibles à la dessiccation (*ibid.*).

Indications sur le rôle des différentes communautés dans le sol

Finalement, les protozoaires et les nématodes du sol peuvent occuper la même niche écologique en se nourrissant tous de bactéries et de champignons. Dans une expérience en pots menée sur quatre espèces de plantes (pois, orge, navet et *ray-grass*), Griffiths (1990) a quantifié le nombre et la biomasse sèche des populations de protozoaires et de nématodes, en excluant les phytoparasites (sans stylet), à la fois dans le sol sans racine et dans le sol rhizosphérique. Les nématodes sont plus abondants dans la rhizosphère, contrairement aux protozoaires actifs. Comparés aux protozoaires, les nématodes sont moins nombreux (environ 10 fois) mais leur biomasse est toujours supérieure (environ 10 fois) dans la rhizosphère, avec des valeurs allant de 1,2 à 22,3 (pour les nématodes, et variant dans l'ordre pois > orge > herbe > navet) et de ~0,1 à 3,2 μg (pour les protozoaires) de poids sec des organismes par g de sol sec (Griffiths, 1990). Les mêmes résultats ont été trouvés sur des échantillons de sol rhizosphérique de pommes de terre cultivées au champ, amenant l'auteur de cette étude à conclure que les nématodes microbivores, avec une biomasse supérieure à celle des protozoaires et une localisation dans la rhizo-sphère, sont plus importants pour le recyclage des éléments nutritifs (*ibid.*). De fait, comme le soulignent Bonkowski *et al.* (2009), il est nécessaire d'étudier de façon approfondie les consommateurs des microorganismes présents dans la rhizo-sphère, car ils sont à la base du réseau trophique conduisant l'énergie issue de la photosynthèse vers les niveaux trophiques supérieurs par deux voies distinctes, la voie bactérienne et la voie fongique. Ils déterminent aussi les vitesses de recyclage et la disponibilité en éléments minéraux pour les plantes. La détermination des groupes trophiques de nématodes (en particulier le rapport entre bactérivores et fongivores) peut permettre d'évaluer l'importance de la voie bactérienne et fongique car ils reflètent l'abondance de la ressource alimentaire.

Si la prédation des bactéries est clairement effectuée par les nématodes et les protozoaires, il semble que la prédation des champignons soit majoritairement assurée par d'autres organismes, notamment les collemboles. Ceci est particulièrement prononcé pour les champignons ectomycorhiziens. En effet, de multiples expériences de préférence alimentaire ont clairement montré que les nématodes fongivores sont beaucoup plus attirés par les champignons pathogènes que par les champignons ectomycorhiziens (Bonkowski *et al.*, 2009). Après blessure, les carpophores (partie aérienne qui produit et disperse les spores chez les champignons supérieurs) de nombreuses espèces fongiques peuvent produire des métabolites secondaires possédant des propriétés nématicides (Stadler et Sterner, 1998). Ces substances, si elles sont aussi produites par les hyphes quand elles sont perforées par les nématodes, pourraient expliquer la très faible appétibilité des espèces ectomycorhiziennes par les nématodes.

Si les nématodes fongivores sont peu attirés par les espèces mycorhiziennes (Bonkowski *et al.*, 2009), les collemboles apparaissent comme les régulateurs principaux des populations de champignons, dont les champignons mycorhiziens. Par exemple, en traçant la signature du ^{13}C dans un sol de prairie, Jonas *et al.* (2007) ont montré que, en fonction du type de sol et des espèces végétales, l'alimentation des collemboles était constituée par les champignons saprophytes pour 40 à 80 %, mais aussi par les champignons mycorhiziens jusqu'à 60 %. Concernant le mycélium des champignons ectomycorhiziens, le marquage au ^{13}C appliqué à de jeunes pins (*Pinus sylvestris*) a montré que le C marqué se retrouve principalement dans les cellules fongiques et dans les collemboles, mais pas dans les acariens ni dans les enchytréides (vers de terre) qui sont d'autres animaux potentiellement fongivores (Högberg *et al.*, 2010). Ces résultats suggèrent donc que les collemboles sont les fongivores qui réguleraient la croissance des hyphes ectomycorhiziens *in situ*.

▶▶ Le cycle de l'azote et effet des composants biologiques sur la nutrition azotée des plantes

L'atome d'azote se trouve sous deux formes principales, inorganique (NH_4^+ et NO_3^-) ou organique (acides aminés, peptides puis protéines) (figure 7.1). Le sol reçoit les déchets végétaux (ou d'autres origines) contenant principalement de l'azote organique sous forme protéique. Cet azote organique pourra être minéralisé *via* différents acteurs capables de sécréter des enzymes comme les protéases, les peptidases et les désaminases (Gobert et Plassard, 2008). Les différents produits de ces réactions de dégradation seront successivement des peptides, des acides

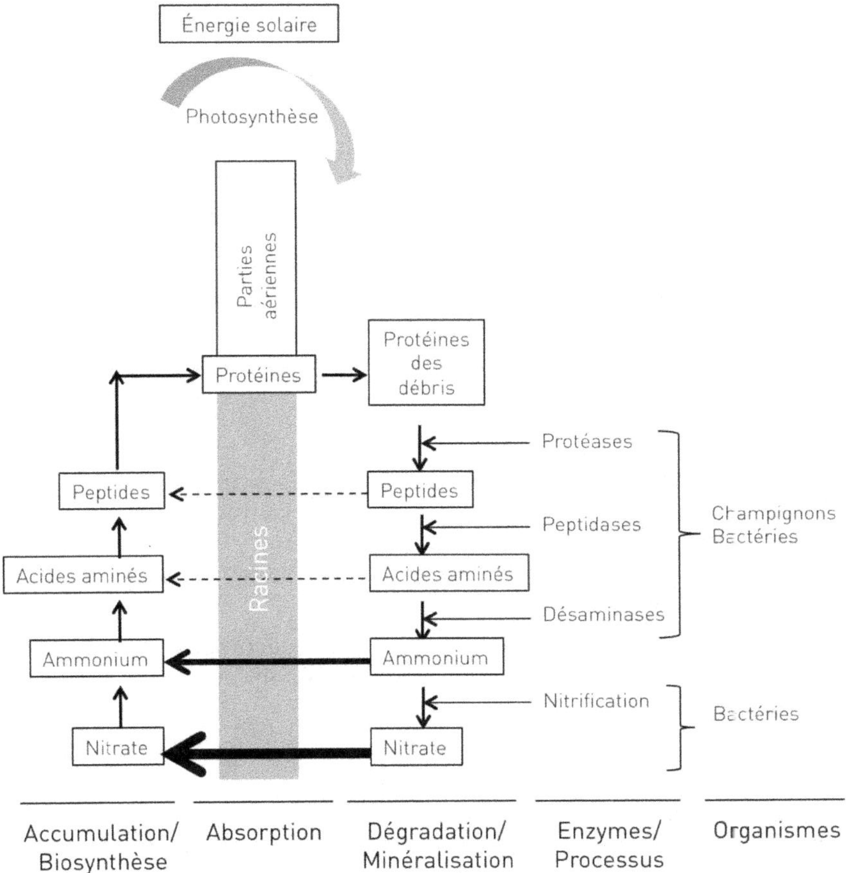

Figure 7.1. Schéma simplifié du cycle de l'azote montrant les différentes étapes permettant la minéralisation de l'azote organique synthétisé par les végétaux après absorption de formes minérales (ammonium et nitrate) ou organiques (acides aminés).
Le poids des flèches pour l'absorption par les racines reflète les vitesses habituellement observées pour les végétaux dans les sols agricoles.

aminés libres et de l'ammonium, première forme de N minéral. L'ammonium peut ensuite être transformé en nitrate par la nitrification. Les données de la littérature indiquent que les microorganismes et les plantes ont des capacités différentes pour utiliser ces formes variées d'azote (Kuzyakov et Xu, 2013).

Les sources d'azote facilement utilisées par les plantes et les champignons mycorhiziens

Pour évaluer si une plante est capable d'utiliser une source d'azote donnée, on commence généralement par mesurer sa capacité d'absorption de la molécule en conditions simplifiées, c'est-à-dire en milieu liquide et en fournissant des concentrations connues de substrat (la molécule considérée). Dans ces conditions expérimentales, on a montré que de nombreuses espèces végétales étaient capables d'absorber les deux formes d'azote minéral plus efficacement que l'azote organique (acides aminés). Toutefois, dans la solution du sol, la disponibilité des deux formes de N minéral est très différente avec une concentration en nitrate qui peut varier de 0,1 à 10-50 mm, alors que celle de l'ammonium est généralement au moins dix fois plus faible, voire non mesurable (Gobert et Plassard, 2008 ; Richardson *et al.*, 2009). Ces différences peuvent provenir de plusieurs raisons mais on peut en évoquer deux principales qui sont :
– étant chargé positivement, l'ammonium s'adsorbe facilement sur la phase minérale du sol contrairement au nitrate qui est chargé négativement et donc beaucoup plus libre dans la solution ;
– l'ammonium peut être transformé très rapidement en nitrate si les conditions du sol sont favorables à la nitrification.

Ainsi, on considère généralement que les végétaux, en dehors des espèces forestières qui peuvent avoir de faibles capacités d'absorption du nitrate (Gobert et Plassard, 2008), utilisent préférentiellement le nitrate plutôt que l'ammonium (figure 7.1).

De façon contrastée, les champignons mycorhiziens utilisent aussi bien, voire mieux, les formes simples d'azote organique comme les acides aminés que les deux formes de N minéral, en particulier le nitrate. Cependant, il faut noter que les plantes peuvent aussi absorber l'azote organique fourni sous forme d'acides aminés (Lipson et Näsholm, 2001). Dans leur revue, ces auteurs montrent d'ailleurs que les transporteurs de certaines espèces de plantes ont des paramètres cinétiques de transport des acides aminés (K_m et V_{max}) très proches de ceux mesurés chez les champignons ectomycorhiziens, ce qui suggère que les plantes pourraient être capables d'utiliser aussi bien des acides aminés que l'azote minéral. Cependant, les expériences de croissance de diverses espèces en présence d'acides aminés fournis comme seule source d'azote montrent que la production de biomasse est généralement inférieure avec de l'azote organique qu'avec de l'azote minéral (Gobert et Plassard, 2008). Cette différence pourrait être due à une séquestration des acides aminés dans l'espace pariétal des racines, conduisant à surestimer les vitesses d'absorption des acides aminés par les racines. De fait, en conditions contrôlées, on a pu montrer que la symbiose mycorhizienne permettait à la plante hôte de se développer en présence d'acides aminés ou même de protéines fournis comme seule source d'azote. On peut citer par exemple les travaux pionniers de Read et de ses collaborateurs (Smith et Read, 1997) qui ont démontré que la symbiose ectomycorhizienne était indispensable à la croissance de la plante hôte lorsqu'elle était cultivée en présence de protéine (Abuzinadah et Read, 1986) ou d'azote organique plus simple comme un acide aminé (L-glutamate) ou de petits peptides (Abuzinadah et Read, 1989). Concernant la symbiose endomycorhizienne, les hyphes ont la capacité d'absorber les deux formes d'azote minéral bien que l'ammonium semble être le mieux utilisé (Casieri *et al.*, 2013). Il y a peu d'études sur l'utilisation d'azote organique par les endomycorhizes. Cependant, la fourniture d'azote organique sous forme de poudre de feuilles de *ray-grass* préalablement marqué par du ^{13}C et du ^{15}N a permis de montrer que les hyphes externes des endomycorhizes étaient capables de mobiliser le ^{15}N et de le transférer à la plante hôte (Hodge *et al.*, 2001 ; Hodge et Fitter, 2010). Bien que ces expériences n'aient pas été réalisées en conditions stériles, ces résultats militent en faveur d'une capacité des espèces fongiques endomycorhiziennes de dégrader les protéines et d'absorber ensuite des composés plus simples que sont les oligopeptides et les acides aminés (Casieri *et al.*, 2013).

Les sources d'azote plus récalcitrantes

Dans la plupart des sols, l'azote organique domine le *pool* de N total (Attiwill et Adams, 1993). Ce *pool* important d'azote ne peut devenir disponible pour les plantes qu'après avoir été transformé par clivage enzymatique en composés solubles de plus petite taille (Jones *et al.*, 2005). En effet, ces macromolécules contenant de l'azote sont insolubles et sont souvent protégées ou co-précipitées avec d'autres molécules organiques telles que les lignines, les polyphénols et les tannins. Ainsi, ces molécules organiques doivent être dégradées par des enzymes telles que les ligninases (par exemple lignine peroxydase) et les polyphénoloxydases (oxydoréductases à cuivre, par exemple laccases) avant que la molécule azotée puisse être clivée par des protéases. La lignine peut être dégradée principalement par certaines espèces de champignons saprophytes désignées collectivement sous le nom de pourriture blanche. Ces espèces sont capables de produire des lignine- (LiP) et des manganèse- (MnP) peroxydases, enzymes qui vont digérer les structures aromatiques du polymère (Read et Perez-Moreno, 2003). Bien que certaines espèces fongiques ectomycorhiziennes possèdent dans leur génome les gènes codant putativement les MnP ou les LiP, aucune activité enzymatique n'a pu être mesurée, ce qui remet en question leur capacité à produire réellement ces enzymes (Gobert et Plassard, 2008). Cependant, contrairement à la digestion de la lignine, l'excrétion extracellulaire des enzymes telles que les polyphénoloxydases, peroxydases et laccases qui sont capables de dégrader les acides phénoliques du sol et des tanins a été clairement démontrée chez les champignons ectomycorhiziens (Read et Perez-Moreno, 2003 ; Courty *et al.*, 2010). À l'inverse, les champignons mycorhiziens arbusculaires n'ont pas de capacités saprophytes pour permettre la minéralisation de la matière organique (Read et Perez-Moreno, 2003). Prises dans leur ensemble, ces observations indiquent que les espèces fongiques ectomycorhiziennes pourraient jouer un rôle important dans la dégradation biologique des composés phénoliques et des tanins abondants dans les sols forestiers. Cette dégradation est une condition préalable pour démasquer les composés de N organique avant leur hydrolyse par des enzymes spécialisées, les protéases, qui peuvent être produites par les différents organismes du sol, dont les champignons mycorhiziens (Courty *et al.*, 2010).

Effet des bactérivores

Comme les microorganismes sont directement impliqués dans de nombreuses transformations géochimiques, la prédation exercée par les bactérivores – essentiellement les protozoaires et les nématodes – sur les populations de microorganismes va entraîner un déplacement de la composition de la communauté microbienne du sol pouvant fortement influencer les flux d'éléments nutritifs. Une méta-analyse récente (Trap *et al.*, 2016) a montré un effet positif de la présence de bactérivores sur la minéralisation de l'azote dans le sol, avec une augmentation moyenne de 80 % par rapport aux situations sans bactérivores (valeur calculée d'après les résultats de 220 observations publiées entre 1977 et 2014), ainsi que sur la biomasse des plantes (+20 % en moyenne) et l'accumulation de N, d'environ 59 % dans les parties aériennes de la plante et de 28 % dans les racines.

Deux voies principales ont été proposées pour expliquer les effets des bactérivores sur les flux d'éléments nutritifs dans le sol : i) une voie indirecte, qui passe par la stimulation de l'activité microbienne et ses effets positifs sur la croissance racinaire de la plante et/ou ii) une voie directe qui correspond à l'excrétion de nutriments par les bactérivores. L'excrétion de nutriments peut être expliquée par le fait que les bactérivores sont des organismes qui présentent une forte homéostasie stœchiométrique et une faible efficacité d'assimilation du C, avec seulement 30-40 % des quantités de C ingérées qui sont utilisées pour la production de biomasse (Trap *et al.*, 2016). Ainsi, afin de compenser les pertes de carbone dues à la respiration et de maintenir leur stœchiométrie, une grande partie de l'azote (mais aussi du phosphore) ingéré par les bactérivores est libérée sous forme minérale (ammonium) ou sous forme de composés organiques. En conséquence, le rapport C:N des bactéries consommées va influencer directement la quantité de N excrétée par les bactérivores. On peut calculer que la quantité de N sécrétée sera d'autant plus importante que la différence du rapport C:N entre bactéries et bactérivores sera grande (Darbyshire *et al.*, 1994). Griffiths (1994) a proposé que 60 % de la matière nutritive ingérée par les protozoaires soient excrétées, et Clarholm (2002) a estimé que les protozoaires assimilent environ un tiers et libèrent environ un autre tiers du N des bactéries ingérées sous forme d'ammonium. Ferris *et al.* (1998) ont calculé que les nématodes bactérivores libéraient de l'ammonium avec une vitesse variant entre 0,0012 et 0,0058 μg de N par individu et par jour, selon les espèces. Cette production de grandes quantités d'ammonium par les bactérivores augmente généralement la disponibilité en N ammoniacal pour les bactéries nitrifiantes, ce qui entraîne des taux plus élevés de nitrification. Une nitrification plus forte a effectivement été observée en présence d'amibes et de ciliés (Griffiths, 1989), de flagellés (Verhagen *et al.*, 1993) et de nématodes bactérivores (Xiao *et al.*, 2010). Outre l'azote minéral, il faut également noter que des quantités importantes de N organique (acides aminés) peuvent être libérées par les bactérivores, en particulier les nématodes. Par exemple, Wright (1975) a rapporté que 15 à 34 % du N total libéré par le nématode *Panagrelus redivivus* l'est sous forme d'acides aminés. Cette excrétion d'acides aminés pourrait donc constituer une source d'azote très facilement absorbée et métabolisée par les champignons mycorhiziens qui pourrait bénéficier à la nutrition N de la plante hôte grâce au transport, puis au transfert de N vers les tissus de la plante hôte dans les mycorhizes, comme cela a été montré aussi bien chez les ectomycorhizes (voir par exemple Brandes *et al.*, 1998) que chez les endomycorhizes (par exemple Govindarajulu *et al.*, 2005).

Peu d'études sont disponibles sur l'effet combiné des bactérivores et de la symbiose mycorhizienne sur la nutrition N des plantes. Toutefois, Koller *et al.* (2013) ont cherché à quantifier l'effet du champignon AM *Glomus intraradices* colonisant le plantain sur sa capacité d'utilisation d'une source complexe de N fourni sous forme de poudre de feuilles de *ray-grass* préalablement marqué au ^{15}N. Le substrat a été mélangé dans du sol minéral et mis dans un compartiment accessible uniquement aux hyphes du champignon alors que les racines des plantes ne pouvaient se développer que dans un compartiment dit «racinaire». Les deux compartiments, celui contenant le substrat et celui contenant les racines, ont été inoculés avec une suspension bactérienne. Selon le traitement, seul le compartiment du substrat, ou les deux compartiments substrat et racines ont reçu des protozoaires (l'amibe *Acanthamoeba castellanii*). Enfin, les parties aériennes des plantes ont reçu du $^{13}CO_2$ afin de pouvoir quantifier l'intensité de la photosynthèse et le devenir des produits de la photosynthèse dans les racines. Les résultats obtenus montrent qu'après 42 jours d'incubation les quantités de ^{15}N accumulées par les plantes non mycorhizées et celles seulement endomycorhizées sont faibles et ne sont pas significativement différentes, indiquant que le champignon seul n'a pas réussi à obtenir plus de ^{15}N à partir de la source protéique complexe que les racines seules. Cela pourrait aussi être dû à une très forte compétition pour l'azote libéré par protéolyse entre les bactéries et le champignon, avec une immobilisation du ^{15}N par le compartiment bactérien. Cette hypothèse a été vérifiée car l'addition des protozoaires dans le compartiment substrat (et fongique) a effectivement augmenté le prélèvement et le transfert de ^{15}N vers la plante de 25 % environ par rapport aux plantes endomycorhizées sans protozoaires. Mais, de façon surprenante, l'apport des protozoaires dans les deux compartiments a considérablement augmenté la quantité de ^{15}N des plantes endomycorhizées par rapport au traitement précédent, avec un facteur de 5,5 dans les parties aériennes et de 4,2 dans les racines. Le traitement le plus complexe (endomycorhize + protozoaires dans les deux compartiments) s'accompagne d'une photosynthèse et d'une croissance racinaire très augmentée par rapport au traitement sans protozoaires dans le compartiment racinaire (Koller *et al.*, 2013). Pour interpréter leurs résultats, les auteurs ont proposé le schéma conceptuel suivant :
– les protozoaires dans le compartiment racine ont stimulé la photosynthèse et ont augmenté de façon concomitante la croissance des racines et l'allocation de C aux racines et au champignon endomycorhizien ;
– la disponibilité accrue de C pour le champignon stimule son développement pour aller explorer le compartiment contenant le ^{15}N loin des racines ;
– ainsi que l'activité des bactéries saprophytiques préalablement inoculées dans ce même compartiment ^{15}N ;
– les protozoaires mobilisent le ^{15}N absorbé et immobilisé par les bactéries *via* leur prédation et l'excrétion concomitante de NH_4^+ constituant la boucle microbienne ;
– les hyphes du champignon absorbent l'ammonium libéré par la prédation et le transfèrent à la plante ;
– l'azote supplémentaire stimule la photosynthèse de la plante et sa croissance, ce qui permet finalement l'allocation des produits de la photosynthèse vers les racines et le champignon endomycorhizien.

Ces résultats démontrent donc de façon exemplaire que l'action des microbivores est indispensable pour que la plante puisse bénéficier de l'azote contenu dans une source complexe *via* les champignons endomycorhiziens.

▸▸ Cycle du phosphore et effet des composants biologiques sur la nutrition phosphatée des plantes

Le P minéral

Le phosphore (P) est le cinquième élément composant la matière vivante. L'atome de P est toujours associé à des atomes d'oxygène pour former le groupement phosphate PO_4^{3-}. La formation d'une liaison anhydride d'acide entre deux groupements phosphate (par exemple ATP) riche en énergie ($\Delta G°$ de $-7,3$ kcal mol^{-1}) lui confère un rôle central dans le stockage de l'énergie cellulaire. Le groupement phosphate entre aussi dans la composition de nombreuses molécules comme les acides nucléiques (ADN, ARN), les enzymes, les phosphoprotéines et les phospholipides, ce qui lui confère un rôle structurel fondamental. Malgré une importance indéniable dans le cycle du vivant, l'approvisionnement en P à partir du milieu reste toutefois une contrainte majeure pour de nombreux organismes vivants du sol, en particulier pour les plantes. Ceci est dû au fait que seuls les ions orthophosphates ($H_2PO_4^-$ et HPO_4^{2-}) notés Pi peuvent être absorbés par les êtres vivants. Ainsi, quelle que soit la richesse en P total d'un sol, seule une infime fraction de ce P est disponible pour les organismes vivants lors de leur cycle de développement. Ce P

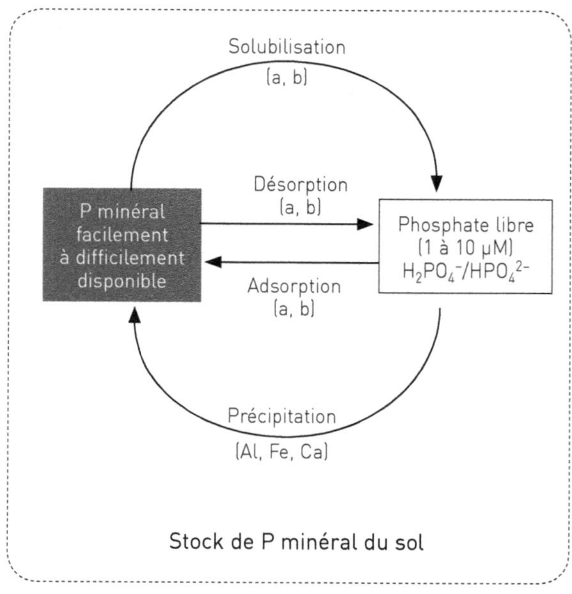

Figure 7.2. Schéma simplifié montrant les différents processus pouvant moduler le *pool* de phosphate inorganique (Pi) libre en solution représenté par les ions orthophosphates ($H_2PO_4^-$/HPO_4^{2-}).

Dans un sol, le *pool* de Pi libre représente une infime fraction du P total du sol et la plante ne peut utiliser que cette forme de P. Les principales fonctions influençant les échanges entre Pi libre et P minéral plus ou moins disponible sont a) les variations de pH et b) la production d'anions organiques.

146

disponible est soit dans la solution du sol avec des concentrations très faibles en ions orthophosphates libres (de 0,1 à 10 μm), soit sous des formes de P qui vont pouvoir alimenter rapidement le *pool* de Pi de la solution du sol (Hinsinger, 2001) (figure 7.2). De nombreux processus gouvernent la libération de Pi vers la solution du sol, comme la sorption ou l'immobilisation de P, mais également les interactions avec les cations et la matière organique. Tous ces processus limitent drastiquement la disponibilité et la mobilité de Pi comparativement à d'autres éléments nutritifs comme l'azote (N) et le potassium (K). Ainsi, les modèles de nutrition ont identifié très tôt que la vitesse de diffusion des ions orthophosphates est le facteur limitant majeur de l'acquisition de P par les végétaux (Hinsinger *et al.*, 2011).

La première stratégie pour absorber plus de Pi consiste à accroître le volume de sol exploré en augmentant la croissance du système racinaire (Plassard *et al.*, 2015). L'association mycorhizienne est aussi considérée comme une réponse permettant aux végétaux de surmonter la carence en Pi. De fait, il a été montré de nombreuses fois avec le ^{32}P que les hyphes des champignons ectomycorhiziens ou endomycorhiziens sont capables de prélever du Pi inaccessible aux racines et de le transférer à la plante hôte. Des travaux récents ont montré qu'il existait deux voies d'absorption du Pi chez les végétaux : une voie directe impliquant les transporteurs de Pi des racines, et une voie mycorhizienne qui court-circuite la racine et passe plus ou moins totalement par les transporteurs de Pi des hyphes du champignon mycorhizien associé à la racine (Casieri *et al.*, 2013 ; chapitre 12 de cet ouvrage).

Toutefois, il existe deux grandes fonctions qui vont moduler les échanges entre les *pools* de Pi libre et de P minéral plus ou moins disponible, et qui sont d'une part les variations de pH et d'autre part la production d'anions organiques dans le sol (figure 7.2). Dans la rhizosphère, les variations de pH vont essentiellement dépendre du bilan anions/cations et, de ce fait, de la nutrition azotée. Ainsi, si les plantes ont une alimentation ammoniacale, elles vont absorber un surplus de cations (NH_4^+) et donc compenser cette absorption de charges positives par la sortie d'une autre charge positive qui est H^+, entraînant une acidification de la rhizosphère. De même, les légumineuses, qui fixent l'azote, acidifient leur rhizosphère, car elles ont une alimentation ammoniacale (Plassard *et al.*, 2015). Si les plantes ont une alimentation nitrique (NO_3^-), elles vont absorber au contraire plus d'anions que de cations, ce qui entraînera une sortie de OH^- et donc une alcalinisation de la rhizosphère (Plassard *et al.*, 2015). La fertilisation azotée peut donc constituer un outil permettant d'orienter les variations de pH et d'influencer les flux entre les deux *pools* de P minéral et de Pi libre. Toutefois, selon la nature du sol, la même variation de pH peut produire des effets opposés car une acidification augmente la solubilisation des phosphates de calcium, alors qu'elle diminue la solubilité des phosphates de fer et d'aluminium. Les anions organiques, porteurs de charges négatives, vont pouvoir complexer les cations (calcium, fer ou aluminium) associés au P minéral et ainsi libérer le Pi libre dans la solution du sol. De plus, si ces anions organiques sont accompagnés par des ions H^+ lors de leur sécrétion, la production de Pi libre à partir de minéraux calciques peut être encore augmentée par l'acidification (Plassard *et al.*, 2015).

Les microorganismes du sol, dits solubilisateurs de P, peuvent jouer un grand rôle dans l'acidification de la rhizosphère. La capacité à dissoudre des minéraux phosphatés insolubles fournis dans un milieu de culture solide est un trait fonctionnel couramment utilisé pour sélectionner des souches bactériennes ou des champignons saprophytes qui entreront ensuite dans la formulation de produits commerciaux appelés « biofertilisants ». Si la capacité des champignons endomycorhiziens à modifier le pH autour des hyphes est encore discutée, celle des champignons ectomycorhiziens a été démontrée à plusieurs reprises, en particulier lorsque le nitrate est fourni comme source d'azote (Plassard et Dell, 2010). L'acidification est due à une sécrétion importante d'anion organique (l'oxalate en particulier) et de protons qui s'accompagne d'une amélioration de la nutrition P de la plante hôte. Toutefois, il faut noter que toutes les espèces fongiques ne sont pas capables de produire des anions organiques (Courty *et al.*, 2010).

Le P organique

À côté du *pool* de P minéral, le sol contient généralement autant, voire plus, de P organique (Po) qui comprend deux grands types de composés qui sont les phospho-diesters (P-diesters) et les phospho-monesters (P-monoesters) (figure 7.3). Dans ces molécules, le groupement phosphate est lié au carbone par une (P-monoesters : $R\text{-}O\text{-}PO_3^{2-}$) ou deux (P-diesters : $R'\text{-}O\text{-}PO_2^-\text{-}O\text{-}R$) liaisons ester. Ces molécules sont produites par le métabolisme des plantes et des microorganismes, et le ou les groupements phosphates doivent être libérés par hydrolyse des liaisons esters pour pouvoir être à nouveau absorbé(s) par les plantes. Ce sont donc des enzymes spécialisées qui vont assurer l'hydrolyse du Po. Les molécules de P-diesters (par exemple les acides nucléiques et les phospholipides membranaires) serviront de substrat aux P-diestérases qui vont produire des P-monoesters. Les P-monoesters seront ensuite hydrolysés par des P-monoestérases communément appelées phosphatases (figure 7.3). Parmi toutes les formes de P organique, l'une d'entre elle, le phytate, est particulièrement intéressante. En effet, cette molécule qui contient six atomes de carbone et six groupements phosphate est la forme de réserve du P dans les graines (Raboy, 2007). Au cours de la germination des graines, le phytate est hydrolysé par une monoestérase, la phytase, pour libérer les groupements phosphates qui seront utilisés par la plantule (Nasri *et al.*, 2001). De façon surprenante, la grande majorité des plantes n'est pas capable de sécréter cette enzyme dans le milieu extérieur. Autrement dit, une plante alimentée à partir de phytate comme unique source de P ne sera pas capable de pousser car elle ne pourra pas utiliser le P du phytate. C'est sans doute la raison pour laquelle le phytate constitue une part importante du P organique du sol (de 20 à 80 %).

Effets des bactérivores

L'effet des bactérivores sur les flux de P dans le sol et dans la rhizosphère a été peu étudié par rapport à l'azote. Néanmoins, les rares travaux sur le P ont montré que, comme l'azote, le recyclage du phosphore est fortement régulé par les interactions entre les bactéries et les bactérivores (Irshad *et al.*, 2011).

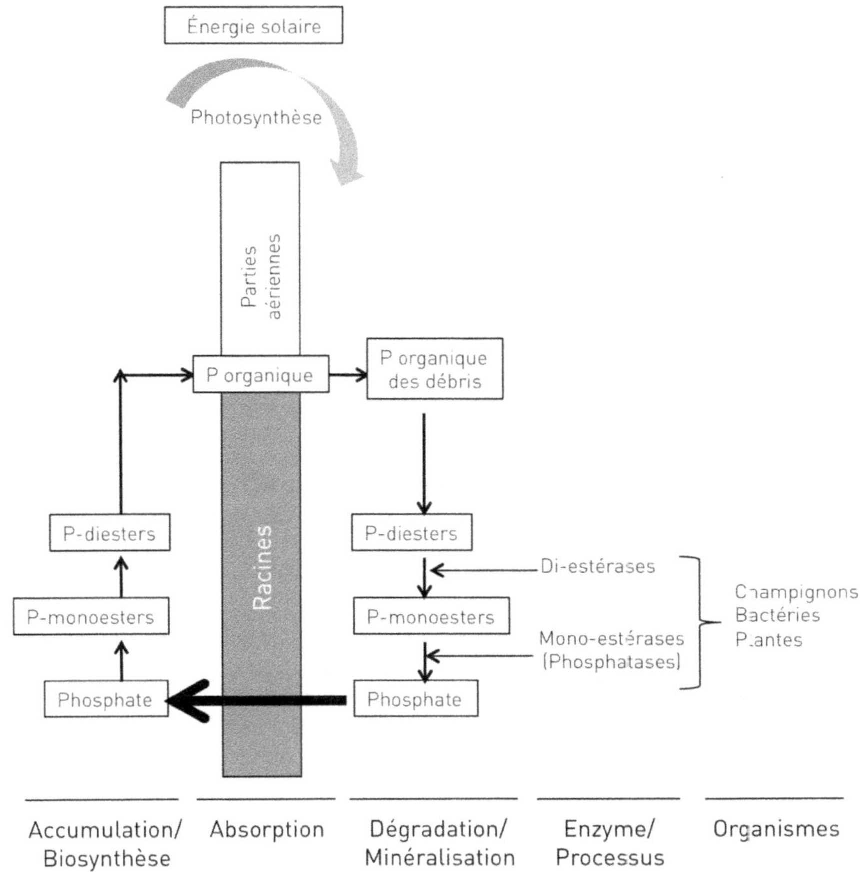

Figure 7.3. Schéma simplifié du cycle du phosphore montrant les différentes étapes permettant la minéralisation du P organique synthétisé par les végétaux après absorption du phosphate, seule forme de P absorbée par les racines.

En appliquant le même raisonnement stœchiométrique que pour le N, les gammes théoriques de l'excès de P excrété par les bactérivores seraient entre 27-48 %, 73-81 % et 66-76 % du P assimilé par les amibes, les ciliés et les nématodes, respectivement (Trap *et al.*, 2016). Il est important de noter que les libérations théoriques de P par les bactérivores ne prennent pas en compte les processus biotiques (immobilisation microbienne, stœchiométrie du sol, etc.) et les processus abiotiques (adsorption de P, etc.) survenant après l'excrétion des éléments nutritifs, différenciant ainsi les effets nets des effets bruts des bactérivores sur la disponibilité des nutriments. Dans l'humus (où le rapport C:P est élevé), l'effet des bactérivores sur la minéralisation du P est en général négatif, alors que, dans le sol (où le rapport C:P est faible), l'effet est généralement positif. Par conséquent, dans un environnement à C:P élevé, la croissance bactérienne peut être essentiellement limitée par le P et l'immobilisation bactérienne rapide de P excrété par les bactérivores peut se produire. De plus, la faible mobilité du P dans la solution du sol et son adsorption par les minéraux du sol peuvent entraver l'utilisation par les racines du P minéralisé grâce aux bactérivores. Les résultats de la littérature montrent que, malgré une forte capacité des sols à fixer le phosphore, les bactérivores sont capables d'augmenter fortement la concentration en P dans la plante, jusqu'à 30 % dans la partie aérienne et 23 % dans la partie racinaire par rapport au contrôle (Irshad *et al.*, 2012, Trap *et al.*, 2016). Les mécanismes restent néanmoins peu compris et des expériences supplémentaires sont nécessaires afin d'identifier les flux.

▸▸ Conclusion

Les cycles des nutriments, en particulier de l'azote et du phosphore, sont sous la dépendance des populations microbiennes du sol vivant dans l'environnement des racines, en particulier la rhizosphère. Les associations entre les plantes et les microorganismes peuvent être symbiotiques, comme c'est le cas pour la symbiose fixatrice d'azote ou la symbiose mycorhizienne. La symbiose fixatrice d'azote, qui transforme l'azote de l'air en azote réduit au sein des nodosités, représente une entrée très importante d'azote dans les végétaux. La symbiose mycorhizienne, quant à elle, contribue de façon importante à l'amélioration de la nutrition minérale des plantes (N et surtout P), en augmentant la mobilisation et le prélèvement des éléments minéraux par les hyphes mycéliens qui se développent hors des racines, puis en transférant ces éléments minéraux à la plante hôte. Cependant, les populations microbiennes de la rhizosphère jouent aussi un rôle très important dans la minéralisation des composés organiques, conduisant à la production de N et de P minéral, qui peut être à son tour immobilisé dans la biomasse microbienne, créant une compétition avec les besoins des cultures. Les résultats de la littérature présentés dans ce chapitre montrent clairement que la consommation de ces populations microbiennes – surtout bactériennes – par les protozoaires et les nématodes bactérivores peuvent conditionner très fortement le recyclage de certains composés organiques qui, autrement, restent inaccessibles aux plantes. Toutefois, nous ne connaissons pas encore tous les leviers qui permettraient d'optimiser le fonctionnement des populations microbiennes et des boucles trophiques pour assurer la nutrition minérale des cultures en N et en P. C'est sans aucun doute une voie de recherche à privilégier dans les années qui viennent si l'on veut aller vers une agriculture plus agroécologique.

Références bibliographiques

Abuzinadah R.A., Read D.J., 1986. The role of proteins in the nitrogen nutrition of ectomycorrhizal plants. I. Utilization of peptides and proteins by ectomycorrhizal fungi. *New Phytologist*, 103 (3), 481-493.

Abuzinadah R.A., Read D.J., 1989. The role of proteins in the nitrogen nutrition of ectomycorrhizal plants. IV. The utilization of peptides by birch (*B. pendula* L.) infected with different mycorrhizal fungi. *New Phytologist*, 112 (1), 55-60.

Allen M.F., 2007. Mycorrhizal fungi: Highways for water and nutrients in arid soils. *Vadose Zone Journal*, 6 (2), 291-297.

Attiwill P.M., Adams M.A., 1993. Nutrient cycling in forests. *New Phytologist*, 124 (4), 561-582.

Bakker M.R., Jolicoeur E., Trichet P., Augusto L., Plassard C., Guinberteau J., Loustau D., 2009. Adaptation of fine roots to annual fertilization and irrigation in a 13-year-old *Pinus pinaster* stand. *Tree Physiology*, 29 (2), 229-238.

Bonkowski M., Villenave C., Griffiths B., 2009. Rhizosphere fauna: The functional and structural diversity of intimate interactions of soil fauna with plant roots. *Plant and Soil*, 321 (1-2), 213-233.

Brandes B., Godbold D., Kuhn A., Jentschke G., 1998. Nitrogen and phosphorus acquisition by the mycelium of the ectomycorrhizal fungus *Paxillus involutus* and its effect on host nutrition. *New Phytologist*, 140 (4), 735-743.

Buée M., de Boer W., Martin F., van Overbeek L., Jurkevitch E., 2009. The rhizosphere zoo: An overview of plant-associated communities of microorganisms, including phages, bacteria, archaea, and fungi, and of some of their structuring factors. *Plant and Soil*, 321 (1-2), 189-212.

Brundrett M.C., 2002. Coevolution of roots and mycorrhizas of land plants. *New Phytologist*, 154 (2), 275- 304.

Byerly L., Cassada R.C., Russell R.L., 1976. Life-cycle of nematode *Caenorhabditis elegans*. 1. Wild-type growth and reproduction. *Developmental Biology*, 51 (1), 23-33.

Casieri L., Lahmidi N.A., Doidy J., Veneault-Fourrey C., Migeon A., Bonneau L., Courty P.-E., Garcia K., Charbonnier M., Delteil A., Brun A., Zimmermann S., Plassard C., Wipf D., 2013. Biotrophic transportome in mutualistic plant-fungal interactions. *Mycorrhiza*, 23 (8), 597-625.

Chaparro J.M., Badri D.V., Bakker M.G., Sugiyama A., Manter D.K., Vivanco J.M., 2013. Root exudation of phytochemicals in *Arabidopsis* follows specific patterns that are developmentally programmed and correlate with soil microbial functions. *PLoS One*, 8 (2), e55731.

Clarholm M., 2002. Bacteria and protozoa as integral components of the forest ecosystem: Their role in creating a naturally varied soil fertility. *Antonie van Leeuwenhoek*, 81 (1), 309-318.

Courty P.-E., Buée M., Diedhiou A.G., Frey-Klett P., Le Tacon F., Rineau F., Turpault M.-P., Uroz S., Garbaye J., 2010. The role of ectomycorrhizal communities in forest ecosystem processes: New perspectives and emerging concepts. *Soil Biology and Biochemistry*, 42 (5), 679-698.

Darbyshire J.F., Davidson M.S., Chapman S.J., Ritchie S., 1994. Excretion of nitrogen and phosphorus by the soil Ciliate *Colpoda steinii* when fed the soil bacterium *Arthrobacter sp. Soil Biology and Biochemistry*, 26 (9), 1193-1199.

De Boer W., Hundscheid M.P.J., Gunnewiek P.J.A.K., de Ridder-Duine A.S., Thion C., van Veen J.A., van der Wal A., 2015. Antifungal rhizosphere bacteria can increase as response to the presence of saprotrophic fungi. *PloS One*, 10 (9), e0137988.

Decaëns T., 2010. Macroecological patterns in soil communities. *Global Ecology and Biogeography*, 19 (3), 287-302.

Duhoux E., Diouf D., Gherbi H., Franche C., Ahée J., Bogusz D., 1996. Le nodule actinorhizien. *Acta Botanica Gallica*, 143 (7), 593-608.

Ekblad A., Wallander H., Godbold D.L., Cruz C., Johnson D., Baldrian P., Björk R.G., Epron D., Kieliszewska-Rokicka B., Kjøller R., Kraigher H., Matzner E., Neumann J., Plassard C., 2013.

The production and turnover of extramatrical mycelium of ectomycorrhizal fungi in forest soils: Role in carbon cycling. *Plant and Soil*, 366 (1), 1-27.

Ferris H., Venette R.C., van der Meulen H.R., Lau S.S., 1998. Nitrogen mineralization by bacterial-feeding nematodes: Verification and measurement. *Plant and Soil*, 203 (2), 159-171.

Franche C., Lindström C., Elmerich C., 2009. Nitrogen-fixing bacteria associated with leguminous and non-leguminous plants. *Plant and Soil*, 321 (1), 35-59.

Gobat J.-M., Aragno M., Matthey W., 2010. *Le sol vivant : bases de pédologie – biologie des sols*. Lausanne, Presses polytechniques et universitaires romandes, Collection Science et ingénierie de l'environnement, 3ᵉ édition.

Gobert A., Plassard C., 2008. The beneficial effect of mycorrhizae on N utilization by the host-plant: Myth or reality? *In : Mycorrhiza* (Varma A., dir.). Berlin/Heidelberg, Springer-Verlag, 209-240.

Govindarajulu M., Pfeffer P.E., Jin H., Abubaker J., Douds D.D., Allen J.W., Bucking H., Lammers P.J., Shachar-Hill Y., 2005. Nitrogen transfer in the arbuscular mycorrhizal symbiosis. *Nature*, 435 (7043), 819-823.

Griffiths B.S., 1989. Enhanced nitrification in the presence of bacteriophagous protozoa. *Soil Biology and Biochemistry*, 21 (8), 1045-1051.

Griffiths B.S., 1990. A comparison of microbial-feeding nematodes and protozoa in the rhizosphere of different plants. *Biology and Fertility of Soils*, 9 (1), 83-88.

Griffiths B.S., 1994. Soil nutrient flow. *In : Soil Protozoa* (Darbyshire J.F., dir.). Oxford, CAB International, 65-92.

Hammond P.M., 1992. Species inventory. *In : Global Diversity, Status of the Earth's Living Resources* (Groombridge B., dir.). Londres, Chapman & Hall, 17-39.

Hannula S.E., Boschker H.T.S., de Boer W., van Veen J.A., 2012. ¹³C pulse-labeling assessment of the community structure of active fungi in the rhizosphere of a genetically starch-modified potato (*Solanum tuberosum*) cultivar and its parental isoline. *New Phytologist*, 194 (3), 784-799.

Hinsinger P., 2001. Bioavailability of soil inorganic P in the rhizosphere as affected by root-induced chemical changes: A review. *Plant and Soil*, 237 (2), 173-195.

Hinsinger P., Brauman A., Bernard L., Chotte J.L., Drevon J.J., Gérard F., Jaillard B., Le Cadre E., Plassard C., Villenave C., 2009. Le sol autour des racines, la rhizosphère, interface vivant/minéral. *In : Le sol* (Stengel P., Bruckler L., Balesdent J., dir.). Versailles, Éditions Quæ, 62-67.

Hinsinger P., Brauman A., Devau N., Gérard F., Jourdan C., Laclau J.P., Le Cadre E., Jaillard B., Plassard C., 2011. Acquisition of phosphorus and other poorly mobile nutrients by roots. Where do plant nutrition models fail? *Plant and Soil*, 348 (1-2), 29-61.

Hodge A., Campbell C.D., Fitter A.H., 2001. An arbuscular mycorrhizal fungus accelerates decomposition and acquires nitrogen directly from organic material. *Nature*, 413 (6853), 297-299.

Hodge A., Fitter A.H., 2010. Substantial nitrogen acquisition by arbuscular mycorrhizal fungi from organic material has implications for N cycling. *Proceeding of National Academy of Science of the United States of America*, 107 (31), 13754-13759.

Högberg M.N., Briones M.J.I., Keel S.G., Metcalfe D.B., Campbell C., Midwood A.J., Thornton B., Hurry V., Linder S., Näsholm T., Högberg P., 2010. Quantification of effects of season and nitrogen supply on tree below-ground carbon transfer to ectomycorrhizal fungi and other soil organisms in a boreal pine forest. *New Phytologist*, 187 (2), 485-493.

Hugot J.P., 2002. Changes in numbers of publications on the main groups of Nematoda and Helminthes between 1971 and 1995. *Nematology*, 4 (5), 567-571.

Irshad U., Villenave C., Brauman A., Plassard C., 2011. Grazing by nematodes on rhizosphere bacteria enhances nitrate and phosphorus availability to *Pinus pinaster* seedlings. *Soil Biology and Biochemistry*, 43 (10), 2121-2126.

Irshad U., Brauman A., Villenave C., Plassard C., 2012. Phosphorus acquisition from phytate depends on efficient bacterial grazing, irrespective of the mycorrhizal status of *Pinus pinaster*. *Plant and Soil*, 358 (1-2), 148-161.

Jeffery S., Gardi C., Jones A., Montanarella L., Marmo L., Miko L., Ritz K., Pérès G., Römbke J., van der Putten W.H. (dir.), 2013. *Atlas européen de la biodiversité du sol*. Luxembourg, Commission européenne/Bureau des publications de l'Union européenne.

Jonas J.L., Wilson G.W.T., White P.M., Joern A., 2007. Consumption of mycorrhizal and saprophytic fungi by Collembola in grassland soils. *Soil Biology and Biochemistry*, 39 (10), 2594-2602.

Jones D.L., Healey J.R., Willett V.B., Farrar J.F., Hodge A., 2005. Dissolved organic nitrogen uptake by plants – an important N uptake pathway? *Soil Biology and Biochemistry*, 37 (3), 413-423.

Jones D., Nguyen C., Finlay R.D., 2009. Carbon flow in the rhizosphere: Carbon trading at the soil-root interface. *Plant and Soil*, 321 (1-2), 5-33.

Koller R., Rodriguez A., Robin C., Scheu S., Bonkowski M., 2013. Protozoa enhance foraging efficiency of arbuscular mycorrhizal fungi for mineral nitrogen from organic matter in soil to the benefit of host plants. *New Phytologist*, 199 (1), 203-211.

Kuzyakov Y., Xu X., 2013. Competition between roots and microorganisms for nitrogen: Mechanisms and ecological relevance. *New Phytologist*, 198 (3), 656-669.

Ladygina N., Hedlund K., 2010. Plant species influence microbial diversity and carbon allocation in the rhizosphere. *Soil Biology and Biochemistry*, 42 (2), 162-168.

Lipson D., Näsholm T., 2001. The unexpected versatility of plants: Organic nitrogen use and availability in terrestrial ecosystems. *Oecologia*, 128 (3), 305-316.

Maggenti A.R., 1981. *General Nematology*. New York, Springer-Verlag, Collection Springer Series in Microbiology.

Müller K., Kramer S., Haslwimmer H., Marhan S., Scheunemann N., Butenschön O., Scheu S., Kandeler E., 2016. Carbon transfer from maize roots and litter into bacteria and fungi depends on soil depth and time. *Soil Biology and Biochemistry*, 93, 79-89.

Nasri N., Kaddour R., Rabhi M., Plassard C., Lachaal M., 2011. Effect of salinity on germination, phytase activity and phytate content in lettuce seedling. *Acta Physiologia Plantarum*, 33 (3), 935-942.

Pausch J., Kramer S., Scharroba A., Scheunemann N., Butenschoen O., Kandeler E., Marhan S., Riederer M., Scheu S., Kuzyakov Y., Ruess L., 2016. Small but active – pool size does not matter for carbon incorporation in below-ground food webs. *Functional Ecology*, 30 (3), 479-489.

Plassard C., Dell B., 2010. Phosphorus nutrition of mycorrhizal trees. *Tree Physiology*, 30 (9), 1129-1139.

Plassard C., Robin A., Le Cadre E., Marsden C., Trap J., Herrmann L., Waithaisong K., Lesueur D., Blanchart E., Chapuis-Lardy L., Hinsinger P., 2015. Améliorer la biodisponibilité du phosphore. Comment valoriser les compétences des plantes et les mécanismes biologiques du sol? *Innovations agronomiques*, 43, 115-138.

Raboy V., 2007. Seed phosphorus and the development of low-phytate crops. *In : Inositol Phosphates: Linking Agriculture and the Environment* (Turner B.L., Richardson A.E., Mullaney E.J., dir.). Wallingford, CAB International, 111-132.

Read D.J., Perez-Moreno J., 2003. Mycorrhizas and nutrient cycling in ecosystems – a journey towards relevance? *New Phytologist*, 157 (3), 475-492.

Richardson A.E., Barea J.M., McNeill A.M., Prigent-Combaret C., 2009. Acquisition of phosphorus and nitrogen in the rhizosphere and plant growth promotion by microorganisms. *Plant and Soil*, 321 (1-2), 305-339.

Smith S.E., Read D.J., 1997. *Mycorrhizal Symbiosis*. San Diego, Academic Press, 2e édition.

Stadler M., Sterner O., 1998. Production of bioactive secondary metabolites in the fruit bodies of macrofungi as a response to injury. *Phytochemistry*, 49 (4), 1013-1019.

Trap J., Bonkowski M., Plassard C., Villenave C., Blanchart E., 2016. Ecological importance of soil bacterivores for ecosystem functions. *Plant and Soil*, 398 (1-2), 1-24.

Vacheron J., Desbrosses G., Bouffaud M.L., Touraine B., Moënne-Moccoz Y., Muller D., Legnegre L., Wisniewski-Dyé F., Prigent-Combaret C., 2013. Plant growth-promoting rhizobacteria and root system functioning. *Frontiers in Plant Science*, 4, 356.

Verhagen F.J.M., Duyts H., Laanbroek H.J., 1993. Effects of grazing by flagellates on competition for ammonium between nitrifying and heterotrophic in soil columns. *Applied Environmental Microbiology*, 59 (7), 2099-2106.

Voisin A.-S., Cellier P., Jeuffoy M.-H., 2015. Fonctionnement de la symbiose fixatrice de N2 des légumineuses à graines : impacts agronomiques et environnementaux. *Innovations agronomiques*, 43, 139-160.

Wright D.J., 1975. Elimination of nitrogenous compounds by *Panagrellus redivivus*, Goodey, 1945 (Nematoda: Cephalobidae). *Comparative Biochemistry and Physiology Part B: Comparative Biochemistry*, 52 (2), 247-253.

Xiao H.F., Griffiths B., Chen X.Y., Liu M.Q., Jiao J.G., Hu F., Li H.X., 2010. Influence of bacterial-feeding nematodes on nitrification and the ammonia-oxidizing bacteria (AOB) community composition. *Applied Soil Ecology*, 45 (3), 131-137.

Yeates G.W., Bongers T., Degoede R.G.M., Freckman D.W., Georgieva S.S., 1993. Feeding-habits in soil nematode families and genera – An outline for soil ecologists. *Journal of Nematology*, 25 (3), 315-331.

Effets en surface avec impacts sous surface : réponse de la rhizosphère d'arbres forestiers à une exposition élevée à l'ozone troposphérique

Rainer Matyssek, Reinhard Agerer, Karin Pritsch,
Jean Charles Munch

Les sols terrestres et leur activité respiratoire déterminent les teneurs de carbone terrestre et leurs flux à l'échelle planétaire (Hannah, 2015). Le stockage dans les sols est estimé à 2 300 GtC, soit quatre fois les teneurs apportées par la végétation mondiale et trois fois les teneurs présentes dans l'atmosphère (US DOE, 2008). Les flux de C originaires des sols, de l'ordre de 60 Gt (gigatonnes) de C par an, proviennent de la respiration hétérotrophe associée aux décompositions. Ces flux sont à comparer à un autre flux, de l'ordre de 60 GtC par an, dû à la respiration autotrophe des plantes, y compris des mycorhizes, et qui pourrait représenter 30 % du bilan total souterrain des plantes (Litton *et al.*, 2007). Il est donc évident que les stocks et les flux globaux de C sont associés aux sols et qu'ils sont déterminants. En situation de stress et d'adaptabilité des écosystèmes, les sols peuvent évoluer pour devenir des sources de carbone, notamment en hautes latitudes Nord. Les déterminants sous ces latitudes sont des stocks importants, une humidité croissante et de fortes augmentations des températures (Meehl *et al.*, 2007).

Dans les sols, les processus de réaction aux stress environnementaux comme le changement climatique sont initiés en surface. C'est le cas non seulement pour le réchauffement de l'atmosphère, la sécheresse ou les inondations (voir par exemple Kupper *et al.*, 2011), mais aussi pour l'augmentation du CO_2 atmosphérique, qui influence l'activité photosynthétique des feuilles et modifie ainsi l'allocation du C dans les plantes et la rhizosphère (Pregitzer et Talhelm, 2013). Il en est de même pour l'ozone proche de la surface des sols, un constituant naturel de la troposphère inférieure (à ne pas confondre avec la couche d'ozone (O_3) stratosphérique qui protège contre les rayonnements UV) avec, depuis le début du XIXe siècle et selon les régions, des concentrations accrues d'un facteur trois à quatre suite à l'industrialisation et aux changements d'usage des sols (Stockwell *et al.*, 1997 ; Parrish *et al.*, 2012). Cet accroissement anthropogène des concentrations d'O_3 à proximité des sols est une composante reconnue du changement climatique (Sitch *et al.*, 2007 ; Matyssek *et al.*, 2014).

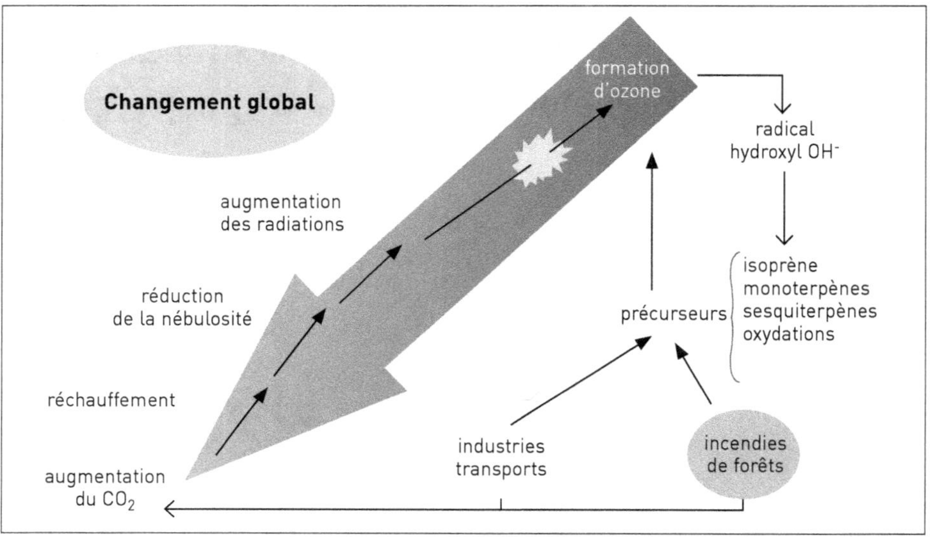

Figure 8.1. Processus physiques et chimiques se déroulant dans l'atmosphère en interaction avec les processus terrestres anthropogéniques de surface, illustrant l'augmentation des niveaux de base de l'O_3 troposphérique, en tant que composante du changement climatique et des changements globaux.

En détails :

– augmentation du CO_2 atmosphérique issu des combustions (utilisation des combustibles fossiles par les véhicules et l'industrie ; incendies de forêts pour la mise en culture des sols), réchauffement lié à la réduction de la nébulosité et à l'augmentation de l'exposition au rayonnement solaire (selon les régions).

– L'intensification du rayonnement solaire en combinaison avec les substances issues de la combustion (par exemple NO, CO) entraîne la formation d'O_3. L'O_3, lui-même actif, renforce le réchauffement (flèches noires).

– Sous l'influence du rayonnement solaire, une partie de l'O_3 se décompose en radicaux hydroxyles. Ceux-ci réagissent avec des hydrocarbures méthaniques non gazeux originaires de sources naturelles et anthropogènes, augmentant éventuellement le *pool* de radicaux hydroxyles. Ces derniers agissent en précurseurs d'O_3, contribuant à sa formation.

Alors que l'O_3 peut être décomposé par des hydrocarbures non méthaniques, les produits tels le CO_2, le méthane et les aérosols entretiennent le réchauffement. Le *turnover* de l'O_3 troposphérique, en particulier sous influence anthropogène, est complexe, mais fait partie intégrante du changement climatique global.

D'après Matyssek *et al.* (2013, 2014) et Stockwell *et al.* (1997).

Ce phénomène, dû à la formation des précurseurs de l'O_3 depuis des sources naturelles, s'est particulièrement intensifié avec l'utilisation des combustibles fossiles (voir par exemple Tuovinen *et al.*, 2013) et le recours aux incendies de forêts pour la constitution de friches (figure 8.1 ; Monks *et al.*, 2009 ; Sofiev, 2013). Une fois synthétisé, l'O_3 est distribué à une échelle planétaire (Newell et Evans, 2000 ; Zheng *et al.*, 2010 ; Verstraeten *et al.*, 2015) et, après passage au travers des stomates, devient toxique pour les plantes (Matyssek et Sandermann, 2003). La toxicité de l'O_3 est moins claire pour les arbres forestiers que pour les cultures annuelles (Kolb et Matyssek, 2001 ; Ainsworth et Long, 2005). Pour plus de vingt plantes agricoles, les pertes annuelles dues aux effets de l'O_3 sont de l'ordre de 5 à 30 %. La valeur marchande, l'attractivité ainsi que la qualité des aliments dérivés de ces cultures peuvent pâtir d'une décoloration des feuilles (par exemple pour la laitue). À cela s'ajoute une baisse des indices de qualité, de la teneur en protéines et de la masse des grains (pour le blé, voir par exemple Mills et Harmers, 2011). Les baisses de rendement du blé enregistrées pour l'année 2000 et qui ont été estimées pour l'année 2020 représentent en Europe plus de 20 millions de tonnes, soit environ 2,5 milliards d'euros. Une réduction totale de l'émission des précurseurs d'ozone (par exemple la famille des oxydes d'azote NOx) augmenterait les rendements des principales cultures (par exemple blé, pomme de terre, coton) d'un facteur de deux à cinq à l'échelle mondiale (Hollaway *et al.*, 2012). Selon les plantes, l'O_3 proche de la surface n'agira qu'indirectement dans les sols en relation avec le métabolisme des plantes, en fonction de la réduction des diffusions et des instabilités de molécules, et suite aux impacts de surface (Matyssek et Sandermann, 2003 ; Matyssek *et al.*, 2014).

De tels effets se manifestent également chez les arbres forestiers mais, compte tenu des échelles spatiales et de leur durée de vie centenaire, nos connaissances sur le stress engendré par l'O_3 chez les arbres sont réduites par rapport aux données disponibles sur les plantes agricoles. Cependant, des études ont montré une fixation et un stockage de C plus faibles par les arbres et à l'échelle de l'écosystème en cas d'augmentation chronique d'O_3 stomatique (Matyssek *et al.*, 2010a, 2010b ; Pretzsch *et al.*, 2010), bien que les données d'ordre écologique soient peu nombreuses dans le cas des sites forestiers (Kolb et Matyssek, 2001). Néanmoins, l'affirmation, lors du débat des années 1980 sur le dépérissement des forêts, selon laquelle l'exposition des sites forestiers à l'O_3 causerait le déclin rapide des arbres s'est révélée fausse (Rennenberg *et al.*, 1997 ; Matyssek *et al.*, 1997).

C'est sur la base de ces connaissances que ce chapitre résumera les travaux actuels sur le comportement des arbres et des forêts sous stress O_3, considérant le rôle primordial des écosystèmes forestiers et de leurs sols dans les cycles biogéochimiques et le stockage du C, et donc dans le réchauffement climatique.

Quel est notre niveau actuel de connaissances sur les effets de l'O_3 dans les sols, sur les arbres et les écosystèmes forestiers à la suite du changement climatique ? Sur le plan écologique, notre compréhension est très parcellaire, en dépit des nombreuses recherches réalisées depuis les années 1940 dans des chambres de fumigation d'O_3 en conditions contrôlées. Toutefois, ces études des effets, en surface et à court terme, réalisées avec des systèmes juvéniles bien irrigués et fertilisés, avec des plantes isolées en pots placées sous un microclimat défini, ne sont donc pas directement transposables aux arbres des sites forestiers (Matyssek et Sandermann, 2003). Pour pallier cette difficulté, deux expérimentations de longue durée ont mis en œuvre de nouvelles techniques de fumigation à l'O_3 de la canopée en plein air (Karnosky *et al.*, 2001, 2007 ; Nunn *et al.*, 2002 ; Werner et Fabian, 2002), l'une portant sur des cultures de peupliers dans le cadre du programme Aspen Face (*Free-Air Carbon Dioxide Enrichment*[14]) aux États-Unis (Kubiske *et al.*, 2007 ; King *et al.*, 2013), et l'autre sur une forêt mixte de hêtres/épicéas (*Fagus sylvatica/Picea abies*) adultes sur le site expérimental de la forêt de Kranzberg[15] dans le sud de la Bavière en Allemagne (Matyssek *et al.*, 2007a, 2010a, 2010b, 2014). Nous présenterons surtout les connaissances issues du site de Kranzberg, portant sur une culture mixte de hêtres et d'épicéas cultivés en mélange, âgés de 60 à 70 ans, hauts de 25 à 28 mètres et exposés sur une durée de huit années soit à de l'air ambiant (régime contrôle 1 x O_3), soit à de l'air ambiant enrichi en O_3 (régime 2 x O_3 toutefois limité à < 150 ppb O_3). Nous discuterons également les interactions O_3/sécheresse lors de l'été particulièrement sec de 2003.

▸▸ Effets de l'O_3 dans le sol

Parmi les effets à l'échelle de la canopée, le stress O_3 augmente indirectement la respiration du sol dans les plantations de hêtres et d'épicéas soumis au régime 2 x O_3 (Nikolova *et al.*, 2010), à la suite de changements dans les flux de C des arbres. De plus, la production de racines fines est stimulée (les mêmes résultats sont obtenus dans le cadre du programme Aspen Face : Pregitzer et Talhelm, 2013) et la densité des ectomycorhizes (ECM) est augmentée, bien que la communauté des champignons se trouve modifiée pour le hêtre (Grebenc et Kraigher, 2007). Une réduction de l'absorption de N a été attribuée à l'influence de l'O_3 sur les ECM, démontrée par marquage au ^{15}N (Weigt *et al.*, 2012a). Néanmoins, le nombre d'ECM viables est accru chez le hêtre exposé à l'O_3, de même que le nombre de types d'ECM, c'est-à-dire d'espèces de champignons (Grebenc et Kraigher, 2007).

Chez l'épicéa, huit années de traitement à 2 x O_3 ont fait évoluer les morphotypes des ectomycorhizes de types «moyenne» et «longue distance» vers des morphotypes de types «courte-distance» et «contact» (Agerer *et al.*, 2012 ; Weigt *et al.*, 2012b). Ces morphotypes révèlent des stratégies spécifiques des champignons dans l'exploration du sol pour capter les ressources nutritionnelles et l'eau, les espèces dites de «longue distance» explorant un plus grand volume de sol. L'augmentation de l'O_3 aérien conduit donc à une perte d'exploration du sol en augmentant la représentation en morphotypes «courte distance et contact». Il s'ensuit une perte de capacité à exploiter les ressources souterraines et par conséquent une altération de la compétitivité des arbres, la transformation de ressources par unité d'espace souterrain étant tout aussi cruciale pour la compétitivité que celle de l'espace autour des organes aériens (voir Kozovits *et al.*, 2005 ; Reiter *et al.*, 2005 ; Grams et Matyssek, 2007 ; Häberle *et al.*, 2012).

---

14. http://aspenface.mtu.edu (consulté le 28 décembre 2016).
15. http://kroof.wzw.tum.de/index.php?id=18&L=1 (consulté le 28 décembre 2016).

Les influences sur les communautés microbiennes telluriques d'arbres stressés par l'O_3 ne sont pas connues avec précision, même s'il est établi que la biomasse microbienne augmente (Pregitzer et Talhelm, 2013). Les activités enzymatiques extracellulaires de la mycorhizosphère pourraient aider à mieux comprendre ces influences. Malheureusement, ces activités intègrent à la fois celles des racines, des champignons et de l'ensemble des microorganismes, qu'ils soient associés aux racines ou libres dans le sol. De plus, ces activités dépendent de la nature des espèces boisées, de leur âge et des conditions environnementales. Par ailleurs, la stimulation d'activités enzymatiques dans la mycorhizosphère de jeunes hêtres, mesurée à l'aide de lysimètres (appareillages permettant d'analyser les interactions eau-sol-vivant), diffère de celle d'arbres juvéniles cultivés en phytotrons (Pritsch *et al.*, 2005). Enfin, l'activité de plusieurs enzymes extracellulaires associées aux champignons ectomycorhiziens d'épicéa, mesurée sur le site de Kranzberg, diminue en régime 2 x O_3 ; c'est le cas des hémicellulases, des pectinases, des chitinases, des ecto- et endo-cellulases, des phosphatases et, également, des protéases. Une diminution de l'activité des chitinases sous stress O_3 indique peut-être une vulnérabilité des arbres à l'attaque de champignons parasites, accrue si les champignons mycorhiziens sont affaiblis. En contrepartie, une réduction de la masse mycélienne pourrait jouer un rôle. Il faut noter que ces réductions d'activités enzymatiques avaient cessé quelques mois après la fin de la période de huit années de fumigation à l'O_3 de la canopée (Ernst, résultats non publiés).

De surcroît, les effets aériens de l'O_3 semblent avoir des conséquences dramatiques pour les communautés microbiennes des sols et leur fonctionnement. N'oublions pas les nombreuses fonctions des microorganismes des sols pour la performance des arbres (par exemple les *helper bacteria* qui promeuvent le développement mycorhizien ; voir Garbeye, 1994 ; Lambers *et al.*, 2009 ; Song et Kong, 2012) qui peuvent être affectées en réaction au stress aérien d'O_3, notamment au niveau de la mobilisation et du stockage des nutriments dans la biomasse microbienne (empêchant ainsi leur lessivage ; Rodriguez *et al.*, 2008 ; Marasco *et al.*, 2012), et de la fortification des plantes dans la défense contre les pathogènes racinaires (Frey-Klett *et al.*, 2007 ; Buée *et al.*, 2009 ; Kempel *et al.*, 2010 ; Pineda *et al.*, 2012). La compréhension des mécanismes de résistance des arbres contre le stress O_3 s'exerçant dans les sols nécessite d'adopter une approche dans laquelle les arbres sont considérés comme faisant partie d'une entité dite holobiontique (figure 8.2 ; voir Dickie *et al.*, 2002). C'est de fait l'holobionte, avec ses organismes associés, dont l'arbre n'est qu'un élément, qui gouverne, grâce à la plasticité de son hologénome et par des réactions écophysiologiques associées, la résistance, la résilience et la persistance du système, et donc la performance de l'arbre soumis aux stress environnementaux (zu Castell *et al.*, 2016). Il est bien admis que les stress abiotiques sont contrés par des réponses de type biotiques (Matyssek *et al.*, 2012, 2013). En ce sens, la compréhension des systèmes holobiontiques est un défi pour la recherche, et en particulier pour la compréhension des réponses dans les sols de plantes soumises aux effets de l'O_3 troposphérique. Ce challenge tient compte des interactions mutuelles qui peuvent représenter un véritable fardeau pour la plante et des développements parasitiques susceptibles de se développer sous stress O_3 (Agerer *et al.*, 2012 ; Weigt *et al.*, 2012b).

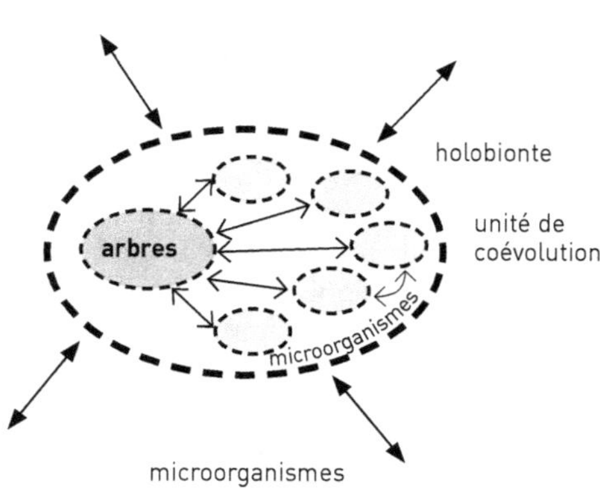

Figure 8.2. Structure biocénotique d'un holobionte.

Un holobionte est défini comme un organisme hôte (par exemple plante, ici «arbre») avec tous ses microorganismes associés (par exemple bactéries et champignons telluriques; ici «microorganismes») et l'ensemble des interactions régnant dans ce type d'association biocénotique (c'est-à-dire sans cloison ou septation formant des cellules). Le concept repose sur la réalité écologique que les organismes n'agissent jamais isolément, mais sont en coévolution. L'association biocénotique constitue l'hologénome (ensemble des gènes appartenant à l'hôte et aux microorganismes), sujet à des sélections, des variations de propriétés héritables, d'adaptations, alors que chaque organisme y soumet ses propres pressions adaptatives. Les durées différentes pour les adaptations, courtes chez les microorganismes *versus* longues chez les plantes, fortifient et stabilisent la tolérance aux stress de l'holobionte et permettent à l'hôte de survivre. La très forte plasticité dans les réactions de l'holobionte soutient le succès évolutif en formant des niches, ce qui est une précondition majeure du pouvoir écologique.

Adapté de zu Castell *et al.* (2016).

▸▸ Interactions O₃/sécheresse

Lors de l'année 2003, où l'été fut exceptionnellement sec (Ciais *et al.*, 2005), l'effet stimulant de l'O_3 sur la respiration du sol s'est effondré dans les plantations d'épicéas, avec en parallèle une diminution de la production de racines fines (d'un facteur 6 environ), alors que pour le hêtre la situation restait inchangée (Nikolova *et al.*, 2010). En conséquence, l'épicéa passait dans un état de dormance imposé par la sécheresse. Ces contrastes dans le comportement des deux espèces d'arbres, épicéa *versus* hêtre, concordent avec l'hypothèse récente selon laquelle, dans une comparaison des mécanismes d'adaptation des espèces forestières vis-à-vis du stress hydrique, l'épicéa montre une régulation de type isohydrique sous conditions hydriques sèches (cette régulation maintient l'homéostasie du potentiel hydrique des feuilles quel que soit le niveau de stress hydrique), alors que le hêtre présente une régulation de type anisohydrique (ce qui maintient la transpiration et implique une diminution du potentiel hydrique des feuilles pour entretenir le gradient de potentiel entre le sol et les feuilles; voir McDowell *et al.*, 2008; Pretzsch *et al.*, 2014). L'épicéa réduit donc, en cas de sécheresse sévère, les échanges gazeux et son métabolisme pour adopter une stratégie d'attente («*sit-and-wait*»), avec le risque éventuel de dépérissement par manque de carbone. Le hêtre conserve au contraire un métabolisme actif pendant l'épisode de sécheresse, entretenant les échanges gazeux *via* les feuilles et la croissance des racines fines, tout en risquant un dépérissement par arrêt de transfert d'eau (c'est-à-dire par embolie gazeuse).

Ces hypothèses sont actuellement vérifiées dans une expérimentation sur le site de Kranzberg avec un arrêt des précipitations sur plusieurs années (Pretzsch *et al.*, 2014a). En 2003, l'isohydrocité fut révélée chez l'épicéa par un $\delta^{13}C$ élevé dans les racines fines nouvellement formées (Nikolova *et al.*, 2010), suite à la limitation de la consommation de CO_2 photosynthétique due à la fermeture des stomates (Farquhar *et al.*, 1989 ; Löw *et al.*, 2006) et à une efficience accrue de l'eau, augmentant le $\delta^{13}C$ dans les assimilats. Pour le hêtre en revanche, l'augmentation du $\delta^{13}C$ dans les racines fines nouvellement formées est due à un stress d'O_3 au niveau des feuilles qui réduisent leur conductance stomatique plutôt que leur capacité photosynthétique (Kitao *et al.*, 2009 ; voir section 4). Cette augmentation du $\delta^{13}C$ est similaire à l'effet sécheresse.

De fait, chez les deux espèces d'arbres, la sécheresse peut surpasser l'effet stimulant de l'O_3 sur le dynamisme des racines fines et la respiration (Nikolova *et al.*, 2010). En particulier, la respiration autotrophe (SRa) des racines et des mycorhizes est sensible à la sécheresse. De plus, la respiration totale (SRt) chez l'épicéa ne suit plus la courbe de la température du sol en fonction des saisons. Au total, la SRa est plus sensible au changement de température et en eau disponible que la respiration des microorganismes telluriques (SRh).

▶▶ Modèle expliquant les effets sols de l'O_3

Dans le cas du hêtre, la stimulation de la respiration tellurique, de la croissance de racines fines et de la mycorhization induites par l'O_3 sont le résultat de changements dans l'allocation de C par l'arbre, se traduisant par un très fort déclin, de l'ordre de 44 %, de la production de bois sous régime 2 x O_3, en comparaison avec des arbres témoins (Pretzsch *et al.*, 2010 ; Matyssek *et al.*, 2010a, 2010b, 2014). L'épicéa montre les mêmes effets sols, sans toutefois que cela s'accompagne d'une diminution de la production de bois. Toutefois, l'allocation de C dans les troncs de l'épicéa confirmait la tendance déjà relevée chez le hêtre, mais était plutôt retardée pour ce qui est de la diminution de croissance. En comparaison des effets sur le sol et le tronc du hêtre, les effets de l'O_3 sur la photosynthèse et la respiration foliaire sont mineurs (Kitao *et al.*, 2009, 2012). Dans le cas du hêtre, l'activité photosynthétique diminue de moins de 10 % sous régime 2 x O_3 par rapport aux arbres témoins, bien que cette diminution soit parfois insignifiante, alors que la respiration est peu ou très faiblement augmentée. Cette augmentation constante, impliquant une consommation de ressources, reflète peut-être une réponse de détoxication envers le stress O_3. Ces effets mineurs s'accompagnent initialement de la formation de diverses lésions macroscopiques prématurées sur les feuilles de hêtre, engendrées certaines années par l'ozone. D'autres années, l'effet observé sur la croissance du tronc persiste, même sans que l'on note l'apparition de lésions foliaires (Pretzsch *et al.*, 2010). Comment alors la diminution de la production de bois, accompagnée par le changement d'allocation au niveau de l'arbre, peut-elle être expliquée chez le hêtre ?

Un modèle a été développé pour cette espèce en considérant les évolutions des teneurs en certaines phytohormones (figure 8.3) ; ces analyses révèlent le rôle primordial joué par les cytokinines (CK) et leur dynamique (les CK sont indispensables

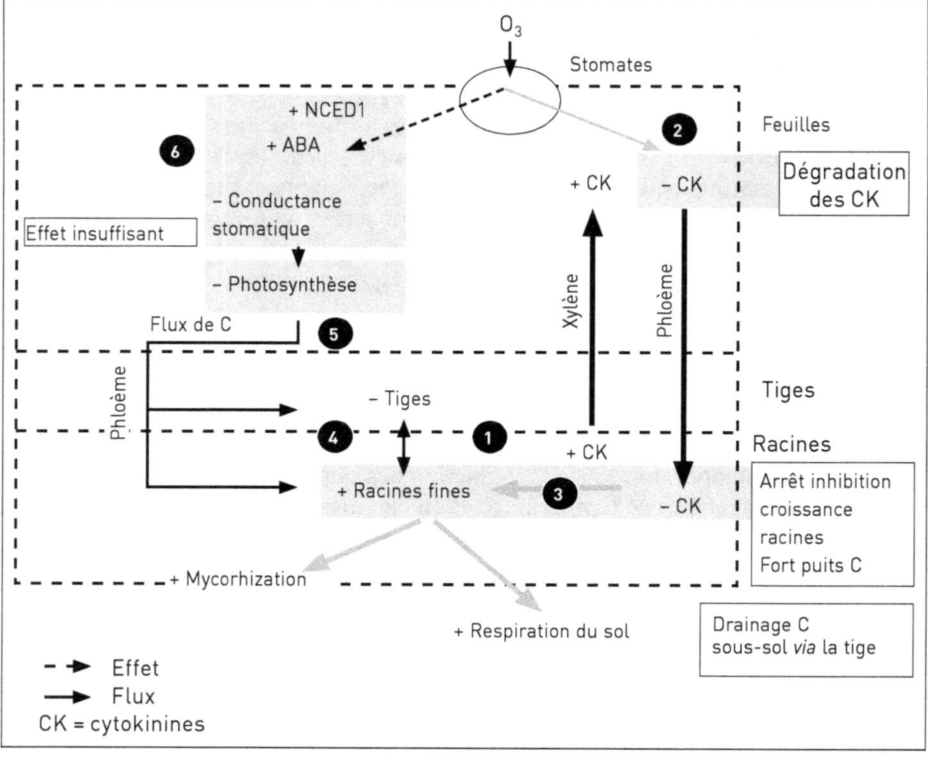

Figure 8.3. Voies d'actions de l'O$_3$ chez des individus adultes de *Fagus sylvatica* sur le site de Kranzberg.

1 En l'absence de limitations nutritionnelles, les CK (cytokinine active) sont formées en grandes quantités dans les racines.

2 Les CK sont transférées *via* le xylème vers le feuillage, où sous régime 2 x O$_3$, le taux de CK sera réduit par le flux d'O$_3$. Le transfert retour de CK vers les racines *via* le phloème est donc réduit.

3 En conséquence, l'accumulation de CK souterraine est limitée et le ralentissement de la croissance de racines fines est amoindri (c'est-à-dire inhibition débloquée).

4 Un fort puits de C est induit dans le sol, l'allocation de C étant déviée de la croissance du tronc vers les racines fines, la mycorhization et la respiration du sol.

5 En conséquence, les racines sont en compétition avec le tronc pour le carbone, d'où une réduction de la croissance du tronc, avec une réduction faible de la photosynthèse et une augmentation mineure de la respiration.

6 Par contraste, la conductance stomatique est réduite fortement sous régime 2 x O$_3$, avec des effets mineurs sur la photosynthèse, une augmentation dans le feuillage de la quantité d'acide abscissique (ABA) et de l'expression de gènes ciblés (par exemple *NCED1*). En corrélation avec l'augmentation de l'ABA, la diminution de CK dans les feuilles facilite la fermeture stomatique sous régime 2 x O$_3$, car les CK sont capables de contrecarrer la clôture des stomates soutenue par l'ABA.

D'après Matyssek *et al.* (2014).

au développement des plantes et sont impliquées dans le phénomène de totipotence cellulaire). Les CK sont formées dans les racines fines, indiquant la disponibilité de N dans la rhizosphère (Lüttge *et al.*, 2010). En conditions de forte disponibilité en N, des CK s'accumulent, car la forte demande en N pour la synthèse de la molécule aromatique des CK est satisfaite. Sur le site de Kranzberg, sans limitation en nutriments (Pretzsch *et al.*, 1998, 2014a, 2014b), les CK sont synthétisées dans la racine fine du hêtre, puis transférées en surface *via* le xylème. L'accumulation des CK dans les racines inhibe la croissance des racines fines, en accord avec le fait que de fortes teneurs en CK signalent un bon approvisionnement des racines en N, alors que les CK stimulent la croissance des parties aériennes (Lüttge *et al.*, 2010).

En revanche, sous régime 2 x O_3, les teneurs en CK dans les feuilles de hêtre diminuent et leur transfert vers les racines est réduit (figure 8.3 ; Winwood *et al.*, 2007), bien que le phloème soit fonctionnel. Il s'ensuit que les flux de CK vers les feuilles persistent et, l'accumulation de ces phytohormones en zone souterraine étant empêchée, une inhibition de la croissance de racines fines ne peut plus se mettre en place (Riefler *et al.*, 2006). Au contraire, un puits de C est formé dans les racines, et donc un flux important de C vers les parties souterraines se trouve stimulé, ce qui engendre un flux de C depuis le tronc vers les racines fines. La pénurie de C pour la croissance du tronc diminue au niveau des racines, mais la perte de croissance du tronc n'est pas décelable par la méthode, traditionnelle en sylviculture, de mesure du diamètre (à la hauteur de 1,3 m ; Wipfler *et al.*, 2005). Des pertes de croissance graduelles surviennent au niveau supérieur du tronc, loin des racines (Pretzsch *et al.*, 2010). Au total, le flux de C vers les parties souterraines induit par l'O_3 engendre une compétition interne pour le C, aux dépens de la croissance du tronc (figure 8.3). Ces puits comprennent la mycorhization et la respiration tellurique (Grebenc et Kraigher, 2007 ; Nikolova *et al.*, 2010). Le stress d'O_3 « fausse » ainsi la perception du hêtre quant à la disponibilité réelle de N dans la rhizosphère, faisant percevoir un déficit de N, vu que l'accumulation réduite de CK en profondeur donne un faux signal de la part de la racine qui sous vraie déficience de N aurait stimulé la croissance des racines fines (Mooney et Winner, 1991). Enfin, ces perturbations phytohormonales au niveau des CK induites par l'O_3 dans le feuillage sont responsables des perturbations de l'allocation de C dans l'arbre, bien que la photosynthèse et la respiration soient à peine affectées (figure 8.3).

Bien que l'impact de l'O_3 sur la photosynthèse foliaire soit mineur, la régulation stomatique est fortement influencée sous régime 2 x O_3, avec une réduction selon les saisons de la conductance stomatique par rapport aux témoins (Kitao *et al.*, 2009 ; Matyssek *et al.*, 2015). En conséquence, l'efficience de l'utilisation de l'eau au niveau des feuilles (notée en anglais iWUE pour *Intrinsic Water Use Efficiency*) se trouve augmentée. Sous régime 2 x O_3, les stomates du hêtre sont, sur le site édaphiquement humide de la forêt de Kranzberg, plus ouverts que nécessaire pour conserver le niveau photosynthétique prévalant en régime témoin 1 x O_3. L'effet stomatique sous régime 2 x O_3 entraîne une augmentation de $\delta^{13}C$ dans le feuillage (Kitao *et al.*, 2009), indiquant une limitation du flux entrant de CO_2. Cette forme de limitation, bien que faible, suffit pour influencer les pressions partielles de $^{13}CO_2$ *versus* $^{12}CO_2$ au niveau des sites de liaison de la Rubisco (ribulose-1,5-bisphosphate carboxylase/ oxygénase, capable de discrimination isotopique), favorisant l'assimilation de $^{13}CO_2$

et donc l'augmentation du $\delta^{13}C$. Ces augmentations confirment l'effet stomatique de l'O_3 chez le hêtre, un effet à long terme sur l'échange foliaire de gaz. L'effet isotopique n'est non seulement pas significatif du point de vue statistique, mais également au plan écologique, car il persiste chez les feuilles tant ensoleillées que sous ombre de tous les compartiments de la canopée (Kitao *et al.*, 2009).

L'effet stomatique est-il dû à une régulation métabolique ? La conductance stomatique est réduite sous régime 2 x O_3, et les teneurs en acide abscissique (ABA), une phytohormone responsable de la fermeture des stomates, sont augmentées dans les feuilles du hêtre stressé (Winwood *et al.*, 2007). L'augmentation d'ABA peut d'ailleurs être suivie jusqu'à l'expression du gène *NCED*, connu pour coder une enzyme de la biosynthèse de cette phytohormone (Jehnes *et al.*, 2007). Par ailleurs, l'influence du stress O_3 sur l'expression d'autres gènes et sur la régulation métabolique sous régime 2 x O_3 reste indéfinissable, ne suivant aucun schème (Nunn *et al.*, 2005 ; Jehnes *et al.*, 2007 ; Matyssek *et al.*, 2010a, 2010b).

Dans ce contexte, la diminution de la teneur en CK des feuilles placées sous régime 2 x O_3, responsable d'une allocation de C accrue dans les parties souterraines, semble représenter un effet métabolique supplémentaire : il est en effet connu que les CK s'opposent à l'action de l'ABA dans le contrôle de l'ouverture des stomates (Schulze, 1994). La diminution des teneurs en CK sous régime 2 x O_3 semble ainsi renforcer l'action de l'ABA sur la fermeture des stomates. Ceci représente un avantage sous forte exposition à l'O_3, vu que le flux d'O_3 dans les stomates, la seule voie d'absorption de l'O_3 chez les plantes (Matyssek *et al.*, 2007b ; Wittmann *et al.*, 2007), est restreint. Cela soulève la question de savoir si les stomates réduites sous stress O_3, une observation courante (Wittig *et al.*, 2007 ; Huntingford *et al.*, 2011), indiquent une adaptation physiologique au stress oxydant ou une détérioration sous l'action de l'O_3. Une analyse récente chez le hêtre démontre une réduction stomatique de la canopée proportionnellement aux flux d'O_3 sous régime 2 x O_3, en comparaison avec le régime témoin 1 x O_3, mais sans que les flux stomatiques d'O_3 ne se réduisent (Matyssek *et al.*, 2015). En conclusion, la fermeture stomatique ne stabilise pas les flux d'O_3 au niveau correspondant au régime témoin 1 x O_3.

▸▸ Nouvelles connaissances sur la réaction de l'arbre adulte à l'O_3

Pour l'évaluation de ces connaissances sur le stress O_3, forcé artificiellement mais écologiquement pertinent pour les arbres adultes du site de la forêt de Kranzberg, les principaux résultats sont comparés à ceux obtenus pour des arbres juvéniles, issus d'une série d'expérimentations conduites en chambres climatiques contrôlées (Kolb et Matyssek, 2001). Considérant ces dernières conditions, les lésions macroscopiques des feuilles stressées deviennent intenses, causant des dommages structuraux qui conduisent souvent à leur chute prématurée (Günthardt-Goerg *et al.*, 1993 ; Matyssek, 2001). En parallèle, la perte massive de l'activité photosynthétique progresse plus rapidement que celle de la fermeture des stomates (Matyssek *et al.*, 1991). En conséquence, l'indice iWUE (*Intrinsic Water Use Efficiency*) diminue, comme observé chez les arbres adultes. Pourtant, le $\delta^{13}C$ augmente également chez les jeunes arbres cultivés en chambres climatiques (Matyssek *et al.*, 1992), en raison de la stimulation induite par l'O_3 sur la phosphoénolpyruvate carboxylase (PEPC; Saurer *et al.*, 1995), une enzyme qui lie le CO_2 et qui est considérée comme un bon indicateur de stress (Wiskich et Dry, 1985). Cela contraste donc avec la situation des arbres adultes, qui ne présentent pas cette réaction. Compte tenu des dommages structuraux et du dépérissement des feuilles chez les jeunes arbres, le transfert des photoassimilats hors des feuilles est également perturbé, y compris le remplissage du phloème (Matyssek *et al.*, 1992). Or, chez les arbres adultes (site de Kranzberg), le phloème reste parfaitement fonctionnel.

Le transfert perturbé des assimilats depuis les feuilles des arbres juvéniles réduit significativement la croissance radiale du tronc, mais aussi la croissance racinaire (alors que le puits de C augmente fortement dans la partie souterraine des sols des arbres adultes en réponse à l'O_3; voir plus haut, ainsi que Matyssek et Sandermann, 2003). Des analyses détaillées manquent quant aux réactions microbiennes telluriques chez les arbres juvéniles stressés à l'O_3, ainsi que sur les mycorhizes et la respiration du sol (Andersen, 2003). Néanmoins, au vu des connaissances globales disponibles sur les arbres juvéniles, pourquoi ces différences par rapport aux arbres adultes – même s'il faut rappeler que l'expérimentation O_3 sur le site de Kranzberg est juste une étude de cas unique sur des arbres forestiers adultes?

Une différence fondamentale entre les systèmes expérimentaux d'évaluation du stress O_3 chez les arbres cultivés *in vitro* ou sur le site de Kranzberg concerne l'intensité de l'impact de l'O_3 sur les feuilles : celle-ci est élevée chez les arbres juvéniles cultivés en chambres climatiques, mais modérée dans le cas des arbres adultes exposés à une fumigation en plein air sur le site de Kranzberg (voir Musselman et Hale, 1997). De plus, lors des expérimentations en chambres climatiques, les concentrations d'O_3 sont bien plus fortes qu'en conditions réelles et ne suivent pas les fluctuations journalières et saisonnières (Matyssek et Sandermann, 2003), ce qui contraste avec la fumigation d'O_3 en plein air (Werner et Fabian, 2002). Une autre différence importante est l'homogénéisation de l'air, qui est forte en chambres climatiques pour garantir une exposition égale de l'ensemble des feuilles à l'O_3 et un échantillonnage correct pour l'analyse d'O_3 (Musselman et Hale, 1997). Une bonne ventilation empêche la formation de couches d'air autour des feuilles, donc des flux non limités et à hautes doses d'O_3 à travers les stomates. En revanche, la fumigation en plein air permet la formation de couches d'air non perturbées qui forment un écran naturel contre les entrées d'O_3. Par conséquent, les doses d'O_3 au contact des feuilles sont moindres, même si les traitements à l'O_3 en plein air paraissent similaires à ceux utilisés dans les chambres climatiques (voir Matyssek *et al.*, 2007a). Ces différences essentielles peuvent expliquer la forte sensibilité des arbres juvéniles et adultes à l'O_3, bien que les mécanismes diffèrent : désordre phytohormonal sous bas niveau de stress O_3 chez les arbres adultes (site de Kranzberg) *versus* dysfonctionnement du transfert des assimilats sous stress intense chez les arbres juvéniles (chambres climatiques). Toutefois, les conséquences sont dramatiques dans les deux cas quant à l'allocation de C, mais avec des flux de C en profondeur très différents. La quantité d'O_3 dans le feuillage du conifère et un retard au niveau de la croissance du tronc peuvent s'expliquer par le fait que les aiguilles des conifères ont une conductance stomatique réduite, et donc des capacités moindres d'absorption d'O_3 en comparaison avec les feuilles mésomorphiques des arbres angiospermes (Reich, 1987 ; Nunn *et al.*, 2006). De plus, les études sur le O_3 en chambres climatiques sont écologiquement peu représentatives parce que les arbres juvéniles cultivés dans ces conditions diffèrent physiologiquement des arbres adultes cultivés par exemple sur le site expérimental de Kranzberg (Meinzer *et al.*, 2011), et que les réactions à l'O_3 sont dominées par des effets de type serre (Musselman et Hale, 1997 ; Matyssek *et al.*, 1997), l'irrigation et la fertilisation favorisant l'ouverture stomatique et l'entrée d'O_3 (Kolb et Matyssek, 2001 ; Matyssek *et al.*, 2007b), sans oublier l'absence d'influences d'ordre biotique dans le système *in vitro* (Matyssek *et al.*, 2012, 2013).

▸▸ Signification écologique et conclusions

Les connaissances obtenues grâce aux études conduites sur le site de Kranzberg sont les premières et les seules disponibles concernant la sensibilité d'arbres forestiers adultes à l'O_3 (conditions représentatives pour la sylviculture), issues d'une approche expérimentale comprenant une fumigation «*free-air*» à l'O_3, conduites sur le hêtre européen et l'épicéa de Norvège qui sont des espèces forestières importantes en Europe centrale, tant du point de vue écologique qu'économique. L'expérimentation d'Aspen Face, réalisée à la même époque, utilise également une fumigation en plein air d'O_3 et/ou de CO_2 (Matyssek *et al.*, 2010a ; King *et al.*, 2013). Toutefois, l'expérimentation d'Aspen Face a ciblé des espèces pionnières (*Populus tremuloides*/tremble et *Betula papyrifera*/bouleau à papier) en compétition avec une espèce établie (*Acer saccharum*/érable à sucre), en croissance depuis le stade plantules dans une plantation expérimentale aménagée (Kubiske *et al.*, 2007 ; Karnosky *et al.*, 2007). Néanmoins, de nombreuses similitudes ont été relevées sur les aspects principaux des deux programmes expérimentaux, en particulier les pertes de productivité selon les génotypes et les interactions de compétitivité au niveau des arbres et de la canopée (pour plus de détails sur l'expérimentation Aspen Face, voir les excellentes publications issues de ce programme ; par exemple Couture et Lindroth, 2013 ; King *et al.*, 2013 ; Pregitzer et Talhelm, 2013). Une autre similitude importante entre les deux types d'expérimentation est la prise en compte de processus biologiques se déroulant dans les sols, un aspect constamment négligé dans les expérimentations O_3 conduites en chambres climatiques avec de jeunes arbres.

Il a été conclu des expérimentations d'Aspen Face et de la forêt de Kranzberg que l'augmentation des taux d'O_3 dans l'atmosphère peut globalement influencer la forêt, en matière de système plante-sol, tant par la perte de productivité aérienne que par le dégagement de CO_2 du sol. Il reste à établir si les flux de C proviennent de la croissance réduite des troncs ou si du carbone organique du sol est métabolisé par des microorganismes suite à la fonction puits des racines. Dans ce cas, la fonction de stockage du C dans le sol serait réduite tout comme le stockage de C dans les troncs. Les forêts évolueraient, suite à l'augmentation anthropogène de l'O_3 troposphérique, du mode puits de C au mode sources de C (Pan *et al.*, 2011), avec des conséquences dramatiques sur le bilan radiatif de l'atmosphère et donc sur le réchauffement climatique (Sitch *et al.*, 2007).

Les approches basées sur la modélisation montrent globalement un déclin général de la fixation de C dans les forêts depuis 1900 (Sitch *et al.*, 2007). Sur la base des appréciations globales sur la sensibilité des écosystèmes forestiers à l'O_3, des quantités de l'ordre de 50 à 100 Gt de C seraient restées dans l'atmosphère suite à la limitation de la fixation et du stockage de C. Cette quantité correspond environ à $1/8^e$ de l'ensemble des 800 Gt de C dans l'atmosphère (US DOE, 2009) et représente bien plus que les quelques Gt de C généralement déclarées comme « carbone disparu » (« *missing carbon* ») dans les bilans globaux supposés résulter de l'augmentation de la fixation de C dans la végétation totale suite à l'augmentation (anthropogène) des concentrations de CO_2 (Pan *et al.*, 2011). L'impact de la limitation du C dans la végétation à la suite du stress engendré par l'O_3 est important en lien avec le changement climatique, et il en fait intégralement partie. Nous pouvons conclure que la fermeture partielle des stomates sous stress O_3 entraîne une réduction de la transpiration de la canopée et par conséquent de l'humidité de l'air aux échelles régionales (Huntingford *et al.*, 2011). L'eau non transpirée, et donc stockée dans les sols, accentuera les écoulements avec des risques accrus d'érosion et d'inondations.

Les conclusions de la modélisation ont bien entendu des faiblesses car cette modélisation est basée sur des banques de données limitées, c'est-à-dire paramétrée sur des banques de données restreintes ou inappropriées, et elle est rarement validée aux échelles spatio-temporelles supérieures. Ces faiblesses ne sont pas imputables aux modèles développés mais, dans le cas des écosystèmes forestiers, à des raisons logistiques vu les dimensions et la longévité, à un manque de connaissances empiriques et vérifiées expérimentalement, malgré le rôle décisif des forêts pour les interdépendances globales du carbone. Les résultats des expérimentations d'Aspen Face et de Kranzberg concordent bien avec les prédictions des modèles. Mais ces deux types d'expérimentation et leur transférabilité à d'autres sites forestiers sont-ils représentatifs vu les conditions expérimentales, la biodiversité restreinte et la limitation des études à la seule zone tempérée du globe (voir Calfapietra *et al.*, 2009 ; Matyssek *et al.*, 2013) ?

Une attention particulière doit être apportée aux processus biologiques et à leurs interactions dans le sol, notamment à ceux qui influencent les mécanismes et les effets environnementaux au-dessus de la surface, et également à ceux responsables de l'augmentation de l'O_3 troposphérique. Plusieurs questions se posent. Quels sont les mécanismes de communication entre les effets au-dessus du sol et les réactions au sein des sols ? Quelle est l'importance de l'intensité du stress sur la régulation métabolique ? Les changements atmosphériques sont-ils dus à la limitation de l'activité photosynthétique sous stress O_3 plutôt qu'à une diminution dans l'allocation et le stockage de C et/ou à une augmentation de la respiration dans le sol ? Cette dernière question est importante dans le contexte du débat post-Kyoto, compte tenu en particulier du Clean Mechanism Development (CMD, Oberthür et Ott, 1999) qui permet aux nations industrialisées d'établir dans des pays en développement des plantations d'arbres, afin de compenser leurs émissions de CO_2. Ces nations pourraient ainsi générer de nouveaux « *hot spots* » de synthèse d'O_3 par des pratiques culturales discutables (Matyssek *et al.*, 2014). Ces faiblesses du système sont insuffisamment prises en compte.

D'autres conflits sont à analyser dans la zone tempérée. Pourquoi la croissance de la forêt, qui actuellement semble due au réchauffement climatique plutôt qu'à la déposition de N (Spieker *et al.*, 1996 ; Pretzsch *et al.*, 2014b), s'est-elle accélérée, par rapport aux records des premières décennies du xxe siècle bien que la limitation par l'O_3 soit également réelle ? Il est probable qu'en absence de stress O_3 les forêts ont une croissance plus forte, comme suggéré pour les cultures annuelles (Hollaway *et al.*, 2012). Dans tous les cas, il faudrait assurer la continuité du stockage de C dans les parties souterraines plutôt que les transformations de carbone dans une biomasse aérienne rapidement formée (Körner 2006). Le C non stocké dans les écosystèmes forestiers posera un problème pour le climat.

Qu'en est-il des systèmes agricoles dans ce même contexte ? Les prairies permanentes et les pâturages ont une plus grande importance pour le stockage de C que les systèmes arables avec leur cycle saisonnier de C dû aux récoltes (McSherry et Ritchie, 2013). Pourraient-elles servir de systèmes modèles pour les forêts, en permettant de comprendre les mécanismes reliant les effets aériens de l'O_3 avec les processus engendrés dans le sol et les conséquences sur le stockage de C ? Les prés permanents peuvent-ils être un modèle explicatif en ce qui concerne l'importance de la biodiversité pour la tolérance à l'O_3 et pour la résilience (Weigel *et al.*, 2015) ? D'autres questions portent sur le besoin d'intégrer, dans la recherche sur les systèmes végétatifs forestiers et agricoles, des aspects au-delà du rendement, en analysant les mécanismes d'adaptation au climat. Ainsi l'O_3 est à considérer comme un acteur du changement climatique, et ce de manière bien plus importante que par le passé.

Les sols, avec leur végétation, constituent une zone critique de notre planète. Cette zone critique s'étend de la couche limite située entre la basse atmosphère et la végétation, et jusqu'à la nappe phréatique et la roche mère. Elle joue un rôle crucial pour l'humanité. Ce concept a été défini et popularisé par la National Science Fondation au début des années 2000. Le terme « critique » rappelle l'importance et le caractère irremplaçable de cette zone, pour préserver les équilibres globaux sur la planète, y compris le climat, pour la manifestation de la vie en général et donc pour l'existence de l'humanité. Les sols sont formés à partir de la roche mère, sous l'action de processus régulés impliquant la végétation et de nombreux organismes, avec comme résultat des organisations minérales-organiques-hydriques-biotiques en systèmes poreux qui permettent la croissance des plantes grâce à la conservation de nutriments et d'eau, et à l'existence d'une richesse génétique fonctionnelle unique. La végétation et ses détritus constituent l'apport principal d'énergie et de matière organique dans les sols, essentiel pour leur fonctionnement. Tolérer un amoindrissement de la croissance de la végétation conduit, par manque d'apports en matière organique, à la dégradation inévitable des sols de cette zone critique essentielle pour le fonctionnement de la planète. L'O_3 troposphérique est un nouveau danger global pouvant avoir des conséquences dramatiques, et entraîner une disparition rapide de sols du globe, avec leurs fonctions associées, allant bien au-delà de la seule production de nourriture pour les êtres terrestres. Cette menace doit impérativement faire l'objet d'une attention particulière.

Références bibliographiques

Agerer R., Hartmann A., Pritsch K., Raidl S., Schloter M., Verma R., Weigt R., 2012. Plants and their ectomycorrhizosphere: Cost and benefit of symbiotic soil organisms. *In : Growth and Defence in Plants: Resource Allocation at Multiple Scales* (Matyssek R., Schnyder H., Osswald W., Ernst D., Munch J.C., Pretzsch H., dir.). Berlin/Heidelberg, Spinger-Verlag, Collection Ecological Studies 220, 213-242.

Ainsworth E.A., Long S.P., 2005. What have we learned from 15 years of Free-air CO_2 enrichment (FACE)? A meta-analytic review of the response of photosynthesis, canopy properties and plant production to rising CO_2. *New Phytologist*, 165 (2), 351-371.

Andersen C.P., 2003. Source-sink balance and carbon allocation below ground in plants exposed to ozone. *New Phytologist*, 157 (2), 213-228.

Buée M., Courty P.E., Mignot D., Garbaye J., 2007. Soil niche effect on species diversity and catabolic activities in an ectomycorrhizal fungal community. *Soil Biology and Biochemistry*, 39 (8), 1947-1955.

Calfapietra C., Ainsworth E.A., Beier C., De Angelis P., Ellsworth D.S., Godbold D.L., Hendrey G.R., Hickler T., Hoosbeek M.R., Karnosky D.F., King J., Körner C., Leakey A.D.B., Lewin K.L., Liberloo M., Long S.P., Lukac M., Matyssek R., Miglietta F., Nagy J., Norby R.J., Oren R., Percy K.E., Rogers A., Mugnozza G.S., Stitt M., Taylor G., Ceulemans R., 2009. Challenges in elevated CO_2 experiments on forests. *Trends in Plant Science*, 15 (1), 5-10.

Ciais P., Reichstein M., Viovy N., Granier A., Ogee J., Allard V., Aubinet M., Buchmann N., Bernhofer C., Carrara A., Chevallier F., De Noblet N., Friend A.D., Friedlingstein P., Grünwald T., Heinesch B., Keronen P., Knohl A., Krinner G., Loustau D., Manca G., Matteucci G., Miglietta F., Ourcival J.M., Papale D., Pilegaard K., Rambal S., Seufert G., Soussana J.F., Sanz M.J., Schulze E.D., Vesala T., Valentini R., 2005. Europe-wide reduction in primary productivity caused by the heat and drought in 2003. *Nature*, 437 (7058), 529-533.

Couture J.J., Lindroth R.L., 2013. Impacts of atmospheric change on tree–arthropod interactions. *In : Climate Change, Air Pollution and Global Challenges: Understanding and Perspectives from Forest Research* (Matyssek R., Clarke N., Cudlin P., Mikkelsen T.N., Tuovinen J.-P., Wieser G., Paoletti E., dir.). Amsterdam, Elsevier, Collection Developments in Environmental Science 13, 227-248.

Dickie I.A., Xu B., Koide R.T., 2002. Vertical niche differentiation of ectomycorrhizal hyphae in soil as shown by T-RFLP analysis. *New Phytologist*, 156 (3), 527-535.

Farquhar G.D., Ehleringer J.R., Hubick K.T., 1989. Carbon isotope discrimination and photosynthesis. *Annual Review of Plant Physiology and Plant Molecular Biology*, 40, 503-537.

Frey-Klett P., Garbaye J., Tarkka M., 2007. The mycorrhiza helper bacteria revisited. *New Phytologist*, 176 (1), 22-36.

Garbaye J., 1994. Helper bacteria: a new dimension to the mycorrhizal symbiosis. *New Phytologist*, 128 (2), 197-210

Grams T.E.E., Matyssek R., 2010. Stable isotope signatures reflect competitiveness between trees under changed CO_2/O_3 regimes. *Environmental Pollution*, 158 (4), 1036-1042.

Grebenc T., Kraigher H., 2007. Changes in the community of ectomycorrhizal fungi and increased fine root number under adult beech trees chronically fumigated with double ambient ozone concentration. *Plant Biology*, 9 (2), 279-287.

Günthardt-Goerg M.S., Matyssek R., Scheidegger C., Keller T., 1993. Differentiation and structural decline in the leaves and bark of birch (*Betula pendula*) under low ozone concentrations. *Trees*, 7 (2), 104-114.

Häberle K.H., Weigt R., Nikolova P.S., Reiter I.M., Cermak J., Wieser G., Blaschke H., Roetzer T., Pretzsch H., Matyssek R., 2012. Case study "Kranzberger Forst": growth and defence in European beech (*Fagus sylvatica* L.) and Norway spruce (*Picea abies* (L.) Karst.). *In : Growth and Defence in Plants: Resource Allocation at Multiple Scales* (Matyssek R., Schnyder H.,

Osswald W., Ernst D., Munch J.C., Pretzsch H., dir.). Berlin/Heidelberg, Spinger-Verlag, Collection Ecological Studies 220, 243-271.

Hannah L., 2015. *Global Change Biology*. San Diego, Academic Press.

Hollaway M.J., Arnold S.R., Challinor A.J., Emberson L.D., 2012. Intercontinental transboundary contributions to ozone-induced crop yield losses in the Northern hemisphere. *Biogeosciences*, 9 (1), 271-292

Huntingford C., Cox P.M., Mercado L.M., Sitch S., Bellouin N., Boucher O., Gedney N., 2011. Highly contrasting effects of different climate forcing agents on ecosystem services. *Philosophical Transactions of the Royal Society A-Mathematical Physical and Engineering Sciences*, 369 (1943), 2026-2037.

Jehnes S., Betz G., Bahnweg G., Haberer K., Sandermann H., Rennenberg H., 2007. Tree internal signalling and defence reactions under ozone exposure in sun and shade leaves of European beech (*Fagus sylvatica* L.) trees. *Plant Biology*, 9 (2), 253-264.

Karnosky D.F., Gielen B., Ceulemans R., Schlesinger W.H., Norby R.J., Oksanen E., Matyssek R., Hendrey G.R., 2001. FACE systems for studying the impacts of greenhouse gases on Forest Ecosystems. *In : The Impacts of Carbon Dioxide and Other Greenhouse Gases on Forest Ecosystems* (Karnosky D.F., Scarascia-Mugnozza G., Ceulemans R., Innes J.L., dir.). Wallingford, Cabi Press, 297-324.

Karnosky D.F., Werner H., Holopainen T., Percy K., Oksanen T., Oksanen E., Heerdt C., Fabian P., Nagy J., Heilman W., Cox R., Nelson N., Matyssek R., 2007. Free-air exposure systems to scale up ozone research to mature trees. *Plant Biology*, 9 (2), 181-190.

Kempel A., Schmidt A.K., Brandl R., Schädler M., 2010. Support from the underground: Induced plant resistance depends on arbuscular mycorrhizal fungi. *Functional Ecology*, 24 (2), 293-300.

King J.S., Liu L, Aspinwall M.J., 2013. Tree and forest responses to interacting elevated atmospheric CO_2 and tropospheric O_3: A synthesis of experimental evidence. *In : Climate Change, Air Pollution and Global Challenges: Understanding and Perspectives from Forest Research* (Matyssek R., Clarke N., Cudlin P., Mikkelsen T.N., Tuovinen J.-P., Wieser G., Paoletti E., dir.). Amsterdam, Elsevier, Collection Developments in Environmental Science 13, 179-208.

Kitao M., Löw M., Heerdt C., Grams T.E.E., Häberle K.H., Matyssek R., 2009. Effects of chronic elevated ozone exposure on gas exchange responses of adult beech trees (*Fagus sylvatica*) as related to the within-canopy light gradient. *Environmental Pollution*, 157 (2), 537-544.

Kitao M., Winkler J.B., Löw M., Nunn A.J., Kuptz D., Haeberle K.H., Reiter I.M., Matyssek R., 2012. How closely does stem growth of adult beech (*Fagus sylvatica*) relate to net carbon gain under experimentally enhanced ozone stress? *Environmental Pollution*, 166, 108-115.

Kolb T.E., Matyssek R., 2001. Limitations and perspectives about scaling ozone impact in trees. *Environmental Pollution*, 115 (C), 373-393.

Körner C., 2006. Plant CO_2 responses: An issue of definition, time and resource supply. *New Phytologist*, 172 (3), 393-411.

Kozovits A.R., Matyssek R., Winkler B., Göttlein A., Blaschke H., Grams T.E.E., 2005. Aboveground space sequestration determines competitive success in juvenile beech and spruce trees. *New Phytologist*, 167, 181-196.

Kubiske M.E., Quinn V.S., Marquardt P.E., Karnosky D.F., 2007. Effects of elevated atmospheric CO_2 and/or O_3 on intra- and interspecific competitive ability of aspen. *Plant Biology*, 9 (2), 342-355.

Kupper P., Sõber J., Sellin A., Lõhmus K., Tullus A., Räim O., Lubenets K., Tulva I., Uri V., Zobel M., Kull O., Sõber A., 2011. An experimental facility for free air humidity manipulation (FAHM) can alter water flux through deciduous tree canopy. *Environmental and Experimental Botany*, 72 (3), 432-438.

Lambers H., Mougel C., Jaillard B., Hinsinger P., 2009. Plant-microbe-soil interactions in the rhizosphere: An evolutionary perspective. *Plant and Soil*, 321 (1-2), 83-115.

Litton C.M., Raich J.W., Ryan M.G., 2007. Carbon allocation in forest ecosystems. *Global Change Biology*, 13 (10), 2089-2109.

Löw M., Herbinger K., Nunn A.J., Häberle K.H., Leuchner M., Heerdt C., Werner H., Wipfler P., Pretzsch H., Tausz M., Matyssek R., 2006. Extraordinary drought of 2003 overrules ozone impact on adult beech trees (*Fagus sylvatica*). *Trees*, 20 (5), 539-548.

Lüttge U., Kluge M., Thiel G., 2010. *Botanik: Die Umfassende Biologie der Pflanzen*. Londres, Wiley.

Marasco R., Rolli E., Ettoumi B., Vigani G., Mapelli F., Borin S., Abou-Hadid A.F., El-Behairy U.A., Sorlini C., Cherif A., Zocchi G., Daffonchio D., 2012. A drought resistance-promoting microbiome is selected by root system under desert farming. *PloS One*, 7 (10), e48479.

Matyssek R., 2001. How sensitive is birch to ozone? Responses in structure and function. *Journal of Forest Science*, 47, 8-20.

Matyssek R., Sandermann H., 2003. Impact of ozone on trees: An ecophysiological perspective. *Progress in Botany*, 64, 349-404.

Matyssek R., Günthardt-Goerg M.S., Keller T., Scheidegger C., 1991. Impairment of the gas exchange and structure in birch leaves (*Betula pendula*) caused by low ozone concentrations. *Trees*, 5 (1), 5-13.

Matyssek R., Günthardt-Goerg M.S., Saurer M., Keller T., 1992. Seasonal growth, $\delta^{13}C$ in leaves and stem, and phloem structure of birch (*Betula pendula*) under low ozone concentrations. *Trees*, 6 (2), 69-76.

Matyssek R., Havranek W.M., Wieser G., Innes J.L., 1997. Ozone and the forests in Austria and Switzerland. *In : Forest Decline and Ozone: A Comparison of Controlled Chamber and Field Experiments* (Sandermann Jr. H., Wellburn A.R., Heath R.L., dir.). Berlin, Springer-Verlag, Collection Ecological Studies 127, 95-134.

Matyssek R., Bytnerovicz A., Karlsson P.E., Sanz M., Paoletti E., Schaub M., Wieser G., 2007a. Promoting the O_3 flux concept for European forest trees. *Environmental Pollution*, 146 (3), 587-607.

Matyssek R., Bahnweg G., Ceulemans R., Fabian P., Grill D., Hanke D.E., Kraigher H., Oßwald W., Rennenberg H., Sandermann H., Tausz M., Wiese G., 2007b. Synopsis of the CASIROZ case study: Carbon sink strength of *Fagus sylvatica* L. in a changing environment: Experimental risk assessment of mitigation by chronic ozone impact. *Plant Biology*, 9 (2), 163-180.

Matyssek R., Karnosky D.F., Wieser G., Percy K., Oksanen E., Grams T.E E., Kubiske M., Hanke D., Pretzsch H., 2010a. Advances in understanding ozone impact on forest trees: Messages from novel phytotron and free-air fumigation studies. *Environmental Pollution*, 158 (6), 1990-2006.

Matyssek R., Wieser G., Ceulemans R., Rennenberg H., Pretzsch H., Haberer K., Löw M., Nunn J.J., Werner H., Wipfler P., Oßwald W., Nikolova P., Hanke D.E., Kraigher H., Tausz M., Bahnweg G., Kitao M., Dieler J., Sandermann H., Herbinger K., Grebenc T., Blumenröther M., Deckmyn G., Grams T.E.E., Heerdt C., Leuchner M., Fabian P., Häberle K.H., 2010b. Enhanced ozone strongly reduces carbon sink strength of adult beech (*Fagus sylvatica*): Resume from the free-air fumigation study at Kranzberg Forest. *Environmental Pollution*, 158 (8), 2527-2532.

Matyssek R., Wieser G., Calfapietra C., de Vries W., Dizengremel P., Ernst D., Jolivet Y., Mikkelsen T.N., Mohren G.M.J., Le Thiec D., Tuovinen J.-P., Weatherall A., Paoletti E., 2012. Forests under climate change and air pollution: Gaps in understanding and future directions for research. *Environmental Pollution*, 160 (1), 57-65.

Matyssek R., Wieser G., Fleischmann F., Grünhage L., 2013. Ozone research, *quo vadis*? Lessons from the free-air canopy fumigation experiment at Kranzberg Forest. *In : Climate Change, Air Pollution and Global Challenges: Understanding and Perspectives from Forest Research* (Matyssek R., Clarke N., Cudlin P., Mikkelsen T.N., Tuovinen J.-P., Wieser G., Paoletti E., dir.). Amsterdam, Elsevier, Collection Developments in Environmental Science 13, 103-129.

Matyssek R., Kozovits A.R., Schnitzler J., Pretzsch H., Dieler J., Wieser G., 2014. Forest trees under air pollution as a factor of climate change. *In : Trees in a Changing Environment* (Tausz M., Grulke N., dir.). Dordrecht, Springer, Collection Plant Ecophysiology 9, 117-163.

Matyssek R., Baumgarten M., Hummel U., Häberle K.H., Kitao M., Wieser G., 2015. Canopy-level stomatal narrowing in adult *Fagus sylvatica* under O_3 stress – means of preventing enhanced O_3 uptake under high O_3 exposure? *Environmental Pollution*, 196, 518-526.

McDowell N., Pockman W.T., Allen C.D., Breshears D.D., Cobb N., Kolb T., Plaut J., Sperry J., West A., Williams D.G., Yepez E.A., 2008. Mechanisms of plant survival and mortality during drought: Why do some plants survive while others succumb to drought? *New Phytologist*, 178 (4), 719-739.

McSherry M.E., Ritchie M.E., 2013. Effects of grazing on grassland soil carbon: A global review. *Global Change Biology*, 19 (5), 1347-1357.

Meehl G., Stocker T., Collins W., Friedlingstein P., Gaye A.T., Gregory J.M., Kitoh A., Knutti R., Murphy J.M., Noda A., Raper S.C.B., Watterson I.G., Weaver A.J., Zha Z.-C., 2007. Global climate projections. *In : Climate Change 2007: The Physical Science Basis* (Solomon S., Qin D., Manning M., Chen Z., Marquis M., Averyt K.B., Tignor M., Miller H.L., dir.). Contribution of WGI to the 4th Assessment Report of the Intergovernmental Panel on Climate Change, Cambridge, Cambridge University Press, 747-845.

Meinzer F.C., Lachenbruch B., Dawson T.E., 2011. *Size- and Age-Related Changes in Tree Structure and Function*. Dordrecht, Springer.

Mills G., Harmens H. (dir.), 2011. *Ozone Pollution: A Hidden Threat to Food Security*. Report prepared by the ICP Vegetation, Bangor, Centre for Ecology and Hydrology.

Monks P.S., Granier C., Fuzzi S., Stohl A., Williams M.L., Akimoto H., Amann M., Baklanov A., Baltensperger U., Bey I., Blake N., Blake R.S., Carslaw K., Cooper O.R., Dentener F., Fowler D., Fragkou E., Frost G.J., Generoso S., Ginoux P., Grewe V., Guenther A., Hansson H.C., Henne S., Hjorth J., Hofzumahaus A., Huntrieser H., Isaksen I.S.A., Jenkin M.E., Kaiser J., Kanakidou M., Klimont Z., Kulmala M., Laj P., Lawrence M.G., Lee J.D., Liousse C., Maione M., McFiggans G., Metzger A., Mieville A., Moussiopoulos N., Orlando J.J., O'Dowd C.D., Palmer P.I., Parrish D.D., Petzold A., Platt U., Pöschl U., Prévôt A.S.H., Reeves C.E., Reimann S., Rudich Y., Sellegri K., Steinbrecher R., Simpson D., Ten Brink H., Theloke J., van Der Werf G.R., Vautard R., Vestreng V., Vlachokostas C., Von Glasow R., 2009. Atmospheric composition change – Global and regional air quality. *Atmospheric Environment*, 43 (33), 5268-5350.

Mooney H.A., Winner W.E., 1991. Partitioning response of plants to stress. *In : Response of Plants to Multiple Stresses* (Mooney H.A., Winner W.E., Pell E.J., dir.). San Diego, Academic Press, 129-141.

Musselman R., Hale B.A., 1997. Methods for controlled and field ozone exposures of forest tree species in North America. *In : Forest Decline and Ozone: A Comparison of Controlled Chamber and Field Experiments* (Sandermann Jr. H., Wellburn A.R., Heath R.L., dir.). Berlin, Springer-Verlag, Collection Ecological Studies 127, 277-315.

Newell R.E., Evans M.J., 2000. Seasonal changes in pollutant transport to the North Pacific: The relative importance of Asian and European sources. *Geophysical Research Letters*, 27 (16), 2509-2512.

Nikolova P.S., Andersen C.P., Blaschke H., Matyssek R., Häberle K.H., 2010. Belowground effects of enhanced tropospheric ozone and drought in a beech/spruce forest (*Fagus sylvatica* L./*Picea abies* [L.] Karst). *Environmental Pollution*, 158 (4), 1071-1078.

Nunn A.J., Reiter I.M., Häberle K.H., Werner H., Langebartels C., Sandermann H., Heerdt C., Fabian P., Matyssek R., 2002. "Free-air" ozone canopy fumigation in an old-growth mixed forest: Concept and observations in beech. *Phyton*, 42 (3), 105-119.

Nunn A.J., Reiter I.M., Häberle K.-H., Langebartels C., Bahnweg G., Pretzsch H., Sandermann H., Matyssek R., 2005. Response pattern in adult forest trees to chronic ozone stress: Identification of variations and consistencies. *Environmental Pollution*, 136 (3), 365-369.

Nunn A.J., Wieser G., Reiter I.M., Häberle K.-H., Grote R., Havranek W.M., Matyssek R., 2006. Testing the unifying theory of ozone O_3 sensitivity with mature trees of *Fagus sylvatica* and *Picea abies*. *Tree Physiology*, 26 (11), 1391-1403.

Oberthür S., Ott H.E., 1999. *The Kyoto Protocol: International Climate Policy for the 21st Century*. Dordrecht, Springer, Collection International and European Environmental Policy Series.

Pan Y., Birdsey R.A., Fang J., Houghton R., Kauppi P.E., Kurz W.A., Phillips O.L., Shvidenko A., Lewis S.L., Canadell J.G., Ciais P., Jackson R.B., Pacala S.W., McGuire A.D., Piao S., Rautiainen A., Sitch S., Hayes D., 2011. A large and persistent carbon sink in the world's forests. *Science*, 333 (6045), 988-993.

Parrish D.D., Law K.S., Staehelin J., Derwent R., Cooper O.R., Tanimoto H., Volz-Thomas A., Gilge S., Scheel H.-E., Steinbacher M., Chan E., 2012. Long-term changes in lower tropospheric baseline ozone concentrations at northern mid-latitudes. *Atmospheric Chemistry and Physics*, 12 (23), 11485-11504.

Pineda A., Soler R., Weldegergis B.T., Shimwela M.M., Van Loon J.J.A., Dicke M., 2012. Non-pathogenic rhizobacteria interfere with the attraction of parasitoids to aphid-induced plant volatiles via jasmonic acid signaling. *Plant, Cell & Environment*, 36 (2), 393-404.

Pregitzer K.S., Talhelm A.F., 2013. Belowground carbon cycling at Aspen FACE: Dynamic responses to CO_2 and O_3 in developing forests. *In : Climate Change, Air Pollution and Global Challenges: Understanding and Perspectives from Forest Research* (Matyssek R., Clarke N., Cudlin P., Mikkelsen T.N., Tuovinen J.-P., Wieser G., Paoletti E., dir.). Amsterdam, Elsevier, Collection Developments in Environmental Science 13, 209-226.

Pretzsch H., Kahn M., Grote R., 1998. Die Fichten-Buchen-Mischbestände des Sonderforschungsbereiches "Wachstum oder Parasitenabwehr?" im Kranzberger Forst. *Forstwissenschaftliches Centralblatt*, 117 (1), 241-257.

Pretzsch H., Dieler J., Matyssek R., Wipfler P., 2010. Tree and stand growth of mature Norway spruce and European beech under long-term ozone fumigation. *Environmental Pollution*, 158 (4), 1061-1070.

Pretzsch H., Roetzer T., Matyssek R., Grams T.E.E., Haeberle K.-H., Pritsch K., Kerner R., Munch J.-C., 2014a. Mixed Norway spruce (*Picea abies* L. Karst) and European beech (*Fagus sylvatica* L.) stands under drought: From reaction pattern to mechanism. *Trees*, 28 (5), 1305-1321.

Pretzsch H., Biber P., Schütze G., Uhl E., Rötzer T., 2014b. Forest stand growth dynamics in Central Europe have accelerated since 1870. *Nature Communications*, 5, 4967.

Pritsch K., Luedemann G., Matyssek R., Hartmann A., Schloter M., Scherb H, Grams T.E.E., 2005. Mycorrhizosphere responsiveness to atmospheric ozone and inoculation with *Phytophthora citricola* in a phytotron experiment with spruce/beech mixed cultures. *Plant Biology*, 7 (6), 718-727.

Reich P.B., 1987. Quantifying plant response to ozone: A unifying theory. *Tree Physiology*, 3 (1), 63-91.

Reiter I.M., Häberle K.-H., Nunn A.J., Heerdt C., Reitmayer H., Grote R., Matyssek R., 2005. Competitive strategies in adult beech and spruce: Space-related foliar carbon investment versus carbon gain. *Oecologia*, 146 (3), 337-349.

Rennenberg H., Polle A., Reuther M., 1997. Role of ozone on Wank mountain (Alps). *In : Forest Decline and Ozone: A Comparison of Controlled Chamber and Field Experiments* (Sandermann Jr. H., Wellburn A.R., Heath R.L., dir.). Berlin, Springer-Verlag, Collection Ecological Studies 127, 135-162.

Riefler M., Novak O., Strnad M., Schmülling T., 2006. *Arabidopsis* cytokinin receptor mutants reveal functions in shoot growth, leaf senescence, seed size, germination, root development, and cytokinin metabolism. *The Plant Cell*, 18 (1), 40-54.

Rodriguez R.J., Henson J., Van Volkenburgh E., Hoy M., Wright L., Beckwith F., Kim Y.O., Redman R.S., 2008. Stress tolerance in plants via habitat-adapted symbiosis. *The ISME Journal*, 2 (4), 404-416.

Saurer M., Maurer S., Matyssek R., Landolt W., Günthardt-Goerg M.S., Siegenthaler U., 1995. The influence of ozone and nutrition on $d^{13}C$ in *Betula pendula Oecologia*, 103 (4), 397-406.

Schulze E.-D., 1994. The regulation of plant transpiration: Interactions of feedforward, feedback, and futile cycles. *In : Flux Control in Biological Systems* (Schulze E.-D., dir.). New York, Academic Press, 203-235.

Sitch S., Cox P.M., Collins W.J., Huntingford C., 2007. Indirect radiative forcing of climate change through ozone effects on the land-carbon sink. *Nature*, 448 (7155), 791-795.

Sofiev M., 2013. Wildland fires: Monitoring, plume modelling, impact on atmospheric composition and climate. *In : Climate Change, Air Pollution and Global Challenges: Understanding and Perspectives from Forest Research* (Matyssek R., Clarke N., Cudlin P., Mikkelsen T.N., Tuovinen J.-P., Wieser G., Paoletti E., dir.). Amsterdam, Elsevier, Collection Developments in Environmental Science 13, 451-473.

Song F.Q., Kong X.S., 2012. Molecular process of arbuscular mycorrhizal associations and the symbiotic stabilizing mechanisms. *African Journal of Microbiology Research*, 6, 870-880.

Stockwell W.R., Kramm G., Scheel H.E., Mohnen V.A., Seiler W., 1997. Ozone formation, destruction and exposure in Europe and the United States. *In : Forest Decline and Ozone: A Comparison of Controlled Chamber and Field Experiments* (Sandermann Jr. H., Wellburn A.R., Heath R.L., dir.). Berlin, Springer-Verlag, Collection Ecological Studies 127, 1-38.

Tuovinen J.-P., Hakola H., Karlsson P.E., Simpson D., 2013. Air pollution risk to northern European forests in a changing climate. *In : Climate Change, Air Pollution and Global Challenges: Understanding and Perspectives from Forest Research* (Matyssek R., Clarke N., Cudlin P., Mikkelsen T.N., Tuovinen J.-P., Wieser G., Paoletti E., dir.). Amsterdam, Elsevier, Collection Developments in Environmental Science 13, 77-99.

US DOE, 2008. *Carbon Cycling and Biosequestration.* Report from the March 2008 Workshop, DOE/SC-108, US Department of Energy Office of Science (http://genomicscience.energy.gov/carboncycle/report/).

Verstraeten W.W., Neu J.L., Williams J.E., Bowman K.W., Worden J.R., Boersma K.F., 2015. Rapid increases in tropospheric ozone production and export from China. *Nature Geoscience*, 8 (9), 690-695.

Weigel H.J., Bergmann E., Bender J., 2015. Plant-mediated ecosystem effects of tropospheric ozone. *In : Progress in Botany* (Lüttge U., Beyschlag W., dir.). Berlin, Springer, 395-438.

Weigt R.B., Häberle K.H., Millard P., Metzger U., Ritter W., Blaschke H., Göttlein A., Matyssek R., 2012a. Ground-level ozone differentially affects nitrogen acquisition and allocation in mature European beech (*Fagus sylvatica*) and Norway spruce (*Picea abies*) trees. *Tree Physiology*, 32 (10), 1259-1273.

Weigt R.B., Raidl S., Verma R., Agerer R., 2012b. Erratum to: Exploration type-specific standard values of extramatrical mycelium: A step towards quantifying ectomycorrhizal space occupation and biomass in natural soil. *Mycological Progress*, 11 (1), 349-350.

Werner H., Fabian P., 2002. Free-air fumigation of mature trees. *Environmental Science and Pollution Research*, 9 (2), 117-121.

Winwood J., Pate A.E., Price J., Hanke D.E., 2007. Effects of long-term, free-air ozone fumigation on the cytokinin content of mature beech trees. *Plant Biology*, 9 (2), 265-278.

Wipfler P., Seifert T., Heerdt C., Werner H., Pretzsch H., 2005. Growth of adult Norway spruce (*Picea abies* [L.] KARST.) and European beech (*Fagus sylvatica* L.) under free-air ozone fumigation. *Plant Biology*, 7 (6), 611-618.

Wiskich J.T., Dry I.B., 1985. The tricarboxylic acid cycle in plant mitochondria: Its operation and regulation. *In : Higher Plant Cell Respiration* (Douce R., Day D.A., dir.). Berlin/Heidelberg/New York, Springer, Collection Encyclopaedia of Plant Physiology New Series 18, 281-331.

Wittig V.E., Ainsworth E.A., Long S.P., 2007. To what extent do current and projected increases in surface ozone affect photosynthesis and stomatal conductance of trees? A meta-analytic review of the last 3 decades of experiments. *Plant Cell & Environment*, 30 (9), 1150-1162.

Wittmann C., Matyssek R., Pfanz H., Humar M., 2007. Effects of ozone impact on the gas exchange and chlorophyll fluorescence of juvenile birch stems (*Betula pendula* Roth.). *Environmental Pollution*, 150 (2), 258-266.

Zheng J., Zhong L., Wang T., Louie P.K.K., Li Z., 2010. Ground-level ozone in the Pearl River Delta region. *Atmospheric Environment*, 44 (6), 814-823.

zu Castell W., Fleischman F., Heger T., Matyssek R., 2016. Shaping theoretic foundations of holobiont-like systems. *Progress in Botany*, 77, 219-244.

Mise en place d'outils et de bio-indicateurs pertinents de la qualité des sols

Antonio Bispo, Claudy Jolivet, Lionel Ranjard, Daniel Cluzeau,
Mickael Hedde, Guénola Pérès

Nos sols évoluent, que ce soit sous l'effet de contraintes naturelles (par exemple le changement climatique) ou anthropiques (par exemple changement d'usage des terres, modification des pratiques de production, artificialisation des milieux, contamination). Cela rend nécessaire le recours à des indicateurs capables de mettre en évidence les transformations subies par les sols et d'apporter des informations sur leur état et leur fonctionnement. Si, depuis très longtemps, des paramètres simples tels que la couleur, la texture, la pierrosité, la profondeur ont permis à des générations d'agriculteurs d'évaluer l'état de leurs sols, les indicateurs plus récents, basés sur des analyses physicochimiques, se sont généralisés (Bispo *et al.*, 2011). Cependant, ces indicateurs, tels que le pH, la teneur en matière organique ou en azote, le contenu en contaminants…, ne renseignent pas directement sur l'état biologique des sols ni sur l'activité des organismes. Or, comme d'autres chapitres l'ont illustré dans cet ouvrage (par exemple les chapitres 6 et 7) ou dans l'ouvrage grand public *Le sol : une merveille sous nos pieds* (Feller *et al.*, 2016), le sol est le foyer d'une grande diversité d'organismes et de microorganismes, souvent encore méconnus et qui jouent un rôle essentiel dans la genèse des sols, la nutrition des plantes et, plus largement, dans le fonctionnement de nos écosystèmes. Il faut donc pouvoir disposer d'indicateurs capables de renseigner sur l'état et l'activité de la composante biologique des sols, autrement nommés bio-indicateurs. De nombreuses définitions existent et sont parfois contradictoires (Blandin, 1986 ; Weeks, 1995 ; Pankhurst *et al.*, 1997 ; Garrec et van Haluwyn, 2002 ; Markert *et al.*, 2003). Dans le cadre de ce chapitre, un bio-indicateur sera défini comme étant un état d'organisation biologique (une partie d'un organisme, un organisme ou une communauté d'organismes) qui renseigne sur l'état et le fonctionnement d'un écosystème. Cela intègre donc des réponses à différentes échelles (moléculaire, cellulaire, individuelle, comportementale, populationnelle et communautaire).

Depuis plus de quinze ans, plusieurs travaux de recherche ont été conduits en France pour développer, standardiser et évaluer ces indicateurs, afin d'en faire des outils opérationnels, capables de compléter les diagnostics de qualité des sols. Ce chapitre se propose de retracer brièvement le développement de ces outils et de faire le point sur les bio-indicateurs actuellement considérés comme les plus prometteurs pour les sols agricoles et forestiers (dans le cas des sites et des sols pollués, une synthèse de leur utilisation sera disponible en 2017).

⟫ Un intérêt croissant pour les sols et leur composante biologique

« *Soils are back on the global agenda* » titrait Alfred E. Hartemink en 2008, signifiant que le regain d'intérêt pour les sols n'allait faire que croître en lien avec le besoin mondial en alimentation et en bioénergies, tout comme les enjeux liés à la lutte contre le réchauffement climatique, la désertification ou la perte de biodiversité (Hartemink, 2008). La prise de conscience du monde politique, progressive depuis les années 1980, s'est accélérée ces derniers temps, que ce soit au niveau mondial, européen et national (Sapijanskas *et al.*, 2016). La face émergée de cet iceberg est la proclamation d'une journée mondiale des sols par la FAO en 2013 (le 5 décembre), puis la désignation par les Nations unies de l'année 2015 comme « Année internationale des sols »[16]. Moins connue, mais tout aussi importante, est l'activité nationale engendrée par cette effervescence internationale. En 2015, ont ainsi été publiés un avis du Conseil économique, social et environnemental sur les sols (CESE, 2015), le rapport conjoint du Conseil général de l'environnement et du développement durable et du Conseil général de l'alimentation, de l'agriculture et des espaces ruraux (Lefebvre *et al.*, 2015) et des orientations pour une agriculture innovante et durable mettant en avant la question des sols (Plan Agriculture-Innovation 2025, 2015). Tous ces écrits insistent sur la composante biologique des sols, le besoin de mieux la connaître, de la mesurer et d'en tirer parti pour promouvoir l'agroécologie. Ce ne sont finalement que l'aboutissement d'initiatives plus anciennes, comme la communication de la Commission européenne qui, dès 2002, rendait compte de la dégradation des sols au niveau européen, reconnaissant officiellement le besoin d'une protection des sols et de leur biodiversité (Commission européenne, 2002).

Dans le monde agricole, le plafonnement des rendements soulève des questions et de nouvelles attentes, telles que l'avènement de l'agroécologie ou de techniques de biocontrôle, a fait émerger une curiosité grandissante des agriculteurs pour la biodiversité des sols et le rôle que jouent ces organismes dans le fonctionnement du système intégré sol/plante. Pourrait-on, en améliorant la biodiversité des sols, réduire les intrants (engrais et produits de traitement) et conserver les rendements ? Cette question est de plus en plus posée. Signe de cet intérêt, la croissance et la

---

16. http://www.fao.org/soils-2015/fr/. (consulté le 19 décembre 2016).

fréquence des articles dans les revues agricoles consacrées à la vie du sol et à son amélioration *via*, par exemple, les couverts ou les techniques culturales. Le grand public s'intéresse également aux sols et à leurs composantes biologiques pour peu qu'on l'informe, comme en témoigne par exemple le succès de l'*Atlas européen de la biologie des sols* (Jeffery *et al.*, 2010), de l'exposition « Sols fertiles, vies secrètes »[17] préparée par les jardiniers du Sénat en 2014 et qui circule dans plusieurs villes de France, du documentaire diffusé sur Arte et CNN en 2016 « Voyage sous nos pieds » de V. Amouroux[18] ou encore du jeu des sept familles « La vie cachée des sols » développé par le programme Gessol[19]. On peut noter que ce programme, initié dès 1998 par le ministère en charge de l'Écologie et coordonné par l'Ademe (Agence de l'environnement et de la maîtrise de l'énergie), a notamment permis le développement des approches de caractérisation de la biodiversité des sols basées sur l'ADN extrait des sols, que ce soit à l'échelle des microorganismes ou des invertébrés (Citeau *et al.*, 2008 ; Bispo *et al.*, 2016). Parallèlement à ce regain d'intérêt de la société pour les sols et à ce besoin pour les praticiens de comprendre et d'orienter la biodiversité des sols, les techniques d'analyse ont donc également progressé.

▸▸ Des outils classiques complétés par de nouvelles approches

Les difficultés liées à l'accessibilité et à l'identification des organismes du sol ont longtemps été des verrous importants à notre connaissance et à la compréhension du fonctionnement des sols. Cela est d'autant plus vrai pour les organismes de petite taille. En effet, s'il est relativement aisé de prélever des vers de terre sur le terrain et même d'en réaliser une identification simplifiée *in situ*, la situation s'avère plus compliquée dès lors que l'on s'intéresse à la mésofaune (par exemple les collemboles et les acariens), à la microfaune (par exemple les nématodes) ou aux microorganismes (par exemple les bactéries et les champignons). Pour ces derniers, les quinze dernières années ont vu le développement intense de méthodes basées sur l'extraction et la caractérisation des acides nucléiques (ADN et ARN) directement à partir de la matrice du sol avec le soutien, notamment, de programmes de recherche nationaux comme Gessol, ANR Biodiversité et France génomique. Ces techniques dites de métagénomique environnementale ont révolutionné la microbiologie environnementale en remplaçant les mises en culture en boîtes de Pétri sur milieux spécifiques. Ces nouvelles approches ont permis non seulement d'accélérer l'identification taxonomique des microorganismes mais également de découvrir leur diversité (Maron *et al.*, 2011). De plus, elles permettent d'avoir accès aux microorganismes non cultivables *in vitro*. Centrée au départ sur les microorganismes du sol, la métagénomique environnementale est en cours d'adaptation à la faune du sol, ce qui permettra à terme d'accélérer l'identification des espèces, de systématiser

---

17. http://www.senat.fr/evenement/expo_automne/2014.html (consulté le 19 décembre 2016).

18. http://9docu.com/regarder-et-telecharger-le-documentaire-voyage-sous-nos-pieds-les-entrailles-du-sol-episode-2-gratuitement/ (consulté le 19 décembre 2016).

19. www.gessol.fr (consulté le 19 décembre 2016).

l'étude de sa diversité (techniques plus rapides, automatisables) et de découvrir de nouvelles espèces (Decaëns *et al.*, 2013). Pour les microorganismes, ces techniques permettent déjà de proposer des outils de mesure de la qualité biologique des écosystèmes avec de véritables référentiels d'interprétation et donc d'offrir un diagnostic microbiologique de l'environnement (Bouchez *et al.*, 2016). À terme, cette approche pourra être étendue aux invertébrés des sols.

En plus de la caractérisation de la biodiversité des sols, il faut également estimer l'activité de ces organismes. En effet, s'il est important de savoir qui est là et combien ils sont, il s'agit également d'être capable de préciser ce qu'ils font. Ainsi, des approches plus fonctionnelles se sont développées, basées par exemple sur la respiration, sur des activités enzymatiques (spécifiques ou globales), sur la dégradation de la litière ou encore sur les activités de forage des organismes quantifiées par la macroporosité du sol (Pérès *et al.*, 2010 ; Piron *et al.*, 2012) ou la production de déjections à la surface (Uroz *et al.*, 2014). La plupart de ces méthodes ont été normalisées et sont donc disponibles pour conduire ces caractérisations (tableau 9.1). De même, les aspects liés à la définition des plans d'échantillonnage pour prélever les invertébrés (ISO 23611-6, 2012) ou caractériser les microorganismes (ISO 10381-6, 2009) ont été standardisés.

Des programmes européens et nationaux pour développer et sélectionner des bio-indicateurs

Sans chercher à être exhaustive, cette partie présente quelques travaux européens et nationaux qui ont permis le développement, la validation et la sélection des protocoles des bio-indicateurs. Uroz *et al.* (2014) présentent plus en détail ces différents programmes intégrateurs. Au niveau européen par exemple, suite à la publication de la Commission européenne de la Communication sur les sols (Commission européenne, 2002), différents programmes du PCRD (Programme cadre de recherche et développement ; appelés aussi Programmes-cadre ou en abrégé FP) ont sélectionné et financé des travaux de recherche intégrant ou ciblant spécifiquement la biodiversité des sols. Ainsi, le projet européen Envasso (Environmental Assessment of Soil for Monitoring, 2006-2008[20]) a proposé d'intégrer, dans les programmes de surveillance de la qualité des sols, plusieurs indicateurs biologiques selon plusieurs niveaux, en fonction notamment des moyens financiers disponibles (tableau 9.2). De la même manière qu'il n'est pas possible de porter un diagnostic physique ou chimique avec un seul indicateur, ce projet appelait au développement de batteries minimales ou élargies de bio-indicateurs pour caractériser et suivre l'état des sols. Ces propositions avaient été faites par un groupe d'experts sur la base de leurs connaissances, de travaux bibliographiques et en axant leurs choix sur les critères de sélection suivants : existence d'un protocole normalisé, complémentarité des indicateurs (notamment sur leur taille impliquant des univers de vie et des impacts fonctionnels complémentaires) et facilité d'interprétation des résultats (existence de référentiels).

---

20. http://esdac.jrc.ec.europa.eu/projects/envasso (consulté le 19 décembre 2016).

Tableau 9.1. Liste des méthodes normalisées pour l'analyse des bio-indicateurs des sols.

Objet de la norme		N° norme (année)	Descriptif
Microflore des sols	Abondance et diversité	ISO 14240-1 et 2 (1997)	Détermination de la biomasse microbienne du sol Partie 1 : méthode par respiration induite par le substrat Partie 2 : méthode par fumigation-extraction
		ISO/TS 29843-1 et 2 (2010, 2011)	Détermination de la diversité microbienne du sol Partie 1 : méthode par analyse des acides gras phospholipidiques (PLFA) et par analyse des lipides éther phospholipidiques (PLEL) Partie 2 : méthode par analyse des acides gras phospholipidiques (PLFA) en utilisant la méthode simple d'extraction des PLFA
		ISO 11063 (2012)	Méthode pour extraire directement l'ADN d'échantillons de sol
		ISO 17601 (2016)	Estimation de l'abondance de séquences de gènes microbiens par amplification par réaction de polymérisation en chaîne (PCR) quantitative à partir d'ADN directement extrait du sol
	Activité	ISO 14238 (2012)	Méthodes biologiques Détermination de la minéralisation de l'azote et de la nitrification dans les sols, et de l'influence des produits chimiques sur ces processus
		ISO/CD 20130 (à paraître)	Mesure en microplaques de l'activité enzymatique dans des échantillons de sol en utilisant des substrats colorimétriques
		ISO 16072 (2002)	Méthodes de laboratoire pour la détermination de la respiration microbienne du sol
		ISO 17155 (2012)	Détermination de l'abondance et de l'activité de la microflore du sol à l'aide de courbes de respiration
		ISO/TS 22939 (2010)	Mesure en microplaques de l'activité enzymatique dans des échantillons de sol en utilisant des substrats fluorogènes
		ISO 23753-1 et 2 (2005)	Détermination de l'activité des déshydrogénases dans les sols Partie 1 : méthode au chlorure de triphényltétrazolium Partie 2 : méthode au chlorure de iodotétrazolium
Faune du sol	Diversité	ISO 23611-1 (2006)	Prélèvement des invertébrés du sol Partie 1 : tri manuel et extraction au formol des vers de terre
		ISO 23611-2 (2006)	Prélèvement des invertébrés du sol Partie 2 : prélèvement et extraction des microarthropodes (Collembola et Acarina)
		ISO 23611-3 (2007)	Prélèvement des invertébrés du sol Partie 3 : prélèvement et extraction des enchytréides
		ISO 23611-4 (2007)	Prélèvement des invertébrés du sol Partie 4 : prélèvement, extraction et identification des nématodes du sol
		ISO 23611-5 (2011)	Prélèvement des invertébrés du sol Partie 5 : prélèvement et extraction des macro-invertébrés du sol
	Activité	ISO 18311 (2015)	Méthode pour tester les effets des contaminants du sol sur l'activité alimentaire des organismes vivant dans le sol – test Bait-Lamina

Tableau 9.2. Liste des indicateurs pour la surveillance des sols proposés par le projet Envasso.

	Groupes biologiques	Niveau I	Niveau II	Niveau III
Diversité des communautés	Macrofaune	Lombriciens (espèces)	Macrofaune totale	
	Mésofaune	Collemboles (espèces) ou enchytraeides (si absence de lombriciens)	Acariens (sous-ordre)	
	Microfaune		Nématodes (diversité fonctionnelle)	
	Microflore		Diversité bactérienne et fongique (basée sur l'extraction d'ADN ou des PLFA)	
	Plantes vasculaires			En prairies
Activités biologiques	Macrofaune			Activités fouisseuses (biostructures), activités d'alimentation
	Mésofaune			Activités basées sur des litterbags ou bait-lamina
	Microfaune	Respiration	Activités bactériennes et fongiques	

Niveau I : indicateurs obligatoires pour tous les points de prélèvements, niveau II : indicateurs sur tous les points de prélèvement ou sur des sites particuliers en fonction des questions et des ressources financières, niveau III : indicateurs optionnels.
PLFA : acides gras phospholipidiques.
Sources : adapté de Bispo *et al.* (2009a).

En lien avec ce projet, plusieurs travaux de recherche nationaux ont réalisé des essais sur une gamme plus ou moins importante de sols et d'organismes, afin de poursuivre le développement et la comparaison des indicateurs, et ainsi confirmer les choix proposés par le programme Envasso. Certains résultats de ces programmes nationaux sont détaillés dans la suite de ce chapitre à titre d'exemple pour illustrer l'utilisation possible de ces bio-indicateurs et justifier la sélection finalement proposée.

Validation et comparaison des bio-indicateurs

Les résultats présentés ici sont issus du programme Ademe «Bio-indicateurs de qualité des sols». Celui-ci a été organisé en deux phases avec une première qui visait à développer de nombreux indicateurs (Bispo *et al.*, 2009a, 2009b), puis à ne retenir pour la seconde que les plus prometteurs (Devillers *et al.*, 2009). Les résultats obtenus lors de cette première phase sont disponibles dans le volume 16 (n° 3) de la revue *Étude et gestion des sols* (2009). La seconde phase du programme (2009 et 2013) avait pour principaux objectifs de valider, de calibrer et de comparer les bio-indicateurs afin de proposer aux acteurs publics et privés des batteries d'indicateurs pour la surveillance ou l'évaluation des risques.

Cette seconde étape a mobilisé 70 partenaires issus de 22 équipes de recherche nationales (Pérès *et al.*, 2012a). Elle a permis de tester 47 bio-indicateurs basés sur différents groupes (microorganismes, méso et macrofaune, végétaux), intégrant tant des indicateurs d'état (abondance, biomasse, structure spécifique, structure fonctionnelle des communautés) que des indicateurs d'activité (par exemple activités enzymatiques). Treize sites ont été étudiés, dont quatre sites forestiers issus du réseau Renecofor[21] présentant des essences et des natures de sol différentes, quatre sites agricoles – QualiAgro-Feucherolles géré par l'Inra de Versailles-Grignon, Yvetot piloté par l'Esitpa LaSalle de Rouen, BioREco-Gotheron géré par l'Inra d'Avignon et Thil géré par l'Isara de Lyon –, quatre sites industriels – Homécourt géré par le Groupement d'intérêt scientifique sur les friches industrielles (Gisfi), zone atelier de Metaleurop piloté par l'ISA de Lille, Auzon piloté par le BRGM et l'IUT de Clermont-Ferrand et un crassier métallurgique, dans la région de Saint-Étienne – et finalement le site de l'OPE de l'Andra[22]. Ces sites présentent des particularités différentes (par exemple contaminations métalliques et/ou organiques, rotation prairiale, fertilisation par apports organiques, travail du sol, mode de gestion), ce qui a permis de comparer les comportements biologiques dans 47 contextes différents. Les prélèvements (sol et organismes) ont été réalisés par une seule équipe et au même moment, ce qui a ainsi permis une réelle comparaison entre indicateurs (figure 9.1). Chaque prélèvement biologique a été complété par une analyse de sol mesurant les paramètres pédologiques classiques – pH, matière organique, texture, éléments échangeables, etc. –, ainsi que les contaminants organiques – hydrocarbures aromatiques polycycliques ou HAP, pesticides – et métalliques – totaux et extractibles au $CaCl_2$[23]. Par ailleurs, l'historique parcellaire a été répertorié. L'ensemble des données acquises (plus de 200 000 données) a été géré dans la base de données EcoBioSoil de l'Université de Rennes 1[24]. L'analyse des données biologiques, au regard des analyses de sol et de l'usage des sols, a permis d'identifier les bio-indicateurs pertinents en fonction des objectifs attendus (par exemple surveillance des sols, évaluation des risques, caractérisation du fonctionnement biologique).

---

21. http://www.onf.fr/renecofor/@@index.html (consulté le 19 décembre 2016).
22. http://www.andra.fr/ope/index.php?lang=fr (consulté le 19 décembre 2016).
23. https://www6.npc.inra.fr/las/Methodes-d-analyse/Sols/17.-Elements-traces-extractibles/SOL-1701-Extraction-au-CaCl2-a-0-01-mol-L (consulté le 19 décembre 2016).
24. https://ecobiosoil.univ-rennes1.fr/ADEME-Bio-indicateur (consulté le 19 décembre 2016).

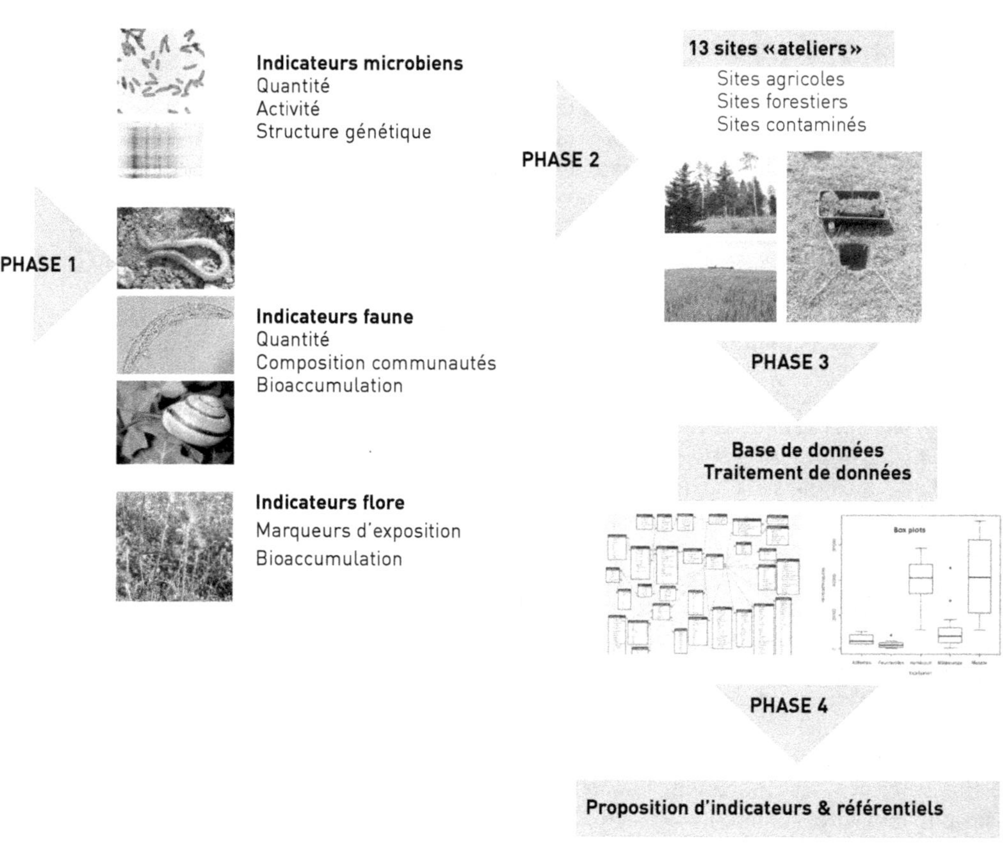

Figure 9.1. Description du programme Ademe «Bio-indicateurs de qualité des sols (2004-2013)».
Photos © : Laure Avoscan, Lionel Ranjard, Antonio Bispo, Cécile Villenave, Alain Beguey/ Inra (phase 1), Antonio Bispo (phase 2), Guenola Peres, Jérôme Cortet (phase 3).

Parmi les sols agricoles étudiés dans le cadre du programme, les études menées depuis 2005 par l'Isara de Lyon sur le site expérimental de Thil, situé à une vingtaine de kilomètres de Lyon, ont permis de comparer l'état biologique de parcelles soumises à des niveaux de perturbations mécaniques différents, dans un contexte de rotation de culture en agriculture biologique. Quatre traitements ont été testés : labour traditionnel à 30 cm (LT), labour agronomique à 18 cm (LA), travail du sol réduit à 15 cm (TR), travail du sol très superficiel et/ou semis direct sous couvert vivant (TS) (Vian et Peigné, 2012).

En 2010, soit après cinq années d'expérimentation, les analyses de la teneur organique des sols (C organique) mesurée sur les quinze premiers centimètres n'ont pas montré de différences significatives entre les traitements, et cela même si les valeurs moyennes sous travail réduit semblent un peu plus élevées (figure 9.2a), proches de 16 g.kg^{-1} de carbone contre moins de 14 pour les trois autres traitements. Au contraire, il est apparu que les mesures biologiques permettaient de différencier les traitements. Par exemple, les structures des communautés microbiennes bactériennes paraissaient très différentes selon les traitements (figure 9.2b). Cette analyse permet donc d'établir qu'une modification du travail du sol conduit à une structuration particulière des communautés bactériennes (différences significatives au seuil de 5 %), laquelle se traduit également par des activités différentes des enzymes secrétées dans le sol (figure 9.2c). Concernant les invertébrés, la structure

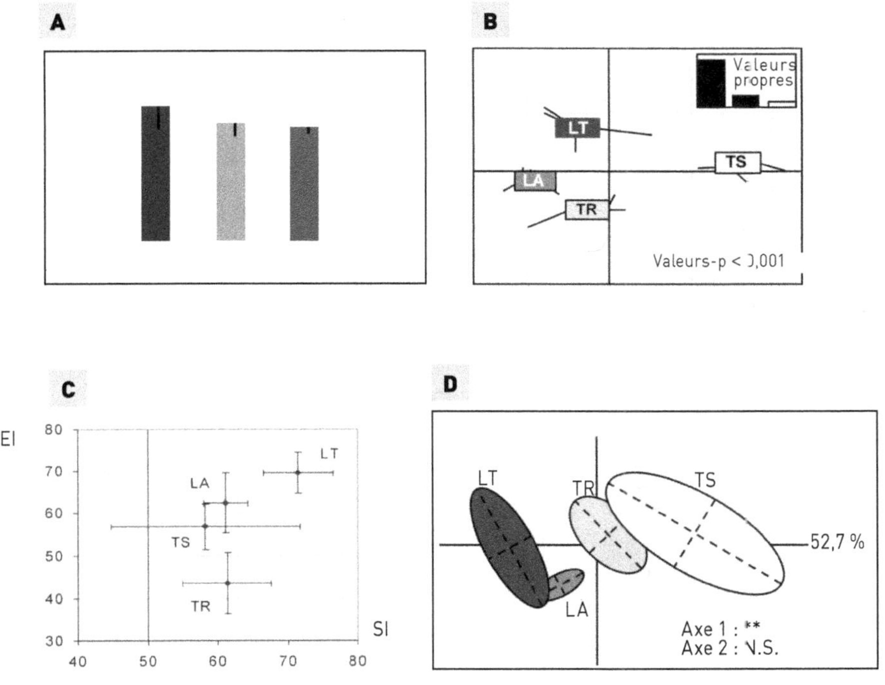

Figure 9.2. Résultats des analyses réalisées sur les différentes parcelles du site de Thil.
A. Analyses du carbone organique à 0-15 cm de profondeur avec les différents traitements ; **B.** Analyses des communautés bactériennes des sols par Arisa. **C.** Analyses de treize activités enzymatiques bactériennes des sols. **D.** Diagnostic du réseau trophique des nématodes du sol.
LT : labour traditionnel, LA : labour agronomique, TS : travail superficiel, TR : travail très superficiel, EI : indice d'enrichissement, SI : indice de stabilité.
Sources : Isara Lyon, Vian et Peigné, 2012. **A.** Inra Arras, d'après Vian et Peigné (2012). **B.** Inra Dijon, d'après Lelièvre *et al.* (2011). **C.** Esitpa-LaSalle de Rouen, d'après Gattin *et al.* (2012) ; issus de l'Inra Versailles, Chéviron *et al.* (2011) ; Université d'Aix-Marseille, Criquet (2011) ; Esitpa-LaSalle de Rouen, Gattin *et al.* (2011). **D.** Elisol-Environnement (http://www.elisol.fr), d'après Villenave *et al.* (2011).

fonctionnelle des nématodes (figure 9.2d) a aussi permis de différencier les quatre traitements : les valeurs d'indices d'enrichissement (EI), rendant compte d'une plus grande disponibilité des ressources trophiques, sont apparues plus élevées en labour traditionnel (LT) par rapport au travail réduit (70 contre 45), alors que l'indice de stabilité (SI), rendant compte de la complexité de la chaîne trophique et notamment des voies de décomposition d'origine fongique ou bactérienne, est apparu significativement supérieur avec un travail très superficiel (TS), ce qui est lié à une plus forte abondance de nématodes fongivores par rapport aux nématodes bactérivores opportunistes. D'autres indicateurs, comme par exemple la teneur en ergostérol (constituant l'essentiel de la membrane des champignons), qui estime la quantité de champignons, ou l'abondance des vers de terre anéciques (vivant dans le sol et remontant à la surface du sol), ont également permis de différencier les différents traitements (Vian et Peigné, 2012).

Ces résultats soulignent ainsi la précocité de la réponse biologique par rapport à celle mesurée à l'aide d'indicateurs chimiques (ici la mesure du carbone). Il y a donc un intérêt à compléter les outils «classiques» de caractérisation des sols avec des bio-indicateurs tels que ceux présentés ici, qui apparaissent pertinents pour détecter rapidement l'évolution de l'état organique, mais également physique, des sols. Ces résultats mettent clairement en évidence la complémentarité qu'il y a entre les analyses physiques ou chimiques et les analyses biologiques. Toutefois, l'utilisation routinière de ces bio-indicateurs nécessite de pouvoir disposer de référentiels d'interprétation. L'utilisation de ces analyses étant assez récente, ces référentiels sont en cours d'acquisition et demeurent encore partiels. Cependant, ces analyses se généralisant, ces référentiels gagnent en puissance, permettant d'envisager à court terme leur utilisation dans le cadre du conseil agronomique.

▸▸ Construction de référentiels d'interprétation

L'élaboration d'un indicateur opérationnel, utilisable au quotidien, nécessite d'avoir un référentiel d'interprétation s'appuyant sur un nombre suffisamment important de mesures réalisées dans des contextes pédoclimatiques, des occupations de sols et des pratiques de gestion variés. Si la base de données élaborée dans le cadre du programme Ademe «Bioindicateurs de qualité des sols» sur les 13 sites étudiés a constitué un point de départ accessible librement[25], elle n'est pas suffisante et doit s'enrichir de données issues de nouvelles situations. La France dispose depuis plus de quinze ans d'un dispositif particulièrement bien adapté à la construction de tels référentiels : le réseau de mesures de la qualité des sols (RMQS). Ce réseau constitue un cadre national pour l'évaluation et le suivi sur le long terme de l'évolution de la qualité des sols de France. Ce programme est le fruit d'une opération multi-institutionnelle pilotée et financée par le Groupement d'intérêt scientifique Sol (GIS Sol) mis en place par les ministères en charge de l'Agriculture et de l'Environnement, l'Ademe, l'Inra, l'IRD et l'IGN. Ce réseau repose sur le suivi de 2 240 sites répartis uniformément sur le territoire français (métropole et départements

---

25. https://ecobiosoil.univ-rennes1.fr/ADEME-Bioindicateur/ (consulté le 19 décembre 2016).

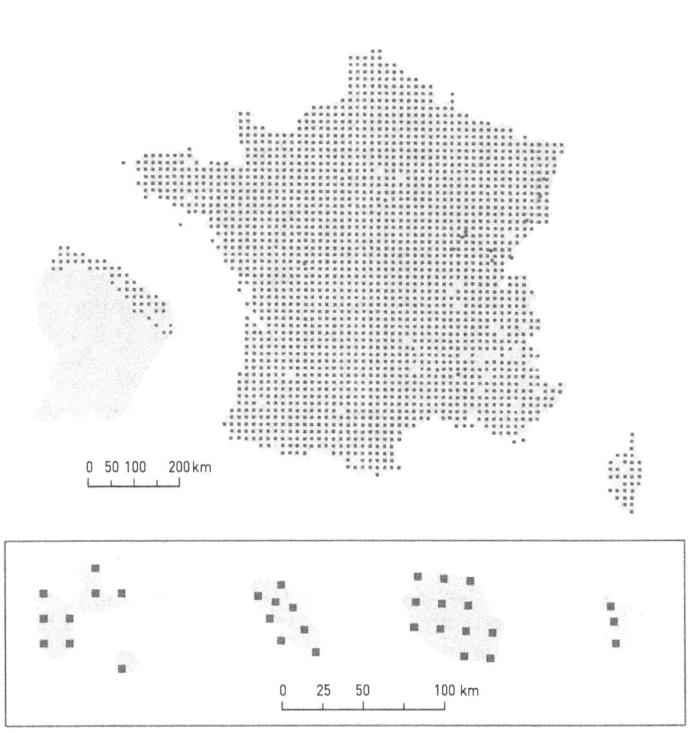

Figure 9.3. Dispositif national de surveillance de la qualité des sols (RMQS).
Réalisation de l'illustration : Sébastien Lehmann (Infosol, Inra Orléans).

d'outre-mer), selon une maille carrée de 16 km de côté (figure 9.3). L'ensemble des sites est représentatif des sols français et de leurs usages (sols cultivés, forêts, prairies, vignes, vergers, milieux naturels et anthropisés).

Ce réseau systématique a pour objectif de détecter de façon précoce les tendances d'évolution des sols français grâce à la mesure de paramètres physiques, chimiques et biologiques. Une nouvelle campagne de mesures est prévue tous les quinze ans environ. La première campagne, axée sur l'évaluation de la fertilité et de la contamination des sols, s'est déroulée de 2000 à 2009 (GIS Sol, 2011 ; Arrouays *et al.*, 2012) ; la deuxième campagne, axée notamment sur le changement climatique, vient de démarrer et se terminera en 2027. Sur chaque site, le sol est décrit, échantillonné, et ses caractéristiques physicochimiques – pH, granulométrie, carbone, azote, capacité d'échange cationique (CEC) et cations échangeables, éléments totaux, contaminants minéraux et organiques, etc. – sont analysées. Une enquête, adressée aux exploitants et aux gestionnaires des parcelles dans lesquelles les sites sont installés, permet de collecter les informations relatives à l'historique, l'occupation et les pratiques de gestion des sites. Une des missions essentielles de ce réseau est de conserver/capitaliser l'ensemble des échantillons de sols et des données collectées. Dans ce but, les échantillons sont archivés à long terme par le Conservatoire européen des échantillons de sols (Centre Inra Val-de-Loire à Ardon près d'Orléans ; CEES[26]), afin de pouvoir être réutilisés pour de nouvelles analyses (ils permettent également de s'assurer de l'absence de dérive analytique entre deux campagnes, du fait de l'évolution des méthodes d'analyse). Les données du réseau sont gérées dans la base de données nationale Donesol, qui structure et regroupe les données ponctuelles et surfaciques des études pédologiques et qui fait partie intégrante du système d'information SOL[27] développé par l'unité de service InfoSol de l'Inra Val-de-Loire[28].

Ce réseau de surveillance constitue un cadre idéal pour mettre en œuvre les indicateurs biologiques opérationnels validés par les différents programmes, en vue de bien évaluer l'état des sols français, de suivre l'évolution à long terme des indicateurs et de constituer des référentiels nationaux d'interprétation. C'est dans ce contexte que les deux projets d'envergure suivants ont été mis en place.
– Un inventaire régional de la biodiversité des sols (projet RMQS BioDiv) dont l'ambition est de caractériser l'abondance et la diversité des organismes du sol, de la microflore (biomasse microbienne, structure des communautés bactériennes et gènes fonctionnels) jusqu'à la macrofaune (lombriciens et macrofaune totale) en passant par la mésofaune (microarthorpodes : collemboles et acariens) et la microfaune (nématodes), et en intégrant des indices synthétiques d'activité de la faune (humus index, c'est-à-dire la façon dont la matière organique se dispose le long d'un profil de sol) (Cluzeau *et al.*, 2009, 2012 ; Ponge *et al.*, 2013 ; Villenave *et al.*, 2013). Mis en place en 2005, coordonné par l'université de Rennes 1 et cofinancé par l'Ademe, ce projet s'est appuyé sur les 109 sites bretons du RMQS (8 sites forestiers, 52 sites en culture et 47 prairies). Les résultats complets sont disponibles sur le site internet dédié au projet[29].
– Un inventaire national des communautés microbiennes des sols de France (les projets Ecomic-RMQS et Taxomic-RMQS) visant à caractériser leur abondance et leur diversité à l'échelle nationale. Piloté par l'Inra (Dijon) et cofinancé par l'ANR (Agence nationale de la recherche), l'Ademe et, plus récemment, par France génomique (une plateforme nationale qui rassemble et mutualise les ressources des principales plateformes françaises de génomique et de bio-informatique[30]), ce programme s'est concentré sur l'ensemble des échantillons RMQS de la première campagne. La seconde campagne du RMQS a démarré en 2016 et les échantil-

---

26. http://www.gissol.fr/le-gis/conservatoire-des-sols-992 (consulté le 19 décembre 2016).
27. http://www.gissol.fr/outils/donesol-web-336 (consulté le 19 décembre 2016).
28. http://www.val-de-loire.inra.fr/Les-poles-de-recherches/Dynamique-des-sols-et-gestion-de-l-environnement/US-InfoSol2 (consulté le 19 décembre 2016).
29. https://ecobiosoil.univ-rennes1.fr/page/programme-rmqs-biodiv (consulté le 19 décembre 2016).
30. https://www.france-génomique.org/spip/ (consulté le 19 décembre 2016).

lons de sols collectés sur l'ensemble des sites seront conservés avec l'objectif de mesurer à nouveau ces indicateurs microbiologiques et d'évaluer leur évolution au cours du temps. La caractérisation des communautés microbiennes sur un nombre aussi important de sols n'est possible que par l'utilisation d'outils modernes de génomique et de métagénomique permettant de travailler en très haut débit. Ces outils reposent sur l'extraction d'ADN de sol et sur la caractérisation de cet ADN par séquençage pour en déduire des caractéristiques d'abondance et de diversité microbienne (Terrat *et al.*, 2012). Deux outils ont été appliqués sur le RMQS : d'une part, la mesure de la biomasse moléculaire microbienne qui résulte d'un rendement d'extraction d'ADN du sol et permet d'évaluer la quantité de microorganismes présents et, d'autre part, le séquençage massif de l'ADN du sol qui permet de recueillir des informations sur la diversité des taxons microbiens (Dequiedt *et al.*, 2009, 2011 ; Ranjard *et al.*, 2010, 2013).

Ces programmes de recherche permettent désormais d'étudier, pour la première fois en France, la distribution à large échelle de la biodiversité des sols, de faire un lien entre ces valeurs biologiques et ces paramètres pédoclimatiques (texture, % MO, etc.) et les usages des sols (par exemple fertilisation, travail du sol), et de proposer les premières valeurs de référence en termes d'abondance, de biomasse et de structure spécifique et/ou fonctionnelle d'un grand nombre d'organismes du sol à l'échelle régionale ou nationale.

Les résultats de ces programmes ont été regroupés dans des bases de données (EcoBioSoil pour le projet RMQS BioDiv et MicroSol database© pour les projets Ecomic-RMQS et Taxomic-RMQS) interagissant avec la base de données Doneseol qui contient les données pédologiques et environnementales associées aux sols du RMQS. Cela permet de faire le lien entre données biologiques et contextes agropédologiques. Les résultats obtenus permettent de proposer des valeurs de référence pour un ensemble de bio-indicateurs, mais également des cartes de répartition spatiale des organismes, que ce soit à une échelle régionale ou nationale. Les valeurs seuils proposées pour le compartiment biologique sont généralement basées sur l'analyse de la distribution des données et peuvent correspondre par exemple aux premier et troisième quartiles (tableau 9.3), ces deux valeurs encadrant ainsi 50 % des valeurs de la distribution, ou bien à une valeur moyenne, accompagnée d'un écart type (tableau 9.4). Compte tenu de l'influence majeure de l'usage des sols sur les communautés, il est indispensable d'identifier des valeurs seuil spécifiques aux usages étudiés, à savoir, pour le programme RMQS Biodiv, les prairies et les cultures (le nombre trop faible de valeurs obtenues en forêt (N = 3) ne permet pas de proposer des valeurs de référence pour cet usage). Les valeurs issues de ce programme doivent cependant être repositionnées dans leur contexte (contexte agropédoclimatique, méthode de prélèvement) et elles devront être encore affinées, notamment au regard des fortes variabilités existant au sein des différents usages de sol (gestion prairiales, pratiques culturales), pour être utilisées à l'échelle nationale (tableau 9.3). Le même exercice a été réalisé sur la base des données nationale du RMQS pour la biomasse moléculaire bactérienne (tableau 9.4). Ici, le nombre important de sites permet de dégager des valeurs pour plusieurs usages. Sur la base de ces valeurs, il est possible d'obtenir une évaluation comparative de la qualité des sols.

Tableau 9.3. Valeurs de référence (1er et 3e quartiles des distributions) pour l'abondance et la richesse de différents groupes biologiques, mesurées dans le programme RMQS Biodiv.

Paramètres biologiques	Cultures		Prairies	
	1er quartile	3e quartile	1er quartile	3e quartile
Biomasse microbienne (mg C g^{-1} sol)	0,20	0,29	0,33	0,45
ADNr 16S (nombre de copies ng^{-1} ADN du sol)	25 785	84 113	46 187	156 872
Abondance des nématodes (nombre d'individus g^{-1} sol sec)	8,8	16	10,8	29,1
Diversité taxonomique des nématodes (nombre de familles)	14	17,3	12,8	20,5
Abondance des acariens (nombre d'individus m^{-2})	1 415	6 013	1 769	9 904
Abondance des collemboles (nombre d'individus m^{-2})	1 768	14 149	1 668	14 060
Diversité taxonomique des collemboles (nombre d'espèces)	1	5	2	5
Abondance des lombriciens (nombre d'individus m^{-2})	86	320	175	447
Diversité taxonomique des vers de terre (nombre d'espèces)	6	9	8,5	11
Abondance de la macrofaune totale du sol (nombre d'individus m^{-2})	167	637	435	853

N = 109, sauf pour les collemboles pour lesquels N = 97.

Sources : adapté de Cluzeau *et al.* (2012).

Tableau 9.4. Concentration moyenne d'ADN microbien mesurée dans le programme Ecomic-RMQS.

Occupation du sol	Nombre de sites analysés	Concentration moyenne en ADN microbien (en μg/g de sol)	Écart-type
Prairie	510	81	67
Forêt	567	77	85
Cultures	866	38	30
Autres (milieux naturels, parcs urbains)	97	94	92
Vignes et vergers	53	27	36

Sources : https://www.gissol.fr/fiches_pdf/Ecomic.pdf ; adapté de Dequiedt *et al.* (2011).

Les données obtenues sur le réseau maillé du RMQS permettent de réaliser, comme pour les paramètres physicochimiques, des cartes présentant la distribution des valeurs caractérisant les organismes telluriques. Le croisement des données biologiques avec les données physicochimiques et les pratiques d'usage des sols permet d'identifier les facteurs gouvernant la distribution des organismes dans les sols analysés. Ainsi, par exemple, l'analyse de la mésofaune du sol par Cortet *et al.* (2009) met en évidence que les communautés sont très fortement dominées par les collemboles (56,7 %) et, en moindre proportion, par les acariens (39,8 %). Cette proportion relative est observée tant en milieu cultivé qu'en milieu prairial, alors qu'elle s'inverse sous forêts (65 % d'acariens). La proportion collemboles/acariens s'est donc avérée être un excellent indicateur de la différence entre milieu ouvert et milieu fermé. À l'échelle de la Bretagne, l'analyse de la distribution spatiale des communautés (ici les collemboles) montre qu'elles ne sont pas structurées en fonction des propriétés des sols (par exemple pH, teneur organique, texture), mais plutôt en fonction des pratiques culturales, et notamment des modes de gestion des sols et de l'usage de la fertilisation (figure 9.4). À l'échelle de cette région, d'autres résultats portant sur les vers de terre, les nématodes et l'humus index ont également été analysés (Cluzeau *et al.*, 2012 ; Ponge *et al.*, 2013 ; Villenave *et al.*, 2013).

De la même manière, l'analyse des données microbiennes avec des outils de géostatistique a permis d'élaborer les premières cartes nationales d'abondance et de diversité microbienne des sols français. La confrontation statistique avec les données environnementales a permis aussi d'identifier et de hiérarchiser les paramètres physicochimiques du sol, du climat et du mode d'usage qui expliquent des différences d'abondance et de diversité microbienne. Les cartes de distribution (figure 9.5a et 9.5b) mettent en évidence des variations importantes de biomasse et de diversité sur le territoire français, avec des zones où la quantité de biomasse et la biodiversité microbienne sont fortes, et d'autres où elles sont faibles. À cette échelle, aucune influence du climat ni de la géomorphologie (présence de montagnes, de rivières, de bords de mer) n'est démontrée. Des études statistiques montrent que cette

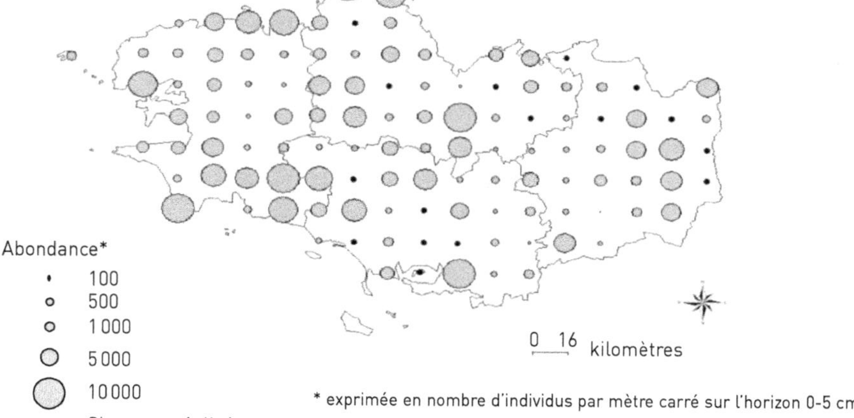

Figure 9.4. Distribution spatiale de la richesse taxonomique des collemboles mesurée dans le programme RMQS Biodiv.
Source : http://www.sols-de-bretagne.fr/biodiversite-des-sols/cartographie-regionale.html, consulté le 6 octobre 2016.

distribution nationale de la biomasse microbienne est essentiellement influencée par les propriétés du sol (pH, texture, teneur en C organique), mais également par le mode d'usage (par exemple agricole, prairie, forêt). Ainsi, la biomasse moléculaire microbienne s'échelonne de 2 à 629 μg d'ADN par gramme de sol. Les trois quarts des sols analysés ont des teneurs situées entre 10 et 100 μg. Les sols les plus riches en ADN microbien sont situés par exemple dans les massifs montagneux (Alpes, Massif central, Pyrénées, Jura), alors que les sols les plus pauvres se trouvent dans le Bassin parisien, les Landes et le Languedoc-Roussillon. Les sols présentant la plus grande abondance microbienne sont en général argileux, basiques (pH élevé) et riches en carbone organique (Dequiedt *et al.*, 2011 ; Ranjard *et al.*, 2013).

Les valeurs de richesse bactérienne obtenues varient de 555 à 2 007 taxons (groupes d'individus partageant des caractéristiques génétiques proches). Comme précédemment, le type de sol ainsi que le mode d'usage sont les facteurs influençant le plus cette richesse bactérienne. Le type de sol va notamment définir la variété des habitats écologiques du sol, son pouvoir tampon (capacité du sol à modérer les variations de pH en cas d'amendements calciques par exemple) et ses propriétés chimiques (pH, carbone). Cette richesse bactérienne peut ensuite être modifiée par les perturbations (naturelles et/ou anthropiques) auxquelles sont soumis les écosystèmes. Ainsi, les forêts et les prairies, écosystèmes généralement moins perturbés, présentent les niveaux de richesse bactérienne les plus faibles (1 309 et 1 146 taxons en moyenne respectivement) : la communauté bactérienne y est moins diversifiée, composée de populations stables, bien adaptées à l'écosystème. Au contraire, les systèmes agricoles, correspondant

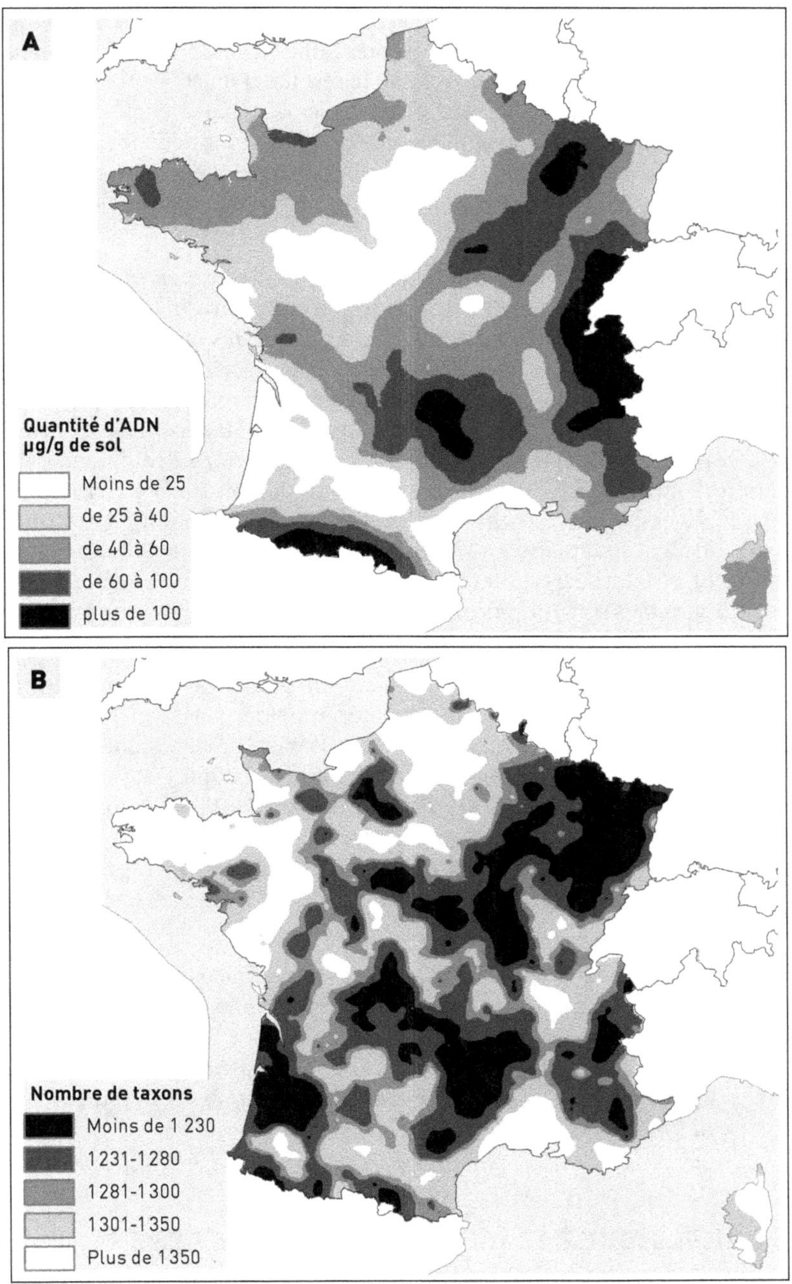

Figure 9.5. Variation de la biomasse microbienne (**A**) et de la diversité bactérienne (**B**) du sol à l'échelle de la France.
Réalisation des cartes : Nicolas Saby (Infosol, Inra Orléans).

généralement à des cultures annuelles nécessitant plusieurs interventions sur le sol, sont des systèmes plus perturbés qui présentent une richesse bactérienne plus élevée (1 368 taxons en moyenne). Ces constats sont le résultat d'un concept écologique dit de la « perturbation intermédiaire ». En effet, en écologie, la biodiversité d'un écosystème est maximale lorsque ce dernier subit une perturbation intermédiaire (ni trop forte, ni trop faible) et minimale lorsqu'il subit une perturbation faible (phénomène d'exclusion compétitive des espèces) ou forte (sélection des espèces). Cela explique les valeurs moyennes de diversité constatées sur les sols du RMQS.

Cependant, le niveau de diversité seul ne suffit pas à renseigner sur la qualité des sols. En effet, l'équilibre entre les taxons bactériens, ainsi que l'identification des taxons qui renseigne sur la présence d'espèces bénéfiques ou au contraire néfastes, comme les pathogènes par exemple, sont autant de critères de qualité biologique du sol. Il a ainsi été démontré que les sols agricoles qui renferment une plus grande diversité de bactéries possèdent aussi plus d'espèces néfastes pour les productions agricoles, comme des bactéries pathogènes ou des bactéries impliquées dans une dégradation trop rapide de la matière organique du sol. Il est aussi important de noter que la diversité bactérienne n'est pas corrélée à celle des autres microorganismes, comme les champignons notamment. Une richesse bactérienne élevée peut s'accompagner d'une richesse en champignons faible (ce qui se voit classiquement dans les sols agricoles travaillés de manière conventionnelle, avec un labour intensif et sans interculture).

L'ensemble de ces données a permis d'alimenter le premier référentiel national de la biomasse microbienne et de la diversité bactérienne des sols français. Récemment, des modèles statistiques prédictifs ont été développés, permettant de prédire des valeurs de référence de la biomasse selon les caractéristiques physicochimiques et climatiques d'un sol (Horrigue *et al.*, 2016). Cette valeur de référence permet alors de s'affranchir du contexte pédoclimatique pour réaliser un diagnostic d'impact du mode d'usage d'un sol. Par exemple, l'effet d'une pratique agricole est positif si la valeur mesurée est supérieure à la valeur de référence, et négatif dans le cas contraire.

Ces programmes de recherche constituent des expériences uniques, en France et en Europe, de mesures spatialisées de la diversité biologique des sols, puisqu'ils appréhendent soit un large panel d'organismes du sol, soit un nombre très important d'échantillons. Ils ont ainsi permis de proposer des valeurs de référence pour les organismes du sol, même si ce qui préoccupe les utilisateurs sont plutôt les services rendus par cette biodiversité.

▸▸ De l'indicateur à la fonction et aux services écosystémiques potentiels

Si la biodiversité est actuellement examinée à travers la densité (nombre ou biomasse) des organismes et leur diversité, les fonctions qu'elle exerce sont aussi importantes, fonctions conduisant à des services dont l'homme tire profit (les services écosystémiques). Dans cette optique, afin de traduire les données biologiques en services écosystémiques, un travail prospectif a été réalisé en utilisant des travaux issus de la littérature et de l'expertise des partenaires du programme Ademe « Bioindicateurs de qualité des sols ».

Différents indicateurs biologiques, mais également physicochimiques, ont été retenus pour qualifier les fonctions écologiques sélectionnées, définissant conceptuellement plusieurs services écosystémiques (SE) (tableau 9.5). Il a ensuite été choisi d'utiliser la méthode proposée par Rutgers *et al.* (2012) et Van Wijnen *et al.* (2012) qui consiste à calculer une variation des services écosystémiques potentiels par rapport à une référence. Les résultats de ce calcul sur le dispositif d'Yvetot, situé en Haute-Normandie (Lycée d'enseignement général et technique agricole ; LEGTA), sont présentés dans la figure 9.6. Les prélèvements ont été gérés par l'Esitpa LaSalle de Rouen (École d'ingénieurs en agriculture) durant le programme Ademe (Legras *et al.*, 2011). Sur ce site, six parcelles sont comparées : une parcelle en culture continue avec labour (GC), une parcelle en prairie permanente (PP), deux parcelles de « prairies de restauration » (SI et SII) caractérisées par l'implantation d'une prairie après un précédent d'au moins huit années de culture avec un passé prairial deux fois plus long pour SI ; deux parcelles de « prairies temporaires » caractérisées par une alternance en mode prairial de 4 à 8 ans et une rotation maïs/blé, SIII étant implantée en blé après un précédent maïs (soit deux années de culture). La GC correspond à la référence utilisée pour le calcul des services écosystémiques fournis par le sol. Il s'agissait alors de comparer les potentiels gains de services écosystémiques rendus par les sols avec des alternatives à l'agriculture intensive. Les cultures annuelles étant considérées comme la référence, toute valeur supérieure à 1 indique une amélioration des services écosystémiques.

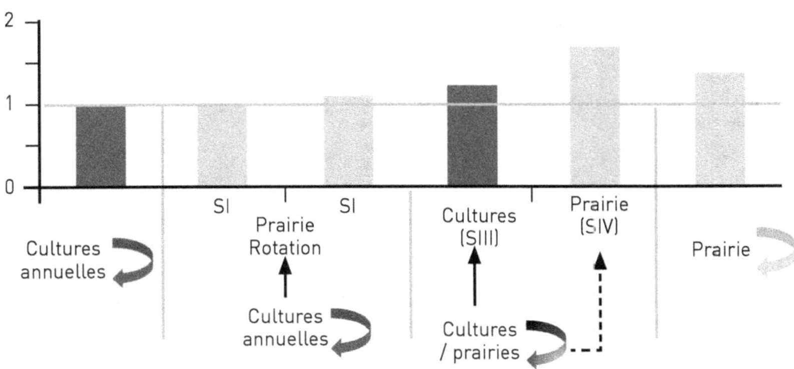

Figure 9.6. Calcul des variations des services écosystémiques sur les parcelles du dispositif expérimental d'Yvetot.

Tableau 9.5. Liste des indicateurs retenus afin de renseigner les fonctions écologiques requises pour la fourniture de quatre services écosystémiques.

Services écosystémiques	Fonctions requises	Indicateurs
Biodiversité	Capacité d'accueil du sol	Biomasse microbienne
		Biomasse fongique
		Biomasse bactérienne
		Densité totale de nématodes
		Densité totale de microarthropodes
		Densité totale de macro-invertébrés
		Densité totale de lombriciens
	Hébergement d'une forte diversité taxonomique	Nombre de familles de nématodes
		Nombre d'espèces de collemboles
		Nombre d'ordres de macro-invertébrés
		Nombre de familles de lombriciens
	Hébergement d'une forte diversité fonctionnelle	Diversité catabolique microbienne (Biolog®)
		Respiration spécifique du carbone
		Minéralisation de l'azote
		Indice de structure des communautés de nématodes
		Nombre de groupes fonctionnels de collemboles
		Nombre de groupes fonctionnels de lombriciens
Recyclage des nutriments	Capacité à décomposer les MOS (matières organiques des sols)	Respiration spécifique du carbone
		Minéralisation de l'azote
		Activité glucosidase
		Activité arylamidase
		Activité phosphatase alcaline
		Densité de nématodes libres
		Biomasse des lombriciens endogés
	Capacité à fractionner et enfouir les MOS (matières organiques des sols)	Densité totale de collemboles
		Densité totale de macro-invertébrés (cloportes, diplopodes, lombriciens épigés, gastéropodes)
		Densité totale de lombriciens anéciques
Fonction de tampon et de réactivité	Capacité tampon du sol	Teneur en Corg
		pH
		Teneur en argiles
	Stimulation microbienne	Teneur en azote total
		Phosphore assimilable
		Biomasse microbienne
		Activité laccase
Croissance végétale	Croissance racinaire	Densité totale lombricienne
	Parasitisme végétal	Densité des nématodes phytoparasites
	État général	Quantité de lipides foliaires (18/3)

Il apparaît que les services sont influencés positivement par tous les systèmes culturaux testés (sauf pour la prairie de rotation SI, dont le SE est proche de 1). La présence de prairie dans les rotations culturales du site d'Yvetot entraîne donc une augmentation des services écosystémiques rendus. La prairie temporaire de 5 ans (SIV) et la prairie permanente (PP) présentent les valeurs les plus fortes ; cela indique que, sur les services évalués et ce à long terme (~20 ans), un système de rotation de 5-7 ans de prairie suivi de 2 ans de culture (maïs-blé) présente des valeurs de services proches à supérieures de celles d'une prairie permanente maintenue depuis plus de 30 ans. La valeur plus faible calculée pour la prairie permanente (PP) peut s'expliquer en partie par une charge en unité gros bovins forte pendant neuf mois de l'année, alors que les prairies temporaires sont pâturées entre cinq et huit mois.

Cette première approche théorique de quantification des services écosystémiques intégrant la biodiversité des sols est prometteuse et devrait permettre d'ici peu d'améliorer le transfert et la communication des résultats sur la biodiversité des sols.

▸▸ Acceptabilité et compréhension des bio-indicateurs

Les programmes de recherche précédemment présentés ont permis d'étudier un grand nombre de bio-indicateurs et d'aboutir à des valeurs de référence pour certains d'entre eux. Dans le cadre du programme «Bioindicateur», un groupe de travail constitué de chercheurs et d'utilisateurs potentiels (bureaux d'étude, gestionnaires de sites, laboratoires d'analyse) a discuté de la pertinence et de la transférabilité des bio-indicateurs proposés, en se basant notamment sur leur coût et leur simplicité d'utilisation et d'interprétation. Ce travail a abouti à un premier outil, accessible directement sur internet[31], permettant de choisir des indicateurs, notamment en fonction de différentes applications (par exemple étude de sols pollués, évaluation de pratiques agricoles, surveillance des sols).

Cette initiative a été affinée dans le cadre du projet AgrInnov (Casdar 2011-2015) orienté vers le monde agricole[32]. Ainsi, à l'initiative de l'Observatoire français des sols vivants (OFSV), ce projet visait à valider des bio-indicateurs, ainsi qu'un mode opératoire à l'intention des agriculteurs afin de constituer un réseau de veille à l'innovation agricole. À travers ce réseau, en lien avec les acteurs du développement agricole (par exemple chambres d'agriculture, instituts techniques agricoles, coopératives, associations de développement), il s'agissait de faire collaborer le monde de la recherche et les agriculteurs afin d'évaluer l'impact des pratiques agricoles et viticoles sur la vie biologique des sols mesurée par différents bio-indicateurs (lombriciens, nématodes et microorganismes) couplés à des indicateurs agronomiques (état structural et physicochimie du sol, dégradation de la matière organique). En parallèle, une formation sur la biologie du sol a été élaborée afin d'expliquer le rôle et l'intérêt des organismes du sol pour les productions agricoles, et également de former les agriculteurs au choix, à l'interprétation et à l'échantillonnage des

---

31. https://ecobiosoil.univ-rennes1.fr/ADEME-Bioindicateur/dev.php (consulté le 19 décembre 2016).
32. https://www2.dijon.inra.fr/plateforme_genosol/partenariat-projets?field_tags_projets_tid=22 (consulté le 19 décembre 2016).

indicateurs à mettre en œuvre. Suivie par 248 agriculteurs et viticulteurs, la formation a rencontré un grand succès.

Ce projet a donc permis de tester la capacité d'un tableau de bord de bio-indicateurs de délivrer un véritable diagnostic de la qualité biologique et agronomique des sols agricoles et viticoles. Afin de synthétiser l'information rendue par l'ensemble des paramètres mesurés, deux « indicateurs de synthèse » ont été proposés pour diagnostiquer de grandes fonctions du sol d'intérêt agronomique : un indicateur « patrimoine biologique/assurance écologique » et un indicateur « fertilité biologique ». Le bilan réalisé sur ces indicateurs synthétiques montre que seulement environ 10 % des parcelles agricoles et viticoles analysées présentent un état critique, alors que 60 % sont dans un état biologique non critique mais à surveiller et que 30 % sont dans un très bon état biologique. Ces premiers résultats démontrent que la majorité des sols agricoles testés dans le réseau n'ont pas d'altération majeure de leur patrimoine biologique et écologique (figure 9.7). Toutefois, ceci ne représente qu'une approximation limitée dans l'espace et dans le temps et nécessiterait d'autres analyses en *monitoring* et sur un dispositif plus conséquent à l'échelle nationale, voire internationale pour confirmer ce résultat.

Par ailleurs, les enquêtes de satisfaction ont révélé le grand intérêt du monde agricole à disposer d'outils de diagnostic sur la qualité biologique des sols afin d'évaluer l'impact de leurs pratiques et la durabilité de leur production ; elles ont

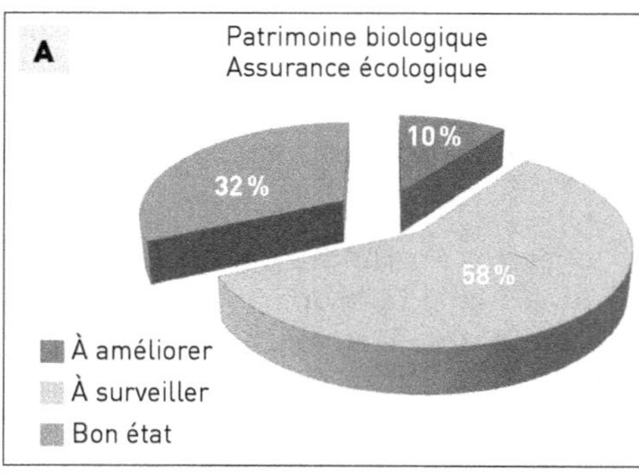

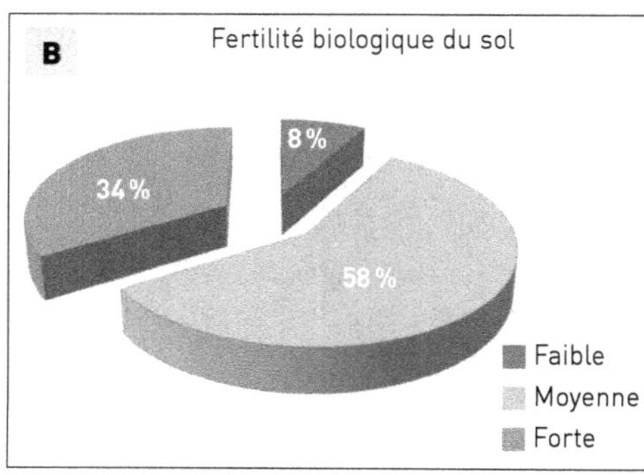

Figure 9.7. Bilan national du diagnostic de la qualité biologique des sols agricoles (Programme AgrInnov).

A. Indicateur basé sur l'abondance et la diversité lombricienne, bactérienne, fongique et des nématodes. **B.** Indicateur basé sur le test bêche, les litterbags, l'abondance des vers endogés et anéciques, de certains nématodes, la diversité bactérienne et fongique ainsi que le ratio champignons/bactéries.

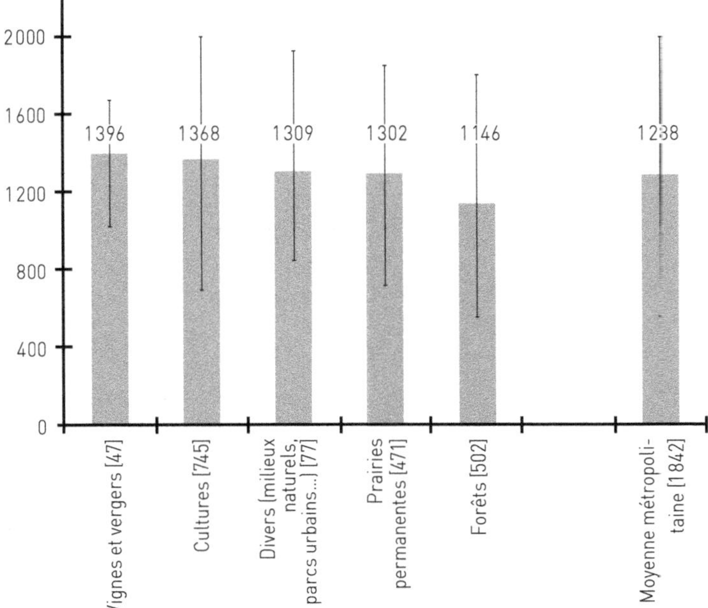

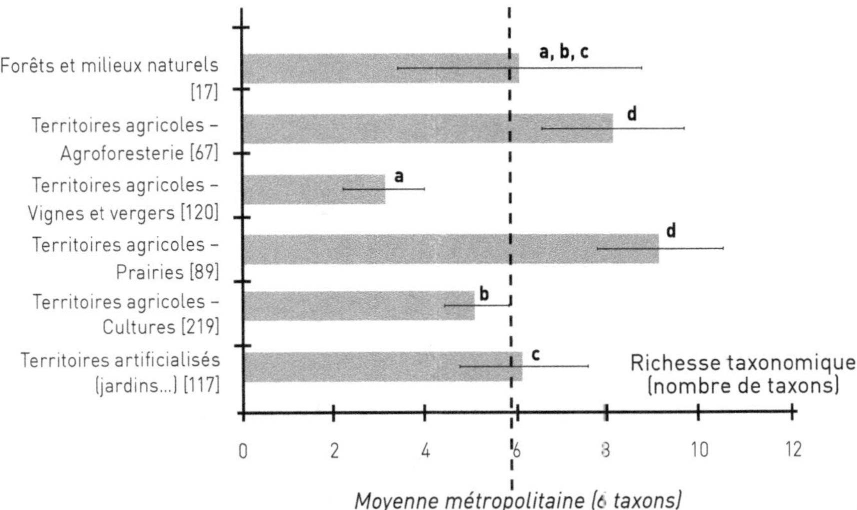

Figure 9.8. Extraits des fiches indicateurs « abondance lombricienne » (**A**) et « biodiversité bactérienne » (**B**) proposées par l'Observatoire national de la biodiversité (2016). Figures © **A.** Inra, plateforme GenoSol, UMR Agroécologie - GIS Sol, 2016. **B.** Université de Rennes 1, UMR 6553 EcoBio, 2015.

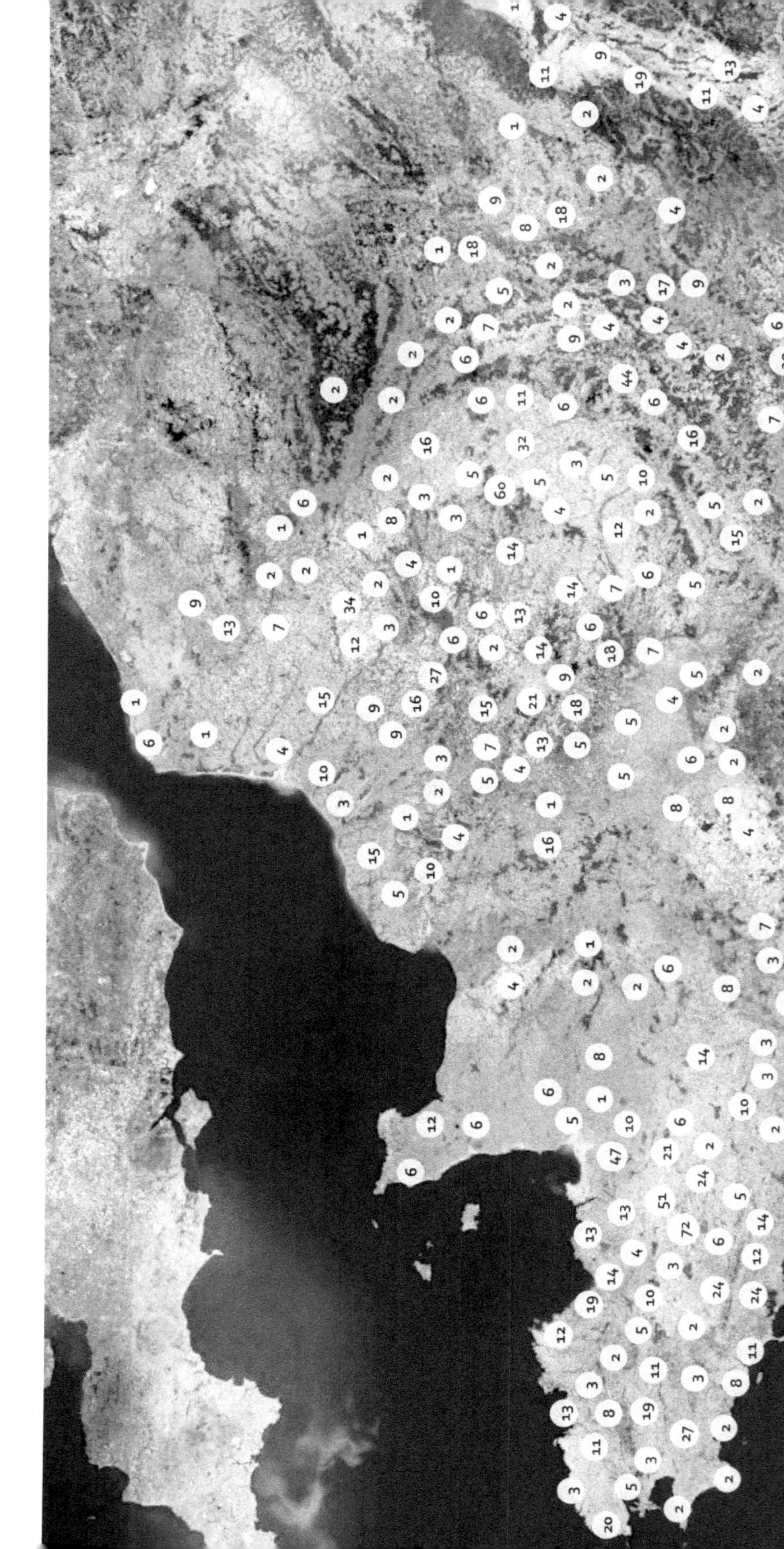

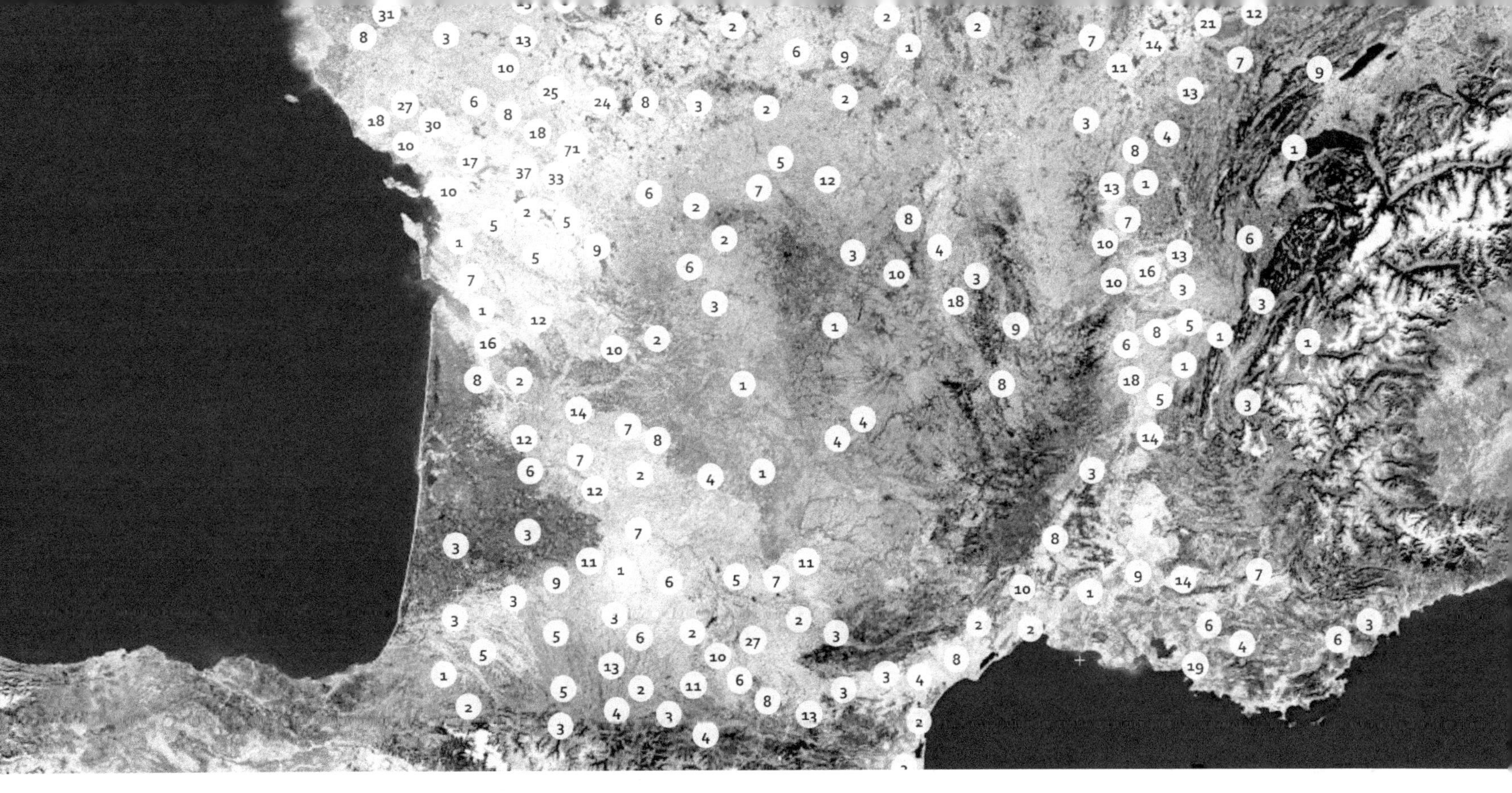

Figure 9.9. Visualisation du nombre de parcelles pour lesquelles les communautés lombriciennes ont été échantillonnées au moins une fois.
Source : BdD EcoBioSoil ; réalisation de l'illustration : Muriel Guernion, université de Rennes 1.

aussi démontré que la démarche entreprise dans AgrInnov est pertinente pour diffuser ces outils et ces nouveaux concepts au niveau des agriculteurs. Celle-ci se poursuit actuellement à travers le Reva (Réseau de veille à l'innovation agricole[33]).

Au-delà de ces travaux orientés vers le monde agricole, il est également crucial que ces bio-indicateurs soient plus largement connus et pris en considération. Ainsi, les indicateurs microbiens et lombriciens ont récemment été intégrés au panel des indicateurs nationaux labélisés par l'Observatoire national de la biodiversité[34] (ONB) du ministère de l'Environnement, de l'énergie et de la mer (MEEM) comme des indicateurs nationaux de la qualité des sols[35] (figure 9.8a et 9.8b ; les nombres entre crochets indiquent le nombre de sites/observations ; les barres d'erreurs correspondent aux erreurs standards ; les différentes lettres (a, b ou c) indiquent des différences statistiques significatives (< 2,2e-16 ***) des valeurs en fonction de l'occupation du sol). De même, des approches participatives ont été mises en place pour faire connaître la biodiversité des sols, et notamment celle des lombriciens. Depuis 2010, l'Observatoire participatif des vers de terre (OPVT) a initié la création d'un référentiel sur les vers de terre en sollicitant la participation du plus grand nombre de personnes (agriculteurs, enseignants, naturalistes, jardiniers, gestionnaires de milieux). L'OPVT propose plusieurs protocoles d'évaluation simplifiés de la biodiversité des vers de terre[36] qui répondent à différents niveaux d'accessibilité et de précision des résultats souhaités[37]. Ces protocoles peuvent être mis en place dans le cadre d'une démarche de sciences participatives ou collaboratives avec l'envoi des échantillons au laboratoire pour confirmation et identification spécifique des individus observés. Toutes les données collectées sont insérées dans une base de données permettant la géo-visualisation des résultats et, à terme, la proposition des gammes de variations pour différents milieux (milieux agricoles, milieux naturels, milieux artificialisés) (figure 9.9). Cette démarche a permis d'acquérir beaucoup plus rapidement de nombreuses données, mais également d'inventorier des milieux peu explorés jusqu'à présent comme les sols de jardins urbains.

❱❱ Sélection d'indicateurs pertinents pour évaluer la qualité des sols

Les protocoles de mesure pour différents bio-indicateurs sont donc disponibles et de plus en plus utilisés pour caractériser l'état biologique des sols. Ils sont par ailleurs reconnus et demandés par les acteurs du monde agricole et commencent à être connus plus largement par le grand public. Il n'en reste pas moins que les protocoles potentiellement utilisables sont nombreux et qu'il convient de faire un

---

33. http://www.jiag.info/images/colloque-resume-2015/3-perspectives-REVA.pdf (consulté le 19 décembre 2016).

34. http://indicateurs-biodiversite.naturefrance.fr/indicateurs/tous (consulté le 19 décembre 2016).

35. http://indicateurs-biodiversite.naturefrance.fr/indicateurs/tous (consulté le 19 décembre 2016).

36. https://ecobiosoil.univ-rennes1.fr/page/participer (consulté le 19 décembre 2016).

37. https://ecobiosoil.univ-rennes1.fr/page/quel-protocole-choisir (consulté le 19 décembre 2016).

choix. Idéalement, lors de leur sélection, les éléments suivants devraient être pris en considération (selon Doran et Safley, 1997) :
– corrélation aux propriétés et aux fonctions du sol,
– validation scientifique (par exemple les variations naturelles de l'indicateur liées, par exemple, au type de sol et au climat doivent être connues),
– sensibilité aux options de gestion des sols,
– disponibilité des méthodes acceptées et partagées par tous (par exemple normalisées),
– facilité d'utilisation (échantillonnage et détermination) et d'interprétation (existence de bases de données et de références),
– coûts,
– possibilité de développer un conseil agroécologique sur la base du diagnostic proposé.

Il apparaît que les bio-indicateurs qui répondent à l'ensemble de ces critères sont les outils basés sur l'abondance et la diversité fonctionnelle des lombriciens et des nématodes, ainsi que ceux basés sur la biomasse et la diversité des communautés de microorganismes (bactéries et champignons ; toutefois, pour les champignons telluriques, les connaissances sur la diversité taxonomique des sols et les référentiels d'interprétation associés sont moins robustes à ce jour par manque d'accumulation de données à l'échelle internationale). Ainsi, dans la plupart des situations testées à l'échelle nationale (Cluzeau *et al.*, 2012 ; Pérès *et al.*, 2012b) ou européenne (Griffiths *et al.*, 2016), ces différents indicateurs se sont montrés capables de mettre en évidence des différences au sein des différents systèmes de production agricoles et viticoles (par exemple niveaux de fertilisation, entretien phytosanitaire, gestion de la matière organique, intensité du travail du sol), et disposent tous de méthodes normalisées et de référentiels d'interprétation. Par ailleurs, des prestataires de services capables de proposer et de réaliser de telles analyses existent. Ils constituent donc le socle d'une batterie minimale de caractérisation de la biologie des sols.

Au-delà de ces indicateurs, dans d'autres situations, comme par exemple en forêt ou en arboriculture, lorsque la matière organique est plus complexe, les analyses des communautés de collemboles et d'acariens ont également permis de distinguer les différentes pratiques culturales (par exemple gestion biologique ou gestion conventionnelle). De la même façon, le suivi de diverses activités enzymatiques (par exemple phosphatases, arylsulfatases, laccases, nitrification, galactosidases) permet de mettre en évidence les effets de divers niveaux de fertilité minérale et organique, ou encore les effets du travail du sol. Cependant, pour ces indicateurs basés sur les collemboles ou les acariens et sur les activités enzymatiques, les référentiels sont actuellement moins étoffés, tout comme les prestataires pouvant réaliser ces analyses. Ainsi, bien que pertinents dans beaucoup de situations, ils ne sont pas autant accessibles.

Enfin, au niveau national, des indicateurs basés sur l'activité biologique des sols se mettent en place. Si certains relatifs à la dégradation de la litière comme le Litter Bag (sac à litières tels que des sachets de thé) ou le Levabag® (enfoui dans le sol pour mesurer la décomposition de la matière organique) sont maintenant accessibles *via* des prestataires, pour les autres, peu de données sont encore disponibles ou restent du domaine de la recherche, comme c'est le cas pour l'observation de structures biologiques (par exemple turricules, galeries de vers ; Piron *et al.*, 2012) ou encore le test Bait-Lamina (méthode pour tester les effets des contaminants du sol sur l'activité alimentaire des organismes vivant dans le sol ; ISO 18311, 2016). Dès lors, il est encore délicat de recommander ces essais en routine, avant d'avoir une évaluation plus détaillée de ces outils.

▸▸ Conclusion

Finalement, après la standardisation des différents protocoles et la publication de normes ISO, le stade ultime du transfert a été amorcé par la création de structures semi-publiques et privées de prestation de service permettant de faire un diagnostic de l'état biologique des sols. Un diagnostic de l'état biologique des sols est donc d'ores et déjà disponible ; les outils sont validés, les prestataires existent et il est possible de situer l'état de son sol par rapport à des références nationales qui s'enrichissent régulièrement à travers les différents programmes de recherche. Reste désormais à développer le conseil agronomique pour entretenir et améliorer la biodiversité des sols et leur fonctionnement. En effet, même si les grandes options de manipulation de la biologie des sols sont connues (par exemple introduction de matière organique par les rotations ou par l'épandage, l'insertion de prairies temporaires, la réduction du travail du sol, etc.), le conseil au cas par cas reste encore à développer et devra s'appuyer tant sur des sites expérimentaux de longue durée (par exemple les systèmes d'observations et d'expérimentation gérés par les organismes de recherche ou les dispositifs gérés par les interprofessions ou par les chambres d'agriculture), que sur des réseaux de parcelles agricoles et des expériences locales mises en place par les agriculteurs eux-mêmes (par exemple programme Casdar AgrInnov et Reva). Ce n'est que lorsque ce lien entre le diagnostic et le conseil agronomique sera renforcé que l'on assistera à la diffusion et à l'utilisation massive de ces outils.

Références bibliographiques

Arrouays D., Antoni V., Bardy M., Bispo A., Brossard M., Jolivet C., Le Bas C., Martin M., Saby N., Schnebelen N., Villanneau E., Stengel P., 2012. Fertilité des sols : conclusions du rapport sur l'état des sols de France. *Innovations Agronomiques*, 21, 1-11.

Bienert F., De Danieli S., Miquel C., Coissac E., Poillot C., Brun J.J., Taberlet P., 2012. Tracking earthworm communities from soil DNA. *Molecular Ecology*, 21 (8), 2017-2030.

Bispo A., Guellier C., Martin E, Sapijanskas J., Soubelet H., Chenu C. (dir.), 2016. *Les sols : intégrer leur multifonctionnalité pour une gestion durable*. Versailles, Éditions Quæ, Collection Savoir faire.

Bispo A., Blanchart E., Delmas A.B., 2011. Indicateurs de la qualité des sols. *In : Sols et environnement : cours, exercices corrigés et études de cas* (Girard M.-C., Walter C., Rémy J.-C., Berthelin J., Morel J.L., dir.). Paris, Dunod, Collection Sciences sup, 2e édition, 509-527.

Bispo A., Cluzeau D., Creamer R., Dombos M., Graefe U., Krogh P.H., Sousa J.P., Pérès G., Rutgers M., Winding A., Römbke J., 2009a. Indicators for monitoring soil biodiversity. *Integrated Environmental Assessment and Management*, 5 (4), 717-719.

Bispo A., Grand C., Galsomies L., 2009b. Le programme Ademe « Bioindicateurs de qualité des sols ». *Étude et gestion des sols*, 16 (3-4), 145-158.

Blandin P., 1986. Bioindicateurs et diagnostic des systèmes écologiques. *Bulletin d'écologie*, 17 (4), 215-307.

Bouchez T., Blieux A.L., Dequiedt S., Domaizon I.A., Dufresne S., Ferreira J., Godon J., Hellal J., Joulian C.A., Quaiser F., Martin-Laurent A., Mauffret J., Monier M., Peyret P., Schmitt-Koplin P., Sibourg O., D'oiron E., Bispo A., Deportes I., Grand C., Cuny P., Maron P.-A., Ranjard L., 2016. Molecular microbiology methods for environmental diagnosis. *Environmental Chemistry Letters*, 14 (4), 423-441.

CESE, 2015. *La bonne gestion des sols agricoles : un enjeu de société*. Paris, Conseil économique, social et environnemental sur les sols, consultable en ligne : http://www.lecese.fr/sites/default/files/pdf/Avis/2015/2015_14_gestion_sols_agricoles.pdf (consulté le 14 décembre 2016).

Cheviron N., Repinçay C., Benabdallah R., Linard R., Marrauld C., Touton I., Mougin C., 2011. Analyse d'indicateurs basés sur la microflore des sols : mesures d'activités enzymatiques et analyse des PLFAs. Rapport final d'activité du programme Bioindicateur, Paris, Ademe.

Citeau L., Bispo A., Bardy M., King D., 2008. *Gestion durable des sols*. Versailles, Éditions Quæ, Collection Savoir faire.

Cluzeau D., Pérès G., Guernion M., Chaussod R., Cortet J., Fargette M., Martin-Laurent F., Mateille T., Pernin C., Ponge J.-F., Ruiz-Camacho N., Villenave C., Rougé L., Mercier V., Bellido A., Cannavacciuolo M., Piron D., Arrouays D., Boulonne L., Jolivet C., Lavelle P., Velasquez E., Plantard O., Walter C., Foucaud-Lemercier B., Tico S., Giteau J.-L., Bispo A., 2009. Intégration de la biodiversité des sols dans les réseaux de surveillance de la qualité des sols : exemple du programme-pilote à l'échelle régionale, le RMQS BioDiv. *Étude et gestion des sols*, 16 (3-4), 187-201.

Cluzeau D., Guernion M., Chaussod R., Martin-Laurent F., Villenave C., Cortet J., Ruiz-Camacho N., Pernin C., Mateille T., Philippot L., Bellido A., Rougé L., Arrouays D., Bispo A., Pérès G., 2012. Integration of biodiversity in soil quality monitoring: Baselines for microbial and soil fauna parameters for different land-use types. *European Journal of Soil Biology*, 49, 63-72.

Commission européenne, 2002. Vers une stratégie thématique pour la protection des sols, Communication de la Commission européenne au Conseil, au Parlement européen, au Comité économique et social et au Comité des régions, 16 avril, COM 179 (2002) final, non publié au *Journal officiel*.

Cortet J., Pernin C., Guernion M. 2009. RMQS BioDiv Bretagne. Tome 6. Mésofaune. *In : Inventaire de la biodiversité des sols sur les sites du RMQS Bretagne (RMQS Biodiv Bretagne)* (Cluzeau D., dir.). Rapport final, Paris, Ademe, consultable en ligne : https://ecobiosoil univ-rennes1.fr/request.php?RMQSBioDiv_Tome6_Mesofaune_2009.pdf (consulté le 14 décembre 2016)

Criquet S., 2011. Indicateurs microbiens - Programme Ademe bioindicateur. Rapport final d'activité du programme Bioindicateur, Paris, Ademe.

Decaëns T., Porco D., Rougerie R., Brown G.G., James S.W., 2013. Potential of DNA barcoding for earthworm research in taxonomy and ecology. *Applied Soil Ecology*, 65, 35-42.

Dequiedt S., Saby N.P.A., Lelievre M., Jolivet C., Thioulouse J., Toutain B., Arrouays D., Bispo A., Lemanceau P., Ranjard L., 2011. Biogeographical patterns of soil molecular microbial biomass as influenced by soil characteristics and management. *Global Ecology and Biogeography*, 20 (4), 641-652.

Dequiedt S., Thioulouse J., Jolivet C., Saby N.P.A., Lelievre M., Maron P.-A., Martin M.P., Prevost-Boure N.C., Toutain B., Arrouays D., Lemanceau P., Ranjard L., 2009. Biogeographical patterns of soil bacterial communities. *Environmental Microbiology Reports*, 1 (4), 251-255.

Devillers J., Pandard P., Charissou A.M., 2009. Sélection multicritère de bioindicateurs de la qualité des sols. *Étude et gestion des sols*, 16 (3-4), 233-242.

Doran J.W., Safley M., 1997. Defining and assessing soil health and sustainable productivity. *In : Biological Indicators of Soil Health* (Pankhurst C.E., Doube B.M., Gupta V.V.S.R., dir.). Wallingford, CAB International, 1-28.

Feller C., de Marsily G, Mougin C. Pérès G., Poss R., Winiarski T., 2016. *Le sol : une merveille sous nos pieds*. Paris, Belin, Collection Bibliothèque scientifique.

Garrec J.P., Van Haluwyn C., 2002. *Biosurveillance végétale de la qualité de l'air : concepts, méthodes et applications*. Paris, Éditions Tec et doc/Lavoisier.

Gattin I., Laval K., Bailleul C., Castel L., Gangneux C., Laurent N., Legras M., Meslem L., Trap J., 2011. Développement de bioindicateurs permettant de caractériser l'état du sol et son fonctionnement biologique : élaboration et validation d'un indice d'état biologique des sols. Rapport final d'activité du programme Bioindicateur, Paris, Ademe.

Gattin I., Pérès G., Hedde M., Harris-Hellal J., Villenave C., Dequiedt S., Taibi S., Bodin J., Bispo A., 2012. Gestion de la matière organique et biodiversité des sols : résultats sur sites ateliers. *In : Journées techniques de l'Ademe « Bioindicateurs de la qualité des sols »*, 16 octobre, Paris, Ademe.

Gis Sol., 2011. L'état des sols de France. Groupement d'intérêt scientifique sur les sols.

Griffiths B., Römbke J., Schmelz R., Scheffczyk A., Faber J., Bloem J., Pérès G., Cluzeau D., Chabbi A., Suhadolc M., Sousa P., da Silva P., Carvalho F., Mendes S., Morais P., Francisco R., Pereira C., Bonkowski M., Geisen S., Bardgett R., de Vries F., Bolger T., Dirilgen T., Schmidt O., Winding A., Hendriksen N., Johansen A., Philippot L., Plassart P., Bru D., Thompson B., Griffiths R., Keith A., Rutgers M., Mulder C., Hannula E., Creamer R., Stone D., 2016. Selecting cost effective and policy-relevant biological indicators for European monitoring of soil biodiversity and ecosystem function. *Ecological Indicators*, 69, 213-223.

Hartemink A.E., 2008. Soils are back on the global agenda. *Soil Use and Management*, 24 (4), 327-330.

Horrigue W., Dequiedt S., Chemidlin Prévost-Bouré N., Jolivet C., Saby N.P.A., Arrouays D., Bispo A., Maron P.-A., Ranjard L., 2016. Predictive model of soil molecular microbial biomass. *Ecological Indicators*, 64, 203-211.

ISO 10381-6, 2009. Qualité du sol - Échantillonnage - Partie 6 : lignes directrices pour la collecte, la manipulation et la conservation, dans des conditions aérobies, de sols destinés à l'évaluation en laboratoire des processus, de la biomasse et de la diversité microbiens. Genève, Iso.

ISO 11063, 2012. Qualité du sol - Méthode pour extraire directement l'ADN d'échantillons de sol. Genève, Iso.

ISO 14238, 2012. Qualité du sol - Méthodes biologiques - Détermination de la minéralisation de l'azote et de la nitrification dans les sols, et de l'influence des produits chimiques sur ces processus. Genève, Iso.

ISO 14240-1, 1997. Qualité du sol - Détermination de la biomasse microbienne du sol – Partie 1 : méthode par respiration induite par le substrat. Genève, Iso.

ISO 14240-2, 1997. Qualité du sol - Détermination de la biomasse microbienne du sol - Partie 2 : méthode par fumigation-extraction. Genève, Iso.

ISO 16072, 2002. Qualité du sol - Méthodes de laboratoire pour la détermination de la respiration microbienne du sol. Genève, Iso.

ISO 17155, 2012. Qualité du sol - Détermination de l'abondance et de l'activité de la microflore du sol à l'aide de courbes de respiration. Genève, Iso.

ISO 17601, 2016. Qualité du sol - Estimation de l'abondance de séquences de gènes microbiens par amplification par réaction de polymérisation en chaîne (PCR) quantitative à partir d'ADN directement extrait du sol. Genève, Iso.

ISO 18311, 2016. Qualité du sol - Méthode pour tester les effets des contaminants du sol sur l'activité alimentaire des organismes vivant dans le sol - Test Bait-lamina. Genève, Iso.

ISO/CD 20130, 2015. Qualité du sol - Mesure en microplaques de l'activité enzymatique dans des échantillons de sol en utilisant des substrats colorimétriques. Genève, Iso.

ISO/TS 22939, 2010. Qualité du sol - Mesure en microplaques de l'activité enzymatique dans des échantillons de sol en utilisant des substrats fluorogènes. Genève, Iso.

ISO/DIS 23611-1, 2006. Qualité du sol - Prélèvement des invertébrés du sol - Partie 1 : tri manuel et extraction des vers de terre. Genève, Iso.

ISO 23611-1, 2006. Qualité du sol - Prélèvement des invertébrés du sol - Partie 1 : tri manuel et extraction au formol des vers de terre. Genève, Iso.

ISO 23611-2, 2006. Qualité du sol - Prélèvement des invertébrés du sol - Partie 2 : prélèvement et extraction des micro-arthropodes (Collembola et Acarina). Genève, Iso.

ISO 23611-3, 2007. Qualité du sol - Prélèvement des invertébrés du sol - Partie 3 : prélèvement et extraction des enchytréides. Genève, Iso.

ISO 23611-4, 2007. Qualité du sol - Prélèvement des invertébrés du sol - Partie 4 : prélèvement, extraction et identification des nématodes du sol. Genève, Iso.

ISO 23611-5, 2011. Qualité du sol - Prélèvement des invertébrés du sol - Partie 5 : prélèvement et extraction des macro-invertébrés du sol. Genève, Iso.

ISO 23611-6, 2012. Qualité du sol - Prélèvement des invertébrés du sol - Partie 6 : lignes directrices pour la conception de programmes d'échantillonnage des invertébrés du sol. Genève, Iso.

ISO 23753-1, 2005. Qualité du sol - Détermination de l'activité des déshydrogénases dans les sols - Partie 1 : méthode au chlorure de triphényltétrazolium (CTT). Genève, Iso.

ISO 23753-2, 2005. Qualité du sol - Détermination de l'activité des déshydrogénases dans les sols - Partie 2 : méthode au chlorure de iodotétrazolium (CIT). Genève, Iso.

ISO/TS 29843-1, 2010. Qualité du sol - Détermination de la diversité microbienne du sol - Partie 1 : méthode par analyse des acides gras phospholipidiques (PLFA) et par analyse des lipides éther phospholipidiques (PLEL). Genève, Iso.

ISO/TS 29843-2, 2011. Qualité du sol - Détermination de la diversité microbienne du sol - Partie 2 : méthode par analyse des acides gras phospholipidiques (PLFA) en utilisant la méthode simple d'extraction des PLFA. Genève, Iso.

Jeffery S., Gardi C., Jones A., Montanarella L., Marmo L., Miko L., Ritz K., Pérès G., Römbke J., van der Putten W.H. (dir.), 2010. *European Atlas of Soil Biodiversity*. Luxembourg, Publications Office of the European Union.

Lefebvre L., Madignier M.-L., Bellec P., Lavarde P., 2015. *Propositions pour un cadre national de gestion durable des sols*. rapport n° 14135, Paris, CGEED/CGAAER.

Legras M., Trap J., Guerout D., 2011. *Rapport final de site Campagne 2010 : site d'expérimentation d'«Yvetot»*. Rapport final d'activité du programme Bioindicateur, Paris, Ademe.

Lelievre M., Dequiedt S., Ranjard L., 2011. *Analyse des indicateurs microbiens mesurés par la plateforme GenoSol - Biomasse moléculaire - Structure génétique des communautés bactériennes et fongiques*. Rapport final d'activité du programme Bioindicateur, Paris, Ademe.

Markert B.A, Breure A.M., Zeichmeister H.G., 2003. *Bioindicators & Biomonitors: Principles, Concepts, and Applications*. Amsterdam, Elsevier.

Maron P.-A., Mougel C., Ranjard L., 2011. Soil microbial diversity: Spatial overview, driving factors and functional interest. *Comptes rendus biologiques*, 334 (5-6), 403-411.

Pankhurst C., Doube B.M. Gupta V.V.S.R., 1997. *Biological Indicators of Soil Health*. Wallingford/ New York, CAB International.

Pérès G., Bellido A., Curmi P., Marmonier P., Cluzeau D., 2010. Relationships between earthworm communities and burrow numbers under different land use systems. *Pedobiologia*, 54 (1), 37-44.

Pérès G., Bispo A., Grand C., Galsomiès L., 2012a. Le programme de recherche Ademe "Bioindicateurs de l'état biologique des sols" : ses objectifs, sa mise en œuvre et son déroulement. *In : Actes de la Journée technique Ademe*, 16 octobre, Paris, Maison de la chimie.

Pérès G., Vandenbulcke F., Guernion M., Hedde M., Beguiristain T., Douay F., Houot S., Piron D., Rougé L., Bispo A., Grand C., Galsomies L., Cluzeau D., 2012b. Earthworms as tool for soil monitoring, characterization and risk assessment. An example from the national Bioindicator programme (France). *Pedobiologia*, 54 (supp.), S77-S87.

Plan Agriculture-Innovation 2025, 2015. *Des orientations pour une agriculture innovante et durable : trente projets pour une agriculture compétitive et respectueuse de l'environnement* (Bournigal J.M., Houllier F., Lecouvey P. Pringuet P., dir.). Paris, Ministère de l'Agriculture, de l'agroalimentaire et de la forêt.

Piron D., Pérès G., Hallaire V., Cluzeau D., 2012. Morphological description of soil structure patterns produced by earthworm bioturbation at the profile scale. *European Journal of Soil Biology*, 50, 83-90.

Ponge J.F., Pérès G., Guernion M., Ruiz-Camacho N., Cortet J., Pernin C., Villenave C., Chaussod R., Martin-Laurent F., Bispo A., Cluzeau D., 2013. The impact of agricultural practices on soil biota: A regional study. *Soil Biology and Biochemistry*, 67, 271-284.

Ranjard L., Dequiedt S., Chemidlin Prevost-Boure N., Thioulouse J., Saby N.P.A., Lelievre M., Maron P.-A., Morin F.E.R., Bispo A., Jolivet C., Arrouays D., Lemanceau P., 2013. Turnover of soil bacterial diversity driven by wide-scale environmental heterogeneity. *Nature Communications*, 4, 1434.

Ranjard L., Dequiedt S., Jolivet C., Saby N.P.A., Thioulouse J., Harmand J., Loisel P., Rapaport A., Fall S., Simonet P., Joffre R., Chemidlin Prevost-Boure N., Maron P.-A., Mougel C., Martin M.P., Toutain B., Arrouays D., Lemanceau P., 2010. Biogeography of soil microbial communities: A review and a description of the ongoing French national initiative. *Agronomy for Sustainable Development*, 30 (2), 359-365.

Rutgers M., Van Wijnen H.J., Schouten A.J., Mulder C., Kuiten A.M.P., Brussaard L., 2012. A method to assess ecosystem services developed from soil attributes with stakeholders and data of four arable farms. *Science of the Total Environment*, 415, 39-48.

Sapijanskas J., Bernoux M., Chenu C., Martin E., Podesta G., Soubelet H., 2016. Les sols dans le contexte politique actuel. *In : Les sols : intégrer leur multifonctionnalité pour une gestion durable* (Bispo A., Guellier C., Martin E., Sapijanskas J., H. Soubelet, Chenu C., dir). Versailles, Éditions Quæ, Collection Savoir faire, 99-103.

Terrat S., Christen R., Dequiedt S., Lelievre M., Nowak V., Regnier T., Bachar D., Plassart P., Wincker P., Jolivet C., Bispo A., Lemanceau P., Maron P.-A., Mougel C., Ranjard L., 2012. Molecular biomass and meta-taxogenomic assessment of soil microbial communities as influenced by soil DNA extraction procedure. *Microbial Biotechnology*, 5 (1), 135-141.

Uroz S., Bispo A., Buée M., Cebron A., Cortet J., Decaëns T., Hedde M., Pérès G., Vennetier M., Villenave C., 2014. Highlights on progress in forest soil biology [Aperçu des avancées dans le domaine de la biologie des sols forestiers]. *Revue forestière française*, 66 (4), 467-478.

Van Wijnen H.J., Rutgers M., Schouten A.J., Mulder C., De Zwart D., Breure A.M., 2012. How to calculate the spatial distribution of ecosystem services across the Netherlands. *Science of the Total Environment*, 415, 49-55.

Vian J.F., Peigné J., 2012. *Influence du travail du sol sur différents bioindicateurs du sol. Résultats des mesures des Bioindicateurs sur le site de Thil.* Rapport final d'activité du programme Bioindicateur, Paris, Ademe.

Villenave C., 2011. *Analyse de la nématofaune comme bio-indicateur de l'état du sol.* Rapport final d'activité du programme Bioindicateur, Paris, Ademe.

Villenave C., Rimenez A., Guernion M., Pérès G., Cluzeau D., Mateille T., Martiny B., Fargette M., Tavoillot J., 2013. Nematodes for soil quality monitoring: Results from the RMQS BioDiv Programme. *Open Journal of Soil Sciences*, 3 (1), 30-45.

Weeks J.M., 1995. The value of biomarkers for ecological risk assessment: Academic toys or legislative tools? *Applied Soil Ecology*, 2 (4), 215-216.

Chapitre 10

Compréhension et valorisation des interactions entre plantes et microorganismes telluriques : des enjeux majeurs en agroécologie

Philippe Lemanceau, Sylvie Mazurier, Barbara Pivato,
Laure Avoscan

Contrairement aux animaux qui ont la possibilité d'échapper aux stress biotiques et abiotiques, les plantes ne peuvent se déplacer et ont développé des stratégies pour s'adapter à leur environnement. Les associations établies entre les plantes et les microorganismes contribuent à cette adaptation. Ces associations sont très anciennes comme en atteste la découverte de fossiles de champignons en association avec des plantes datant de 400 millions d'années (Redecker *et al.*, 2000). Elles auraient contribué au passage des plantes de la vie aquatique à la vie terrestre. Les plantes sont ainsi colonisées par un microbiote abondant et diversifié (Lemanceau *et al.*, 2016).

Cette colonisation est particulièrement importante dans la zone de sol entourant les racines appelée rhizosphère – la rhizosphère, définie pour la première fois par Hiltner (1904), comprend les racines plus le sol l'entourant, attaché et influencé par les racines (Hartmann *et al.*, 2008b). Dans cet espace, les plantes libèrent une grande quantité de composés organiques (5-21 % du carbone fixé lors de la photosynthèse, Bais *et al.*, 2006) constitués de cellules et de tissus racinaires desquamés, de mucilages, de composés volatils, de lysats solubles et d'exsudats racinaires (Curl et Truelove, 1986). Cette libération massive de rhizodépôts promeut les communautés microbiennes, principalement hétérotrophes, voire biotrophes, issues du sol qui constitue un environnement mésotrophe, voire oligotrophe. Les microorganismes de la rhizosphère bénéficient des rhizodépôts pour leur croissance et leur activité qui sont fortement stimulées comparées à celles du sol nu. Cependant, toutes les populations telluriques ne bénéficient pas de façon équivalente de cet environnement ; la plante recrute des populations particulières au sein des communautés telluriques dont nous ne réalisons que depuis peu l'immensité de la diversité. En effet, jusqu'à un passé récent, nous n'avions accès qu'aux microorganismes cultivables *in vitro* qui ne représentent qu'une très faible proportion de la biodiversité totale (Schloss et Handelsman, 2003 ; Rajendhran et Gunasekaran, 2008). Des progrès méthodologiques majeurs conduisent à des avancées primordiales dans notre connaissance de l'écologie de la rhizosphère (section 2). La spécificité des interactions plantes-microorganismes dans la rhizosphère a ainsi été démontrée (section 3). L'association d'approches en écologie et en évolution lors de l'analyse de ces interactions plantes-microorganismes révèle les bénéfices réciproques tirés par les partenaires, en accord avec la contribution du microbiote rhizosphérique à l'adaptation de la plante à l'environnement (section 4). Cependant, dans les agroécosystèmes, l'importance de la biodiversité et des interactions biotiques dans les processus de production primaire tend à être minimisée comparée aux systèmes peu anthropisés ; le changement de paradigme représenté par l'agroécologie vise au contraire à valoriser cette biodiversité et ces interactions (section 5). Des perspectives sont donc proposées en agroécologie pour développer des systèmes agricoles promouvant les interactions plantes-microorganismes favorables à la croissance et à la santé de la plante hôte, permettant ainsi de réduire l'utilisation d'intrants de synthèse.

▸▸ Des progrès majeurs dans les stratégies et les méthodes d'analyse de la biodiversité tellurique et des interactions plantes-microorganismes

Pour importantes que soient les interactions plantes-microorganismes dans la rhizosphère, leur analyse est confrontée à des difficultés méthodologiques majeures. Ces difficultés sont associées à la nature même des microorganismes et à l'environnement tellurique dans lequel ils évoluent. Ainsi, les microorganismes, comme leur nom l'indique, sont de taille microscopique, de l'ordre du micromètre pour les bactéries. Leur diversité au sein des sols est gigantesque, de l'ordre d'un million d'espèces d'archées et de bactéries par gramme de sol (Torsvik *et al.*, 2002 ; Bates *et al.*, 2011). La plupart de ces microorganismes ne sont pas cultivables sur les milieux de culture disponibles (Schloss et Handelsman, 2003 ; Rajendhran et Gunasekaran, 2008), rendant impossible leur étude jusqu'à un passé récent. De plus, les microorganismes sont d'accès difficile dans les sols qui représentent une matrice hétérogène mais structurée. L'hétérogénéité de l'environnement tellurique dans lequel sont distribués les microorganismes se retrouve à différentes échelles (agrégat, parcelle, paysage, territoire). Pendant longtemps, ces difficultés n'ont permis que d'avoir une vision tronquée de la biodiversité des sols. Ce constat est également associé au fait que l'écologie microbienne, portant sur l'analyse des interactions des microorganismes entre eux et avec leur environnement, est une science jeune, le premier colloque international ayant eu lieu en 1957 et la première revue internationale ne paraissant qu'à partir de 1974 (Maron *et al.*, 2007 ; figure 10.1).

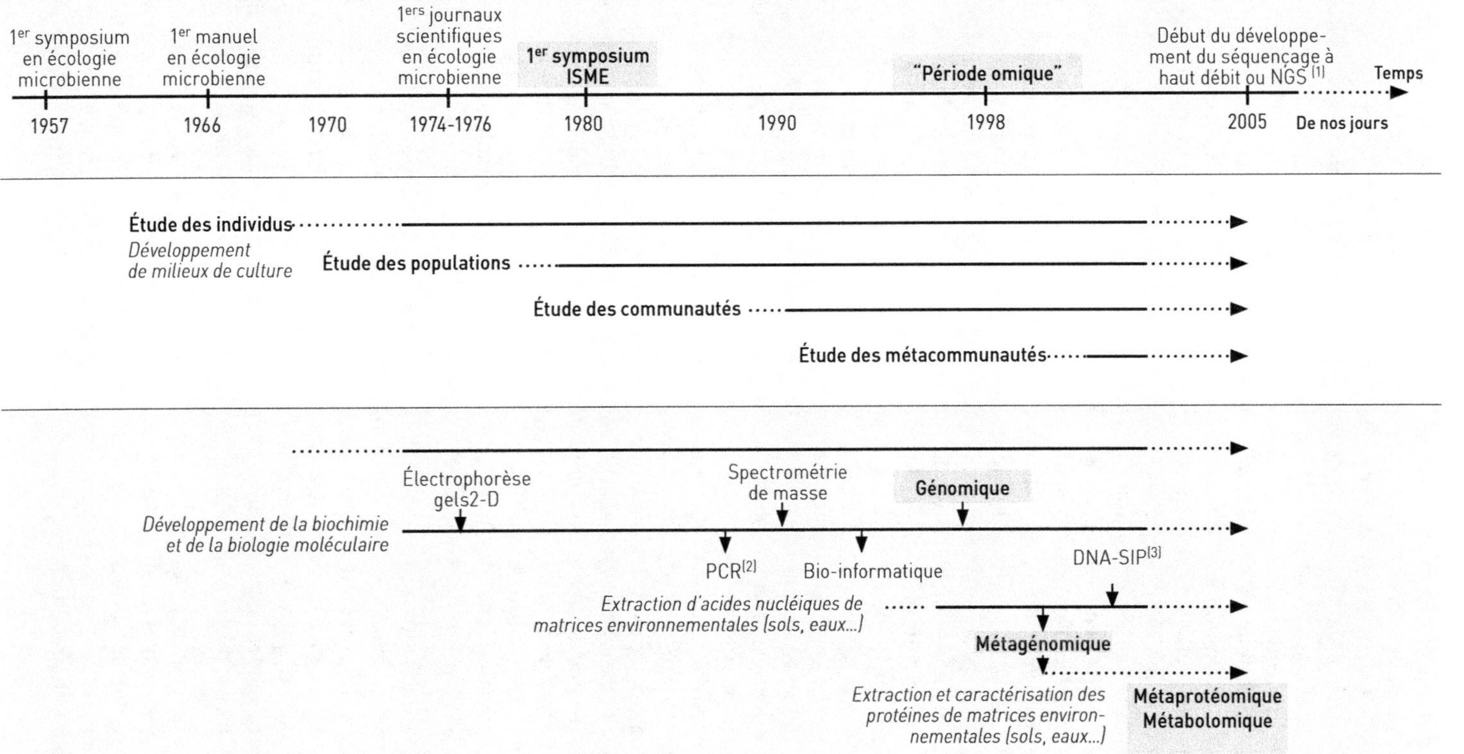

Figure 10.1. Principales étapes du développement de l'écologie microbienne.
De haut en bas : Grandes étapes chronologiques jusqu'au séquençage de nouvelle génération ; amplification de l'ADN par réaction enzymatique en chaîne ; marquage de l'ADN par un isotope stable.
Adapté de Maron *et al.* (2007).

Il devient ainsi possible d'analyser la distribution des communautés microbiennes telluriques associées à différents génotypes de plantes, dans différents sols et à différentes échelles spatiales (y compris biogéographique : Ranjard *et al.*, 2013) et temporelles, prenant ainsi en compte la dynamique des interactions plantes-microorganismes (Chaparro *et al.*, 2013). L'analyse de l'ensemble des génomes sur un nombre limité de sols modèles doit également permettre la recherche de nouveaux gènes de fonction (Nesme *et al.*, 2016). D'ores et déjà, la connaissance de gènes codant des métabolites (antibiotiques, oxydants/réducteurs, sidérophores…) impliqués dans des activités particulières (antibiose, réduction d'oxydes d'azote, compétition pour le fer…) permet d'avoir accès à des communautés fonctionnelles partageant les mêmes gènes de fonction au sein de populations variées pouvant appartenir à des espèces différentes. Ces gènes de fonction ne représentent bien sûr qu'un potentiel génétique dont l'expression peut varier selon les conditions environnementales. Cette expression peut être appréhendée par des analyses de transcriptomique (Veneault-Fourrey *et al.*, 2014). Au-delà du transcriptome, l'analyse des métabolites, végétaux ou microbiens, régulant les interactions plantes-microorganismes représente également un enjeu crucial de l'écologie de la rhizosphère. Cependant, cette identification est problématique du fait de la difficulté d'accès et de la structure matricielle du sol, ainsi que des niveaux de détection requis, en particulier pour les hormones et les molécules signal. Ces niveaux sont maintenant significativement abaissés avec l'amélioration des approches de métabolomique (van Dam et Bouwmeester, 2016), comprenant en particulier le traitement statistique d'analyses couplant la chromatographie (en phase liquide ou gazeuse) à la spectrométrie de masse, ou utilisant la résonance magnétique nucléaire. Des analyses d'exsudats ont été réalisées à partir de cultures hydroponiques (Khorassani *et al.*, 2011), mais elles sont probablement peu représentatives des exsudats réellement présents dans les sols. En effet, leur composition est influencée par les propriétés physicochimiques et biotiques du sol (Veneklaas *et al.*, 2003 ; Neumann *et al.*, 2014). L'échantillonnage des exsudats racinaires des plantes représente donc un enjeu essentiel. Le couplage d'approches en métagénomique, en métratranscriptomique et en métabolomique doit contribuer dans le futur à mieux appréhender la complexité des interactions biotiques et, en particulier, à identifier de nouvelles voies de signalisation et de nouvelles activités, ainsi que les gènes correspondants.

Finalement, la visualisation des interactions comprenant la distribution des microorganismes et des activités le long de et dans la racine nécessite des stratégies d'observation *in situ* basées sur des approches de microscopie telles que l'hybridation *in situ* en fluorescence ou la microscopie confocale à balayage laser (Cardinale, 2014). Le couplage d'approches moléculaires et de microdissection laser (Roux *et al.*, 2014) ouvre également des perspectives stimulantes pour l'identification de microenvironnements propices à l'expression des activités microbiennes.

Des progrès sont également en cours sur les conditions de culture des plantes, permettant une meilleure visualisation de l'architecture racinaire et des interactions avec les microorganismes associés sans destruction des plantes, grâce en particulier au développement de rhizotrons (dispositifs permettant la visualisation des racines et des interactions plantes-microorganismes) (Jeudy *et al.*, 2016 ; figure 10.2).

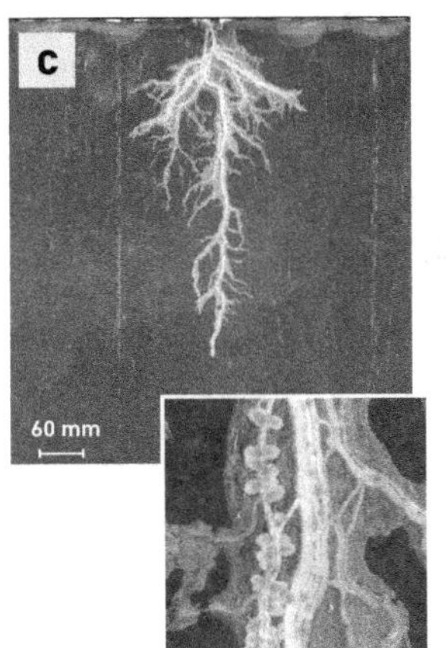

Figure 10.2 Photos du rhizotron «RhizoTube».

Les RhizoTubes sont installés sur des convoyeurs (**A**) sur lesquels ils sont automatiquement déplacés vers la station de fertirrigation (**B**). La cinétique de croissance racinaire et de formation des nodosités est obtenue par analyse des images obtenues ; à titre d'exemple, une image de racine nodulée de pois cultivé en RhizoTube en l'absence de fertilisation azotée (**C**).

Le RhizoTube (*European patent* : Salon C., Jeudy C., Bernard C., Mougel C., Coffin A., Bourion V., Moreau D., Palavioux K., Baussart B., 2012. Brevet «Rhizotron et utilisations de celui-ci». Brevet déposé en France le 26 juin 2012 sous le n°12 56069 aux noms de Inra et Inoviaflow, dépôt national et européen) est une innovation de la Plateforme de phénotypage des interactions plantes-microorganismes (4PMI, Dijon, France).

Photos © Inra Dijon UMR Agroécologie.

▸▸ Recrutement du microbiote rhizosphérique par la plante hôte

Le sol rhizosphérique présente des caractéristiques physicochimiques différentes de celles du sol non rhizosphérique. La rhizosphère est en effet un lieu d'échanges importants entre le sol, la racine et le microbiote. Ces échanges sont multiples : libération de composés organiques et d'ions, absorption d'eau et d'ions par la racine, respiration de la racine et du microbiote (ensemble des microorganismes présents dans un environnement spécifique), synthèse de nombreux métabolites microbiens. Ces échanges conduisent à une augmentation de la concentration en matière organique et à une modification des équilibres ioniques et gazeux de la rhizosphère. L'ensemble de ces modifications détermine «l'effet rhizosphère» (Lemanceau et Heulin, 1998). En particulier, les rhizodépôts libérés par la plante promeuvent significativement l'abondance microbienne dans la rhizosphère. Cependant, toutes les populations de la communauté tellurique ne sont pas favorisées de façon équitable. Ainsi, la diversité microbienne est plus faible dans la rhizosphère que dans le sol nu (García-Salamanca *et al.*, 2012), indiquant que la plante favorise des populations particulières au sein du réservoir microbien du sol. Ce recrutement résulte d'une communication complexe entre plantes et microorganismes (Lemanceau *et al.*, 2016) reposant sur des relations trophiques et une signalisation moléculaire *via* les composés contenus dans les exsudats racinaires (Lareen *et al.*, 2016 ; Lemanceau *et al.*, 2016).

Ces exsudats comprennent en particulier des sucres, des acides aminés et des acides organiques représentant une source trophique pour les microorganismes telluriques hétérotrophes. Les populations microbiennes présentant les activités enzymatiques leur permettant de tirer au mieux profit de ces composés pour leur métabolisme sont avantagées et présentent une meilleure compétitivité dans la rhizosphère (Pérez-Jaramillo *et al.*, 2016). La composition des exsudats racinaires diffère selon les plantes (Nguyen, 2003) et, en conséquence, de celle des populations microbiennes associées. Le recrutement microbien par la plante est en effet spécifique et varie selon l'espèce (Latour *et al.*, 1996 ; Pivato *et al.*, 2007) et même le génotype végétal (Inceoglu *et al.*, 2010 ; Zancarini *et al.*, 2013). Ainsi, les profils trophiques des populations de *Pseudomonas* diffèrent dans la rhizosphère de la tomate et du lin, à l'image des variations de composition des exsudats correspondants. À titre d'exemple, la majorité des populations de tomate est capable d'utiliser le tréhalose, alors qu'aucune de lin n'est capable d'utiliser ce sucre (Latour *et al.*, 1996), et les populations de *Pseudomonas* capables d'utiliser le tréhalose bénéficient d'un avantage compétitif dans la rhizosphère de tomate (Ghirardi *et al.*, 2012). Le métabolisme carboné et énergétique des populations microbiennes dans la rhizosphère se différencie de celles du sol, non seulement par leur aptitude à utiliser des composés organiques particuliers (par exemple donneurs d'électrons), mais également à mobiliser de façon efficace deux types d'accepteurs d'électrons selon les conditions environnementales, en particulier la pression partielle en oxygène, pO_2 : i) le fer, *via* la synthèse de sidérophores, et ii) les oxydes d'azotes, *via* la synthèse de réductases (Robin *et al.*, 2008 ; Ghirardi *et al.*, 2012 ; Philippot *et al.*, 2013).

La sélection de populations microbiennes par la plante est non seulement spécifique mais, pour un même génotype végétal, suit également une dynamique temporelle au fil des stades phénologiques de la plante (Mougel *et al.*, 2006), correspondant à des exsudats de composition différente (Chaparro *et al.*, 2013).

Outre les relations trophiques, la signalisation moléculaire joue un rôle déterminant dans l'effet rhizosphère à l'égard du microbiote tellurique. Des exemples emblématiques de cette signalisation concernent le rôle des flavonoïdes dans l'établissement i) de la symbiose bactérienne fixatrice d'azote entre légumineuses et rhizobia (facteurs Nod) et ii) de la symbiose mycorhizienne à arbuscules (facteurs Myc-LOCs et strigolactones) (Limpens *et al.*, 2015 ; chapitre 16 de cet ouvrage). Les hormones associées à l'immunité de la plante façonnent aussi le microbiote rhizosphérique. Ainsi, une hormone clé des réactions de défense de la plante, l'acide salicylique, impacte le microbiote racinaire d'*Arabidopsis thaliana*, et la présence privilégiée de groupes particuliers au sein de ce microbiote a été attribuée à leur capacité à utiliser l'acide salicylique (Lebeis *et al.*, 2015).

▶▶ Des interactions à bénéfices réciproques

La libération d'une part majeure des photosynthétats sous forme de rhizodépôts dans la rhizosphère est partagée par l'ensemble des espèces végétales indiquant que l'investissement consenti par la plante dans son interaction avec le microbiote associé a été maintenu au cours de la longue coévolution plantes-microorganismes.

Cette observation remarquable suggère que le coût représenté par la libération de rhizodépôts est compensé par un bénéfice en retour pour la plante. Ce «retour sur investissement» est bien connu dans le cas : i) des symbioses bactériennes fixatrices d'azote (Sulieman et Tran, 2014) contribuant à la nutrition azotée des légumineuses, même si un comportement de type «tricheurs» peut apparaître chez certaines populations de Rhizobia (Schumpp et Deakin, 2010) et ii) des symbioses mycorhiziennes contribuant à la nutrition en P et en eau de la plante hôte (Gianinazzi *et al.*, 2010).

De façon générale, la stabilité de l'association plante-microorganismes repose sur les bénéfices réciproques qu'en tirent les partenaires impliqués, où les bénéfices pour chaque partenaire excédent les coûts induits. Ceci peut être représenté par une boucle de rétroaction où la plante investit une part significative de ses photo-synthétats sous forme de rhizodépôts (coût pour la plante) soutenant ainsi la multi-plication et l'activité de microorganismes (bénéfice pour les microorganismes) qui, en retour, favorisent la croissance et la santé des plantes (bénéfice pour les plantes) au travers d'activités particulières (coût pour les microorganismes). La dynamique du fer dans la rhizosphère constitue un bon modèle pour l'étude de cette boucle de rétroaction des interactions plantes-microorganismes (figure 10.3; Lemanceau *et al.*, 2009). Ainsi, la réduction de la disponibilité en fer dans la rhizosphère, exacerbée par l'utilisation d'une plante transgénique suraccumulant le fer (déré-gulation de la synthèse de ferritine, une protéine de stockage du fer), conduit à la sélection de populations de *Pseudomonas* mobilisant fortement le fer *via* la synthèse de sidérophores particuliers (Robin *et al.*, 2006a, 2006b, 2008). Ces sidérophores présentent en effet une forte affinité pour le fer qui entre en compétition avec l'oomycète phytopathogène testé (antagonisme microbien; Robin *et al.*, 2008). La plante, qui est un organisme eucaryote tout comme cet agent phytopathogène, n'est non seulement pas soumise à la compétition pour le fer déterminée par les sidé-rophores microbiens, mais bénéficie au contraire des complexes Fe-sidérophores pour sa nutrition en fer (Vansuyt *et al.*, 2007; Shirley *et al.*, 2011). Ces sidérophores bactériens sont d'ailleurs capables d'extraire le fer des colloïdes argileux du sol, le rendant ainsi plus disponible pour la plante. En conclusion, la plante investit dans l'interaction en entretenant des populations particulières qui, en retour, promeuvent sa santé et sa nutrition.

Une autre illustration de «paiement en retour» concerne l'acquisition de résistance naturelle des sols au piétin-échaudage du blé provoqué par le champignon phytopa-thogène *Gaeumannomyces graminis* var. *tritici* (Kwak et Weller, 2013). Les racines infectées par le champignon sélectionnent des populations productrices d'un anti-biotique (2,4-diacétylphloroglucinol, un phénol naturel de formule $C_{10}H_{10}O_5$). Leur abondance s'accroît au bout de 3 à 4 cultures de blé successives à un niveau tel que la gravité de la maladie diminue de façon spectaculaire, le sol étant alors qualifié de résistant (Raaijmakers et Weller, 1998). Le maintien de racines infectées permet de stabiliser l'abondance de ces populations bactériennes à un niveau suffisant pour garantir la protection de la plante et la résistance du sol. La production de rhizo-dépôts particuliers par les racines infectées (coût pour la plante) est donc payée en retour par l'enrichissement de populations particulières à partir du réservoir tellu-rique (bénéfices pour les bactéries) qui produisent des antibiotiques (coût pour les bactéries) favorables pour la santé de la plante (bénéfice pour la plante). Cependant,

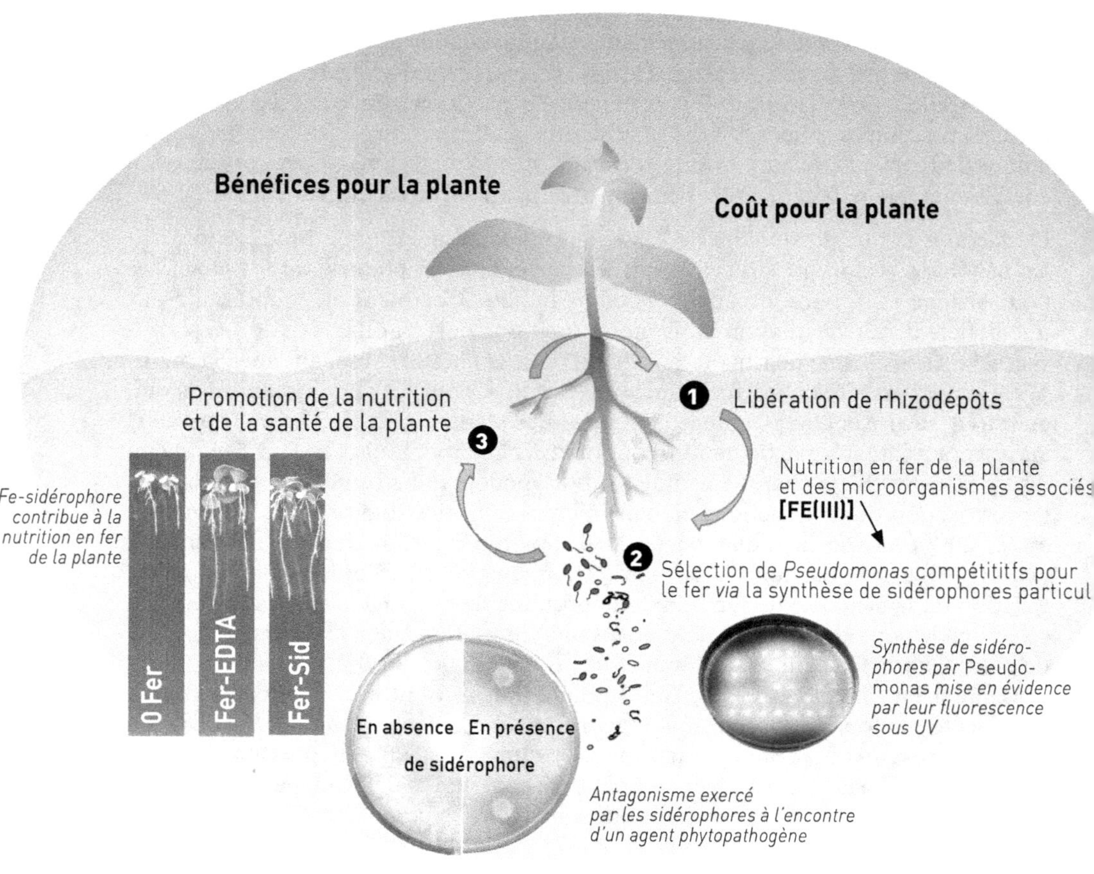

Figure 10.3. Boucle de rétroaction représentant schématiquement les interactions plantes-microorganismes dans la rhizosphère en relation avec le fer.

La plante libère des rhizodépôts promouvant l'abondance et l'activité microbienne et prélève du fer pour sa nutrition ; la nutrition de la plante et des microorganismes associés s'accompagne d'une réduction de la biodisponibilité du fer dans la rhizosphère ❶ ; cette réduction de disponibilité en fer se traduit par la sélection de populations de Pseudomonas produisant des sidérophores efficaces dans l'acquisition du fer qui leur confèrent un avantage compétitif ❷ ; ces sidérophores sont de plus efficaces chélateurs du fer que ceux synthétisés par les champignons et oomycètes dont la croissance saprophyte et les infections racinaires sont réduites du fait de la compétition pour le fer ; ils améliorent également la nutrition en fer de la plante, les Pseudomonas bénéficiant des rhizodépôts de la plante améliorent donc en retour sa croissance et sa santé ❸.

Photos © Inra Dijon UMR Agroécologie.

en cas de rupture de la monoculture, la densité des populations productrices de l'antibiotique diminue de telle sorte que la culture de blé suivante est à nouveau sensible à la maladie qui s'aggrave au cours des cultures successives jusqu'à ce que les racines infectées aient à nouveau suffisamment favorisé les populations productrices d'antibiotique. Les populations productrices d'antibiotique ne sont donc sélectionnées que par les racines infectées par le champignon phytopathogène et ne sont ainsi entretenues que lorsqu'elles représentent un bénéfice pour la plante (protection biologique contre le piétin).

De façon plus générale, l'importance du microbiote rhizosphérique en termes d'abondance, de diversité et d'effets bénéfiques pour la plante hôte conduit à ne plus considérer la plante comme une entité autonome, mais à avoir une vision plus holistique de la plante et de son microbiote (Hacquart et Schadt, 2015; Vandenkoornhuyse *et al.*, 2015; Theis *et al.*, 2016). La croissance, le développement et la santé de la plante résultent en effet non seulement de traits végétaux, mais également de ceux des microorganismes associés. Il a même été proposé que la plante puisse être considérée comme un holobionte comprenant la plante *per se* plus son microbiote associé (Vandenkoornhuyse *et al.*, 2015). À l'image du microbiote associé au tube digestif, celui associé aux racines contribue à l'acquisition de nutriments et à l'immunité de l'hôte, ainsi qu'à sa tolérance aux stress biotiques causés par les agents phytopathogènes et abiotiques (par exemple stress hydrique) (Mendes *et al.*, 2013). Ramírez-Puebla *et al.* (2013) ont d'ailleurs proposé l'image du «tube digestif à l'envers» pour illustrer ces analogies entre microbiotes du tube digestif et de la rhizosphère.

Cette proposition est soutenue par celle concomitante d'un corpus de phylotypes microbiens («core microbiome») qui seraient universellement associés à un génotype ou à une espèce végétale (Lundberg *et al.*, 2012). Cependant, cette proposition est confrontée à la variabilité du réservoir de biodiversité selon les sols comme indiqué par les études de biogéographie (Ranjard *et al.*, 2013; voir chapitre 9 de cet ouvrage). Ainsi, après la définition taxonomique du «core microbiome» (Bulgarelli *et al.*, 2012; Lundberg *et al.*, 2012), nous proposons une définition fonctionnelle pour ce corpus qui correspondrait alors aux fonctions microbiennes partagées et distribuées dans différents taxons (Lemanceau *et al.*, en préparation). Ce «core microbiome» fonctionnel s'appliquerait dans différents sols car les fonctions correspondantes peuvent être distribuées dans différents taxons.

▸▸ Les interactions plantes-microorganismes dans les agroécosystèmes

Le développement de l'agriculture s'est accompagné d'une domestication des plantes (Pérez-Jaramillo *et al.*, 2016), de l'utilisation d'intrants de synthèse (fertilisants et pesticides), d'une simplification des rotations et des assolements qui collectivement minimisent le rôle de la biodiversité et des interactions biotiques dans la nutrition, la croissance et la santé des plantes (Philippot *et al.*, 2013). Ainsi, les génotypes végétaux actuels ont été sélectionnés essentiellement pour leur production de biomasse aérienne en situations fertiles, de telle sorte que la domestication des plantes a pu contribuer à la contre-sélection de traits liés au développement racinaire et à la composition des rhizodépôts, influençant ainsi le microbiote rhizosphérique (Pérez-Jaramillo *et al.*, 2016), microbiote dont nous avons vu ci-dessus l'importance dans les systèmes peu anthropisés. Les variétés récentes de blé semblent moins bien mycorhizées que celles plus anciennes (Hetrick *et al.*, 1996). De même, les microbiotes de l'orge domestiquée et de ses ancêtres présentent des différences, qui, même si elles sont faibles, n'en demeurent pas moins significatives (Bulgarelli *et al.*, 2015). Le microbiote de lignées recombinantes de maïs cultivées au champ présente des variations héritables de la diversité microbienne de leurs rhizosphères (Pfeiffer *et al.*, 2013). Or, des gènes végétaux candidats gouvernant l'aptitude d'une souche de *Bacillus* à protéger la tomate contre la fonte de semis (Smith *et al.*, 1999), et des gènes candidats gouvernant l'aptitude d'une souche de *Pseudomonas* à promouvoir la biomasse et l'architecture racinaire chez *Arabidopsis* (Wintermans *et al.*, 2016) ont été mis en évidence. Ces observations suggèrent la possibilité d'introduire, dans les programmes de sélection, des traits végétaux promouvant les interactions biotiques bénéfiques (Wissuva *et al.*, 2009). Pour identifier ces traits, il a été proposé de «revenir aux racines», en explorant le microbiote des plantes natives, afin de rechercher des traits végétaux promouvant les interactions biotiques qui auraient pu être perdus dans les cultivars actuels (Pérez-Jaramillo *et al.*, 2016). De plus, l'utilisation de fertilisants est bien connue i) pour minimiser la nutrition en azote des légumineuses *via* la fixation biologique atmosphérique (Sulieman et Tran, 2014) et ii) pour son rôle potentiel dans la réduction de la nutrition des plantes en phosphore *via* la symbiose mycorhizienne (Gianinazzi *et al.*, 2010).

Finalement, la simplification des rotations et des assolements minimise la contribution de la biodiversité, végétale et microbienne, à la nutrition et à la santé des plantes de façon concomitante avec l'utilisation d'intrants de synthèse. Ainsi, il a été montré, lors d'études de biogéographie, que le microbiote tellurique est d'autant plus abondant que la diversité végétale est grande (Dequiedt *et al.*, 2011). De plus, des associations végétales bien choisies se traduisent par des processus de facilitation conduisant à des bénéfices réciproques avec contribution des microbiotes associés. À titre d'exemple, une légumineuse favorise la nutrition en azote d'une graminée associée *via* des mécanismes de complémentarité de niches et de facilitation (Hinsinger *et al.*, 2010 ; Lesuffleur *et al.*, 2013), et nous formulons l'hypothèse selon laquelle la graminée et son microbiote favoriseraient la nutrition en fer de la légumineuse qui est d'ailleurs essentiel pour la fixation de l'azote atmosphérique (la leghémoglobine, une hémoprotéine fixatrice de dioxygène présente chez les Fabacées et requérant le fer pour son fonctionnement, est synthétisée en grande quantité par la légumineuse hôte et permet de protéger, dans les nodosités, le complexe enzymatique nitrogénase/hydrogénase responsable de la fixation de l'azote atmosphérique des effets du dioxygène qui l'inactive). Un autre exemple concerne la culture de graminées favorisant les populations de *Pseudomonas* productrices de 2,4-diacétyl-phloroglucinol (Mazzola *et al.*, 2004), en entre-rangs dans les vergers de pommiers afin de les protéger contre l'agent phytopathogène *Rhizoctonia solani*. À l'inverse, les plantes en association peuvent avoir un effet délétère pour la culture, c'est bien sûr le cas des adventices qui entrent en compétition avec les plantes de rente. Des recherches sont en train d'explorer la possibilité de réduire la croissance de l'adventice *via* le microbiote rhizosphérique afin de donner un avantage compétitif à la culture et ainsi minimiser l'utilisation d'herbicides représentant la plus grande part des pesticides utilisés en agriculture.

Dans ce contexte, le changement de paradigme représenté par l'agroécologie est de mettre la biodiversité et les interactions biotiques au cœur même de la conception des systèmes agricoles. Leur valorisation vise à réduire l'utilisation d'intrants de synthèse en privilégiant la nutrition et la protection des plantes assurées par les interactions biotiques, en particulier les interactions plantes-microorganismes dans la rhizosphère (Lemanceau *et al.*, 2015).

▸▸ Conclusions et perspectives

Les recherches sur la rhizosphère représentent un front de sciences très actif comme en atteste, à titre d'exemples, la série d'ouvrages (Stengel et Gelin, 1998 ; de Bruijn, 2013 ; Montgomery et Bicklé, 2015), de numéros spéciaux (Dessaux *et al.*, 2003, 2009 ; Hartmann *et al.*, 2008a ; Brink, 2016), de colloques (Montpellier, Dijon, Munich, Montpellier, Wageningen) qui lui ont été dédiés au cours des dernières années. Les recherches sur les interactions plantes-microorganismes dans la rhizosphère bénéficient d'avancées méthodologiques très prometteuses permettant d'envisager la définition d'un « core microbiome » fonctionnel spécifique du génotype végétal. Les recherches sur la rhizosphère bénéficient de plus des analogies avec le microbiote digestif et donc des avancées conceptuelles et méthodologiques dans ce domaine (Hacquard *et al.*, 2015). Elles contribuent à la réflexion plus globale des relations entre microbiote et hôte avec la proposition du concept d'holobionte. Outre leur intérêt académique, les recherches sur les interactions plantes-microorganismes dans la rhizosphère suscitent de fortes attentes en agroécologie afin de tirer mieux parti des relations biotiques pour réduire l'usage des intrants de synthèse (Lemanceau *et al.*, 2015). Il s'agit de valoriser les rhizodépôts pour orienter les populations et les activités microbiennes de la rhizosphère afin de promouvoir la nutrition et la santé de la plante hôte. Cette ambition représente une formidable marge de progrès au vu de la proportion majeure de photosynthétats dédiés aux rhizodépôts, jusqu'alors peu ou pas exploités en agriculture. Un des enjeux majeurs est de progresser dans la connaissance des traits et des gènes végétaux et microbiens impliqués dans la signalisation et les bénéfices réciproques pour les partenaires, l'objectif étant d'introduire ces traits dans les programmes d'amélioration des plantes. De façon plus générale, l'application des recherches en écologie de la rhizosphère à l'agroécologie pour la conception de systèmes agricoles vertueux, économes en intrants et préservant la diversité, requiert une intégration d'expertises variées dans des domaines complémentaires : agronomie, écologie, écophysiologie et génétique végétale, sciences du sol, etc. Ainsi, les interactions plantes-microorganismes dans la rhizosphère doivent être positionnées dans le cadre plus général de l'agroécosystème, en intégrant à la fois les associations végétales dans le temps (rotation) et l'espace (assolement), les pratiques agricoles (fertilisation, travail du sol) et le sol.

Références bibliographiques

Bais H., Weir T., Perry L., Gilroy S., Vivanco J., 2006. The role of root exudates in rhizosphere interactions with plants and other organisms. *Annual Review of Plant Biology*, 57, 233-266.

Bates S.T., Berg-Lyons D., Caporaso J.G., Walters W.A., Knight R., Fierer N., 2011. Examining the global distribution of dominant archaeal populations in soil. *The ISME Journal*, 5 (5), 908-917.

Brink S.C., 2016. Unlocking the secrets of the rhizosphere. *Trends in Plant Science*, 21 (3), 169-170.

Bulgarelli D., Rott M., Schlaeppi K., van Themaat E.V.L., Ahmadinejad N., Assenza F., Rauf V., Huettel B., Reinhardt R., Schmelzer E., Peplies J., Gloeckner F.O., Amann R., Eickhorst T. Schulze-Lefert P., 2012. Revealing structure and assembly cues for *Arabidopsis* root-inhabiting bacterial microbiota. *Nature*, 488 (7409), 91-95.

Bulgarelli D., Garrido-Oter R., Münch P.C., Weiman A., Dröge J., Pan Y., McHardy A.C., Schulze-Lefert P., 2015. Structure and function of the bacterial root microbiota in wild and domesticated barley. *Cell Host & Microbe*, 17 (3), 392-403.

Cardinale M., 2014. Scanning a microhabitat: Plant-microbe interactions revealed by confocal laser microscopy. *Frontiers in Microbiology*, 5, 94.

Chaparro J.M., Badri D.V., Bakker M.G., Sugiyama A., Manter D.K., Vivanco J.M., 2013. Root exudation of phytochemicals in *Arabidopsis* follows specific patterns that are developmentally programmed and correlate with soil microbial functions. *PLoS One*, 8 (2), e55731.

Curl E.A., Truelove B., 1986. *The Rhizosphere*. Berlin/Heidelberg/New York/Tokyo, Springer-Verlag, Collection Advanced Series in Agricultural Sciences 15.

de Bruijn F.J., 2013. *Molecular Microbial Ecology of the Rhizosphere*. Hoboken (New Jersey), Wiley-Blackwell.

Dequiedt S., Saby N.P.A., Lelievre M., Jolivet C., Thioulouse J., Toutain B., Arrouays D., Bispo A., Lemanceau P., Ranjard L., 2011. Biogeographical patterns of soil molecular microbial biomass as influenced by soil characteristics and management. *Global Ecology and Biogeography*, 20 (4), 641-652.

Dessaux Y., Hinsinger P., Lemanceau P., 2003. Special issue "Third Rhizosphere Conference" Dijon, novembre 2001, *Agronomie*, 23, 373.

Dessaux Y., Hinsinger P., Lemanceau P., 2009. Rhizosphere: Achievements and challenges. *Plant and Soil*, 321 (1), 1-3.

García-Salamanca A., Molina-Henares M.A., van Dillewijn P., Solano J., Pizarro-Tobías P., Roca A., Duque E., Ramos J.L., 2013. Bacterial diversity in the rhizosphere of maize and the surrounding carbonate-rich bulk soil. *Microbial Biotechnology*, 6 (1), 36-44.

Ghirardi S., Dessaint F., Mazurier S., Corberand T., Raaijmakers J.M., Meyer J.-M., Dessaux Y., Lemanceau P., 2012. Identification of traits shared by rhizosphere-competent strains of fluorescent pseudomonads. *Microbial Ecology*, 64 (3), 725-737.

Gianinazzi S., Gollotte A., Binet M.A., van Tuinen D., Redecker D., Wipf D., 2010. Agroecology: The key role of arbuscular mycorrhizas in ecosystem services. *Mycorrhiza*, 20 (8), 519-530.

Hacquard S., Garrido-Oter R., González A., Spaepen S., Ackermann G., Lebeis S., McHardy A.C., Dangl J.L., Knight R., Ley R., Schulze-Lefert P., 2015. Microbiota and host nutrition across plant and animal kingdoms. *Cell Host & Microbe*, 17 (5), 603-616.

Hacquard S., Schadt C.W., 2015. Towards a holistic understanding of the beneficial interactions across the Populus microbiome. *New Phytologist*, 205 (4), 1424-1430.

Hartmann A., Lemanceau P., Prosser J.I., 2008a. Multitrophic interactions in the rhizosphere - Rhizosphere microbiology: At the interface of many disciplines and expertises. *FEMS Microbiology Ecology*, 65 (2), 179.

Hartmann A., Rothballer M., Schmid M., 2008b. Lorenz Hiltner, a pioneer in rhizosphere microbial ecology and soil bacteriology research. *Plant and Soil*, 312 (1), 7-14.

Hetrick B.A.D., Kitt D.G., Wilson G.W.T., 1996. Mycorrhizal response in wheat cultivars: Relationship to phosphorus. *Canadian Journal of Botany*, 74 (1), 19-25.

Hiltner L., 1904. Uber neuere Erfahrungen und Probleme auf dem Gebiet der Bodenbakteriologie und unter besonderer Berücksichtigung der Gründüngung und Brache. *Arbeiten der Deutschen Landwirtschaftlichen Gesellschaft*, 98, 59-78.

Hinsinger P., Betencourt E., Bernard L., Brauman A., Plassard C., Shen J., Tang X., Zhang F., 2011. P for two, sharing a scarce resource: Soil phosphorus acquisition in the rhizosphere of intercropped species. *Plant Physiology*, 156 (3), 1078-1086.

Inceoglu O., Falcao Salles J., van Overbeek L., van Elsas J.D., 2010. Effect of plant genotype and growth stage on the Betaproteobacterial communities associated with different potato cultivars in two fields. *Applied and Environmental Microbiology*, 76 (11), 3675-3684.

Jeudy C., Adrian M., Baussard C., Bernard C., Bernaud E., Bourion V., Busset H., Cabrera-Bosquet L., Cointault F., Han S.M., Lamboeuf M., Moreau D., Pivato B., Prudent M., Trouvelot S., Truong H.N., Vernoud V., Voisin A.-S., Wipf D., Salon C., 2016. RhizoTubes as a new tool for high throughput imaging of plant root development and architecture: Test, comparison with pot grown plants and validation. *Plant Methods*, 12, 31.

Khorassani R., Hettwer U., Ratzinger A., Steingrobe B., Karlovsky P., Claassen N., 2011. Citramalic acid and salicylic acid in sugar beet root exudates solubilize soil phosphorus. *BMC Plant Biology*, 11, 121.

Kwak Y.S., Weller D.M., 2013. Take-all of wheat and natural disease suppression: A review. *Plant Pathology Journal*, 29 (2), 125-135.

Lakshmanan V., Selvaraj G., Bais H.P., 2014. Functional soil microbiome: Belowground solutions to an aboveground problem. *Plant Physiology*, 166 (2), 689-700.

Lareen A., Burton F., Schäfer P., 2016. Plant root-microbe communication in shaping root microbiomes. *Plant Molecular Biology*, 90 (6), 575-587.

Latour X., Corberand T., Laguerre G., Allard F., Lemanceau P., 1996. The composition of fluorescent pseudomonad population associated with roots is influenced by plant and soil type. *Applied and Environmental Microbiology*, 62 (7), 2449-2556.

Lebeis S.L., Paredes S.H., Lundberg D.S., Breakfield N., Gehring J., McDonald M., Malfatti S., Glavina del Rio T., Jones C.D., Tringe S.G., Dangl J.L., 2015. Salicylic acid modulates colonization of the root microbiome by specific bacterial taxa. *Science*, 349 (6250), 860-864.

Lemanceau P., Barret M., Mazurier S., Mondy S., Pivato B., Fort T., Vacher C., 2016. Plant communication with associated microbiota in the spermosphere, rhizosphere and phyllosphere. *Advances in Botanical Research*, sous presse.

Lemanceau P., Bauer P., Kraemer S., Briat J.-F., 2009. Iron dynamics in the rhizosphere as a case study for analyzing interactions between soils, plants and microbes. *Plant and Soil*, 321 (1), 513-535.

Lemanceau P., Heulin T., 1998. La rhizosphère. *In : Sol : interface fragile* (Stengel P., Gelin S., dir.). Paris, Inra éditions, Collection Mieux comprendre, 93-106.

Lemanceau P., Maron P.-A., Mazurier S., Mougel C., Pivato B., Plassart P., Ranjard L., Revellin C., Tardy V., Wipf D., 2015. Understanding and managing soil biodiversity: A major challenge in agroecology. *Agronomy and Sustainable Development*, 35 (1), 67-81.

Limpens E., van Zeijl A., Geurts R., 2015. Lipochitooligosaccharides modulate plant host immunity to enable endosymbioses. *Annual Review of Phytopathology*, 53, 311-334.

Lesuffleur F., Salon C., Jeudy C., Cliquet J.B., 2013. Use of a $^{15}N_2$ labelling technique to estimate exudation by white clover and transfer to companion ryegrass of symbiotically fixed N. *Plant and Soil*, 369 (1), 187-197.

Lundberg D.S., Lebeis S.L., Paredes S.H., Yourstone S., Gehring J., Malfatti S., Tremblay J., Engelbrektson A., Kunin V., Rio T.G.D., Edgar R.C., Eickhorst T., Ley R.E., Hugenholtz P., Tringe S.G., Dangl J.L., 2012. Defining the core *Arabidopsis thaliana* root microbiome. *Nature*, 488 (7409), 86-90.

Maron P.-A., Ranjard L., Mougel C., Lemanceau P., 2007. Metaproteomics: A new approach for studying functional microbial ecology. *Microbial Ecology*, 53 (3), 486-493.

Mazzola M., Funnell D.L., Raaijmakers J.M., 2004. Wheat cultivar-specific selection of 2,4-diacetylphloroglucinol-producing fluorescent *Pseudomonas* species from resident soil populations. *Microbial Ecology*, 48 (3), 338-348.

Mendes R., Garbeva P., Raaijmakers J.M., 2013. The rhizosphere microbiome: Significance of plant beneficial, plant pathogenic, and human pathogenic microorganisms. *FEMS Microbiology Reviews*, 37, 634-663.

Montgomery D.R., Bicklé A., 2015. *The Hidden Half of Nature: The Microbial Roots of Life and Health*. New York, W.W. Norton & Company.

Mougel C., Offre P., Ranjard L., Corberand T., Gamalero E., Robin C., Lemanceau P., 2006. Dynamic of the genetic structure of bacterial and fungal communities at different developmental stages of *Medicago truncatula* Gaertn. cv. Jemalong line J5. *New Phytologist*, 170 (1), 165-175.

Nesme J., Achouak W., Agathos S.N., Bailey M., Baldrian P., Brunel D., Frostegård A., Heulin T., Jansson J.K., Jurkevitch E., Kruus K., Kowalchuk G.A., Lagares A., Lappin-Scott H.M., Lemanceau P., Le Paslier D., Mandic-Mulec I., Murrell J.C., Myrold D.D., Nalin R., Nannipieri P., Neufeld J.D., O'Gara F., Parnell J.J., Pühler A., Pylro V., Ramos J.L., Roesch L.F.W., Schloter M., Schleper C., Sczyrba A., Sessitsch A., Sjöling S., Sørensen J., Sørensen S.J., Tebbe C.C., Topp E., Tsiamis G., van Elsas J.D., van Keulen G., Widmer F., Wagner M., Zhang T., Zhang X., Zhao L., Zhu Y.-G., Vogel T.M., Simonet P., 2016. Back to the future of soil metagenomics. *Frontiers in Microbiology*, 7, 73.

Neumann G., Bott S., Ohler M., Mock H.-P., Lippmann R., Grosch R., Smalla K., 2014. Root exudation and root development of lettuce (*Lactuca sativa* L. cv. Tizian) as affected by different soils. *Frontiers in Microbiology*, 5, 2, doi: 10.3389/fmicb.2014.00002

Nguyen C., 2003. Rhizodeposition of organic C by plants: Mechanisms and controls. *Agronomie*, 23 (5-6), 375-396.

Orgiazzi A., Bonnet Dunbar M., Panagos P., Arjen de Groot G., Lemanceau P., 2015. Soil biodiversity and DNA barcodes: Opportunities and challenges. *Soil Biology and Biochemistry*, 80, 244-250.

Peiffer J.A., Spor A., Koren O., Jin Z., Tringe S.G., Dangl J.L., Buckler E.S., Ley R.E., 2013. Diversity and heritability of the maize rhizosphere microbiome under field conditions. *Proceedings of the National Academy of Sciences of the United States of America*, 110 (16), 6548-6553.

Pérez-Jaramillo J.E., Mendes R., Raaijmakers J.M., 2016. Impact of plant domestication on rhizosphere microbiome assembly and functions. *Plant Molecular Biology*, 90 (6), 635-644.

Philippot L., Raaijmakers J.M., Lemanceau P., van der Putten W.H., 2013. Going back to the roots: The microbial ecology of the rhizosphere. *Nature Reviews Microbiology*, 11, 789-799.

Pivato B., Mazurier S., Lemanceau P., Siblot S., Berta G., Mougel C., van Tuinen D., 2007. *Medicago* species affect the community composition of arbuscular mycorrhizal fungi associated with roots. *New Phytologist*, 176 (1), 197-210.

Raaijmakers J.M., Weller D.M., 1998. Natural plant protection by 2,4-diacetylphloroglucinol-producing *Pseudomonas* spp. in take-all decline soils. *Molecular Plant-Microbe Interactions*, 11 (2), 144-152.

Rajendhran J., Gunasekaran P., 2008. Strategies for accessing soil metagenom for desired applications. *Biotechnology Advances*, 26 (6), 576-590.

Ramírez-Puebla S.T., Servín-Garcidueñas L.E., Jiménez-Marín B., Bolaños L.M., Rosenblueth M., Martínez J., Rogel M.A., Ormeño-Orrillo E., Martínez-Romero E., 2013. Gut and root microbiota commonalities. *Applied and Environmental Microbiology*, 79 (1), 2-9.

Ranjard L., Dequiedt S., Chemidlin Prévost-Bouré N., Thioulouse J., Saby N.P.A., Lelievre M., Maron P.-A., Morin F.E.R., Bispo A., Jolivet C., Arrouays D., Lemanceau P., 2013. Turnover of soil bacterial diversity driven by wide-scale environmental heterogeneity. *Nature Communications*, 4,1434.

Redecker D., Kodner R., Graham L.E., 2000. Glomalean fungi from the Ordovician. *Science*, 289 (5486), 1920-1921.

Robin A., Vansuyt G., Corberand T., Briat J.-F., Lemanceau P., 2006a. The soil type affects both the differential accumulation of iron between wild type and ferritin over-expressor tobacco plants and the sensitivity of their rhizosphere bacterioflora to iron stress. *Plant and Soil*, 283 (1-2), 75-83.

Robin A., Mougel C., Siblot S., Vansuyt G., Mazurier S., Lemanceau P., 2006b. Effect of ferritin over-expression in tobacco on the structure of bacterial and pseudomonad communities associated with the roots. *FEMS Microbiology Ecology*, 58 (3), 492-502.

Robin A., Vansuyt G., Hinsinger P., Meyer J.-M., Briat J.-F., Lemanceau P., 2008. Iron dynamics in the rhizosphere: Consequences for plant health and nutrition. *Advances in Agronomy*, 99, 183-225.

Roux B., Rodde N., Jardinaud M.-F., Timmers T., Sauviac L., Cottret L., Carrère S., Sallet E., Courcelle E., Moreau S., Debellé F., Capela D., de Carvalho-Niebel F., Gouzy J., Bruand C., Gama P., 2014. An integrated analysis of plant and bacterial gene expression in symbiotic root nodules using laser-capture microdissection coupled to RNA sequencing. *The Plant Journal*, 77 (6), 817-837.

Schloss P.D., Handelsman J., 2003. Biotechnological prospects from metagenomics. *Current Opinion in Biotechnology*, 14 (3), 303-310.

Schumpp O., Deakin W.J., 2010. How inefficient rhizobia prolong their existence within nodules. *Trends in Plant Science*, 15 (4), 189-195.

Shirley M., Avoscan L., Bernaud E., Vansuyt G., Lemanceau P., 2011. Comparison of iron acquisition from Fe-pyoverdine by strategy I and strategy II plants. *Botany*, 89 (10), 731-735.

Smith K.P., Handelsman J., Goodman R.M., 1999. Genetic basis in plants for interactions with disease-suppressive bacteria. *Proceedings of the National Academy of Sciences of the United States of America*, 96 (9), 4786-4790.

Stengel P., Gelin S. (dir.), 1998. *Sol : interface fragile*. Paris, Inra éditions, Collection Mieux comprendre.

Sulieman S., Tran L.-S.P., 2014. Symbiotic nitrogen fixation in legume nodules: Metabolism and regulatory mechanisms. *International Journal of Molecular Sciences*, 15 (11), 19389-19393.

Theis K.R., Dheilly N.M., Klassen J.L., Brucker R.M., Baines J.F., Bosch T.C.G., Cryan J.F., Gilbert S.F., Goodnight C.J., Lloyd E.A., Sapp J., Vandenkoornhuyse P., Zilber-Rosenberg I., Rosenberg E., Bordenstein S.R., 2016. Getting the hologenome concept right: An eco-evolutionary framework for hosts and their microbiomes. *MSystems*, 1 (2), e00028-16.

Torsvik V., Daae F.L., Sandaa R.A., Ovreas L., 2002. Microbial diversity and function in soil: From genes to ecosystems. *Current Opinion in Microbiology*, 5 (3), 240-245.

van Dam N.M., Bouwmeester H.J., 2016. Metabolomics in the rhizosphere: Tapping into below-ground chemical communication. *Trends in Plant Science*, 21 (3), 256-265.

Vandenkoornhuyse P., Quaiser A., Duhamel M., Le Van A., Dufresne A., 2015. The importance of the microbiome of the plant holobiont. *New Phytologist*, 206 (4), 1196-1206.

Vansuyt G., Robin A., Briat J.-F., Curie C., Lemanceau P., 2007. Iron acquisition from Fe-pyoverdine by *Arabidopsis thaliana*. *Molecular Plant-Microbe Interactions*, 20 (4), 441-447.

Veneault-Fourrey C., Commun C., Kohler A., Morin E., Balestrini R., Plett J., Danchin E., Coutinho P., Wiebenga A., de Vries Ronald P., Henrissat B., Martin F., 2014. Genomic and transcriptomic analysis of *Laccaria bicolor* CAZome reveals insights into polysaccharides remodelling during symbiosis establishment. *Fungal Genetics and Biology*, 72, 168-181.

Veneklaas E.J., Stevens J., Cawthray G.R., Turner S., Grigg A.M., Lambers H.. 2003. Chickpea and white lupin rhizosphere: Carboxylates vary with soil properties and enhance phosphorus uptake. *Plant and Soil*, 248 (1), 187-197.

Wintermans P.C.A., Bakker P.A.H.M., Pieterse C.M.J., 2016. Natural genetic variation in *Arabidopsis* for responsiveness to plant growth-promoting rhizobacteria. *Plant Molecular Biology*, 90 (6), 623-634.

Wissuwa M., Mazzola M., Picard C., 2009. Novel approaches in plant breeding for rhizosphere-related traits. *Plant and Soil*, 321 (1), 409-430.

Zancarini A., Mougel C., Terrat S., Salon C., Munier-Jolain N., 2013. Combining ecophysiological and microbial ecological approaches to study the relationship between *Medicago truncatula* genotypes and their associated rhizosphere bacterial communities. *Plant and Soil*, 365 (1-2), 183-199.

Chapitre 11

Les associations mycorhiziennes dans les sols : pour une meilleure maîtrise de la production végétale

Robin Duponnois, Sanâa Wahbi, Hervé Sanguin,
Lahcen Ouahmane, Mohamed Hafidi, Yves Prin

L'obligation de satisfaire les besoins alimentaires de la planète et la nécessité d'augmenter de manière drastique la productivité des agrosystèmes sont devenues en quelques décennies des enjeux cruciaux pour assurer la pérennisation de l'humanité. Avec une population mondiale estimée à 7 milliards d'individus et susceptible de dépasser les 9 milliards en 2050, la production alimentaire mondiale doit obligatoirement connaître une amélioration qualitative et quantitative spectaculaire, plus particulièrement dans les pays en développement où la croissance démographique est très élevée (FAO, 2006; Godfray *et al.*, 2010). Au cours des années 1960, le concept de «Révolution verte» (Borlaug, 2007) recommandait l'utilisation massive d'intrants chimiques (par exemple les engrais, les pesticides) et le recours à des techniques d'irrigation non raisonnées afin de combattre l'insécurité alimentaire dans les pays en développement. En dépit de résultats avérés en termes de lutte contre l'insécurité alimentaire, ces techniques culturales ont engendré de profondes dégradations de la qualité des sols résultant de l'utilisation excessive de pesticides et d'intrants chimiques, de techniques fragilisant les sols et les exposant aux effets dévastateurs des phénomènes d'érosion hydrique et éolienne.

Afin de minimiser les impacts négatifs sur l'environnement de ces pratiques agricoles, l'identification d'itinéraires culturaux respectueux des règles d'une agriculture durable à faibles apports d'intrants est devenue une urgence absolue afin de répondre à l'objectif de nourrir une population mondiale en constante évolution sans surexploiter et appauvrir les ressources naturelles (Fitter, 2012). Dans ce contexte, le concept «d'agriculture doublement verte» a émergé en ayant pour principale vocation de combiner les objectifs de la révolution verte et ceux visant à préserver la biodiversité et à maintenir la capacité de résilience des agroécosystèmes (Griffon, 2006). Cette approche novatrice de l'agriculture trouve ses principes fondateurs dans l'agroécologie. L'agroécologie est généralement définie comme une science qui vise à valoriser les théories écologiques dans la conception d'itinéraires culturaux respectueux des règles d'une agriculture durable à faibles apports d'intrants (Wezel et Soldat, 2009). La construction de pratiques agricoles reposant sur des mécanismes biologiques (par exemple facilitation inter-plantes, processus de *plant soil feedback* ou rétroaction plante/sol ; van der Putten *et al.*, 2013) connus pour leur importance dans l'évolution spatio-temporelle des écosystèmes végétaux terrestres, leur productivité et leur capacité de résilience est considérée comme une approche scientifique et technique robuste susceptible de remplir les objectifs de l'agriculture doublement verte (Webster *et al.*, 1975 ; Leps *et al.*, 1982 ; Ewel, 1999). Ces processus biologiques, qui améliorent la nutrition minérale des plantes et leur résistance à des stress d'origine biotique et/ou abiotique, sont largement dépendants de l'établissement et du fonctionnement de la symbiose mycorhizienne, association symbiotique entre les racines de la majorité des plantes terrestres et des champignons appartenant au phylum des gloméromycètes (Schüßler *et al.*, 2001). La symbiose mycorhizienne est observée dans tous les écosystèmes terrestres et chez plus de 80 % des familles de plantes (Smith et Read, 2008).

Ce chapitre a pour ambition de présenter les potentialités de la symbiose mycorhizienne en tant qu'acteur majeur de la gestion durable de la fertilité des sols et de la productivité/stabilité des agrosystèmes, ainsi que les différentes approches scientifiques et techniques visant à optimiser le fonctionnement de la symbiose mycorhizienne et son impact sur le couvert végétal.

◆◆ La symbiose mycorhizienne

La symbiose mycorhizienne à arbuscules est la plus ancienne et la plus répandue au sein du règne végétal terrestre. En effet, 70 à 90 % des espèces végétales sont associées à des champignons mycorhiziens à arbuscules (CMA) (Smith et Read, 2008 ; Brundrett, 2009). Anciennement regroupés dans les Zygomycètes, la nouvelle classification place les CMA dans le phylum des Glomeromycota et les répartit en quatre ordres différents : Archaeosporales, Paraglomerales, Diversisporales et Glomerales, 14 familles et environ 29 genres sur la base de l'analyse moléculaire de la sous-unité ribosomale 18S (Schüßler et Walker, 2010 ; Oehl *et al.*, 2011).

Les CMA sont des biotrophes obligatoires, ubiquistes et ne présentant pas de spécificité d'hôte au sens strict. On les retrouve dans le sol sous forme de mycélium ou de spores constituant des propagules (vecteurs de propagation ou de dissémination) aptes à former une symbiose avec les racines d'une plante, lorsque les conditions édaphiques sont adéquates (Smith et Read, 2008). De par l'absence de spécificité, un même champignon peut coloniser différentes espèces de plantes, de même qu'une plante peut être colonisée par différentes espèces de CMA (Smith et Read, 2008). Il en découle que les plantes voisines se retrouvent connectées entre elles par un réseau mycélien complexe. Ces processus jouent un rôle prépondérant en connectant différentes plantes et en permettant le transfert inter-plantes de nutriments minéraux (P et N) *via* ce réseau mycélien (Mikkelsen *et al.*, 2008).

De nombreuses études ont montré l'importance des CMA pour le développement de la plante hôte dans la mobilisation et l'acquisition de nutriments (par exemple azote et phosphore), dans la nutrition hydrique de la plante, sa résistance face aux stress d'origine biotique (agent pathogène) et/ou abiotique (stress hydrique, salin, etc.) ou encore sa tolérance aux polluants organiques et inorganiques (Smith et Read, 2008). L'ensemble de ces propriétés attribuées aux CMA explique l'intérêt porté à cette composante microbienne du sol dans le cadre d'une agriculture à faibles apports d'intrants (tableau 11.1).

Tableau 11.1. Principales propriétés de la symbiose mycorhizienne en tant que contributeur aux services écosystémiques.

Fonction	Service écosystémique	Référence
Développement d'un réseau mycélien Modifications dans l'architecture racinaire de la plante	Amélioration de la structure du sol et de sa stabilité, de la rétention d'eau	Bedini *et al.* (2009)
Amélioration de la nutrition minérale et hydrique de la plante	Stimulation de la croissance de la plante hôte et diminution de l'apport d'intrants minéraux	Smith et Read (2008)
Production de molécules type glomaline	Amélioration de la structure du sol et de sa stabilité, de la rétention d'eau	Rillig *et al.* (2002)
Amélioration de la tolérance des plantes cultivées aux stress abiotiques (sécheresse, salinité)	Amélioration de la résistance des plantes à la sécheresse, à la salinité, aux métaux lourds, etc.	Marulanda *et al.* (2006)
Protection de la plante contre les agents pathogènes	Amélioration de la résistance des plantes aux agents pathogènes racinaires (par exemple nématodes, etc.)	Hao *et al.* (2009)
Impact sur le métabolisme secondaire des plantes	Amélioration de la qualité des produits (par exemple qualité nutritionnelle, qualité chimique d'huiles essentielles, etc.)	Gianinazzi *et al.* (2010)

D'après Gianinazzi *et al.* (2010).

L'amélioration de la nutrition phosphatée de la plante est l'effet majeur résultant de l'installation de la symbiose mycorhizienne. Le phosphore est en effet un macronutriment essentiel à la croissance de la plante (voir chapitre 7 de cet ouvrage). Il intervient dans la composition des acides nucléiques et des membranes, ainsi que dans les fonctions de phosphorylation (régulations métaboliques, transfert d'énergie, signalisation, etc.), d'où son importance dans le développement de la plante. Bien qu'il soit souvent présent en quantité importante dans le sol, il n'est pas ou peu assimilable par les racines des plantes. En effet, 20 à 80 % du P des sols seraient inutilisables (formes insolubles) (Pellegrino *et al.*, 2015). Face à cette carence, la fertilisation phosphatée est nécessaire mais peu performante, puisqu'il est estimé que seulement 15 à 30 % des apports sont absorbés par la culture (Cordell *et al.*, 2009). L'utilisation excessive d'engrais phosphatés est à l'origine de la pollution des sols et des nappes phréatiques (métaux lourds en particulier). Les apports de phosphate en agriculture avoisinent actuellement les 10 kg de P/ha, avec une moyenne de 25 kg/ha en Europe et de 3 kg/ha en Afrique (Liu *et al.*, 2008).

Le rôle direct de la symbiose sur l'absorption du P par les plantes résulte de phénomènes complexes combinant le génotype de la plante, la composition des communautés de CMA, mais également les interactions avec les autres composantes microbiennes du microbiome (Baum et Makeschin, 2000). Koide et Kabir (2000) ont montré que les hyphes extraracinaires du champignon mycorhizien *Rhizophagus irregularis* peuvent minéraliser le P organique (par exemple sous forme de phytate de calcium) *via* l'hydrolyse des liaisons phosphates grâce à différentes phosphatases ; le P inorganique assimilable libéré peut alors être capté par les hyphes et transmis à la racine de la plante hôte. Il a été également montré que les plantes mycorhizées répondent positivement à l'amendement du sol avec des formes insolubles de phosphates inorganiques (Cabello *et al.*, 2005 ; Duponnois *et al.*, 2005).

Il a été suggéré que les hyphes des CMA pouvaient excréter certains agents chélateurs capables de mobiliser activement le P à partir de formes de phosphates inorganiques. Cependant, plusieurs études ont montré que l'amélioration de l'absorption du P par la plante ne résultait pas uniquement de la libération par le champignon de protons ou d'acides organiques, mais également de l'établissement d'interactions multiples entre les CMA et la microflore du sol (Jayachandran *et al.*, 1989 ; Antunes *et al.*, 2007). Il est effectivement bien connu que les hyphes extraracinaires des CMA augmentent le volume de sol prospecté par la plante, lui permettent d'avoir accès à une large gamme de ressources nutritives plus ou moins complexes, mais interagissent également avec les microorganismes du sol (Johansson *et al.*, 2004). De par les modifications qualitatives et quantitatives des exsudats racinaires résultant de l'installation de la symbiose mycorhizienne, la composition et la diversité fonctionnelle de la microflore rhizosphérique seront modifiées pour donner naissance à un compartiment microbien communément appelé mycorhizosphère et à une zone plus spécifique résultant de l'impact des hyphes seuls, l'hyphosphère (Linderman, 1988 ; Johansson *et al.*, 2004). Au sein de ces deux compartiments, surviennent diverses interactions entre les composantes de la symbiose et son milieu environnant qui vont œuvrer pour améliorer le fonctionnement de l'association mycorhizienne au profit de la plante. Ces interactions se traduisent en particulier par une pression sélective opérée par les partenaires symbiotiques sur des composantes microbiennes telluriques connues pour leur effet promoteur de la croissance des plantes – par exemple les bactéries PGPR (*Plant Growth Promoting Rhizobacteria*) du groupe des *Pseudomonas* fluorescents (Frey-Klett *et al.*, 2005). De nombreuses études ont également montré que certaines bactéries solubilisatrices de phosphates complexes pouvaient interagir en synergie avec les champignons mycorhiziens pour améliorer l'absorption du phosphore par la plante (Caravaca *et al.*, 2004 ; Cabello *et al.*, 2005). Dans une expérience réalisée dans le Haut Atlas au Maroc, il a été montré que l'abondance des bactéries appartenant au groupe des *Pseudomonas* fluorescents et susceptibles de mobiliser du P à partir de formes de phosphate inorganique était corrélée à l'intensité de colonisation des racines par les CMA (Duponnois *et al.*, 2011).

Alors que la symbiose mycorhizienne était traditionnellement étudiée en fonction d'un format de type plante hôte/symbiote fongique, l'ensemble de ces résultats montre que la symbiose mycorhizienne est un acteur majeur dans le biofonctionnement du sol et dans l'organisation spatiale et temporelle de la microflore tellurique, en ayant en particulier un rôle clé dans les mécanismes régissant le fonctionnement des principaux cycles biogéochimiques du sol (C, N, S et P) et, en conséquence, dans la fertilité des sols. Ceci explique pourquoi ce modèle symbiotique a été très étudié pour ses potentialités dans le cadre d'une agriculture durable à faible apport d'intrants prônée par les directives d'une agriculture doublement verte.

▸▸ La valorisation de la symbiose mycorhizienne en agriculture

Les déficits en azote et en phosphore sont les principales carences minérales des sols cultivés (Tilmann *et al.*, 2002) et, en conséquence, les CMA apparaissent comme des agents biologiques performants susceptibles de remédier à ces facteurs limitant la productivité de l'agrosystème (Reid et Greene, 2013). En particulier, les caractéristiques des sols tropicaux et méditerranéens (faible teneur en P assimilable) et le besoin accru de productivité des périmètres cultivés pour satisfaire les besoins alimentaires des populations locales offrent un champ d'action à privilégier pour démontrer l'intérêt de valoriser la symbiose mycorhizienne pour les décennies à venir.

Il est connu que les propagules infectieuses de champignons mycorhiziens (spores, fragments de racines mycorhizées, etc.) représentant le potentiel infectieux mycorhizogène sont présentes dans tous les sols cultivés, et ceci à des degrés divers d'abondance et de diversité qui dépendent de facteurs édaphiques comme la teneur en P assimilable (figure 11.1). L'optimisation de l'impact de la symbiose mycorhizienne sur le développement de la plante devra se traduire par une productivité supérieure à celle mesurée lorsque les espèces cultivées sont naturellement mycorhizées par la communauté résiduelle de CMA. Dans ce contexte, il est nécessaire d'adopter des pratiques culturales susceptibles de préserver les caractéristiques du potentiel infectieux mycorhizogène en minimisant les apports de fertilisants minéraux, et en évitant le labour et les périodes de jachère, etc. (Karasawa et Tabeke, 2011 ; Schnoor *et al.*, 2011). Il est également nécessaire d'augmenter significativement le degré de colonisation des racines de la plante cultivée par les CMA, critère essentiel garant d'un effet optimal de la symbiose sur le développement de la plante hôte (Verbruggen *et al.*, 2013).

Deux stratégies peuvent être envisagées pour augmenter le potentiel infectieux mycorhizogène des sols cultivés :
– une approche dite « réductionniste » (ou mycorhization contrôlée) qui vise à introduire en masse une souche de CMA préalablement sélectionnée pour un paramètre

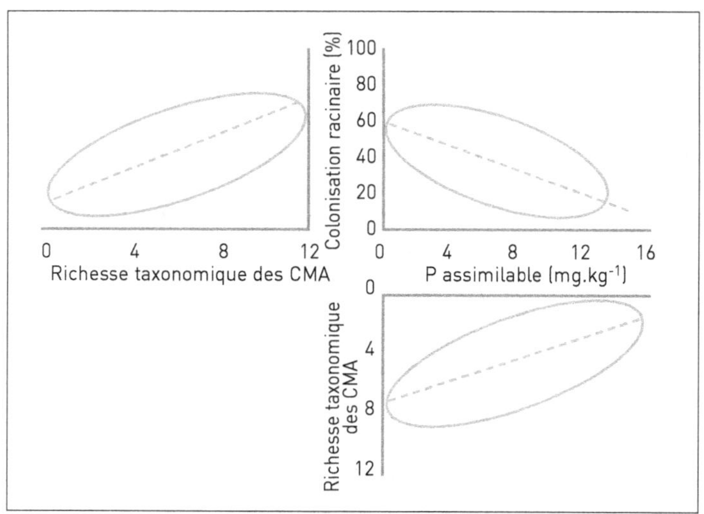

Figure 11.1. Corrélations entre la colonisation racinaire par les CMA, la teneur en P assimilable et la richesse taxonomique des CMA dans les racines sur trente sites visités aux Pays-Bas.

Les trois paramètres testés sont étroitement corrélés ; une teneur élevée en P assimilable est corrélée à une faible colonisation racinaire et à une richesse taxonomique réduite. Les coefficients de corrélation et les valeurs de P sont : pour l'interaction richesse taxonomique/colonisation racinaire : $r^2 = 0,47$, $P < 0,001$; pour la corrélation P assimilable/colonisation racinaire : $r^2 = 0,53$, $P = 0,001$; pour la corrélation P assimilable/richesse taxonomique : $r^2 = 0,57$, $P < 0,001$.
D'après Verbruggen *et al.* (2013).

donné (par exemple l'impact sur la croissance de la plante hôte, la résistance au stress salin, etc.) ;
– une approche dite « holistique » qui vise à favoriser la multiplication des propagules de CMA en introduisant dans les itinéraires culturaux (cultures mixtes, rotations) des espèces hypermycotrophes (par exemple des légumineuses).

Bien que ces stratégies puissent être conjuguées en pratiquant une opération de mycorhization contrôlée dans le cadre d'une rotation culturale ou d'une culture mixte, nous illustrerons ces deux types d'approche indépendamment en présentant des résultats obtenus sur le blé dur, culture de première importance rencontrée dans la plupart des régions du globe sous diverses conditions climatiques, et des techniques culturales polyspécifiques associant les céréales et les légumineuses.

L'approche réductionniste

Cette technique culturale nécessite d'introduire dans le sol des propagules mycorhiziennes lorsque le potentiel infectieux mycorhizogène du sol cultivé est trop faible pour que le développement de la plante puisse bénéficier pleinement du fonctionnement de la symbiose mycorhizienne. La plupart des expérimentations au champ visant à mettre en évidence l'influence de la mycorhization contrôlée sur la productivité de l'agrosystème ont été conduites dans des régions tempérées et très peu en milieu tropical et méditerranéen, où pourtant les conditions édaphiques (par exemple les faibles teneurs en phosphore assimilable des sols) sont plus propices à l'expression de la symbiose mycorhizienne sur la croissance de la plante. Wahbi *et al.* (2016) ont répertorié les résultats d'inoculation contrôlée avec différents types d'inoculants fongiques (par exemple *Glomus fasciculatum*, *Rhizophagus irregularis*, etc.). Ces inoculants fongiques ont amélioré les rendements en grain de blé dur de 12 % à 55 %. Plus récemment, à la faveur d'une étude réalisée au Maroc dans la région de Marrakech, l'inoculation du blé dur avec un inoculum commercial de *Rhizophagus irregularis* après deux années de culture a permis d'améliorer la production de biomasse de 22,5 %, le poids de 1 000 grains de 7,7 % et la colonisation mycorhizienne racinaire (tableau 11.2) (Wahbi *et al.*, 2015a). L'inoculation a également permis d'augmenter le potentiel infectieux mycorhizogène du sol avec, en particulier, un impact positif sur la colonisation du sol par les hyphes mycorhiziens, permettant ainsi à la plante d'avoir accès à des ressources nutritives plus importantes (Avio *et al.*, 2006).

Tableau 11.2. Impact de l'inoculation par *R. irregularis* dans une expérience de mycorhization contrôlée réalisée dans la vallée d'Haouz.

	Traitements			
	Témoin		+ *R. irregularis*	
	2012	2013	2012	2013
Biomasse totale (kg. ha^{-1})	4 312 (20,4)[1] a[2]	4 184 (28,7) a	4 662 (25,6) a	5 401 (71,6) b
Nombre d'épis par ha (x 10^4)	177,1 (27.5) a	167,3 (29,1) a	227,7 (18,8) b	236,7 (26,9) b
PMG	42,3 (2,5) a	41,7 (2,8) a	42,7 (2,5) a	45,2 (2,5) b
Teneur foliaire en N (%)	ND[3]	5,31 (0,60) a	ND	5,39 (0,11) a
Teneur foliaire en P (mg.g^{-1})	ND	6,25 (0,91) a	ND	7,62 (0,29) b
Taux de mycorhization (%)	46,7 (5,8) a	54,7 (4,7) a	53,9 (5,6) a	66,9 (3,9) b
Longueur des hyphes (m g^{-1} sol sec)	1,66 (0,08) a	1,83 (0,09) a	1,72 (0,07) a	2,89 (0,07) b

L'impact de l'innoculation sur la biomasse totale (kg.ha^{-1}), le nombre d'épis par ha, le poids sec des épis (kg.ha^{-1}), le poids de 1 000 grains (PMG), la nutrition minérale (N et P) et la colonisation mycorhizienne racinaire du blé dur a été évalué après une année (2012) et deux années (2013) à environ 30 km à l'ouest de Marrakech (Maroc).
1. Erreur standard.
2. Pour chaque année, les valeurs d'une même ligne suivies par une même lettre ne sont pas significativement différentes d'après le test de Newman-Keul ($p < 0,05$).
3. ND : non déterminé.
D'après Wahbi *et al.* (2015a).

Parallèlement, l'analyse de la diversité fonctionnelle de la microflore tellurique des sols soumis aux différents traitements, réalisée en utilisant la technique de respirométrie induite (SIR, *substrate induced respiration*), a montré de profondes modifications consécutives à l'inoculation fongique (Wahbi *et al.*, 2015a). Ces transformations concernent plus particulièrement l'aptitude des bactéries du sol à métaboliser les acides organiques. Il est connu que ces composés sont impliqués dans la mobilisation du P à partir de formes de phosphate inorganique complexes (Duponnois *et al.*, 2005). Ces résultats confirmeraient l'hypothèse que l'inoculation fongique faciliterait la multiplication de microorganismes producteurs d'acides organiques (et donc potentiellement promoteurs de la croissance des plantes en favorisant leur nutrition en P) et que cette source carbonée engendrerait une pression sélective positive sur les bactéries susceptibles de métaboliser ces acides organiques. En conséquence, l'inoculation de *R. irregularis* aurait favorisé le développement de certaines composantes microbiennes du sol susceptibles d'améliorer le développement du couvert végétal, confirmant ainsi le concept de « complexe trophique » associant la plante, le cortège mycorhizien et certains groupes microbiens de type PGPR (Frey-Klett *et al.*, 2005).

L'approche holistique

De nombreuses études ont démontré les liens étroits existant entre la structure du couvert végétal et la composition et la diversité fonctionnelle de la microflore tellurique (Milcu *et al.*, 2008). En conséquence, mimer le fonctionnement de ces écosystèmes et appliquer les mécanismes régissant leur productivité et leur stabilité dans des itinéraires culturaux pourraient constituer une stratégie performante afin d'assurer la sécurité alimentaire de la population mondiale. Étant donné qu'il est connu que la symbiose mycorhizienne est un acteur majeur dans le déroulement des processus biologiques régissant la dynamique spatio-temporelle des écosystèmes (par exemple processus de facilitation, *plant soil feedback*), la conception d'itinéraires culturaux polyspécifiques, associant des espèces végétales susceptibles de stimuler le développement et le fonctionnement de la symbiose mycorhizienne, est une approche à privilégier (Wahbi *et al.*, 2015b). Ainsi, la fève, légumineuse à graines largement cultivée dans le pourtour méditerranéen, délivre de nombreux services écosystémiques (par exemple l'amélioration de la fertilité azotée des sols, modèle de plante cultivée pour promouvoir une diversification des cultures, etc.). Comme toutes les espèces appartenant à cette famille, la fève est caractérisée par une dépendance mycorhizienne élevée et exerce un effet promoteur sur la multiplication des propagules mycorhiziennes dans le sol. Cette plante est communément cultivée en association avec diverses céréales dans diverses régions de la planète (Li *et al.*, 2009). Il a été récemment démontré que la coculture fève/blé dur améliorait de +46 % la biomasse de blé produite par ha, de +55 % le poids sec des épis par ha et de +21 % le poids de 1 000 grains (Duponnois *et al.*, résultats non publiés) (figure 11.2). Cette association culturale entraîne également de profondes modifications dans le potentiel infectieux mycorhizogène du sol en améliorant en particulier la colonisation mycorhizienne des racines de blé (figure 11.2). Ces résultats montrent clairement que la composante symbiotique du sol constitue une

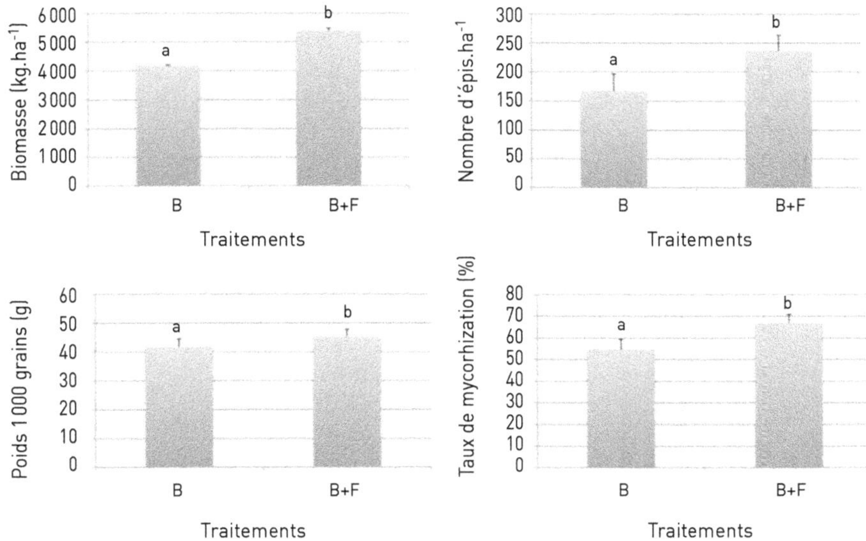

Figure 11.2. Impact de la coculture fève/blé dur sur la production de biomasse, le nombre d'épis de blé dur par hectare, le poids de 1000 grains et la colonisation mycorhizienne racinaire du blé après deux années de culture.

Les barres sur chaque colonne représentent l'erreur standard. Les colonnes indexées par une même lettre représentent des valeurs significativement non différentes d'après le test de Newman-Keul ($p < 0,05$). B : monoculture de blé dur. B+F : coculture blé/fève.

ressource naturelle majeure à prendre en compte dans la mise en œuvre de stratégies culturales novatrices et performantes.

▸▸ Conclusion

L'ensemble des résultats présentés dans ce chapitre montre clairement les potentialités offertes par la symbiose mycorhizienne en termes d'amélioration de la productivité des agrosystèmes. Toutefois, force est de constater que cette ressource microbienne naturellement présente dans la majeure partie des sols de la planète reste sous-exploitée. Malgré les nombreux travaux consacrés à ce modèle biologique (1 441 articles portant sur la symbiose mycorhizienne ont été publiés en 2013 d'après la base de données ISI Web of Science), cet « outil biologique » reste encore relativement ignoré par les scientifiques spécialistes de ce domaine.

Afin de remédier à cette situation, différents axes de recherche doivent être urgemment explorés, à savoir :
– la prise en compte du paramètre symbiose plante/microorganisme dans les stratégies de sélection de variétés de plantes de grande culture ;
– l'acceptation des connaissances acquises en écologie microbienne des sols pour adopter des protocoles susceptibles d'assurer l'utilisation de ces ressources microbiennes telluriques de manière pertinente, raisonnée et performante ;
– la création d'une charte décrivant les bonnes pratiques à respecter dans le cadre de la formulation et de l'utilisation de biofertilisants microbiens (type champignon mycorhizien) afin de garantir à l'utilisateur une qualité et un impact élevé sur les rendements des cultures.

Références bibliographiques

Antunes P.M., Schneider K., Hillis D., Klironomos J.N., 2007. Can the arbuscular mycorrhizal fungus *Glomus intraradices* actively mobilize P from rock phosphates? *Pedobiologia*, 51, 281-286.

Avio L., Pellegrino E., Bonari E., Giovannetti M., 2006. Functional diversity of arbuscular mycorrhizal fungal isolates in relation to extraradical mycelial network. *New Phytologist*, 172 (2), 347-357.

Baum C., Makeschin F., 2000. Effects of nitrogen and phosphorus fertilization on mycorrhizal formation of two poplar clones (*Populus trichocarpa* and *P. tremula* × *tremuloides*). *Journal of Plant Nutrition and Soil Science*, 163 (5), 491-497.

Bedini S., Pellegrino E., Avio L., Pellegrini S., Bazzofi P., Argese E., Giovannetti M., 2009. Changes in soil aggregation and glomalin-related soil protein content as affected by the arbuscular mycorrhizal fungal species *Glomus mosseae* and *Glomus intraradices*. *Soil Biology and Biochemistry*, 41, 1491-1496.

Borlaug N.E., 2007. Sixty-two years of fighting hunger: Personal recollections. *Euphytica*, 157 (3), 287-297.

Brundrett M.C., 2009. Mycorrhizal associations and other means of nutrition of vascular plants: Understanding the global diversity of host plants by resolving conflicting information and developing reliable means of diagnosis. *Plant and Soil*, 320 (1), 37-77.

Cabello M., Irrazabal G., Bucsinszky A.M., Saparrat M., Schalamuk S., 2005. Effect of an arbuscular mycorrhizal fungus, *Glomus mosseae*, and a rock phosphate solubilising fungus, *Penicellium thomii*, on *Mentha piperita* growth in a soilless medium. *Journal of Basic Microbiology*, 45 (3), 182-189.

Caravaca F., Alguacil M.M., Azcon R., Diaz G., Roldan A., 2004. Comparing the effectiveness of mycorrhizal inoculation and amendment with sugar beet, rock phosphate and *Aspergillus niger* to enhance field performance of the leguminous shrub *Dorycnium pentaphyllum* L. *Applied Soil Ecology*, 25 (2), 169-180.

Cordell D., Drangerta J.-O., White S., 2009. The story of phosphorus: Global food security and food for thought. *Global Environmental Changes*, 19 (2), 292-305.

Duponnois R., Colombet A., Hien V., Thioulouse J., 2005. The mycorrhizal fungus *Glomus intraradices* and rock phosphate amendment influence plant growth and microbial activity in the rhizosphere of *Acacia holosericea*. *Soil Biology and Biochemistry*, 37 (8), 1460-1468.

Duponnois R., Ouamane L., Kane A., Thioulouse J., Hafidi M., Boumezzough A., Prin Y., Baudoin E., Galiana A., Dreyfus B., 2011. Nurse shrubs increased the early growth of Cupressus seedlings by enhancing belowground mutualism and microbial activity. *Soil Biology and Biochemistry*, 43 (10), 2160-2168.

Ewel J.J., 1999. Natural systems as models for the design of sustainable systems of land use. *Agroforestry Systems*, 45 (1), 1-21.

FAO, 2006. *World Agriculture: Towards 2030/2050. Interim Report.* Rome, FAO Publications.

Fitter A.H., 2012. Why plant science matters. *New Phytologist*, 193 (1), 1-2.

Frey-Klett P., Chavatte M., Clausse M.L., Courrier S., Le Roux C., Raaijmakers J., Martinotti M.G., Pierrat J.C., Garbaye J., 2005. Ectomycorrhizal symbiosis affects functional diversity of rhizosphere fluorescent pseudomonads. *New Phytologist*, 165 (1), 317-328.

Gianinazzi S., Gollotte A., Binet M.N., van Tuinen D., Redecker D., Wipf D., 2010. Agroecology: The key role of arbuscular mycorrhizas in ecosystem services. *Mycorrhiza*, 20 (8), 519-530.

Godfray H.C.J., Beddington J.R., Crute I.R., Haddad L., Lawrence D., Muir J.F., Pretty J., Robinson S., Thomas S.M., Toulmin C., 2010. Food security: The challenge of feeding 9 billion people. *Science*, 327 (5967), 812-818.

Griffon M., 2006. *Nourrir la planète : pour une révolution doublement verte.* Paris, Odile Jacob.

Hao Z., Fayolle L., van Tuinen D., Gianinazzi-Pearson V., Gianinazzi S., 2009. Mycorrhiza reduce development of nematode vector of Grapevine fanleaf virus in soils and root systems. *In : Extended Abstract 16th Meeting of ICVG* (Boudon-Padfi E., dir.), Dijon, 31 août-4 septembre, 100-101.

Jayachandran K., Schwab A.P., Hetrick B.A.D., 1989. Mycorrhizal mediation of phosphorus availability: Synthetic iron chelate effects on phosphorus solubilization. *Soil Science Society of America Journal*, 53 (6), 1701-1706.

Johansson J.F., Paul L.R., Finlay R.D., 2004. Microbial interactions in the mycorrhizosphere and their significance for sustainable agriculture. *FEMS Microbiology Ecology*, 48 (1), 1-13.

Karasawa T., Takebe M., 2011. Temporal or spatial arrangements of cover crops to promote arbuscular mycorrhizal colonization and P uptake of upland crops grown after nonmycorrhizal crops. *Plant and Soil*, 353 (1), 355-366.

Koide R.T., Kabir Z., 2000. Extraradical hyphae of the mycorrhizal fungus *Glomus intraradices* can hydrolyse organic phosphate. *New Phytologist*, 148 (3), 511-517.

Leps J., Oshoronova-Kosinova J., Rejmanek M., 1982. Community stability, complexity and species life history strategies. *Vegetation*, 50 (1), 53-63.

Li Y.Y., Yu C.B., Cheng X., Li C.J., Sun J.H., Zhang F.S., Lambers H., Li L., 2009. Intercropping alleviates the inhibitory effect of N fertilisation on nodulation and symbiotic N_2 fixation of faba bean. *Plant and Soil*, 323 (1), 295-308.

Linderman R.G., 1988. Mycorrhizal interactions with the rhizosphere microflora: The mycorrhizosphere effect. *Phytopathology*, 78 (3), 366-371.

Liu J., Versaw W.K., Pumplin N., Gomez S.K., Blaylock L.A., Harrison M.J., 2008. Closely related members of the *Medicago truncatula PHT1* phosphate transporter gene family encode phosphate transporters with distinct biochemical activities. *Journal of Biological Chemistry*, 283 (36), 24673-24681.

Marulanda A., Barea J.M., Azcon R., 2006. An indigenous drought-tolerant strain of *Glomus intraradices* associated with a native bacterium improves water transport and root development in *Retama sphaerocarpa*. *Microbial Ecology*, 52 (4), 670-678.

Mikkelsen B.L., Rosendahl S., Jakobsen I., 2008. Underground resource allocation between individual networks of mycorrhizal fungi. *New Phytologist*, 180 (4), 890-898.

Milcu A., Partsch S., Langel R., Scheu S., 2008. Earthworms and legumes control litter decomposition in a plant diversity gradient. *Ecology*, 89 (7), 1872-1882.

Oehl F., Da Silva G.A., Goto B.T., Maia L.C., Sieverding E., 2011. Glomeromycota: Two new classes and a new order. *Mycotaxon*, 116 (1), 365-379.

Pellegrino E., Opik M., Bonari E., Ercoli L., 2015. Responses of wheat to arbuscular mycorrhizal fungi: A meta-analysis of field studies from 1975 to 2013. *Soil Biology and Biochemistry*, 84, 210-217.

Reid A., Greene S., 2013. *How Can Microbes Help Feed the World?* Washington D. C., American Society of Microbiology, consultable en ligne : http://ofrf.org/sites/ofrf.org/files/FeedTheWorld_0.pdf (consulté le 19 décembre 2016).

Rillig M.C., Wright S.F., Nichols K.A., Schmid W.F., Torn M.S., 2002. The role of arbuscular mycorrhizal fungi and glomalin in soil aggregation: Comparing effects of five plant species. *Plant and Soil*, 238 (2), 325-333.

Schnoor T.K., Lekberg Y., Rosendahl S., Olsson P.A., 2011. Mechanical soil disturbance as a determinant of arbuscular mycorrhizal fungal communities in semi-natural grassland. *Mycorrhiza*, 21 (3), 211-220.

Schüßler A., Walker C., 2010. *The Glomeromycota: A Species List with New Families and Genera.* Createspace Independent Publishing Platform.

Schüßler A., Schwarzott D., Walker C., 2001. A new fungal phylum, the Glomeromycota: Phylogeny and evolution. *Mycological Research*, 105 (12), 1413-1421.

Smith S.E., Read D.J., 2008. *Mycorrhizal Symbiosis.* Londres, Academic Press, 3e édition.

Tilman D., Cassman K.G., Matson P.A., Naylor R., Polasky S., 2002. Agricultural sustainability and intensive production practices. *Nature*, 418 (6898), 671-677.

van der Putten W.H., Bardgett R.D., Bever J.D., Bezemer T.M., Casper B.B., Fukami T., Kardol P., Klironomos J.N., Kulmatiski A., Schweitzer J.A., Suding K.N., Voorde T.F., Wardle D.A., 2013. Plant-soil feedbacks: The past, the present and future challenges. *Journal of Ecology*, 101 (2), 265-276.

Verbruggen E., van der Heijden M.G.A., Rillig M.C., Kiers E.T., 2013. Mycorrhizal fungal establishment in agricultural soils: Factors determining inoculation success. *New Phytologist*, 197 (4), 1104-1109.

Wahbi S., Prin Y., Maghraoui T., Sanguin H., Thioulouse J., Oufdou K., Hafidi M., Duponnois R., 2015a. Field application of the mycorrhizal fungus *Rhizophagus irregularis* increases the yield of wheat crop and affects soil microbial functionalities. *American Journal of Plant Sciences*, 6 (19), 3205-3215.

Wahbi S., Sanguin H., Tournier E., Baudoin E., Maghraoui T., Hafidi M., Prin Y., Galiana A., Duponnois R., 2015b. Increasing the role of mycorrhizal symbiosis in plant-plant facilitation process to improve the productivity and sustainability of Mediterranean agrosystems. *In : Plant Microbes Symbiosis: Applied Facets* (Arora N.K., dir.). New Delhi, Springer India, 327-336.

Wahbi S., Sanguin H., Baudoin E., Tournier E., Maghraoui T., Prin Y., Hafidi M., Duponnois R., 2016. Managing the soil mycorrhizal infectivity to improve the agronomic efficiency of key processes from natural ecosystems integrated in agricultural management systems. *In : Plant, Soil and Microbes* (Hakeem K.R., Akhtar M.S., Abdullah S.N.A., dir.). Springer International Publishing Switzerland, 17-27.

Webster J.R., Waide J.B., Pattern B.C., 1975. Nutrient recycling and the stability of ecosystems. *In : Mineral Cycling in Southeast Ecosystems* (Howell F.G., Gentry J.B., Smith M.H., dir.). Washington D. C., ERDA Symposium Series, 1-27

Wezel A., Soldat V., 2009. A quantitative and qualitative historical analysis of the scientific discipline agroecology. *International Journal of Agricultural Sustainability*, 7 (1), 3-18.

Mécanismes cellulaires et moléculaires et ingénierie écologique des mycorhizes à arbuscules

Alice Drain, Carole Pfister, Jérémie Zerbib,
Nathalie Leborgne-Castel, Sébastien Roy,
Pierre-Emmanuel Courty, Daniel Wipf

▸▸ Introduction : mycorhizes à arbuscules et services écosystémiques

La mycorhize à arbuscules (MA) est une symbiose mutualiste qui concerne 80 % des plantes terrestres, dont la majorité des plantes de culture. Il s'agit d'une symbiose ancestrale apparue il y a environ 475 millions d'années avec l'émergence des premières plantes terrestres (Redecker *et al.*, 2000). Elle est caractérisée par une interaction entre les racines des plantes hôtes et des champignons mycorhiziens à arbuscules (CMA) appartenant au phylum des Gloméromycètes (Smith et Read, 2008). Cette interaction permet aux plantes d'améliorer l'utilisation des ressources naturelles du sol et de mieux répondre aux contraintes abiotiques et biotiques qu'elles rencontrent dans leur environnement. Dans le futur, la gestion et la valorisation des services écosystémiques rendus par les MA représenteront un des enjeux majeurs pour l'optimisation de la production végétale, autant qualitative que quantitative, par une agriculture limitant les intrants chimiques de synthèse. Une maîtrise optimale des MA dans l'ingénierie écologique des systèmes de production végétale, ainsi que dans la sélection des plantes exploitant au maximum leurs bénéfices nécessite la compréhension des mécanismes complexes qui sous-tendent l'établissement et le fonctionnement des MA.

Les MA sont caractérisées par la formation, dans les cellules du cortex racinaire, de structures fongiques ramifiées, appelées arbuscules (figure 12.1). C'est au niveau de ces structures qu'ont lieu les échanges nutritionnels, et plus précisément dans l'espace péri-arbusculaire (apoplasme) qui sépare les cellules végétales et fongiques. Les plantes mycorhizées peuvent absorber les nutriments du sol par deux voies :
– la «voie directe» qui implique l'absorption directe des nutriments du sol par les racines et les poils absorbants,
– et la «voie mycorhizienne», qui implique l'absorption des nutriments *via* le réseau d'hyphes externes, leur transport vers les hyphes internes et les arbuscules, puis leur absorption par la plante à partir de l'espace péri-arbusculaire *via* la membrane péri-arbusculaire (MPA) (figure 12.1).

Lors de l'interaction, le CMA fournit la plante hôte en nutriments et en eau ; en retour, la plante apporte au champignon des éléments carbonés (c'est-à-dire des sucres) issus des photosynthétats. Ces échanges, à la base de la MA, sont régulés par des systèmes de transport présents chez les deux partenaires et impliqués d'une part dans le transport longue distance de produits de la photosynthèse des feuilles vers les racines, puis vers le partenaire fongique, et d'autre part dans l'absorption des nutriments du sol par le champignon et leur transport vers la plante. Dans ce contexte, les flux entrants et sortants de nutriments, permettant les échanges à travers les interfaces sol-CMA, CMA-apoplasme et apoplasme-plante, sont contrôlés par des protéines de la membrane appelées transporteurs et canaux. Ce chapitre synthétise les connaissances actuelles sur les systèmes de transport impliqués dans les échanges trophiques, ainsi que leur régulation. L'accent est mis sur les échanges de carbone (C), d'azote (N), de phosphate (P) et de soufre (S) entre les deux partenaires, ainsi que sur le prélèvement de ces nutriments depuis le sol par le CMA – pour des informations plus détaillées concernant la biochimie et les caractéristiques physiologiques de ces transporteurs, voir Casieri *et al.* (2013) et Garcia *et al.* (2016). Le chapitre porte également sur le potentiel en ingénierie écologique de la MA dans le cadre d'une agriculture agroécologique.

▸▸ Mécanismes sous-jacents aux échanges de nutriments dans la mycorhize à arbuscules

Les cellules sont séparées du milieu extérieur et entre elles par des membranes plasmiques semi-perméables (figure 12.2). Le transport d'eau et de nutriments depuis l'environnement et entre cellules voisines peut se faire i) par la «voie symplastique», qui forme un continuum des cytoplasmes *via* les plasmodesmes (pores traversant la paroi des cellules végétales), et/ou ii) par la «voie apoplastique», qui forme un continuum des parois et des apoplasmes et nécessite le franchissement des membranes plasmiques. Dans le cas de petits composés non chargés, le passage peut se faire par diffusion simple à travers la bicouche lipidique. Cependant, pour la majorité des composés, le transport se fait *via* des protéines spécialisées, les transporteurs, insérées au sein de la membrane et permettant ainsi la régulation des échanges et la transmission de signaux entre deux compartiments. Grâce à ces protéines, le

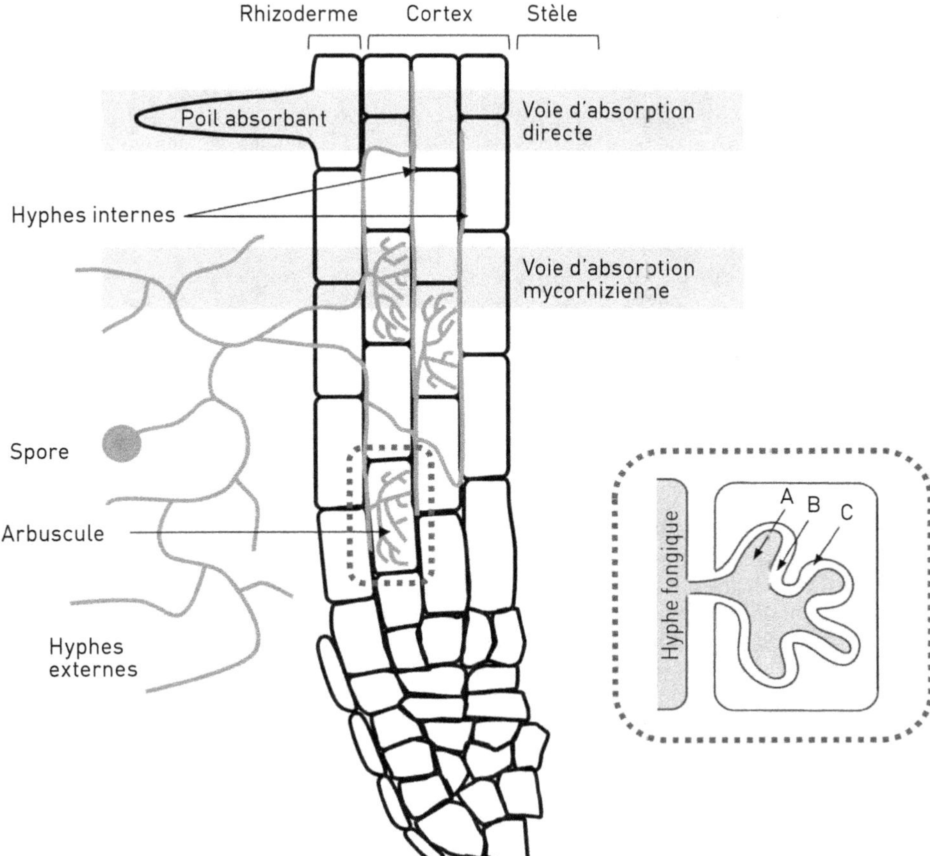

Figure 12.1. Schéma d'une racine mycorhizée et des voies d'absorption des nutriments.
Dans le sol, une spore de champignon mycorhizien à arbuscules (CMA) germe, et développe des hyphes externes qui entrent en contact avec les cellules du rhizoderme et les pénètrent en traversant leurs parois et leurs membranes plasmiques. Après avoir atteint le cortex racinaire, les hyphes internes forment des arbuscules au sein des cellules végétales. C'est au niveau de ces structures qu'ont lieu les échanges de nutriments entre la plante et le CMA.
Les flèches grises épaisses représentent les deux voies d'absorption des nutriments : la voie directe *via* les poils absorbants et la voie symbiotique *via* les hyphes externes jusqu'aux cellules arbusculaires. L'encart, en ligne discontinue, schématise une cellule arbusculaire, dans laquelle on retrouve l'arbuscule (**A**), l'espace péri-arbusculaire (apoplasme) (**B**) et la membrane péri-arbusculaire ou MPA (**C**) de la cellule végétale.

transport des composés peut s'établir dans le sens contraire de leur gradient de concentration (transport actif) ou dans le sens de celui-ci (transport passif, *via* les uniports) (figure 12.2). Concernant le transport actif, on distingue i) les pompes H^+-ATPases, qui excrètent des protons H^+ contre leur gradient de concentration

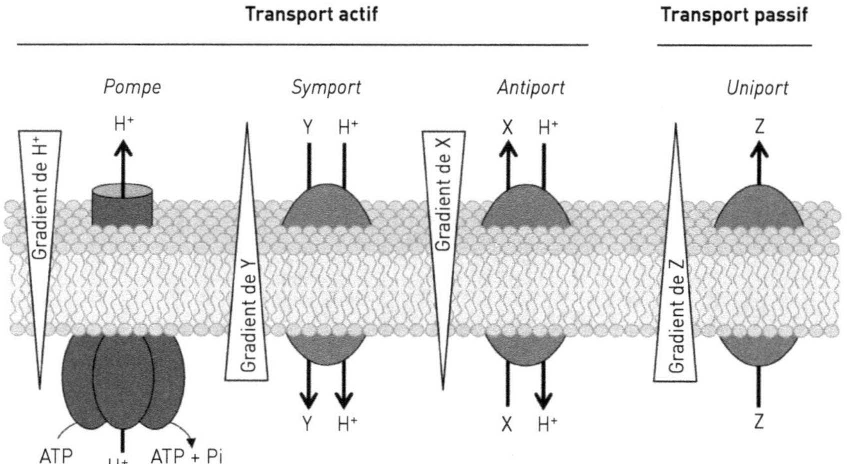

Figure 12.2. Les différents types de transporteurs membranaires.
Le passage d'un soluté à travers la bicouche de phospholipides peut se faire contre son gradient de concentration (transport actif) ou dans le sens de son gradient de concentration (transport passif). Les pompes hydrolysent l'ATP pour générer un gradient de protons (H⁺) qui se concentrent à l'extérieur de la cellule. Les antiports et symports utilisent ce gradient de H⁺ pour transporter un composé (X ou Y) contre son gradient de concentration. On parlera de symport si le transport du composé Y est dans le même sens que les H⁺ et d'antiport dans le cas contraire pour le composé X. Le transport d'un composé Z dans le sens de son gradient de concentration ne nécessitant pas l'utilisation du gradient de H⁺ se fait au travers d'un uniport.

par hydrolyse directe de l'ATP (Adénosine TriPhosphate), et ii) les antiports et symports qui utilisent ce gradient de protons pour transporter un soluté contre son gradient de concentration (Briskin, 1994).

Transport des éléments carbonés des feuilles au partenaire fongique

La plante synthétise du saccharose grâce à son activité de photosynthèse. L'acheminement des photoassimilats des organes «producteurs» vers les organes «destinataires» passe par des transporteurs spécialisés (figure 12.3). Trois familles majeures de transporteurs de sucres ont été caractérisées à ce jour : i) des symports saccharose/H⁺ appelés SUT (*SUcrose Transporters*), ii) des symports et antiports monosaccharide/H⁺ ou MST (*Monosaccharide Sugar Transporters*) transportant principalement du glucose, du fructose ou du xylose, et iii) des uniports de monosaccharides ou de saccharose appelés SWEET (*Sugars Will Eventually be Exported Transporters*).

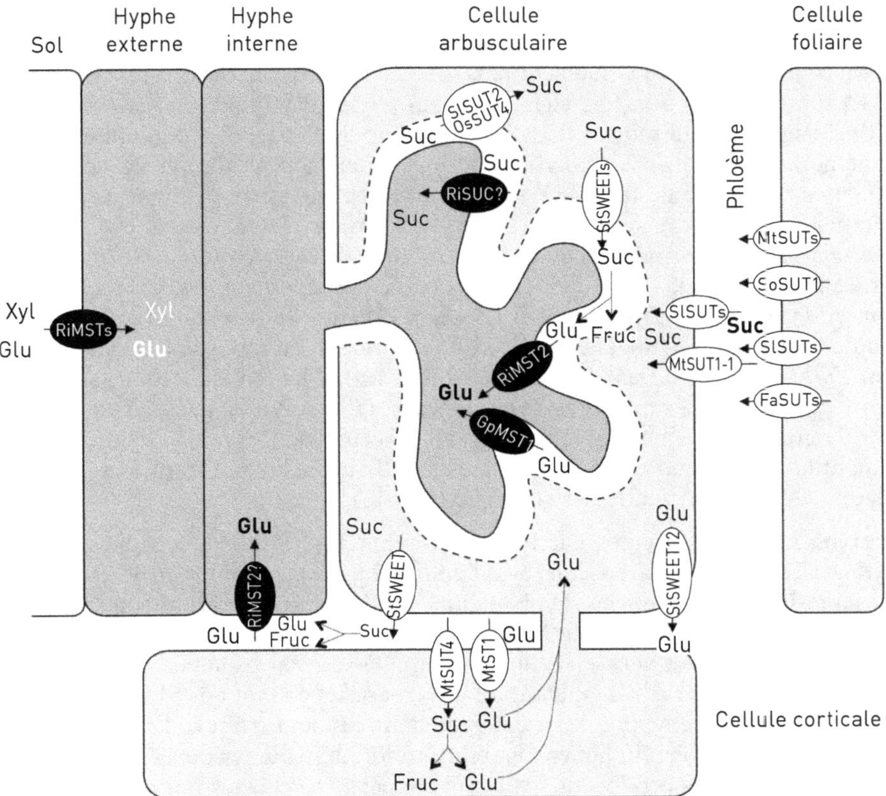

Figure 12.3. Schéma des voies de transport des éléments carbonées – sucrose (Suc), glucose (Glu), xylose (Xyl) et fructose (Fru) – entre la plante et le champignon mycorhizien à arbuscules (CMA), et transporteurs impliqués.

Les compartiments cellules végétales, CMA et sol sont représentés respectivement en gris clair, gris foncé et blanc. La membrane péri-arbusculaire (MPA) est indiquée par une ligne discontinue. Les transporteurs fongiques sont représentés en noir et les transporteurs végétaux en blanc. Les nutriments indiqués en gras représentent les formes majoritaires dans les différents compartiments. Les lettres devant les transporteurs indiquent l'espèce à laquelle ils appartiennent. (Gp : *Glomus perpusillum* ; Ri : *Rhizophagus irregularis* ; Fa : *Fragaria ananassa* ; Mt : *Medicago truncatula* ; Os : *Oriza sativa* ; Se : *Solanum lycopersicum* ; St : *Solanum tuberosum* ; So : *Spinacia oleracea*).

La famille des SUT comporte cinq groupes. Les membres du groupe SUT1 sont spécifiques des dicotylédones et sont très efficaces pour le transport de saccharose par rapport aux SUT des autres groupes. Les transporteurs du groupe SUT1 sont impliqués dans le chargement du phloème (contenant la sève élaborée) depuis les organes producteurs, puis dans le déchargement du phloème vers les organes destinataires. Les SUT3, trouvés uniquement chez les monocotylédones (riz, maïs, blé ou orge), et les SUT1 semblent partager les mêmes fonctions. Les SUT2 et les SUT4 sont présents à la fois chez les mono- et les dicotylédones. Les SUT4 ont été localisés majoritairement dans la membrane de la vacuole (organite cellulaire ayant notamment un rôle dans le stockage et/ou la dégradation de composés). Dans la grande famille des MST, sept groupes peuvent être distingués selon i) la spécificité de substrat avec les STP (*Sugar Transport Proteins*), les PMT (*Polyol/Monosaccharide Transporters*) et les INT (*Inositol Transporters*) ; et ii) la localisation intracellulaire avec les VGT (*Vacuolar Glucose Transporters*), les TMT (*Tonoplast Membrane Transporters*) et les pGlcT (*plastidic Glucose Transporters*) ; ou iii) l'induction de l'expression d'un gène de défense de la plante en réponse à un stress (ESL pour *Early-response to Dehydratation Six-Like*). Enfin, les SWEET sont classés dans quatre groupes, où les membres des groupes 1 et 2 assurent le passage d'hexoses et ceux du groupe 3 permettent le transport du saccharose ; les protéines du groupe 4 seraient localisées au niveau de la membrane de la vacuole et transporteraient du fructose (Manck-Götzenberger et Requena, 2016).

La colonisation des racines par les CMA induit l'apparition d'un nouvel organe destinataire fongique, l'arbuscule, ayant pour effet une augmentation de la demande en sucres. Cela engendre chez la plante une régulation transcriptionnelle des gènes de transporteurs de sucres, pour le chargement et le déchargement du phloème, afin de rediriger les sucres vers les cellules arbusculaires. Par exemple, chez la tomate mycorhizée, on observe l'augmentation des transcrits codant des SUT, impliqués à la fois dans le chargement et le déchargement du phloème (figure 12.3). Ce phénomène semble donc bien indiquer une réallocation des sucres nouvellement synthétisés par les organes producteurs vers les racines mycorhizées qui deviennent des organes destinataires.

Une fois les sucres déchargés du phloème, des gènes codant des transporteurs de saccharose et de monosaccharides sont surexprimés dans les cellules arbusculaires pour fournir celles-ci en ressources carbonées. Le sucre présent dans le cytoplasme des cellules végétales est ensuite exporté vers l'arbuscule, au travers de la MPA (figure 12.3). Manck-Götzenberger et Requena (2016) se sont intéressées récemment à la régulation transcriptionnelle des gènes *SWEET* durant la symbiose mycorhizienne chez la pomme de terre. Cette symbiose entraîne notamment une surexpression de gènes *SWEET* appartenant au groupe 3 (impliqués majoritairement dans le transport de saccharose), et codant des protéines situées sur la MPA et sur la membrane plasmique des cellules végétales. Les SWEET assureraient le passage du saccharose dans les espaces péri-arbusculaires. Le saccharose serait ensuite clivé par une invertase en fructose et glucose, formes privilégiées pour l'utilisation par le CMA (Doidy *et al.*, 2012). Cette hypothèse serait cohérente avec le constat que l'accumulation d'invertases dans les racines est un facteur limitant de la symbiose mycorhizienne. Cependant, les transporteurs de glucose codés par des gènes *SWEET* des groupes 1 et 2, également surexprimés lors de la symbiose mycorhizienne, pourraient participer au transport du glucose préalablement clivé dans le cytoplasme de la cellule corticale colonisée (Manck-Götzenberger et Requena,

2016). Ensuite, le fructose et le glucose sont prélevés par le CMA à l'aide de transporteurs de monosaccharides (Doidy *et al.*, 2012) (figure 12.3).

L'ensemble de ces résultats est à nuancer car il a été montré que les gènes du CMA *Rhizophagus irregularis* codant des transporteurs MST n'ont pas les mêmes niveaux d'expression selon la plante hôte, indiquant que la régulation du transport carboné de la plante pour le symbionte fongique est dépendante de l'espèce (Ait Lahmidi *et al.*, 2016).

Transport des composés azotés du sol à la plante hôte

L'azote (N) est présent dans les sols sous forme d'un mélange de composés organiques (peptides et acides aminés) et inorganiques, et les végétaux l'absorbent principalement sous forme d'ammonium (NH_4^+) et de nitrate (NO_3^-). Dans le sol, leurs concentrations sont généralement assez faibles, faisant de l'azote un élément limitant pour le développement des plantes (Smith et Read, 2008). La MA participe largement à l'amélioration de la nutrition azotée des plantes. En effet, selon les associations plante/CMA, l'absorption de N par la voie mycorhizienne peut représenter de 20 à 50 % du contenu azoté total des racines hôtes (Jin *et al.*, 2005).

Le champignon, grâce à ses hyphes externes, est capable d'absorber le NH_4^+ et le NO_3^-. Cependant, le NH_4^+ est généralement préféré car plus énergétique que le NO_3^-. Comme les plantes, les CMA possèdent différents systèmes de transport de NH_4^+. De récentes études ont permis de montrer qu'en condition de faible concentration externe en NH_4^+ l'acquisition de celui-ci par *R. irregularis* est plus efficace que celle des plantes, prouvant ainsi que les plantes mycorhizées sont plus adaptées à des sols pauvres en ressources azotées (Pérez-Tienda *et al.*, 2012). Chez *R. irregularis*, au moins trois transporteurs de la famille des AMT/MEP (*AMmonium Transporter/MEthylammonium Permeases*) sont impliqués dans le transport de NH_4^+ (Casieri *et al.*, 2013). Cependant, la localisation de leurs transcrits, ainsi que leur régulation par la présence de NH_4^+ sont différentes, suggérant des rôles physiologiques distincts des protéines codées. En effet, *AMT1* est exprimé dans les hyphes externes et participerait à l'absorption de NH_4^+ à partir de la solution du sol, tandis que *AMT2* et *AMT3*, exprimés préférentiellement dans les hyphes internes, participeraient aux échanges avec la plante hôte au niveau de l'interface symbiotique (Pérez-Tienda *et al.*, 2011 ; Calabrese *et al.*, 2016) (figure 12.4). Du fait de sa toxicité, une fois dans les cellules fongiques, le NH_4^+ est rapidement métabolisé en acides aminés, notamment en glutamine et en arginine. Concernant le NO_3^-, à ce jour, deux transporteurs putatifs ont été identifiés chez *R. irregularis* (Tisserant *et al.*, 2012). Enfin, deux transporteurs d'azote organique ont été caractérisés chez les CMA *Funneliformis mosseae* et *R. irregularis* :
– un transporteur d'acides aminés, AAP1 (*Amino Acid Permease*), qui joue un rôle dans l'absorption d'acides aminés à partir du sol,
– un transporteur de dipeptides, PTR2 (*Peptide Transporter 2*), dont les transcrits sont accumulés dans les hyphes externes et intra-racinaires, ainsi que dans les cellules arbusculaires (figure 12.4).

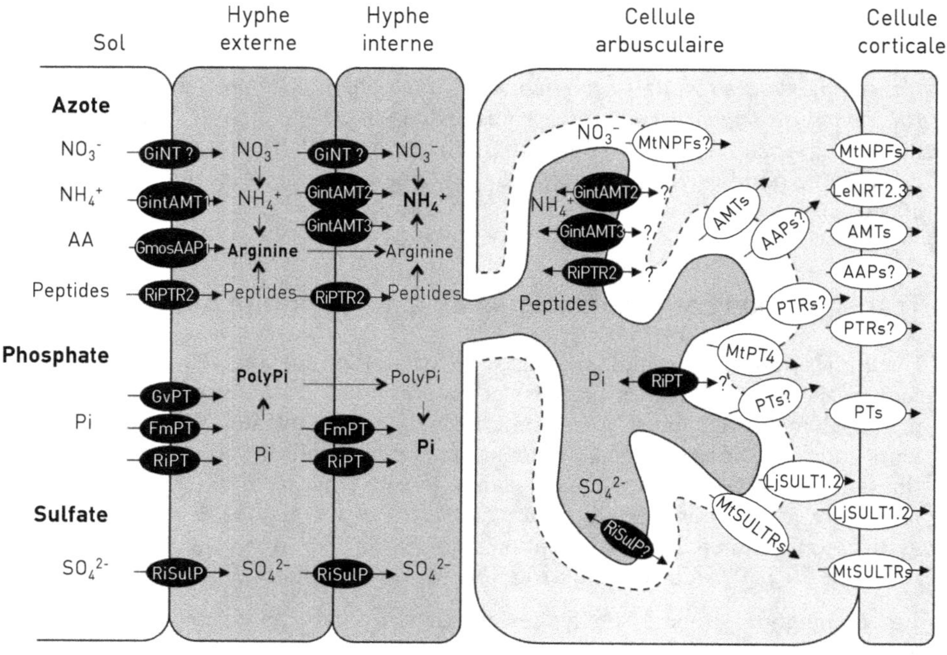

Figure 12.4. Schéma des voies de transport des éléments azotés (N), phosphatés (P) et soufrés (S) entre la plante et le champignon mycorhizien à arbuscules (CMA), et transporteurs impliqués.

Les compartiments «sol», CMA et cellule végétale, sont respectivement représentés en blanc, en gris foncé et en gris clair. La membrane péri-arbusculaire (MPA) est indiquée par une ligne discontinue. Les transporteurs fongiques sont représentés en noir et les transporteurs végétaux en blanc. Les nutriments indiqués en gras représentent les formes majoritaires dans les différents compartiments. Les lettres devant les transporteurs indiquent l'espèce à laquelle ils appartiennent. (Gi, Gint : *Glomus intraradices* ; Gmos : *Glomus mosseae* ; Ri : *Rhizophagus irregularis* ; Gv : *Glomus versiforme* ; Fm : *Funneliformis mosseae* ; Mt : *Medicago truncatula* ; Le : *Lycopersicon esculentum* ; Lj : *Lotus japonicus*).

Ceci suggère un rôle de PTR2 dans l'absorption de petits peptides à partir de la solution du sol, ainsi que dans leur échange au niveau de l'espace péri-arbusculaire (Belmondo *et al.*, 2014).

Chez les plantes, les systèmes de transport de NO_3^- sont répartis en trois familles : les familles NRT2 et NRT3, qui regroupent des transporteurs spécifiques de NO_3^- et les transporteurs de la famille des NPF qui transportent une grande variété de substrats tels le NO_3^-, des peptides, des acides aminés ou des phytohormones (Léran *et al.*, 2014). L'interaction avec les CMA peut entraîner une modification de l'expression de ces différents transporteurs dans les racines des plantes mycorhizées. Par exemple, chez la tomate, *LeNRT2.3* est exprimé uniquement dans le rhizoderme des racines non mycorhizées, mais se retrouve fortement induit dans le cortex des racines mycorrhizées par *R. irregularis* (Casieri *et al.*, 2013) (figure 12.4). Chez *M. truncatula*, des analyses transcriptomiques couplées à la technique de microdissection laser (permettant d'individualiser des cellules au sein d'un tissu) ont mis en évidence la régulation de plusieurs transporteurs NPF. On peut citer notamment l'induction de *MtNPF4.12* et *MtNPF5.3* dans les racines mycorhizées par *F. mosseae* et *R. intraradices*, ou *MtNPF4.13* et *MtNPF4.14* exprimés spécifiquement dans les cellules arbusculaires (Casieri *et al.*, 2013).

Les analyses phylogénétiques des transporteurs de NH_4^+ de plantes mettent en évidence une répartition en deux sous-familles :
– les AMT1, proches des transporteurs d'ammonium des procaryotes, fonctionnellement bien caractérisés, et qui regroupent majoritairement des systèmes de transport de NH_4^+ ;
– les AMT2, plus proches des AMT/MEP fongiques et dont les propriétés fonctionnelles sont indéterminées à ce jour, bien que certaines expériences aient démontré leur capacité à transporter du NH_3 à la place du NH_4^+ (Guether *et al.*, 2009a).

De nombreuses études réalisées chez différentes espèces de plantes ont mis en évidence l'existence d'*AMT* racinaires exprimés uniquement en condition de mycorhization (Guether *et al.*, 2009a ; Koegel *et al.*, 2013). Parmi eux, on peut par exemple citer *LjAMT2.2*, exprimé dans les cellules arbusculaires et qui transporterait du NH_3 au lieu du NH_4^+ (Guether *et al.*, 2009a). Récemment, une étude a proposé deux rôles fonctionnels distincts pour deux AMT chez *M. truncatula* : AMT2;3 serait plutôt impliqué dans la détection et/ou la signalisation des conditions favorables au maintien des arbuscules, alors que AMT2;4 serait dédié à l'absorption de NH_4^+ depuis l'espace apoplastique (Breuillin-Sessoms *et al.*, 2015). Enfin, concernant l'azote organique, de nombreux gènes codant des transporteurs putatifs appartenant aux familles AAP et PTR, mentionnées précédemment, sont régulés par la MA chez les espèces modèles *M. truncatula* et *Lotus japonicus* (Guether *et al.*, 2009b ; Gaude *et al.*, 2012).

Bien que le transport d'azote, depuis son prélèvement dans le sol par les CMA jusqu'à son acquisition par la plante, soit bien documenté, la nature des composés échangés entre les deux partenaires au niveau de l'interface péri-arbusculaire est encore imprécise.

Transport des composés phosphatés du sol à la plante hôte

Quelle que soit la teneur totale en phosphate (P) dans le sol, seule une très faible proportion est directement assimilable par les racines. En effet, les plantes absorbent le P sous sa forme inorganique (Pi), représentée par les ions orthophosphates $H_2PO_4^-$/HPO_4^{2-} libres en solution dans le sol. Or ces ions Pi libres ont tendance à précipiter avec des éléments tels que le fer, l'aluminium et le calcium, et à s'associer avec des composés organiques pour former des complexes immobiles dans le sol, diminuant leur biodisponibilité. Ces phénomènes, couplés à une absorption rapide du Pi libre par les racines, créent une zone de déplétion au niveau de la rhizosphère. Les plantes ont ainsi dû développer diverses stratégies pour augmenter leur accès au

Pi, et l'une d'entre elles, comme pour l'azote, est l'association symbiotique avec les CMA (voir chapitre 7 de cet ouvrage). En effet, lors de l'interaction avec les CMA, l'absorption du Pi *via* la voie mycorhizienne devient dominante sur la voie directe et peut représenter de 20 à 100 % de l'absorption totale de P par la plante (Smith et Read, 2008). Que ce soit chez les plantes ou les CMA, les systèmes de transport actifs impliqués sont majoritairement de type symport Pi/H$^+$.

Chez les CMA, le premier transporteur de Pi, GvPT (*Pi Transporter*), a été identifié chez *Glomus versiforme* (Harrison et van Buuren, 1995). De par sa localisation dans les hyphes externes et sa capacité à transporter du Pi, GvPT participerait à l'absorption du Pi depuis le sol (figure 12.4). L'étude de la régulation d'un transporteur PT chez *R. irregularis* démontre que le champignon est capable d'optimiser l'absorption de Pi en fonction de sa disponibilité dans l'environnement et également en fonction de son statut symbiotique (Casieri *et al.*, 2013). Une fois absorbé, le Pi est rapidement stocké dans les vacuoles fongiques sous forme de polyphosphates (polymères de Pi), ou incorporé aux phospholipides et aux acides nucléiques (Smith et Read, 2008). Les dosages réalisés dans les différents compartiments fongiques suggèrent que le transport à longue distance de Pi se fait préférentiellement sous forme de polyphosphates qui, une fois acheminés dans les hyphes internes, sont hydrolysés en Pi avant d'être libérés dans l'espace péri-arbusculaire *via* un mécanisme encore inconnu (Garcia *et al.*, 2016).

Chez les plantes, les systèmes de transport de Pi sont répartis en trois familles : la famille Pht1, qui regroupe des transporteurs présents dans la membrane plasmique, et les familles Pht2 et Pht3 qui comprennent des transporteurs localisés majoritairement dans les plastes et les mitochondries. À ce jour, seuls les transporteurs Pht1 semblent être impliqués dans la MA. Au sein de cette famille, les transporteurs sont divisés en quatre groupes phylogénétiques et fonctionnels différents. Seuls les transporteurs des groupes 1 et 3 participent au transport de Pi *via* la voie mycorhizienne (Casieri *et al.*, 2013). Le premier transporteur spécifique de la mycorhization à avoir été identifié chez les plantes est MtPT4, localisé sur la MPA (Harrison, 2002) (figure 12.4). Il est utilisé depuis comme marqueur moléculaire de la symbiose MA chez l'espèce modèle *M. truncatula*. D'autres transporteurs de Pi spécifiquement accumulés en condition mycorhizée ont par la suite été identifiés chez de nombreuses espèces d'intérêt agronomique (Tian *et al.*, 2013 ; Walder *et al.*, 2015). En général, l'induction de ces transporteurs spécifiques de la mycorhization est accompagnée d'une répression d'autres transporteurs Pht1, la plupart impliqués dans la voie directe d'absorption du Pi et sensibles aux concentrations de Pi externe. Ces régulations opposées entre les différents groupes fonctionnels de Pht1 traduisent le passage de la voie directe d'absorption du Pi à la voie mycorhizienne qui devient alors favorisée.

En plus de son implication dans la nutrition de la plante, le Pi est un signal majeur nécessaire au maintien de la MA (Garcia *et al.*, 2016). En effet, il est admis que les apports importants en Pi inhibent le développement de la MA, en favorisant la voie d'absorption directe, certainement moins coûteuse pour la plante. Des études récentes ont permis d'établir que cette régulation passe par un signal systémique, impliquant probablement les strigolactones (voir chapitre 16 de cet ouvrage).

Transport des éléments soufrés du sol à la plante

Le soufre (S) est assimilé par les plantes sous sa forme soluble, le sulfate (SO_4^{2-}). Il peut être stocké transitoirement dans les vacuoles ou pénétrer dans les chloroplastes/plastes pour être réduit, puis utilisé pour la synthèse d'acides aminés soufrés (cystéine et méthionine) ou d'autres métabolites (Casieri *et al.*, 2013). Dans la symbiose MA, le transport de SO_4^{2-} est réalisé *via* un transport actif, faisant intervenir des transporteurs de type symport SO_4^{2-}/H^+ appelés SulP (*Sulfate Permeases*) chez les CMA et SulTR (*Sulfate TRansporters*) chez les plantes (Casieri *et al.*, 2013). La symbiose mycorhizienne améliore la nutrition sulfatée de la plante (Casieri *et al.*, 2013). À ce jour, chez *R. irregularis,* cinq SulP putatifs existeraient et seraient exprimés à des niveaux similaires dans les hyphes internes et externes (figure 12.4) ; aucun rôle précis des protéines codées n'ayant pu être démontré.

Casieri *et al.* (2013) ont montré, chez *M. truncatula* mycorhizé avec *R. irregularis* et fertilisé avec différentes concentrations de SO_4^{2-}, que la régulation des *MtSULTR* est complexe. Chez le lotier (*L. japonicus*), des expériences de localisation des *LjSULTR1.2* révèlent un changement de profil d'expression en fonction du statut symbiotique : une expression dans toute la racine en condition non mycorhizée et, dans les racines mycorhizées, une localisation restreinte aux cellules arbusculaires (Garcia *et al.*, 2016) (figure 12.4). D'après ces doubles localisations et régulations, les auteurs proposent qu'à l'inverse de ce qui a été décrit pour les transporteurs de Pi un transporteur unique, SULTR1.2, serait impliqué dans les deux voies d'absorption, directe et mycorhizienne, chez le lotier.

Si, comme nous venons de le voir, les transportomes des partenaires végétaux et fongiques de la MA sont maintenant bien identifiés, un élément essentiel à la bonne connaissance et gestion de la MA est la compréhension de la régulation de ces protéines membranaires.

▸▸ Régulation des protéines de transport impliquées dans les échanges trophiques de la mycorhize à arbuscules

Les membranes cellulaires sont des structures dynamiques. Cette dynamique, indispensable à la survie des cellules eucaryotes, assure l'homéostasie des compartiments intracellulaires, ainsi que la communication entre l'intérieur et l'extérieur des cellules. Afin d'augmenter ou de limiter les échanges de nutriments entre le milieu intra- et extracellulaire, les transporteurs membranaires peuvent être régulés, à l'échelle de la protéine, par i) des mécanismes de modification protéique (par exemple modifications post-traductionnelles), ii) un trafic vésiculaire d'arrivée à la membrane (exocytose ou recyclage) ou de départ de la membrane (endocytose pouvant amener à leur dégradation) (Krügel et Kuhn, 2013).

Peu ou pas de données existent à ce jour quant à d'éventuelles modifications protéiques jouant un rôle dans l'activité des transporteurs au cours de la MA. La membrane plasmique contient des régions qui présentent une composition lipidique et protéique spécifique, appelées microdomaines membranaires. Ces régions agissent comme des plateformes de signalisation où certains composés peuvent s'associer et se réorganiser à la suite des *stimuli* perçus. Elles sont également impliquées dans le trafic vésiculaire, l'adressage de protéines et la transduction de signaux. Chez les cellules animales, ces mécanismes de régulation de transporteurs *via* des dynamiques membranaires ont été bien décrits. L'exemple le plus connu est celui du transporteur de glucose GLUT4, qui circule entre la membrane plasmique et des compartiments intracellulaires de stockage. En réponse à l'insuline, le transport de glucose est activé par un recrutement réversible de GLUT4 à la membrane plasmique par l'arrivée de vésicules d'exocytose (Antonescu *et al.*, 2014). En absence d'insuline, GLUT4 est séquestré dans des compartiments intracellulaires de stockage, bloquant ainsi le transport de glucose.

Chez les végétaux, malgré l'identification de nombreux transporteurs impliqués dans les échanges de nutriments aux interfaces biotrophes (voir partie 2), rares sont les études de leurs régulations spatio-temporelles. Différentes analyses de protéomique ont montré la présence de transporteurs de phosphate et de sucres dans les microdomaines membranaires de plantes. Cette localisation des transporteurs pourrait indiquer qu'ils sont soumis à des mécanismes de trafic cellulaire. La première étude qui illustre la régulation de transporteurs de sucres, en réponse à la MA, par de tels mécanismes est celle de Bitterlich *et al.* (2014). En effet, le transporteur de saccharose de tomate SlSUT2, dont le gène est exprimé dans les cellules colonisées, contrôle négativement la disponibilité en saccharose pour le CMA. La recherche de protéines interagissant avec SUT2 a révélé la présence de protéines ayant un rôle dans la fusion de vésicules, ou associées aux microdomaines ou encore localisées dans des vésicules intracellulaires (Bitterlich *et al.*, 2014). Ces travaux ont montré que l'interaction de SUT2 avec ces protéines a pour fonction d'inhiber l'activité du transporteur. De manière intéressante, il a été montré que l'adressage et le recyclage de SUT1 de la pomme de terre sont contrôlés par l'endocytose, qui entraîne soit la dégradation du transporteur dans la vacuole, soit son recyclage dans la membrane plasmique (figure 12.5). Enfin, il a été récemment supposé que les transporteurs de phosphate de *Medicago* MtPT4 et du riz OsPT11 sont adressés spécifiquement et de manière polarisée à la MPA, *via* des compartiments intracellulaires non déterminés (Kobae et Hata, 2010) (figure 12.5). Ceci est un indice supplémentaire en faveur d'une régulation des transporteurs par des mécanismes de dynamique membranaire.

Les autres familles de transporteurs de nutriments impliqués dans les échanges trophiques entre la plante et le CMA pourraient également être contrôlées par des mécanismes membranaires mais, à notre connaissance, aucune donnée n'est disponible. De même, chez les CMA, aucune régulation spatio-temporelle de transporteurs par des mécanismes similaires à ceux décrits chez les animaux et les végétaux n'a pu être démontrée à ce jour.

Bien que nous soyons encore à l'orée de la compréhension de tels mécanismes de régulation des protéines membranaires, la partie 3 rend compte des premiers indices de l'importance d'une dynamique membranaire des transporteurs, nécessaire à la régulation des échanges trophiques entre les partenaires lors de la MA. Au-delà de la complexité de ces échanges nutritionnels, illustrée par les multiples transporteurs

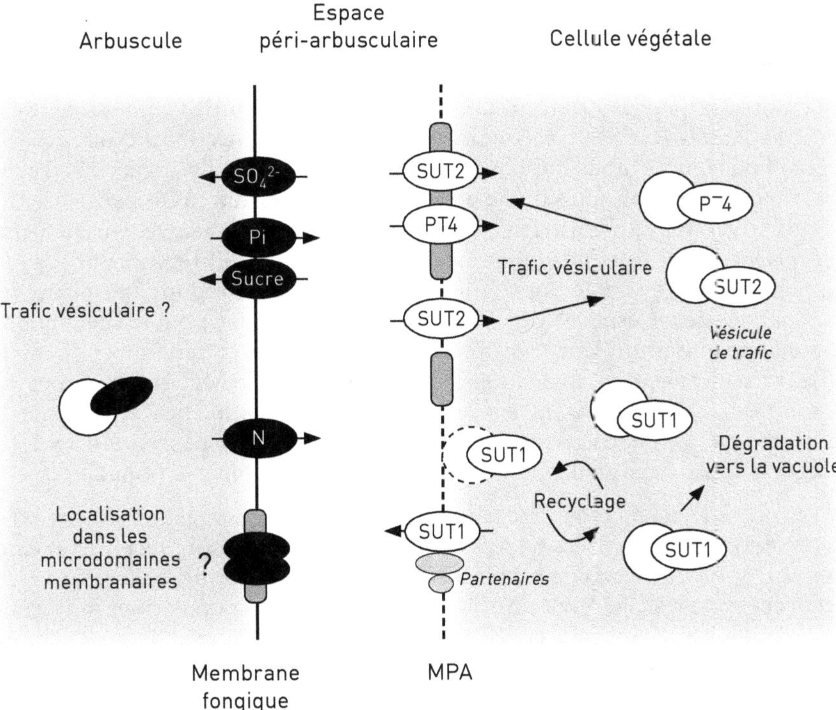

Figure 12.5. Schéma simplifié des possibles régulations des transporteurs membranaires à l'interface biotrophe entre la plante et le champignon.

Les microdomaines membranaires sont indiqués par des hachures. Chez la plante, les régulations connues pour les protéines dont le nom est indiqué ont été démontrées. Chez le champignon mycorhizien à arbuscules (CMA), peu d'informations sont disponibles et les mécanismes indiqués sont hypothétiques.

SUT = *Sucrose Transporter* (transporteur de saccharose), PT = *Phosphate Transporter* (transporteur de phosphate) et MPA = membrane péri-arbusculaire.

et voies de régulation mis en jeu, un élément important de la biologie des CMA et de leurs hôtes tient à l'existence de « réseaux mycorhiziens communs » (RMC).

▸▸ Réseaux mycéliens communs

À l'échelle d'un couvert végétal, des plantes de tailles et d'espèces différentes sont reliées entre elles au niveau de leurs racines par l'intermédiaire de RMC. Comme les CMA s'associent avec la plupart des espèces végétales, les RMC peuvent avoir un impact sur le fonctionnement et la régulation des écosystèmes en séquestrant du C, en modifiant les mouvements des éléments minéraux, en affectant la structure du sol et en influençant la composition des communautés végétales. Les RMC amplifieraient les compétitions plantes-plantes en favorisant le transfert des nutriments au voisinage des petites plantes vers les grandes plantes, en affectant la croissance des plantes compagnes et en influençant la composition des communautés végétales. Le rôle des RMC sur les interactions plantes-plantes dépend des espèces de plantes et de champignons impliqués (Walder *et al.*, 2012). Les capacités d'échange de nutriments sont variables d'une espèce de CMA à l'autre. On peut observer un déséquilibre quantitatif entre le C investi par chacune des plantes dans la construction du RMC et les éléments minéraux (notamment N et P) fournis par ces mêmes champignons. Par exemple, lorsque la photosynthèse est réduite, les plantes colonisées par plusieurs espèces de CMA semblent distribuer préférentiellement leur C aux champignons qui leur transfèrent le plus d'éléments minéraux (Zheng *et al.*, 2015). Par conséquent, la formation et le maintien d'un RMC formé par un ou par une suite de CMA colonisant les racines de plantes annuelles et pérennes d'un écosystème ou d'un agroécosystème mettent en lumière la nécessité d'analyser les échanges de nutriments à différentes échelles, de l'individu à la population.

À ce qui précède, il faut ajouter le fait que les CMA et leurs végétaux hôtes sont aussi en interaction étroite avec les populations microbiennes du sol (bactéries et champignons non MA) au niveau de la rhizosphère ou de la mycorhizosphère. De plus, les végétaux comme les CMA ont un effet structurant sur les populations microbiennes du sol, conduisant souvent à la sélection d'espèces spécifiques dans ces compartiments particuliers du sol. On connaît ainsi un certain nombre de bactéries interagissant favorablement avec les plantes (PGPR, *Plant Growth Promoting Rhizobacteria*), qui exercent sur ces dernières des effets nutritionnels (par exemple fixation d'azote atmosphérique ou solubilisation du phosphore rétrogradé dans le sol) ou hormonaux (synthèse d'analogues d'auxines ou d'autres phytohormones végétales) (pour une revue, voir Lugtenberg et Kamilova, 2009). Par ailleurs, certaines espèces ou populations bactériennes ont la capacité d'interagir de manière positive avec les CMA en améliorant leur capacité de colonisation racinaire, de développement dans le sol ou encore de prélèvement des éléments minéraux (Frey-Klett *et al.*, 2007). Le concept de « bactérie favorisant la mycorhize » (MHB, *Mycorrhiza Helper Bacteria*) a ainsi été introduit il y a quelques années (Frey-Klett *et al.*, 2007), mais les études sur ce sujet restent aujourd'hui trop rares, notamment en ce qui concerne les mycorhizes à arbuscules. On comprend ainsi que notre connaissance des mécanismes mis en jeu au cours de cette symbiose reste extrêmement parcellaire, malgré le nombre croissant de recherches qui leur sont consacrées. Il est maintenant difficilement contestable que cette symbiose est un élément primordial de la vie des plantes et du sol, mais nous manquons toujours d'informations claires sur le fonctionnement global de cette symbiose en situation « naturelle », hors des systèmes simplifiés de laboratoire. À l'avenir, les nouveaux outils de la biologie moléculaire (par exemple NGS, *Next Generation Sequencing*, etc.) permettront d'approfondir nos connaissances sur les populations mycorhiziennes, et plus largement microbiennes, et leur fonctionnement dans leur environnement intégré, afin d'envisager de plus en plus d'applications pratiques de ces connaissances à travers le développement d'une « ingénierie écologique » de la symbiose mycorhizienne.

▸▸ Ingénierie écologique des mycorhizes à arbuscules

Depuis quelques années, on assiste au développement rapide de la production et de la vente d'inoculants mycorhiziens par des sociétés privées dans le monde entier. Si ces produits sont avant tout destinés à un usage agricole (comme biofertilisants ou biostimulants), d'autres domaines d'application commencent à voir le jour. Ainsi, un certain nombre d'études (pour une revue, voir Gianinazzi *et al.*, 2010) ont montré que les CMA peuvent être utilisés pour faciliter l'implantation et la croissance de végétaux dans des environnements difficiles, comme des sols perturbés ou pollués, à des fins de :
– revégétalisation de talus miniers ou d'anciennes carrières, afin de recréer un couvert végétal limitant l'érosion ; dans le cas de sites pollués par des métaux lourds ou des polluants organiques, ces couverts peuvent en plus jouer un rôle de phytostabilisation en fixant les polluants dans les racines et le réseau mycélien des CMA, limitant ainsi leur transfert dans l'environnement (Egamberdieva *et al.*, 2016) ;
– phytoextraction, correspondant à une accumulation plus importante de métaux dans les parties aériennes de végétaux dits « hyperaccumulateurs », dont la récolte permet au fil des années d'extraire une partie importante des métaux initialement présents dans le sol (Egamberdieva *et al.*, 2016).

Dans le cas de sols contaminés par des molécules organiques (par exemple les hydrocarbures dans les sites pétroliers), la flore microbienne (bactéries et champignons) associée aux racines de plantes sélectionnées peut contribuer à la dégradation des polluants en molécules plus simples sans danger pour l'homme ou l'environnement. On parle dans ce cas de phytodégradation (Volante *et al.*, 2005). Dans tous ces cas de figure, l'utilisation d'inoculants mycorhiziens permet souvent d'améliorer l'efficacité du système, et on parle alors de phytoextraction, phytodégradation… assistée par des champignons mycorhiziens, voire de mycorhizoremédiation. De manière analogue, quelques équipes de recherche s'attachent depuis peu à évaluer le rôle que pourraient jouer les CMA dans le fonctionnement des « bandes enherbées », utilisées pour limiter le transfert des engrais et/ou des pesticides utilisés en agriculture vers les cours d'eau bordant les parcelles cultivées (Sejalon-Delmas, communication personnelle). Dans les années à venir, le développement d'une agriculture urbaine, ainsi que de murs et de toitures végétalisés, va probablement conduire à l'augmentation notable des surfaces « hors-sol » sur lesquelles on cherchera à implanter des végétaux, dans un but de production alimentaire ou d'amélioration de l'environnement. Dans toutes ces situations très « artificielles », dans lesquelles les populations de CMA sont inexistantes, l'inoculation exogène sera certainement une des clefs, encore pratiquement inexplorée, du succès de ces cultures.

Les champignons MA jouent aussi un rôle potentiellement important dans la séquestration du carbone dans les sols. En effet, ils constituent une part importante de la biomasse présente dans les sols et produisent cette biomasse à partir des sucres que leur transfère leur plante hôte. On considère généralement que 4 à 20 % du carbone fixé par voie photosynthétique pourrait être « détourné » par la symbiose MA et ainsi transféré, puis stocké dans le sol (Smith et Read, 2008). Parmi les différentes molécules organiques synthétisées par les CMA, la glomaline, sécrétée par les hyphes et directement déposée dans les sols, peut représenter une part importante (jusqu'à 5 %) du carbone présent. Cette protéine, très stable et pouvant perdurer très longtemps dans les sols, joue un rôle majeur dans la stabilisation des agrégats du sol, protégeant ainsi la matière organique d'une dégradation trop rapide (Rillig *et al.*, 2002). Toutefois, la contribution nette des CMA au stockage du carbone dans les sols reste spéculative, les différents mécanismes mis en jeu étant encore mal connus.

Au niveau agricole, les bénéfices potentiels de la symbiose MA commencent à être bien connus. Outre une meilleure assimilation des éléments minéraux (P, N, Fe, Zn, etc.) permettant une réduction des apports de fertilisants, la symbiose améliore l'utilisation de l'eau par les plantes, accroît leur résistance à de nombreux stress abiotiques (stress hydrique, thermique, salin, etc.) et, dans certains cas, à des stress biotiques, en particulier à certaines pathologies racinaires. En stimulant la production de métabolites secondaires, la symbiose contribue à l'amélioration des qualités nutritives des plantes cultivées (Gianinazzi *et al.*, 2010). Elle contribue aussi à améliorer la stabilité des sols, ainsi qu'à en limiter l'érosion. La symbiose MA sera donc un élément important du développement de «l'agroécologie», basée sur une utilisation raisonnée et systématique de mécanismes naturels favorisant la vie des plantes plutôt que sur l'usage massif de solutions chimiques dont les inconvénients sont de plus en plus décriés.

▸▸ Conclusion

La symbiose MA, fruit d'une longue coévolution des CMA avec leurs partenaires végétaux, en interaction constante avec de multiples autres composantes de leur environnement, est donc un élément majeur de la biologie des plantes. En 1993, les membres du comité de la Banque européenne de Gloméromycètes[38] ont même été jusqu'à dire que les plantes, dans leur état naturel, ont des mycorhizes plutôt que des racines. La compréhension croissante que nous avons des mécanismes de cette symbiose ne doit pas occulter le fait que, jusqu'à présent, la majorité de ces résultats a été obtenue sur un faible nombre d'espèces fongiques, en interaction avec un petit nombre d'espèces végétales. En particulier, la souche modèle *R. irregularis DAOM 197198*, premier CMA dont le génome ait été intégralement séquencé, reste probablement la plus utilisée de nos jours dans les laboratoires de recherche. Ainsi, notre compréhension de la biologie des mycorhizes reste bien souvent limitée à quelques cas particuliers, et toute généralisation de ces concepts devra s'appuyer sur des études mettant en jeu d'autres espèces fongiques. En effet, l'utilisation d'inoculants ne contenant qu'une ou deux espèces ou souches de CMA reste prépondérante aujourd'hui. Cependant, il ne fait aucun doute que les potentialités réelles de cette symbiose ne pourront être exploitées qu'avec le développement de produits combinant plusieurs espèces fongiques aux caractéristiques complémentaires, ainsi que leurs populations bactériennes associées. L'existence de banques de souches de CMA (BEG, GINCO, INVAM, etc.) et le développement de technologies permettant leur culture en conditions contrôlées faciliteront à l'avenir la généralisation de nos connaissances aux différents genres et espèces de Gloméromycètes, prélude au développement de cette future «Ingénierie écologique des CMA et de leurs microorganismes associés».

---

38. http://www.i-beg.eu/ (consulté le 23 février 2017).

Références bibliographiques

Ait Lahmidi N., Courty P.-E., Brulé D., Chatagnier O., Arnould C., Doidy J., Berta G., Lingua G., Wipf D., Bonneau L., 2016. Sugar exchanges in arbuscular mycorrhiza: RiMST5 and RiMST6, two novel *Rhizophagus irregularis* monosaccharide transporters, are involved in both sugar uptake from the soil and from the plant partner. *Plant Physiology and Biochemistry*, 107, 354-363.

Antonescu C.N., McGraw T.E., Klip A., 2014. Reciprocal regulation of endocytosis and metabolism. *Cold Spring Harbor Perspectives in Biology*, 6 (7), a016964-a016964.

Belmondo S., Fiorilli V., Pérez-Tienda J., Ferrol N., Marmeisse R., Lanfranco L., 2014. A dipeptide transporter from the arbuscular mycorrhizal fungus *Rhizophagus irregularis* is upregulated in the intraradical phase. *Frontiers in Plant Science*, 5, doi: 10.3389/fpls.2014.00436

Bitterlich M., Krügel U., Boldt-Burisch K., Franken P., Kühn C., 2014. The sucrose transporter SlSUT2 from tomato interacts with brassinosteroid functioning and affects arbuscular mycorrhiza formation. *The Plant Journal*, 78 (5), 877-889.

Breuillin-Sessoms F., Floss D.S., Gomez S.K., Pumplin N., Ding Y., Levesque-Tremblay V., Noar R.D., Daniels D.A., Bravo A., Eaglesham J.B., Benedito V.A., Udvardi M.K., Harrison M.J., 2015. Suppression of arbuscule degeneration in *Medicago truncatula* phosphate transporter4 mutants is dependent on the ammonium transporter 2 family protein AMT2;3. *The Plant Cell*, 27 (4), 1352-1366.

Briskin D., 1994. Membranes and transport systems in plants: An overview. *Weed Science*, 42 (2), 255-262.

Calabrese S., Pérez-Tienda J., Ellerbeck M., Arnould C., Chatagnier O., Boller T., Schübler A., Brachmann A., Wipf D., Ferrol N., Courty P.-E., 2016. GintAMT3 – A low-affinity ammonium transporter of the arbuscular mycorrhizal *Rhizophagus irregularis*. *Frontiers in Plant Science*, 7, doi : 10.3389/fpls.2016.00679

Casieri L., Ait Lahmidi N., Doidy J., Veneault-Fourrey C., Migeon A., Bonneau L., Courty P.E., Garcia K., Charbonnier M., Delteil A., Brun A., Zimmermann S., Plassard C., Wipf D., 2013. Biotrophic transportome in mutualistic plant–fungal interactions. *Mycorrhiza*, 23 (8), 597-625.

Doidy J., Grace E., Kühn C., Simon-Plas F., Casieri L., Wipf D., 2012. Sugar transporters in plants and in their interactions with fungi. *Trends in Plant Science*, 17 (7), 413-422.

Egamberdieva D., Abd Allah E.F., Teixeira da Silva J.A., 2016. Microbially assisted phytoremediation of heavy metal–contaminated soils. *In : Plant Metal Interaction-Emerging Remediation Techniques* (Ahmad P., dir.). Amsterdam, Elsevier, 483-498.

Frey-Klett P., Garbaye J., Tarkka M., 2007. The mycorrhiza helper bacteria revisited. *New Phytologist*, 176 (1), 22-36.

Garcia K., Doidy J., Zimmermann S.D., Wipf D., Courty P.-E., 2016. Take a trip through the plant and fungal transportome of mycorrhiza. *Trends in Plant Science*, 21 (11), 937-950.

Gaude N., Bortfeld S., Duensing N., Lohse M., Krajinski F., 2012. Arbuscule-containing and non-colonized cortical cells of mycorrhizal roots undergo extensive and specific reprogramming during arbuscular mycorrhizal development. *The Plant Journal*, 69 (3), 510-528.

Gianinazzi S., Gollotte A., Binet M.N., van Tuinen D., Redecker D., Wipf D., 2010. Agroecology: The key role of arbuscular mycorrhizas in ecosystem services. *Mycorrhiza*, 20 (8), 519-530.

Guether M., Neuhauser B., Balestrini R., Dynowski M., Ludewig U., Bonfante P., 2009a. A mycorrhizal-specific ammonium transporter from *Lotus japonicus* acquires nitrogen released by arbuscular mycorrhizal fungi. *Plant Physiology*, 150 (1), 73-83.

Guether M., Balestrini R., Hannah M., He J., Udvardi M.K., Bonfante P., 2009b. Genome-wide reprogramming of regulatory networks, transport, cell wall and membrane biogenesis during arbuscular mycorrhizal symbiosis in *Lotus japonicus*. *New Phytologist*, 182 (1), 200-212.

Harrison M.J., 2002. A phosphate transporter from *Medicago truncatula* involved in the acquisition of phosphate released by arbuscular mycorrhizal fungi. *The Plant Cell*, 14 (10), 2413-2429.

Harrison M.J., van Buuren M., 1995. A phosphate transporter from the mycorrhizal fungus *Glomus versiforme*. *Nature*, 378 (6557), 626-629.

Jin H., Pfeffer P.E., Douds D.D., Piotrowski E., Lammers P.J., Shachar-Hill Y., 2005. The uptake, metabolism, transport and transfer of nitrogen in an arbuscular mycorrhizal symbiosis. *New Phytologist*, 168 (3), 687-696.

Kobae Y., Hata S., 2010. Dynamics of periarbuscular membranes visualized with a fluorescent phosphate transporter in arbuscular mycorrhizal roots of rice. *Plant and Cell Physiology*, 51 (3), 341-353.

Koegel S., Ait Lahmidi N., Arnould C., Chatagnier O., Walder F., Ineichen K., Boller T., Wipf D., Wiemken A., Courty P.-E., 2013. The family of ammonium transporters (AMT) in *Sorghum bicolor*: Two AMT members are induced locally, but not systemically in roots colonized by arbuscular mycorrhizal fungi. *New Phytologist*, 198 (3), 853-865.

Krügel U., Kuhn C., 2013. Post-translational regulation of sucrose transporters by direct protein–protein interactions. *Frontiers in Plant Science*, 4, doi: 10.3389/fpls.2013.00237

Léran S., Varala K., Boyer J.C., Chiurazzi M., Crawford N., Daniel-Vedele F., David L, Dickstein R., Fernandez E., Forde B., Gassmann W., Geiger D., Gojon A., Gong J.M., Halkier B.A., Harris J.M., Hedrich R., Limami A.M., Rentsch D., Seo M., Tsay Y.F., Zhang M., Coruzzi G., Lacombe B., 2014. A unified nomenclature of NITRATE TRANSPORTER 1/ PEPTIDE TRANSPORTER family members in plants. *Trends in Plant Science*, 19 (1), 5-9.

Lugtenberg B., Kamilova F., 2009. Plant-growth-promoting rhizobacteria. *Annual Review of Microbiology*, 63 (1), 541-556.

Manck-Götzenberger J., Requena N., 2016. Arbuscular mycorrhiza symbiosis induces a major transcriptional reprogramming of the potato SWEET sugar transporter family. *Frontiers in Plant Science*, 7, doi: 10.3389/fpls.2016.00487

Pérez-Tienda J., Testillano P.S., Balestrini R., Fiorilli V., Azcón-Aguilar C., Ferrol N., 2011. GintAMT2, a new member of the ammonium transporter family in the arbuscular mycorrhizal fungus *Glomus intraradices*. *Fungal Genetics and Biology*, 48 (11), 1044-1055.

Pérez-Tienda J., Valderas A., Camañes G., García-Agustín P., Ferrol N., 2012. Kinetics of NH4$^+$ uptake by the arbuscular mycorrhizal fungus *Rhizophagus irregularis*. *Mycorrhiza*, 22 (6), 485-491.

Redecker D., Kodner R., Graham L.E., 2000. Glomalean fungi from the Ordovician. *Science*, 289 (5486), 1920-1921.

Rillig M.C., Wright S.F., Eviner V.T., 2002. The role of arbuscular mycorrhizal fungi and glomalin in soil aggregation: Comparing effects of five plant species. *Plant and Soil*, 238 (2), 325-333.

Smith S.E., Read D.J., 2008. *Mycorrhizal Symbiosis*. Londres, Academic Press, 3e édition.

Tian H., Drijber R.A., Li X., Miller D.N., Wienhold B.J., 2013. Arbuscular mycorrhizal fungi differ in their ability to regulate the expression of phosphate transporters in maize (*Zea mays* L.). *Mycorrhiza*, 23 (6), 507-514.

Tisserant E., Kohler A., Dozolme-Seddas P., Balestrini R., Benabdellah K., Colard A., Croll D., Da Silva C., Gomez SK., Koul R., Ferrol N., Fiorilli V., Formey D., Franken P., Helber N., Hijri M., Lanfranco L., Lindquist E., Liu Y., Malbreil M., Morin E., Poulain J., Shapiro H., van Tuinen D., Waschke A., Azcón-Aguilar C., Bécard G., Bonfante P., Harrison M.J., Küster H., Lammers P., Paszkowski U., Requena N., Rensing S.A., Roux C., Sanders I.R., Shachar-Hill Y., Tuskan G., Young J.P., Gianinazzi-Pearson V., Martin F., 2012. The transcriptome of the arbuscular mycorrhizal fungus *Glomus intraradices* (DAOM 197198) reveals functional tradeoffs in an obligate symbiont. *New Phytologist*, 193 (3), 755-769.

Volante A., Lingua G., Cesaro P., Cresta A., Puppo M., Ariati L., Berta G., 2005. Influence of three species of arbuscular mycorrhizal fungi on the persistence of aromatic hydrocarbons in contaminated substrates. *Mycorrhiza*, 16 (1), 43-50.

Walder F., Niemann H., Natarajan M., Lehmann M.F., Boller T., Wiemken A., 2012. Mycorrhizal networks: Common goods of plants shared under unequal terms of trade. *Plant Physiology*, 159 (2), 789-797.

Walder F., Brulé D., Koegel S., Wiemken A., Boller T., Courty P.-E., 2015. Plant phosphorus acquisition in a common mycorrhizal network: Regulation of phosphate transporter genes of the *Pht1* family in sorghum and flax. *New Phytologist*, 205 (4), 1632-1645.

Zheng C., Ji B., Zhang J., Zhang F., Bever J.D., 2015. Shading decreases plant carbon preferential allocation towards the most beneficial mycorrhizal mutualist. *New Phytologist*, 205 (1), 361-368.

Orienter les communautés et populations microbiennes telluriques *via* l'utilisation de plantes à exsudation modifiée

Yves Dessaux

Léonard de Vinci aurait écrit, voilà 500 ans environ, « nous connaissons mieux la mécanique des corps célestes que le fonctionnement du sol sous nos pieds ». En dépit des progrès de la biologie, cette assertion pourrait conserver une part de vérité dans la mesure où la diversité microbienne des sols et ses implications fonctionnelles restent encore relativement méconnues. Ces lacunes proviennent en grande partie du fait que seule une fraction très limitée des microorganismes du sol est cultivable en laboratoire (Pham et Kim, 2012). Depuis trente ans, le développement des techniques de biologie moléculaire, telles que la PCR (réaction en chaîne par polymérase), puis celui des techniques de séquençage à haut débit, ou des astuces culturales, ont permis d'acquérir une vision plus globale de la diversité microbienne (Vartoukian *et al.*, 2010). Il reste cependant à comprendre les liens qui doivent exister entre diversité des individus et diversité des fonctions qu'ils déterminent.

Ces études à venir sont d'autant plus importantes que les populations et communautés microbiennes des sols (ou microbiotes telluriques) jouent des rôles cruciaux dans le fonctionnement des écosystèmes terrestres, que ceux-ci soient naturels (par exemple forêts, prairies non exploitées, etc.) ou résultent de l'activité humaine (par exemple jardins, champs, pépinières, etc.) (Hinsinger *et al.*, 2009 ; Berendsen *et al.*, 2012 ; Bender *et al.*, 2016). Ces populations et ces communautés participent en effet aux grands cycles géo-biochimiques, à la dépollution de milieux contaminés, à la production de biomasse, en particulier en agriculture, et, d'une façon générale, elles influencent la santé des plantes, des animaux et des hommes. L'objectif de ce chapitre est de montrer comment populations et communautés microbiennes des sols pourraient être sélectionnées afin de favoriser la croissance et/ou la résistance aux pathogènes d'espèces végétales cultivées. Il s'intéressera quasi exclusivement à la composante bactérienne du microbiote végétal.

▸▸ La rhizosphère, lieu privilégié d'échanges entre microorganismes et végétaux

La rhizosphère est un concept vieux d'une centaine d'années. Il a été émis par Lorentz Hiltner (un bactériologiste spécialiste de microbiologie du sol et professeur d'agronomie au Collège technique de Munich) et il propose que la zone de sol entourant les racines des plantes, la rhizosphère, soit définie de façon fonctionnelle comme celle influencée par la croissance du végétal (Hiltner, 1904, cité dans Hartmann *et al.*, 2008). Cette influence provient en grande partie de la libération par les racines de composés organiques, un phénomène appelé rhizodéposition. Ces composés ont deux origines : ce sont d'une part des métabolites que les plantes exsudent et, d'autre part, des débris végétaux tels que mucilage ou cellules, éliminés de la surface racinaire par un effet mécanique lors de la progression de la racine dans le sol (Jones *et al.*, 2009 ; Gougoulias *et al.*, 2014).

La quantité de carbone ainsi remise à disposition des microorganismes varie fortement selon les espèces végétales et les conditions de culture. Elle peut atteindre 20 à 40 % de la quantité de carbone fixée par la photosynthèse (Jones *et al.*, 2009 ; Gougoulias *et al.*, 2014). Par rapport à un sol nu, considéré comme un milieu pauvre, le sol rhizosphérique permet donc la croissance de nombreux microorganismes, dont la sélection s'opère en lien avec leur capacité à utiliser ces ressources carbonées (Hartmann *et al.*, 2009). Ces microorganismes peuvent exercer un effet en retour sur la plante, effet caractéristique de la rhizosphère, soit en favorisant sa nutrition ou sa santé, soit en exerçant une action délétère dans le cas où ces microorganismes seraient pathogènes (Berendsen *et al.*, 2012 ; Mendes *et al.*, 2013). L'une ou l'autre des actions conduit potentiellement à une modification des composés exsudés, donc à une modification du microbiote associé à la plante. L'interaction trophique qui s'établit dans la rhizosphère entre microorganismes et végétaux s'apparente donc à un équilibre dynamique.

▸▸ Orienter les populations et les communautés microbiennes de la rhizosphère

Des approches aspécifiques

La description des interactions entre plantes et microorganismes de la rhizosphère, présentée plus haut, suggère que l'on pourrait, par exemple par le biais d'amendements carbonés ou azotés, conforter la croissance de populations et de communautés microbiennes dans un sens qui favoriserait la santé et la croissance des plantes (Ryan *et al.*, 2009 ; Chaudhry *et al.*, 2012). Ces approches ont été utilisées depuis de nombreuses années, en agriculture biologique, en horticulture, et par les jardiniers par exemple, par le biais d'amendements constitués de fumier de volailles, de farine de viande et d'os ou de tourteau de soja, riches en azote, qui conduisent, dans certaines conditions, à une réduction significative des populations de micro-organismes pathogènes associée à une stimulation de la concentration microbienne totale des sols traités (Lazarovits, 2001). Des résultats intéressants ont ainsi été obtenus contre le pathogène *Rhizoctonia solani* par apports répétés d'extraits de levures ou de chitine, ou par ajouts de sang séché ou de farine de poisson (Postma et Schilder, 2015). Des enrichissements en composés carbonés ont également été réalisés par le biais d'apports de boues d'épuration (par exemple Singh *et al.*, 2011) ou de fumier animal (Bradford *et al.*, 2008), bien que ceux-ci puissent poser des problèmes sanitaires (par exemple Udikovic-Kolic *et al.*, 2014).

L'usage de composts d'origine végétale est plus sûr, et également largement documenté. Il conduit souvent à une réduction de l'incidence de différentes pathologies, telles celles induites par le pathogène *Ralstonia solanacearum* (Yuliar *et al.*, 2015). Cette technique est également efficace pour limiter les rhizoctones, les pourritures noires ou de racines (induites par *Pythium ultimum*, *Rosellinia necatrix*, *Phytophthora* spp.), les flétrissements de type fusarioses ou verticillioses (dus à *Fusarium oxysporum*, *Verticillium dahliae*), ou les pourritures blanches ou galles communes (induites par *Sclerotinia* spp. ou *Streptomyces* spp.) (Hoitink *et al.*, 1997 ; Bonanomi *et al.*, 2007 ; Bonilla *et al.*, 2012 ; Hadar et Papadopoulou, 2012 ; Postma et Schilder, 2015). Une revue récente, à laquelle le lecteur intéressé pourra se référer, présente dans les détails les résultats obtenus en matière d'usage d'amendements en lutte contre les pathogènes (Larkin, 2015). Néanmoins, dans nombre de cas, les effets observés dépendent de différents facteurs tels que la composition des composts, la fréquence d'application, et la nature des sols ou des plantes cultivées (Hoitink *et al.*, 1999 ; Larkin, 2015). Par ailleurs, les effets observés n'ont pas toujours pu être formellement liés à des changements identifiés de la composition de la microflore associée au végétal, même si des progrès récents ont été enregistrés en lien avec l'amélioration des méthodes moléculaires d'écologie microbienne.

Une première approche ciblée : l'introduction de bactéries d'intérêt agronomique au voisinage du végétal

L'existence des rhizobactéries promotrices de croissance, plus connue sous l'acronyme anglais de PGPR (« *Plant Growth Promoting Rhizobacteria* »), est avérée depuis de nombreuses années (Bhattacharyya et Jha, 2012 ; Vacheron *et al.*, 2013). Les mécanismes qui sous-tendent l'effet de promotion de croissance peuvent être classés comme mécanismes directs ou indirects (Tailor et Joshi, 2014 ; Chauhan *et al.*, 2015). Parmi les effets directs, ces bactéries sont capables d'agir directement sur la croissance végétale par le biais de la synthèse ou de la modulation de la concentration de phytohormones (auxine, cytokinine, éthylène ; par exemple Belimov *et al.*, 2015), ou sur la nutrition du végétal par le biais d'une capacité à solubiliser le fer et le phosphore au voisinage de la plante (Pii *et al.*, 2015). Les effets indirects incluent la stimulation des réactions de défense de la plante (Huang et Zimmerli, 2014), la production de biocides (antibiotiques, antifongiques, nématicides ; Saraf *et al.*, 2014) ou la « simple » occupation de la niche que constitue la rhizosphère (Drogue *et al.*, 2012).

De très nombreux essais d'introduction de ces bactéries PGPR ont été réalisés depuis des années, avec pour objectif une protection ou une amélioration de la biomasse des végétaux. Des résultats intéressants ont été obtenus et il est impossible de tous les rapporter ici. On peut citer par exemple l'accroissement de la taille du système racinaire de la moutarde et du colza dans des sols contaminés en métaux lourds par diverses souches de *Pseudomonas* (Belimov *et al.*, 2005) ou l'accroissement du poids frais, de la longueur des racines et une tolérance à la sécheresse chez le pois, toujours en réponse à l'inoculation de souches de *Pseudomonas* (Zahir *et al.*, 2008). En ce qui concerne une meilleure réponse aux pathogènes, mentionnons des essais d'inoculation simultanée de deux souches de *Bacillus* spp. qui ont permis une réduction de la sévérité des symptômes induits par *P. syringae* pv. tomato sur la plante modèle *Arabidopsis thaliana* (Ryu *et al.*, 2007). De même, l'inoculation d'une souche PGPR de *P. putida* sur la tomate a permis d'accroître sa résistance au pathogène *Botrytis cinerea* (Akram *et al.*, 2008), l'agent de la pourriture grise. Le lecteur intéressé pourra se référer à des revues qui traitent de ce sujet (Babalola, 2010 ; Bhattacharyya et Jha, 2012) et incluent des références à des bactéries endophytes (Gaiero *et al.*, 2013).

Un des problèmes majeurs liés à l'usage d'inocula microbiens est celui de leur persistance au champ, en général limitée (Martínez-Viveros *et al.*, 2010 ; Rani et Goel, 2012), sauf dans le cas très particulier des sols dits suppresseurs où une microflore bactérienne comportant souvent des Pseudomonaceae se maintient (Almario *et al.*, 2014). Cette persistance limitée est liée au fait que l'interaction entre la bactérie PGPR et la plante implique également d'autres interactions avec des organismes vivants, éventuellement compétiteurs, et l'implication de facteurs abiotiques variables (Dutta et Podile, 2010 ; Rani et Goel, 2012).

En réponse à cette limitation, des essais de stimulation de populations d'intérêt ont été menés, impliquant des amendements spécifiques des sols. Ainsi, une souche de *P. putida* rendue capable de métaboliser l'acide salicylique (une des phytohormones) a été inoculée à des sols nus non stérilisés, traités ou non par cette molécule, et dans des rhizosphères de tomates, dont le sol avait aussi été traité ou non par la phytohormone. La concentration cellulaire de la souche dégradant l'acide salicylique a augmenté, en deux semaines, 100 fois plus dans le sol traité que dans le sol non traité. La concentration cellulaire de cette même souche a également augmenté environ 20 fois plus dans la rhizosphère des tomates cultivées en sol traité que dans la rhizosphère de tomates cultivées en sol non amendé (Colbert *et al.*, 1993b). Ce type d'expériences répétées avec deux autres souches PGPR quasi isogéniques de *Pseudomonas putida*, antagonistes du pathogène *Pythium ultimum*, l'une capable de dégrader le salicylate et l'autre non, a permis de montrer, dans le sol amendé, un très fort avantage compétitif de la souche capable de métaboliser cette molécule (Colbert *et al.*, 1993a). Des expériences similaires ont été réalisées avec des bactéries rendues capables de dégrader des détergents, dont la croissance est fortement stimulée dans des sols nus amendés avec ces détergents, par rapport à ce qui est observé en sols nus non amendés. Cette stimulation est moins marquée en sol rhizosphérique, les résultats dépendant assez sensiblement du détergent utilisé (Devliegher *et al.*, 1995). Plus récemment, des bactéries capables d'interférer avec la production de facteurs de virulence du phytopathogène *Pectobacterium* ont été identifiées (Uroz *et al.*, 2003). Des essais encourageants de stimulation de leur croissance, au voisinage du système racinaire de plants de pommes de terre, par apport de substrats électifs ont été réalisés (Cirou *et al.*, 2007, 2011; voir chapitre 14 de cet ouvrage).

Une seconde approche ciblée : la modification de l'exsudation racinaire

Les problèmes rencontrés avec les amendements de sol résident dans la persistance de l'effet de stimulation en cas d'arrêt d'amendement. Une seconde approche consisterait à orienter les populations et les communautés microbiennes dans un sens qui favoriserait la santé et la croissance des plantes par le biais d'une modification de l'exsudation racinaire (Savka *et al.*, 2002; Ryan *et al.*, 2009; Dessaux *et al.*, 2016). Cette stratégie impliquerait de modifier génétiquement la plante; elle reste donc peu adaptée à l'agriculture biologique en tant que telle en raison de la faible acceptabilité de la technologie par les agriculteurs pratiquant cette agriculture. L'idée qui la sous-tend est néanmoins d'importance écologique. Cette approche constitue en effet un démonstrateur de l'intérêt potentiel qu'il y aurait à sélectionner des variétés capables d'associer à leur système racinaire une microflore bénéfique dans le cadre de l'amélioration variétale. Cette idée est relativement nouvelle; elle avait été proposée à l'origine dans le cadre de protocoles de phytoremédiation (Kuiper *et al.*, 2001).

L'utilisation de plantes productrices d'opines comme système modèle d'association dirigée

Une difficulté importante liée à la mise en place d'une association dirigée réside dans l'existence de composés dont on peut induire la synthèse dans les exsudats racinaires, et qui pourront être dégradés par les bactéries à associer au système racinaire. Dans ce contexte, les molécules de choix sont les opines, composés spécifiquement retrouvés dans des galles d'origine microbienne induites par *Agrobacterium tumefaciens* (Dessaux *et al.*, 1998). Ces galles résultent d'une transformation génétique au cours de laquelle un fragment d'ADN bactérien, le T-DNA (pour «*transferred DNA*»), issu du plasmide Ti porteur des déterminants de virulence, est transféré de la bactérie vers le matériel génétique nucléaire de la plante, où il s'intègre. Les gènes portés par le T-DNA s'expriment. Certains codent pour la production d'hormones végétales responsables de la prolifération cellulaire, et donc de la formation de la tumeur (Pitzschke et Hirt, 2010; Christie et Gordon, 2014; Subramoni *et al.*, 2014; Nester, 2015). D'autres déterminent la synthèse des opines (figure 13.1). Ces composés sont des molécules avec un faible poids moléculaire, formées aux dépens des réserves métaboliques de la plante, le plus souvent à partir

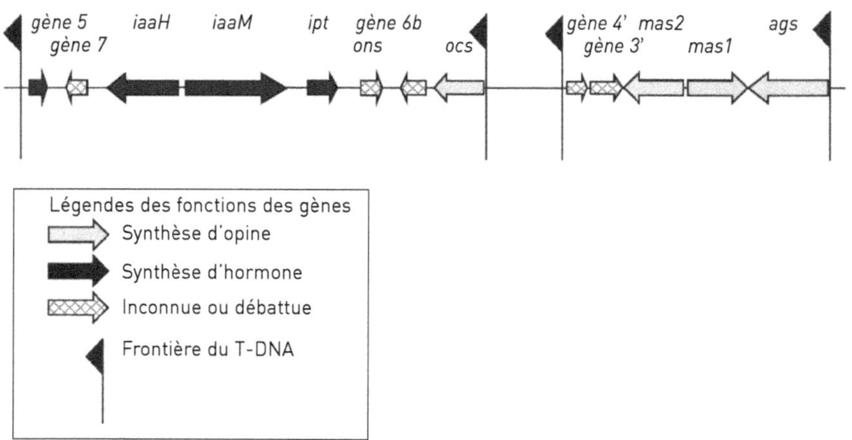

Figure 13.1. Organisation des gènes d'un T-DNA d'*Agrobacterium*.

Le T-DNA est défini comme la séquence d'ADN comprise entre deux frontières (ici représentées par des drapeaux), séquences de 24 paires de bases en répétitions directes mais imparfaites. Le transfert orienté commence à la frontière droite. Les T-DNA peuvent être constitués d'une seule séquence continue ou de deux séquences séparées par une région non transférée, comme figuré ici dans le cas des plasmides Ti dits à octopine. Les gènes portés par le T-DNA codent deux grands types de fonctions : la synthèse d'hormones de croissance et la synthèse d'opines. D'autres gènes n'ont pas de fonction connue à ce jour. Les gènes codant pour la synthèse d'auxine sont *iaaM* et *iaaH*. Le *gène 5* code pour la synthèse d'un analogue d'auxine, l'acide indole-3-lactique. Le gène *ipt* code pour la synthèse d'au moins deux cytokinines de structure voisine : l'isopentén*yl*-adénine et l'isopentényl-adénosine. Le gène *ocs* code la synthèse de l'octopine (voir aussi figure 13.2), les gènes *mas1* et *mas2* la synthèse de la mannopine, et *ags* la synthèse de l'agropine à partir de la mannopine.

d'acides aminés, d'acide alpha-cétoniques ou d'oses (figure 13.2). Ces composés se retrouvent dans les espaces intercellulaires de la tumeur, où ils sont utilisés comme substrats de croissance par les agrobactéries ayant induit la formation de cette tumeur. Les gènes impliqués dans la dégradation des opines sont également portés par le plasmide Ti (Dessaux *et al.*, 1998). Certaines des opines induisent également le transfert conjugatif du plasmide Ti d'une bactérie virulente vers une bactérie avirulente *via* une étape de régulation de type quorum-sensing (détection de quorum) (White et Winans, 2007). L'ensemble de ces deux éléments a conduit à la formulation du concept d'opine, qui décrit ces molécules comme des composés dont la synthèse est induite par le pathogène, et dont la présence dans l'environnement favorise la multiplication et la dissémination de ce pathogène (Schell *et al.*, 1979 ; Tempé et Petit, 1983).

Dans le cadre des expériences visant à orienter les populations microbiennes de la rhizosphère, les opines présentent donc un intérêt majeur : l'existence de gènes de

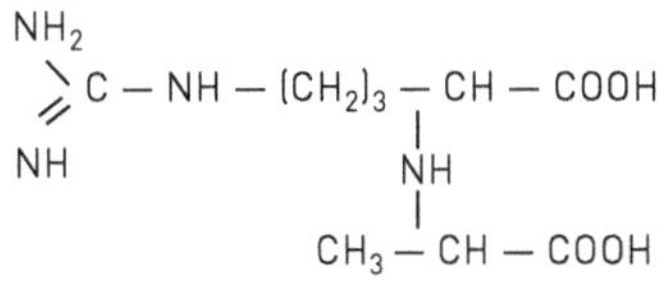

Octopine

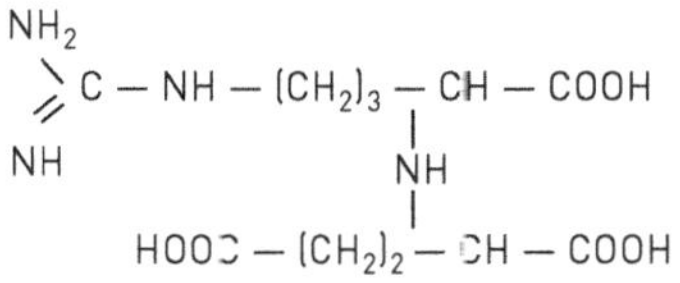

Nopaline

Opines dérivées de l'arginine

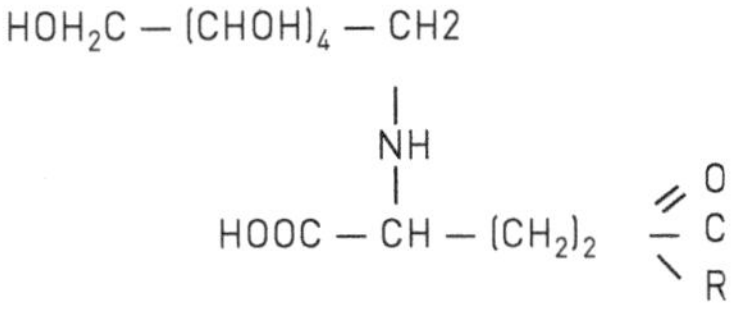

Acide mannopinique (R=COOH)
Mannopine (R=NH_2)

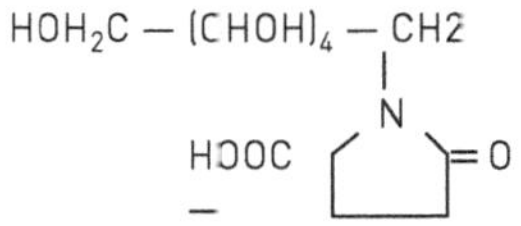

Acide agropinique

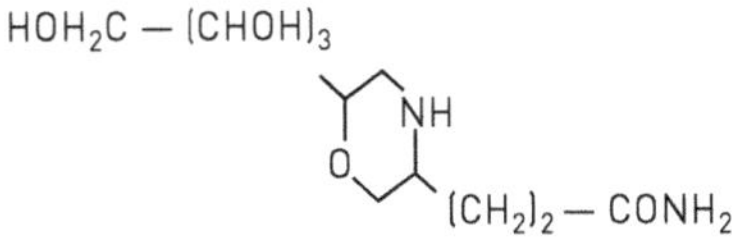

Agropine

Opines dérivées du mannose (ou mannityl-opines)

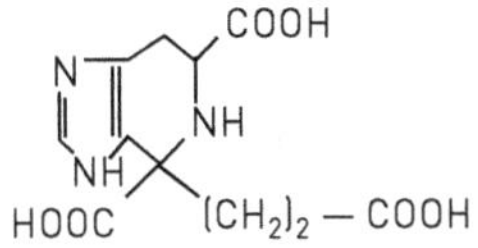

Cucumopine

Opine dérivée de l'histidine

Figure 13.2. Structures des opines citées dans le manuscrit.

L'octopine et la nopaline dérivent de l'arginine, condensée avec du pyruvate et de l'alpha-cétoglutarate, respectivement. Les mannityl-opines résultent de la condensation du mannose et de la glutamine principalement (mannopine). L'agropine est la lactone dérivée de la mannopine, l'acide agropinique est le lactame dérivé de cette même opine. La cucumopine dérive de l'histidine et de l'alpha-cétoglutarate et d'un réarrangement spontané de la molécule produite.

synthèse s'exprimant naturellement dans le contexte végétal, et l'existence de gènes de dégradation s'exprimant naturellement dans le contexte bactérien. Les premières expériences d'orientation des populations microbiennes ont principalement visé à vérifier de façon expérimentale le concept d'opine. Ainsi, des plantes rendues productrices de l'opine mannopine (figure 13.2) et deux souches de *Pseudomonas* quasi-isogéniques, l'une naturellement capable d'utiliser cette opine et l'autre, un mutant d'insertion, incapable de dégrader la mannopine, ont été obtenues. Dans des conditions où ces deux souches étaient en compétition au voisinage des plantes productrices, la souche utilisatrice de mannopine a présenté un avantage compétitif marqué sur la souche non utilisatrice (Lam *et al.*, 1991). Un des intérêts que présente la famille des mannityl-opines réside dans le fait que ces composés s'accumulent dans les végétaux, et qu'ils en sont exsudés à haute concentration (Savka et Farrand, 1992). Une expérience similaire à la précédente a été réalisée en comparant la croissance d'agrobactéries capables ou non de dégrader ces mannityl-opines au voisinage de plantes de lotier (*Lotus corniculatus*) productrices ou non (Guyon *et al.*, 1993). Ces travaux ont révélé le fort avantage sélectif des bactéries utilisatrices au voisinage des plantes productrices.

Ces expériences ont constitué le point de départ de travaux ultérieurs visant à orienter certaines populations bactériennes dans l'environnement végétal. Wilson et ses collaborateurs (1995) ont utilisé deux lignées de tabac quasi-isogéniques (*Nicotiana tabacum* cv. Xanthi), l'une sauvage et l'autre produisant des mannityl-opines (figure 13.2). Ils ont étudié la colonisation épiphyte de ces deux lignées par deux souches également quasi-isogéniques de *Pseudomonas syringae*, l'une sauvage et l'autre rendue capable de dégrader ces opines. Ils ont observé que la croissance de la souche dégradant les mannityl-opines était légèrement favorisée (d'un facteur 4 environ) sur les feuilles les plus basses de la plante. Ces mêmes lignées végétales ont été cultivées en substrat stérile, et leur colonisation racinaire a été étudiée au moyen de deux souches de *Pseudomonas fluorescens* quasi-isogéniques, l'une sauvage et l'autre dégradant les mannityl-opines. Inoculées indépendamment l'une de l'autre, la concentration cellulaire de ces deux souches et leurs cinétiques de colonisation se sont révélées identiques sur les plantes sauvages et sur les plantes productrices d'opines. Ceci indique que l'allocation de ressources carbonées à la synthèse d'opines par les plantes ne modifie pas la capacité de portage global de leur système racinaire. Inoculées en compétition, la souche utilisatrice d'opines s'est révélée beaucoup plus compétitive (d'un facteur 5 $\log_{10}$) que la souche sauvage dans l'environnement producteur d'opines (Savka et Farrand, 1997).

Une expérience voisine a été conduite en utilisant quatre lignées de lotiers quasi-isogéniques, l'une sauvage, la seconde produisant l'opine mannopine, la troisième les opines mannopine et nopaline, et la quatrième les opine mannopine, nopaline et cucumopine (figure 13.2). Ces plantes ont été installées en sol non stérile, et les populations microbiennes sélectionnées ont été analysées par culture sur milieux sélectifs ou semi-sélectifs (Oger *et al.*, 1997). D'une façon générale, les résultats ont montré que les équilibres microbiens entre les populations analysées (Pseudomonaceae, bactéries thermo-tolérantes, bactéries sporulantes) n'étaient pas affectés par la modification de l'exsudation racinaire que constituait la production d'opines. En revanche, les communautés microbiennes capables de dégrader les opines ont vu leur concentration fortement stimulée (de 2 à 3 $\log_{10}$ environ) dans le système racinaire des plantes productrices d'opines. En lien, et de façon remarquable, bien que la concentration cellulaire des *Pseudomonas* n'ait pas été affectée par la production d'opines, la proportion d'utilisateurs de l'opine nopaline au sein de ce groupe a été, elle, fortement stimulée au voisinage de plantes productrices de nopaline, un phénomène non observé pour l'opine mannopine.

Ces observations sont particulièrement importantes dans la mesure où elles démontrent que l'ingénierie de l'exsudation racinaire végétale, qui peut ne pas avoir de conséquences en termes d'abondance d'une population, peut néanmoins affecter de façon positive une fonction biologique au sein d'une population donnée, dans ce cas l'utilisation de l'opine considérée. Ces résultats, obtenus avec la plante modèle Lotus et un seul type de sol, ont été partiellement répétés avec une autre plante à exsudation modifiée, la morelle noire (*Solanum nigrum*) et dans un sol non stérile, d'origine géographique différente. Dans ce cas aussi, une stimulation spécifique des communautés utilisatrices d'opines a été observée dans la rhizosphère de plantes productrices d'opines (Mansouri *et al.*, 2002), indiquant que ce phénomène n'est pas limité à une plante donnée ni à un sol donné. Au-delà de la possibilité d'orienter les populations microbiennes de la rhizosphère que ces travaux ouvrent, ceux-ci ont constitué une première validation expérimentale du concept de rhizosphère évoqué en introduction.

Les expériences décrites ci-dessus démontrent donc qu'il est possible d'orienter les populations microbiennes de la rhizosphère. À ce stade cependant, des questions restaient en suspens. Une première question était celle de la spécificité de la modification induite par la production d'opines. Pour répondre à cette question, les lignées de lotier décrites plus haut, produisant les opines mannopine et nopaline, ont été installées en sol non stérile, et les populations cultivables utilisatrices ont été étudiées par analyse du gène déterminant l'ARN 16S. Les utilisateurs de l'opine mannopine appartenaient presque tous à deux des espèces d'*Agrobacterium* et au genre *Microbacterium*, taxonomiquement éloigné des agrobactéries. Les utilisateurs de nopaline, eux, appartenaient presque entièrement à la famille des Rhizobiaceae à l'exception du genre *Agrobacterium* (Oger *et al.*, 2004). Cette étude montre donc que l'exsudation simultanée de deux opines (dans ce cas par la même plante) conduit à la sélection de populations bactériennes différentes, et démontre donc la possibilité de favoriser spécifiquement une population donnée en fonction du métabolite exsudé choisi.

Une seconde question en suspens concernait la rémanence du biais microbien induit dans la rhizosphère à la production d'opines. Pour répondre à cette question, les plantes de lotier quasi-isogéniques, productrices ou non des opines mannopine et nopaline, ont à nouveau été installées en sol non stérile (Oger *et al.*, 2000). Après plusieurs semaines de croissance, les sols ayant supporté la culture de ces plantes ont été récupérés et des plantes de lotier non productrices d'opines ont été installées dans le sol ayant supporté la croissance des plantes productrices. La concentration microbienne des communautés utilisatrices des opines mannopine ou nopaline, élevée dans ces sols au moment du remplacement des plantes, a été mesurée pendant les cinq semaines qui ont suivi ce remplacement. Après quatre semaines, la concentration microbienne de la communauté utilisatrice de la nopaline était revenue à un niveau comparable à celui de l'expérience témoin négatif (remplacement de plantes non productrices par des plantes non productrices d'opines). À l'inverse, la concentration microbienne de la communauté utilisatrices de l'opine mannopine s'est maintenue à un niveau intermédiaire entre celui des expériences témoins négatif (remplacement de plantes non productrices par des plantes non productrices d'opines) et positif (remplacement de plantes productrices par des plantes productrices d'opines). Une explication plausible est que la microflore utilisatrice de mannopine sélectionnée dans les conditions expérimentales serait davantage adaptée à la rhizosphère du lotier que ne l'est la microflore utilisatrice de la nopaline. Cette expérience est importante parce qu'elle indique que le biais induit par la production d'opines peut être partiellement rémanent dans l'environnement végétal. D'une façon plus globale, elle indique aussi que la composition de la microflore bactérienne associée à une plante, analysée au temps *t*, peut être déterminée par des composés d'origine végétale, absents au moment de cette analyse. En d'autres termes, la composition de la microflore associée à la rhizosphère est le reflet de l'histoire des interactions qui se sont établies entre la microflore bactérienne et la plante, depuis sa germination jusqu'au moment de l'analyse.

Une dernière question concernait l'impact de la modification de l'exsudation sur les populations non cultivables de la rhizosphère. En effet, comme indiqué dans l'introduction, la microflore, tout au moins la microflore bactérienne associée à la rhizosphère, reste largement non cultivable (Pham et Kim, 2012). Pour accéder à cette fraction non cultivable, une approche métagénomique a été entreprise. Pour cela, un sol non stérile a été soumis à percolation par une solution stérile mimant la composition d'exsudats racinaires (exsudats synthétiques). En parallèle, une partie des molécules composant ces exsudats a été remplacée, à quantité de carbone constante, par l'opine octopine en proportion variable. L'impact sur la microflore bactérienne a été évalué par séquençage massif du gène déterminant l'ARN 16S, obtenu à partir d'amplification de l'ADN extrait du sol (Mondy *et al.*, 2014). Cette expérience a confirmé que les grands équilibres microbiens du sol, y compris ceux concernant les bactéries non cultivables, n'ont pas été affectés par la percolation d'exsudats synthétiques contenant ou non de l'octopine en proportion variable. Elle a également permis de mettre en évidence deux stratégies de colonisation différentes des microorganismes de la rhizosphère, dont la croissance était stimulée par l'octopine : la copiotrophie, dans lequel le microorganisme présente une capacité à utiliser des substrats de croissance divers, et l'oligotrophie, dans lequel le microorganisme présente une capacité à utiliser un ou quelques substrats dits de niche avec une grande efficacité. Les microorganismes oligotrophes présentent généralement des taux de croissance plus réduits mais sont capables de « surpasser des copiotrophes dans des environnements où la disponibilité des nutriments est réduite en raison de leur efficacité plus élevée à utiliser certains substrats » (Fierer *et al.*, 2007).

▸▸ Vers une nouvelle vision des interactions entre plantes et microorganismes associés

Les expériences décrites plus haut démontrent l'intrication forte qui existe entre plantes et microorganismes associés, intrication qui repose, comme on l'a vu, en grande partie sur l'existence d'un lien trophique lié à l'exsudation racinaire. Elles démontrent que l'on peut favoriser la croissance de groupes microbiens qui pourraient être éventuellement bénéfiques au végétal, orienter leur développement, par le biais d'une modification de l'exsudation. Cette démarche s'inscrit dans un contexte plus large, qui fait que les plantes et les bactéries ne sont plus perçues comme des organismes «individuels» mais comme des membres d'une association (Tkacz et Poole, 2015 ; Vandenkoornhuyse *et al.*, 2015). À l'instar des associations entre animaux et microorganismes, cette vision caractérise la notion d'holobionte (aussi appelé superorganisme), au sein duquel les microorganismes jouent un rôle crucial en termes d'adaptation de court et de long terme des plantes aux changements environnementaux (Zilber-Rosenberg et Rosenberg, 2008 ; Rosenberg *et al.*, 2010 ; Rosenberg et Zilber-Rosenberg, 2016). L'holobionte doit donc être vu comme l'unité sur laquelle les pressions sélectives s'exercent. En conséquence, toute modification affectant un des membres de l'holobionte est susceptible d'en affecter d'autres. Ce concept ouvre de nouvelles perspectives en termes de biologie fondamentale (Berg *et al.*, 2016), mais aussi en termes d'amélioration variétale. Il suggère que ces programmes devraient probablement donc prendre en compte la composante microbienne associée à la plante.

La prise en compte de la dimension de superorganisme dans les programmes d'amélioration nécessite aussi une meilleure connaissance de la microflore associée aux cultivars d'une espèce donnée et une meilleure connaissance de la dynamique d'association en fonction du développement de la plante (voir par exemple ce qui a été réalisé avec la plante modèle *Arabidopsis* ; Lundberg *et al.*, 2012). Il est crucial de noter que la plupart des expériences de physiologie végétale, telle que l'analyse du comportement de mutants KO végétaux (invalidation génétique) ou de mutants de régulation, se fait systématiquement en l'absence de la microflore associée. Si l'on veut à terme pouvoir orienter les populations microbiennes de la rhizosphère dans un sens bénéfique aux plantes, il semble nécessaire de développer une nouvelle approche que l'on pourrait appeler «hologénomique fonctionnelle» (Nogales *et al.*, 2016), et qui implique que le criblage phénotypique des végétaux soit réalisé à la fois en absence et en présence du cortège microbien associé. Il s'agit là d'un véritable défi scientifique auquel se trouvent confrontés biologistes, généticiens et améliorateurs, défi néanmoins porteur d'enjeux environnementaux majeurs.

Références bibliographiques

Akram A., Ongena M., Duby F., Dommes J., Thonart P., 2008. Systemic resistance and lipoxygenase-related defence response induced in tomato by *Pseudomonas putida* strain BTP1. *BMC Plant Biology*, 8, 113.

Almario J., Muller D., Défago G., Moënne-Loccoz Y., 2014. Rhizosphere ecology and phytoprotection in soils naturally suppressive to *Thielaviopsis* black root rot of tobacco. *Environmental Microbiology*, 16 (7), 1949-1960.

Babalola O.O., 2010. Beneficial bacteria of agricultural importance. *Biotechnology Letters*, 32 (11), 1559-1570.

Belimov A.A., Dodd I.C., Safronova V.I., Shaposhnikov A.I., Azarova T.S., Makarova N.M., Davies W.J., Tikhonovich I.A., 2015. Rhizobacteria that produce auxins and contain 1-amino-cyclopropane-1-carboxylic acid deaminase decrease amino acid concentrations in the rhizosphere and improve growth and yield of well-watered and water-limited potato (*Solanum tuberosum*). *Annals of Applied Biology*, 167 (1), 11-25.

Belimov A.A., Hontzeas N., Safronova V.I., Demchinskaya S.V., Piluzza G., Bullitta S., Glick B.R., 2005. Cadmium-tolerant plant growth-promoting bacteria associated with the roots of Indian mustard (*Brassica juncea* L. Czern.). *Soil Biology and Biochemistry*, 37 (2), 241-250.

Bender S.F., Wagg C., van der Heijden M.G.A., 2016. An underground revolution: Biodiversity and soil ecological engineering for agricultural sustainability. *Trends in Ecology & Evolution*, 31 (6), 440-452.

Berendsen R.L., Pieterse C.M.J., Bakker P.A.H.M., 2012. The rhizosphere microbiome and plant health. *Trends in Plant Science*, 17 (8), 478-486.

Berg G, Rybakova D, Grube M, Köberl M., 2016. The plant microbiome explored: Implications for experimental botany. *Journal of Experimental Botany*, 67 (4), 995-1002.

Bhattacharyya P.N., Jha D.K., 2012. Plant growth-promoting rhizobacteria (PGPR): Emergence in agriculture. *World Journal of Microbiology and Biotechnology*, 28 (4), 1327-1350.

Bonanomi G., Antignani V., Pane C., Scala F., 2007. Suppression of soilborne fungal diseases with organic amendments. *Journal of Plant Pathology*, 89 (3), 311-324.

Bonilla N., Gutiérrez-Barranquero J.A., de Vicente A., Cazorla F.M., 2012. Enhancing soil quality and plant health through suppressive organic amendments. *Diversity*, 4 (4), 475-491.

Bradford S.A., Segal E., Zheng W., Wang Q., Hutchins S.R., 2008. Reuse of concentrated animal feeding operation wastewater on agricultural lands. *Journal of Environmental Quality*, 37 (5), S97-S115.

Chaudhry V., Rehman A., Mishra A., Chauhan P.S., Nautiyal C.S., 2012. Changes in bacterial community structure of agricultural land due to long-term organic and chemical amendments. *Microbial Ecology*, 64 (2), 450-460.

Chauhan H., Bagyaraj D.J., Selvakumar G., Sundaram S.P., 2015. Novel plant growth promoting rhizobacteria: Prospects and potential. *Applied Soil Ecology*, 95, 38-53.

Christie P.J., Gordon J.E., 2014. The *Agrobacterium* Ti plasmids. *Microbiology Spectrum*, 2 (6), doi:10.1128/microbiolspec.PLAS-0010-2013.

Cirou A., Diallo S., Kurt C., Latour X., Faure D., 2007. Growth promotion of quorum-quenching bacteria in the rhizosphere of *Solanum tuberosum*. *Environmental Microbiology*, 9 (6), 1511-1522.

Cirou A., Raffoux A., Diallo S., Latour X., Dessaux Y., Faure D., 2011. Gamma-caprolactone stimulates growth of quorum-quenching *Rhodococcus* populations in a large-scale hydroponic system for culturing *Solanum tuberosum*. *Research in Microbiology*, 162 (9), 945-950.

Colbert S.F., Hendson M., Ferri M., Schroth M.N., 1993a. Enhanced growth and activity of a biocontrol bacterium genetically engineered to utilize salicylate. *Applied and Environmental Microbiology*, 59 (7), 2071-2076.

Colbert S.F., Schroth M.N., Weinhold A.R., Hendson M., 1993b. Enhancement of population densities of *Pseudomonas putida* PpG7 in agricultural ecosystems by selective feeding with the carbon source salicylate. *Applied and Environmental Microbiology*, 59 (7), 2064-2070.

Dessaux Y., Petit A., Farrand S.K., Murphy P.J., 1998. Opines and opine-like molecules involved in plant/Rhizobiaceae interactions. *In : The Rhizobiaceae* (Spaink H.P., Kondorosi A.K., Hooykaas P.J., dir.). Dordrecht, Kluwer Academic Publishers, 173-197.

Dessaux Y., Grandclément C., Faure D., 2016. Engineering the rhizosphere. *Trends in Plant Science*, 21 (3), 266-278.

Devliegher W., Arif M., Verstraete W., 1995. Survival and plant growth promotion of detergent-adapted *Pseudomonas fluorescens* ANP15 and *Pseudomonas aeruginosa* 7NSK2. *Applied and Environmental Microbiology*, 61 (11), 3865-3871.

Drogue B., Doré H., Borland S., Wisniewski-Dyé F., Prigent-Combaret C., 2012. Which specificity in cooperation between phytostimulating rhizobacteria and plants? *Research in Microbiology*, 163 (8), 500-510.

Dutta S., Podile A.R., 2010. Plant growth promoting rhizobacteria (PGPR): The bugs to debug the root zone. *Critical Reviews in Microbiology*, 36 (3), 232-244.

Gaiero J.R., McCall C.A., Thompson K.A., Day N.J., Best A.S., Dunfield K.E., 2013. Inside the root microbiome: Bacterial root endophytes and plant growth promotion. *American Journal of Botany*, 100 (9), 1738-1750.

Gougoulias C., Clark J.M., Shaw L.J., 2014. The role of soil microbes in the global carbon cycle: Tracking the below-ground microbial processing of plant-derived carbon for manipulating carbon dynamics in agricultural systems. *Journal of the Science of Food and Agriculture*, 94 (12), 2362-2371.

Guyon P., Petit A., Tempé J., Dessaux Y., 1993. Transformed plants producing opines specifically promote growth of opine-degrading agrobacteria. *Molecular Plant-Microbe Interactions*, 6 (1), 92-98.

Hadar Y., Papadopoulou K.K., 2012. Suppressive composts: Microbial ecology links between abiotic environments and healthy plants. *Annual Review of Phytopathology*, 50, 133-153.

Hartmann A., Rothballer M., Schmid M., 2008. Lorenz Hiltner, a pioneer in rhizosphere microbial ecology and soil bacteriology research. *Plant and Soil*, 312 (1), 7-14.

Hartmann A., Schmid M., van Tuinen D., Berg G., 2009. Plant-driven selection of microbes. *Plant and Soil*, 321 (1), 235-257.

Hiltner L., 1904. Uber neuere Erfahrungen und Probleme auf dem Gebiet der Bodenbakteriologie und unter besonderer Berücksichtigung der Gründüngung und Brache. *Arbeiten der Deutschen Landwirtschaftlichen Gesellschaft*, 98, 59-78.

Hinsinger P., Bengough A.G., Vetterlein D., Young I.M., 2009. Rhizosphere: Biophysics, biogeochemistry and ecological relevance. *Plant and Soil*, 321 (1), 117-152.

Hoitink H.A.J., Boehm M.J., 1999. Biocontrol within the context of soil microbial communities: A substrate dependent phenomenon. *Annual Review of Phytopathology*, 37, 427-446.

Hoitink H.A.J., Stone A.G., Han D.Y., 1997. Suppression of plant diseases by compost. *Horticultural Science*, 32 (2), 184-187.

Huang P.-Y., Zimmerli L., 2014. Enhancing crop innate immunity: New promising trends. *Frontiers in Plant Science*, 5, 624.

Jones D.L., Nguyen C., Finlay R.D., 2009. Carbon flow in the rhizosphere: Carbon trading at the soil–root interface. *Plant and Soil*, 321 (1-2), 5-33.

Kuiper I., Bloemberg G.V., Lugtenberg B.J.J., 2001. Selection of a plant-bacterium pair as a novel tool for rhizostimulation of polycyclic aromatic hydrocarbon-degrading bacteria. *Molecular Plant-Microbe Interactions*, 14 (10), 1197-1205.

Lam S.T., Torkewitz N.R., Nautivyal C.S., Dion P., 1991. Impact of the ability to utilize a single substrate on colonization competitiveness. *Phytopathology*, 81, 1163-1164.

Larkin R.P., 2015. Soil health paradigms and implications for disease management. *Annual Review of Phytopathology*, 53, 199-221.

Lazarovits G., 2001. Management of soil-borne plant pathogens with organic soil amendments: A disease control strategy salvaged from the past. *Canadian Journal of Plant Pathology*, 23 (1), 1-7.

Lundberg D.S., Lebeis S.L., Paredes S.H., Yourstone S., Gehring J., Malfatti S., Tremblay J., Engelbrektson A., Kunin V., del Rio T.G., Edgar R.C., Eickhorst T., Ley R.E., Hugenholtz P., Tringe S.G., Dangl J.L., 2012. Defining the core *Arabidopsis thaliana* root microbiome. *Nature*, 488 (7409), 86-90.

Martínez-Viveros O., Jorquera M.A., Crowley D.E., Gajardo G., Mora M.L., 2010. Mechanisms and practical considerations involved in plant growth promotion by rhizobacteria. *Journal of Soil Science and Plant Nutrition*, 10 (3), 293- 319.

Mendes R., Garbeva P., Raaijmakers J.M., 2013. The rhizosphere microbiome: Significance of plant beneficial, plant pathogenic, and human pathogenic microorganisms. *FEMS Microbiology Reviews*, 37 (5), 634-663.

Mondy S., Lenglet A., Beury-Cirou A., Libanga C., Ratet P., Faure D., Dessaux Y., 2014. An increasing opine carbon bias in artificial exudation systems and genetically modified plant rhizospheres leads to an increasing reshaping of bacterial populations. *Molecular Ecology*, 23 (19), 4846-4861.

Nester E.W., 2015. *Agrobacterium*: Nature's genetic engineer. *Frontiers in Plant Science*, 5, 730.

Nogales A., Nobre T., Valadas V., Ragonezi C., Döring M., Polidoros A., Arnholdt-Schmitt B., 2016. Can functional hologenomics aid tackling current challenges in plant breeding? *Briefings in Functional Genomics*, 15 (4), 288-297.

Oger P.M., Mansouri H., Dessaux Y., 2000. Effect of crop rotation and soil cover on alteration of the soil microflora generated by the culture of transgenic plants producing opines. *Molecular Ecology*, 9 (7), 881-890.

Oger P.M., Mansouri H., Nesme X., Dessaux Y., 2004. Engineering root exudation of Lotus toward the production of two novel carbon compounds leads to the selection of distinct microbial populations in the rhizosphere. *Microbial Ecology*, 47 (1), 96-103.

Pham V.H.T., Kim J., 2012. Cultivation of unculturable soil bacteria. *Trends in Biotechnology*, 30 (9), 475-484.

Pii Y., Mimmo T., Tomasi N., Terzano R., Cesco S., Crecchio C., 2015. Microbial interactions in the rhizosphere: Beneficial influences of plant growth-promoting rhizobacteria on nutrient acquisition process. A review. *Biology and Fertility of Soils*, 51 (4), 403-415.

Pitzschke A., Hirt H., 2010. New insights into an old story: *Agrobacterium*-induced tumour formation in plants by plant transformation. *The EMBO Journal*, 29 (6), 1021-1032.

Postma J., Schilder M.T., 2015. Enhancement of soil suppressiveness against *Rhizoctonia solani* in sugar beet by organic amendments. *Applied Soil Ecology*, 94, 72-79.

Rani A., Goel R., 2012. Role of PGPR under different agroclimatic conditions. *In : Bacteria in Agrobiology: Plant Probiotics* (Maheshwari D.K., dir.). Heidelberg, Springer-Verlag, 169-183.

Rosenberg E., Sharon G., Atad I., Zilber-Rosenberg I., 2010. The evolution of animals and plants via symbiosis with microorganisms. *Environmental Microbiology Reports*, 2 (4), 500-506.

Rosenberg E., Zilber-Rosenberg I., 2016. Microbes drive evolution of animals and plants: The hologenome concept. *mBio*, 7 (2), e01395-15.

Ryan P.R., Dessaux Y., Thomashow L.S., Weller D.M., 2009. Rhizosphere engineering and management for sustainable agriculture. *Plant and Soil*, 321 (1), 363-383.

Ryu C.-M., Murphy J.F., Reddy M.S., Kloepper J.W., 2007. A two-strain mixture of rhizobacteria elicits induction of systemic resistance against *Pseudomonas syringae* and cucumber mosaic virus coupled to promotion of plant growth on *Arabidopsis thaliana*. *Journal of Microbiology and Biotechnology*, 17 (2), 280-286.

Saraf M., Pandya U., Thakkar A., 2014. Role of allelochemicals in plant growth promoting rhizobacteria for biocontrol of phytopathogens. *Microbiological Research*, 169 (1), 18-29.

Savka M.A., Dessaux Y., Oger P., Rossbach S., 2002. Engineering bacterial competitiveness and persistence in the phytosphere. *Molecular Plant-Microbe Interactions*, 15 (9), 866-874.

Savka M.A., Farrand S.K., 1992. Mannityl opine accumulation and exudation by transgenic tobacco. *Plant Physiology*, 98 (2), 784-789.

Savka M.A., Farrand S.K., 1997. Modification of rhizobacterial populations by engineering bacterium utilization of a novel plant-produced resource. *Nature Biotechnology*, 15 (4), 363-368.

Schell J., Van Montagu M., De Beuckeleer M., De Block M., Depicker A., De Wilde M., Engler G., Genetello C., Hernalsteens J.P., Holsters M., Seurinck J., Silva B., Van Vliet F., Villarroel R., 1979. Interactions and DNA transfer between *Agrobacterium tumefaciens*, the Ti-plasmid and the plant host. *Proceedings of the Royal Society of London Series B: Biological Sciences*, 204 (1155), 251-266.

Singh R.P., Singh P., Ibrahim M.H., Hashim R., 2011. Land application of sewage sludge: Physicochemical and microbial response. *Reviews of Environmental Contamination and Toxicology*, 214, 41-61.

Subramoni S., Nathoo N., Klimov E., Yuan Z.-C., 2014. *Agrobacterium tumefaciens* responses to plant-derived signaling molecules. *Frontiers in Plant Science*, 5, 322.

Tailor A.J., Joshi B.H., 2014. Harnessing plant growth promoting rhizobacteria beyond nature: A review. *Journal of Plant Nutrition*, 37 (9), 1534-1571.

Tempé J., Petit A., 1983. La piste des opines. *In : Molecular Genetics of the Bacteria-Plant Interaction* (Pühler A., dir.). Berlin/Heidelberg, Springer-Verlag, 14-32.

Tkacz A., Poole P., 2015. Role of root microbiota in plant productivity. *Journal of Experimental Botany*, 66 (8), 2167-21675.

Udikovic-Kolic N., Wichmann F., Broderick N.A., Handelsman J., 2014. Bloom of resident antibiotic-resistant bacteria in soil following manure fertilization. *Proceedings of the National Academy of Sciences of the United States of America*, 111 (42), 15202-15207.

Uroz S., D'Angelo-Picard C., Carlier A., Elasri M., Sicot C., Petit A., Oger P., Faure D., Dessaux Y., 2003. Novel bacteria degrading *N*-acylhomoserine lactones and their use as quenchers of quorum-sensing-regulated functions of plant-pathogenic bacteria. *Microbiology*, 149 (8), 1981-1989.

Vacheron J., Desbrosses G., Bouffaud M.L., Touraine B., Mcënne-Loccoz Y., Muller D., Legendre L., Wisniewski-Dyé F., Prigent-Combaret C., 2013. Plant growth-promoting rhizobacteria and root system functioning. *Frontiers in Plant Science*, 4, 356.

Vandenkoornhuyse P., Quaiser A., Duhamel M., Le Van A., Dufresne A., 2015 The importance of the microbiome of the plant holobiont. *New Phytologist*, 206 (4), 1196-1206.

Vartoukian S.R., Palmer R.M., Wade W.G., 2010. Strategies for culture of "unculturable" bacteria. *FEMS Microbiology Letters*, 309 (1), 1-7.

White C.E., Winans S.C., 2007. Cell-cell communication in the plant pathogen *Agrobacterium tumefaciens*. *Philosophical Transactions of the Royal Society B*, 362 (1483), 1135-1148.

Wilson M., Savka M.A., Hwang I., Farrand S.K., Lindow S.E., 1995. Altered epiphytic colonization of mannityl opine-producing transgenic tobacco plants by a mannityl opine-catabolizing strain of *Pseudomonas syringae*. *Applied and Environmental Microbiology*, 61 (6), 2151-2158.

Yuliar, Nion Y.A., Toyota K., 2015. Recent trends in control methods for bacterial wilt diseases caused by *Ralstonia solanacearum*. *Microbes and Environments*, 30 (1), 1-11.

Zahir Z.A., Munir A., Asghar H.N., Shaharoona B., Arshad M., 2008. Effectiveness of rhizobacteria containing ACC deaminase for growth promotion of peas (*Pisum sativum*) under drought conditions. *Journal of Microbiology and Biotechnology*, 18 (5), 958-963.

Zilber-Rosenberg I., Rosenberg E., 2008. Role of microorganisms in the evolution of animals and plants: The hologenome theory of evolution. *FEMS Microbiology Reviews*, 32 (5), 723-735.

Orienter les communautés et les populations microbiennes telluriques *via* l'utilisation de biostimulants perturbant la communication moléculaire bactérienne

Xavier Latour, Denis Faure

▸▸ La lutte biologique utilisant les microorganismes du sol

La lutte biologique (ou biocontrôle) consiste à utiliser des organismes vivants ou leurs composants (phéromones, toxines, éliciteurs, enzymes extracellulaires, etc.) pour supprimer ou, à défaut, contrôler les populations d'organismes nuisibles. Parmi les organismes protecteurs étudiés, des microorganismes du sol montrent une action de protection des végétaux en interférant avec certains de leurs congénères phyto-pathogènes. Les effets bénéfiques obtenus par la lutte biologique reposent principalement sur la compétition spatiale et/ou nutritive avec le pathogène (comme celle pour le fer *via* la synthèse de sidérophores), l'antagonisme *via* la synthèse d'agents toxiques (par exemple cyanures), d'antibiotiques et de biosurfactants, la prédation et le parasitisme, ainsi que la stimulation des défenses de la plante (résistance systémique induite) (Diallo *et al.*, 2011).

Les méthodes de biocontrôle microbiologiques représentent des alternatives ou supplétifs aux autres méthodes de lutte, fondées sur des mesures prophylactiques, des traitements chimiques ou des approches génétiques. La lutte biologique utilisant des microorganismes retient de plus en plus l'attention des chercheurs et des filières agronomiques dans la mesure où elle représente une alternative aux produits phytosanitaires de synthèse, jugés très souvent toxiques pour l'homme et son environnement. En France, le développement du biocontrôle est encouragé par des actions incitatives et des contraintes réglementaires – nouveau Plan Ecophyto 2020/25, certificats d'économie de produits phytosanitaires (CEPP). Cependant, l'utilisation des agents de biocontrôle ne représente encore qu'une très faible part du marché des agents de phytoprotection, principalement en raison de leur efficacité jugée aléatoire ou éphémère en champ ou des risques supposés dus à l'introduction dans l'environnement de microorganismes vivants.

Les recherches les plus récentes voient l'émergence de nouvelles approches de lutte biologique visant à contrer l'expression de la virulence plutôt que la viabilité des agents pathogènes. L'intérêt escompté de cette approche est de limiter l'incidence environnementale de l'application des agents de lutte biologique. La démarche consiste dans un premier temps à identifier au laboratoire le ou les éléments-clés gouvernant la virulence du pathogène ciblé, puis, dans un deuxième temps, à rechercher dans l'environnement, au plus proche des végétaux à protéger, un agent microbien auxiliaire capable d'inactiver naturellement l'expression de la virulence du pathogène ciblé. Enfin, il s'agit de développer des essais en serres ou aux champs, afin d'évaluer l'efficacité des agents microbiens de biocontrôle. La recherche de microoganismes de lutte biologique peut être associée à la recherche d'agents stimulant leur prolifération, afin de favoriser leur capacité à coloniser les plantes traitées et ainsi améliorer l'efficacité de la phytoprotection.

La lutte biologique utilisant des agents microbiens ainsi que leur biostimulation est en cours de développement dans le but de protéger les cultures de pomme de terre (quatrième culture vivrière mondiale) contre des bactéries macergènes (productrices d'enzymes dégradant les parois cellulaires végétales telles que des pectate lyases et des polygalacturonases et qui sont responsables de pourritures molles) des genres *Dickeya* et *Pectobacterium*. Ces bactéries sont aussi connues des agriculteurs sous le vocable « Erwinias marcergènes ». Ces dernières sont responsables de la maladie de la jambe noire sur les parties aériennes (tiges principalement, figure 14.1) et de pourritures humides sur les tubercules récoltés.

Des dégâts majeurs récurrents sont rencontrés lors de la culture et de la sélection de nouvelles variétés de plants de pomme de terre (création variétale), lors de la production des tubercules-semences (filière plants) et des tubercules utilisés pour l'alimentation (filière consommation) ou lors de la production d'amidon (filière transformation). Lors de l'exportation des tubercules-semences, ces pathogènes sont aussi à l'origine de nombreux litiges entre producteurs et acheteurs. Chaque année en France, de 50 à 300 hectares des cultures de plants pour la production de tubercules-semences sont infectés par ces pathogènes, ce qui équivaut à une perte estimée de 0,3 à 2 millions d'euros[39]. Par ailleurs, certains *Dickeya* et *Pectobacterium* sont aussi à l'origine de dégâts dans des cultures horticoles (œillets, violette africaine, etc.) et maraîchères (carottes, endives, betteraves, etc.), confortant l'intérêt du développement de méthodes de lutte.

Des travaux de recherche mis en place par le Laboratoire de microbiologie signaux et microenvironnement (Université de Rouen-Normandie) et l'Institut de biologie

---

39. FN3PT (Fédération nationale des producteurs de plants de pomme de terre), http://plantdepomme-deterre.org/index/la-federation-nationale-des-producteurs-de-plants-de-pomme-de-terre (consulté le 26 décembre 2016).

Figure 14.1. Symptôme de jambe noire sur plants de pomme de terre provoqué par la bactérie *Pectobacterium*.
Photo © Amélie Beury, Sipre (Semences innovation protection recherche environnement; Comité Nord plants de pommes de terre; http://www.comitenordplant.fr/FR/PAGE_SIPRE.awp).

intégrative de la cellule (CNRS/CEA/Université Paris-Saclay, Gif-sur-Yvette) ont révélé l'existence d'un processus de communication intercellulaire qui synchronise l'expression des facteurs de virulence (enzymes lytiques et effecteurs) au sein de la population assaillante des pathogènes *Dickeya* et *Pectobacterium*. Ce processus de communication est basé sur l'échange de signaux chimiques entre les bactéries. Ces travaux ont permis de montrer que la perturbation de cette communication était suffisante pour empêcher totalement ou réduire fortement les dégâts observés sur les tubercules (Crépin *et al.*, 2012a, 2012b, 2012c). La découverte d'agents bactériens auxiliaires capables de perturber cette communication et la virulence chez les phyto-pathogènes *Pectobacterium* et *Dickeya* a permis de proposer un protocole opératoire de lutte, actuellement en essai dans des zones tests de culture de la pomme de terre (Cirou *et al.*, 2007, 2012). Les premiers essais réalisés en serres et aux champs ont comparé différentes stratégies de lutte : soit par conservation, reposant sur la biosti-mulation des populations auxiliaires autochtones, soit par bioaugmentation, repo-sant sur l'épandage de l'auxiliaire, soit par couplage des deux principes.

Dans les paragraphes suivants, seront présentés avec plus de détails le processus de communication bactérienne qui peut être choisi pour cible de la lutte biologique, puis les différentes stratégies de perturbation de cette communication bactérienne, enfin les travaux réalisés sur la lutte biologique ciblant la virulence des pathogènes de la pomme de terre *Dickeya* et *Pectobacterium*.

▸▸ De l'intérêt d'être à l'écoute des communications microbiennes

On a longtemps cru que la majorité des bactéries (organismes unicellulaires) n'étaient pas capables de coordonner et synchroniser leur comportement au sein d'un groupe d'individus. Cette vision simpliste a été contestée par l'étude fine des structures de colonies et des biofilms bactériens, montrant une collaboration étroite entre les bactéries à l'origine de changements dans la physiologie, la mobilité et la différenciation des cellules bactériennes. Plus récemment, plusieurs systèmes de communication intra- et interspécifiques ont été caractérisés, confirmant que colonies et populations bactériennes devaient être considérées comme des communautés sociales (Witzany, 2011).

L'évolution des techniques de microscopie ainsi que l'association des approches de biologie et de chimie sont à l'origine de ces découvertes. Ainsi, le pathogène opportuniste *Pseudomonas aeruginosa* produit et accumule des molécules de signalisation de la famille des quinolones dans des vésicules qui bourgeonnent au niveau de sa paroi, puis circulent dans le milieu extérieur avant de fusionner avec la paroi d'une cellule réceptrice de sa population (Mashburn et Whiteley, 2005). D'autres bactéries forment des connexions tubulaires fines, appelées aussi nanotubes ou nanofils, à travers lesquelles des électrons des chaînes respiratoires, des petites molécules, mais aussi des protéines ou des plasmides peuvent passer d'une cellule à une autre (Chun, 2014). Mais la présence de structures de transfert de molécules signalétiques n'est pas obligatoire pour permettre l'échange d'information entre les bactéries.

Un des mécanismes de communication les plus étudiés repose ainsi sur l'émission de petites molécules diffusant librement à travers les membranes des cellules. La concentration de ces molécules reflète directement le nombre des bactéries dans un environnement donné. Ainsi, la concentration environnementale de ces signaux informe les populations bactériennes à la fois de leur nombre, mais aussi de leur localisation dans un environnement clos, seul capable d'empêcher la dilution des signaux. Cette particularité a valu à ce système de communication le nom de *quorum sensing* (ou QS), littéralement perception du *quorum*, donc du nombre suffisant d'individus pour être efficace (Fuqua *et al.*, 1994).

De nombreuses espèces bactériennes utilisent une communication QS pour réguler la transcription de leurs gènes et coordonner le comportement de leur population. C'est le cas des bactéries pectinolytiques *Dickeya* et *Pectobacterium* qui sont capables de synthétiser et de percevoir des molécules de communication de la famille des *N*-acyl homosérine lactones (Crépin *et al.*, 2012b). La communication QS permet à ces populations pathogènes de mener une attaque de la plante hôte selon une chronologie bien particulière. Dans un premier temps, les bactéries se multiplient sur les sites d'infection (par exemple blessures) en utilisant les ressources en place, notamment les exsudats racinaires. Cette multiplication est associée à la synthèse par chaque bactérie de *N*-acyl homosérine lactones qui s'accumulent dans le milieu. Lorsque ces lactones atteignent la concentration critique reflétant le *quorum* cellulaire, ces lactones sont efficacement perçues comme signaux par l'ensemble des cellules de la population qui déclenche l'expression des facteurs de virulence. Cette phase de virulence se matérialise par la libération massive et synchrone d'un arsenal d'enzymes pectinolytiques, cellulases, protéases, ainsi que par l'injection dans la plante hôte d'effecteurs affaiblissant ses défenses *via* les systèmes de sécrétion de type III bactériens. Cette aptitude à coordonner son attaque grâce au QS apparaît comme un moyen pour le pathogène de demeurer masqué de la plante lors de la primo-invasion, puis de surpasser les défenses de l'hôte dans un second temps, grâce à sa population accrue et à la production massive concomitante de facteurs de virulence (Crépin *et al.*, 2012a).

L'importance de la communication QS pour la virulence des bactéries macergènes *Pectobacterium* et *Dickeya* a été vérifiée grâce à la construction au laboratoire de souches mutées dans leur capacité à synthétiser les *N*-acyl homosérine lactones ou en faisant produire par les pathogènes des lactonases qui dégradent ces molécules signal avant leur libération dans l'environnement (Latour *et al.*, 2007; Crépin *et al.*, 2012b). Des résultats prometteurs ont été obtenus lors d'essais de protection des tubercules en laboratoire par perturbation de la communication QS chez divers isolats de *Pectobacterium* et *Dickeya* déjà présents dans les collections, ainsi que d'autres plus contemporains et émergents. Ainsi, la communication QS *via* les *N*-acyl homosérine lactones a été validée comme une cible privilégiée de lutte contre les pathogènes *Pectobacterium* et *Dickeya*.

▶▶ Comment perturber la communication des bactéries pathogènes?

Une grande variété d'organismes (plantes, animaux, champignons, bactéries, etc.) est capable de produire des substances qui perturbent la communication bactérienne – pour une revue récente, lire Grandclément *et al.* (2016). Par analogie, l'aptitude de ces organismes à masquer la communication QS a reçu le qualificatif de *quorum quenching* (QQ). Dans la majorité des cas analysés, ces substances sont soit des enzymes qui modifient l'intégrité des signaux QS, soit des molécules chimiques qui perturbent le processus d'activation de la signalisation QS.

Les enzymes modifiant les signaux QS montrent des activités réductase, oxydase, lactonase et amidase. Tous domaines du vivant confondus, les enzymes les plus fréquemment identifiées sont les lactonases et les amidases. Ces enzymes ont été découvertes chez des bactéries qui produisent des signaux QS, comme les pathogènes *Agrobacterium tumefaciens* et *Pseudomonas aeruginosa*. Il a été suggéré que ces enzymes pouvaient jouer un rôle pour recycler les signaux QS ou pour prévenir la saturation des récepteurs des signaux QS, ou encore pour réguler de manière fine le niveau de leur accumulation. Mais, dans la majorité des cas, ces enzymes ont été découvertes chez des organismes qui ne produisent pas les signaux QS qu'elles inactivent (Grandclément *et al.*, 2016). Citons, par exemple, des bactéries de l'espèce *Bacillus thuringiensis*, déjà connues pour produire des composés insecticides très utilisés en agriculture, qui produisent aussi une lactonase capable d'ouvrir le noyau lactone des signaux QS, donc de prévenir l'accumulation des signaux QS des bactéries pathogènes (Dong *et al.*, 2004). D'autres microorganismes thermophiles comme les archées du genre *Sulfolobus* sont aussi capables de produire des lactonases qui sont très stables, donc utilisables pour certains développements technologiques de traitement des eaux et des surfaces (anti-biofilm), voire en médecine ou en agriculture par application directe de spray d'enzymes (Ng *et al.*, 2011 ; Hiblot *et al.*, 2012). Des plantes, comme certaines légumineuses, et les mammifères (y compris l'homme), sont aussi capables d'exprimer une activité lactonase inactivant les signaux QS (Grandclément *et al.*, 2016).

Les composés naturels inhibiteurs du QS sont de nature chimique très différente : des composés phénoliques, des dérivés indole, des alcaloïdes, des furanones, des lactones, des composés organo-soufrés. Ces composés ont des modes d'action différents : ils peuvent bloquer la synthèse, la diffusion ou la perception des signaux QS. La sinefungine (un analogue structural de la *S*-adénosylméthionine, substrat universel des réactions de méthylation chez tous les organismes), qui est capable de bloquer la synthèse des signaux QS, est produite par des bactéries du sol *Streptomyces* (Yadav *et al.*, 2014). La solenopsine-A, un alcaloïde découvert chez la fourmi de feu (*Solenopsis invicta*), est capable d'inhiber la signalisation QS chez le pathogène *P. aeruginosa* en perturbant l'interaction entre le signal QS et son récepteur protéique (Park *et al.*, 2008). D'autres inhibiteurs interagissant avec le récepteur des signaux QS sont ceux de la famille des furanones halogénées, identifiées chez une algue rouge (*Delisea pulchra*). Outre ces composés naturels, différents composés de synthèse montrent une activité d'inhibition du QS. Ils ont été identifiés par criblage de chimiothèques ou par analogie avec des inhibiteurs naturels ou avec les signaux QS eux-mêmes (Grandclément *et al.*, 2016).

Dans le cadre de la lutte contre les pathogènes *Pectobacterium* et *Dickeya*, très peu de composés naturels ou synthétiques se sont avérés efficaces pour contenir l'expression de leurs fonctions de virulence (Raoul des Essarts *et al.*, 2013). Une explication possible est la production massive de signaux *N*-acyl homosérine lactones par ces pathogènes. La seule approche de QQ actuellement efficace est l'utilisation d'enzymes ou de microorganismes produisant des enzymes de dégradation des signaux *N*-acyl homosérine lactones (Crépin *et al.*, 2012b).

▸▸ Biostimulation de la dégradation des signaux de *quorum sensing*

Les premiers travaux ont été engagés afin de développer une stratégie de lutte reposant sur la biostimulation des populations auxiliaires autochtones. Nous avons recherché des composés biodégradables qui sont capables de stimuler la croissance des bactéries dégradant les signaux QS dans la rhizosphère. Des composés dont la structure est proche des signaux QS, mais qui ne sont pas reconnus comme signaux QS par les bactéries pathogènes, ont été choisis, puis comparés pour leur capacité à augmenter l'activité de dégradation des signaux QS au sein de communautés bactériennes issues du sol. Les composés ayant la meilleure activité de biostimulation ont été la γ-caprolactone (GCL, CAS 695-06-7) et la γ-heptalactone (GHL, CAS 105-21-5) (Cirou *et al.*, 2007). Ces deux composés activent la croissance de la communauté bactérienne qui est capable de dégrader les signaux QS. Cette communauté activée par la GHL ou la GCL est capable de protéger des tubercules de pommes de terre contre le phytopathogène *P. atrosepticum* (Cirou *et al.*, 2011). Ce procédé a fait l'objet d'un dépôt de brevet avec des extensions internationales des revendications (Faure *et al.*, 2007).

L'activité de biostimulation de la GCL et de la GHL a été évaluée *in planta*. Des essais ont été réalisés en culture hydroponique sous serre, selon les pratiques de la filière plants de pommes de terre (station de Bretteville-du-Grand-Caux[40]). Dans les cultures hydroponiques de plants de pomme de terre sans traitement GCL ou GHL, les bactéries dégradant les signaux QS représentent moins de 5 % des populations bactériennes cultivables. Ces bactéries appartiennent majoritairement au genre *Agrobacterium* (la moitié des isolats caractérisés), puis aux genres *Rhodococcus*, *Pseudomonas* et *Bacillus* en proportion décroissante. Dans un système hydroponique de culture traitée à la GCL, les bactéries dégradant les signaux QS représentent de 50 à 70 % des communautés cultivables et appartiennent majoritairement (96 % des isolats caractérisés) au genre *Rhodococcus*, et plus particulièrement à l'espèce *R. erythropolis* (Cirou *et al.*, 2011, 2012). Ces travaux montrent qu'en milieu hydroponique la biostimulation par la GCL conduit à l'enrichissement en bactéries *R. erythropolis* dégradant les signaux QS, bactéries naturellement présentes, mais en plus faible proportion, en absence de traitement. Par ailleurs, des isolats issus des plants de pomme de terre capables de dégrader les signaux QS et appartenant aux espèces *Rhodococcus* et *Agrobacterium* ont été comparés pour leur capacité de protection des tubercules contre *Pectobacterium*. Aucun des isolats du genre *Agrobacterium* ne montre d'effet protecteur, contrairement aux isolats du genre *Rhodococcus*. Ce résultat montre que la GCL et la GHL sélectionnent des populations de *Rhodococcus* qui dégradent les signaux QS avec une efficacité telle qu'elles deviennent capables de perturber l'expression des facteurs de virulence chez la pathogène *Pectobacterium* (Cirou *et al.*, 2011, 2012).

▸▸ Un agent bactérien capable d'une dégradation efficiente des signaux de *quorum sensing*

En parallèle à ces travaux sur la biostimulation, la recherche d'isolats bactériens efficaces pour une activité de QQ a été entreprise. Ces bactéries auxiliaires ont été recherchées dans la rhizosphère de la pomme de terre, où la densité racinaire

---

40. http://plantdepommedeterre.org/index/comite-nord (consulté le 26 décembre 2016).

du microbiote végétal est usuellement estimée à 10^7-10^9 microbes par gramme de sol rhizosphérique, et peut atteindre jusqu'à 10^{10}-10^{11} microbes par gramme de racine à la surface (rhizoplan) de racines matures produisant d'importantes quantités d'exsudats (Diallo *et al.*, 2011). Un criblage des différents isolats capables de dégrader les *N*-acyl homosérine lactones a permis de sélectionner une souche particulièrement efficiente (*R. erythropolis* R138), chez laquelle les déterminants génétiques responsables de l'activité protectrice ont été recherchés au laboratoire (Cirou *et al.*, 2011 ; Barbey *et al.*, 2013).

Le génome de *R. erythropolis* R138 est constitué d'un chromosome circulaire de 6,2 Mb, d'un plasmide linéaire de 477 kb et d'un plasmide circulaire de 91 kb. La taille exacte du génome est de 6 806 506 paires de bases. La première version incomplète de ce génome a été obtenue en combinant des données issues des technologies Illumina et 454-Roche : 12 séquences continues (contigs) de 5,5 kb à 2,7 Mb ont été obtenues et assemblées en trois propositions de réplicons (Kwasiborski *et al.*, 2014). La version complète du génome a été obtenue en utilisant la technologie Pacific Biosciences qui permet la lecture d'une traite de longues séquences allant jusqu'à 3 000 bases (Kwasiborski *et al.*, 2015b). En comparant les séquences de ces deux versions, seules quatre variations de nucléotides ont été observées, démontrant la qualité des séquences. Le génome de *R. erythropolis* R138 code 6 734 protéines, dont seule la lactonase QsdA présente sur le chromosome circulaire est identifiée comme impliquée dans la dégradation des signaux QS. La base de données NCBI contient trois autres génomes complets de l'espèce *R. erythropolis* ayant des tailles de 6,3 à 6,7 Mb et une architecture similaire composée d'un chromosome circulaire et de plasmides linéaires ou circulaires de nature et de taille variables. Le gène *qsdA* codant la lactonase éponyme est identifié dans tous les génomes complets ou incomplets présents dans la base de données NCBI.

Grâce à une approche de protéomique comparative (extraction protéique totale, séparation bidimensionnelle, puis analyse par spectrométrie de masse en tandem MALDI-TOF/TOF), la plupart des enzymes responsables de l'assimilation des γ-lactones (dont font partie les molécules signalétiques *N*-acyl homosérine lactones ainsi que les biostimulants GCL et GHL) ont été caractérisées chez la souche R138. Parmi elles, nous avons retrouvé la lactonase QsdA précédemment décrite et plusieurs autres enzymes, l'ensemble formant une nouvelle voie métabolique non encore décrite dans la littérature et que nous avons nommé voie catabolique des γ-lactones (Barbey *et al.*, 2012).

Des études analytiques (dosage des signaux QS, suivi des populations bactériennes) et de transcriptomique, ciblant l'expression de *qsdA* ou plus largement le transcriptome bactérien, ont ensuite permis de démontrer *in planta* l'implication de cette voie dans la protection biologique couplée à la dégradation des signaux QS dans le tubercule. Ces travaux ont surtout montré que c'était la communication QS et la virulence associée de l'agent pathogène, plutôt que sa présence dans l'hôte au côté du *Rhodococcus* protecteur, qui étaient responsables de l'induction de l'activité de protection QQ, ainsi que de la modification afférente du métabolisme de l'agent protecteur (Barbey *et al.*, 2013 ; Kwasiborski *et al.*, 2015a).

▸▸ Transfert d'échelle et application en sols

Si les essais réalisés en culture hydroponique ont permis de valider le paradigme de biostimulation des bactéries *R. erythropolis* par les agents GHL et GCL, des essais complémentaires ont été réalisés en macrocosmes de sol (espaces suffisamment grands pour étudier de grands volumes d'écosystème reconstitué durant plusieurs années) afin de tester ce paradigme dans la rhizosphère de plants de pomme de terre. Ces essais ont été réalisés dans les serres du CNRS (Gif-sur-Yvette). Trois traitements différents ont été comparés à une condition témoin non traitée. Le premier traitement est une biostimulation par l'apport de l'agent biochimique GHL uniquement; le second traitement est l'apport de l'agent biologique, la bactérie *R. erythropolis* R138; le troisième est le couplage des agents biochimique (GHL) et biologique (*R. erythropolis* R138).

Les résultats montrent une disparition rapide de l'agent biochimique introduit, laissant la GHL à un niveau 1000 fois inférieur à celui de l'introduction. Deux semaines après son application, la GHL atteint un niveau indétectable par les outils HPLC/MS-MS (couplage chromatographie liquide et spectrométrie de masse). L'agent GHL est donc rapidement dégradé par les populations de microorganismes présentes dans le sol. En revanche, aucune augmentation du niveau des populations dégradant les signaux QS n'est observée quand la GHL est appliquée seule. Ce traitement montre donc peu d'effet en macrocosmes de sol, contrairement aux effets observés en cultures hydroponiques en hors sol (Cirou *et al.*, 2012). Par ailleurs, une faible (ou non significative) augmentation des populations dégradant les signaux QS est observée lorsque l'agent biologique *R. erythropolis* R138 est introduit seul dans la rhizosphère de plants de pomme de terre. Ceci suggère que l'agent biologique seul n'est pas suffisant pour modifier la structure fonctionnelle des populations de la rhizosphère. Enfin, lors du couplage des agents biologique *R. erythropolis* R138 et biochimique GHL, une forte colonisation de la rhizosphère par la population *R. erythropolis* est observée puisque celle-ci atteint 40 % de la communauté cultivable. Il est important de noter qu'en absence de nouveaux traitements la population introduite R138 décroît en quelques semaines. L'installation de cette population est donc transitoire. Ces expériences ont été répétées et validées plusieurs fois en utilisant des plants de pommes de terre et de tomate.

Afin d'évaluer l'impact de ces traitements sur la structure des communautés bactériennes de la rhizosphère, des analyses de diversité bactérienne par séquençage 454-Roche d'amplicons du gène ribosomique 16S ont été réalisées. La structure globale des communautés des échantillons traités avec l'approche de couplage associant GHL et *R. erythropolis* R138 est différente des échantillons témoins. D'une manière remarquable, le niveau de la population cible (les bactéries appartenant au genre *Rhodococcus*) est le plus augmenté dans le traitement de couplage. Ces données par approche séquençage 454-ARN16S consolident les acquis par les approches cultivables. Parmi les genres plus abondants, c'est-à-dire dont la représentation est supérieure à 1/1000 dans les communautés, les genres dominants, comme *Pseudomonas* ou *Acidovorax*, ne sont pas affectés par les traitements, contrairement aux populations cibles comme *Rhodococcus*. L'ensemble de ces données suggèrent

Figure 14.2. Essai de protection de cultures de plants de pomme de terre contre les phytopathogènes *Pectobacterium* et *Dickeya*.

Les essais initiaux de lutte biologique par antivirulence ont été menés grâce à l'agent bactérien de biocontrôle *Rhodococcus erythropolis*, stimulé ou non dans son métabolisme par des γ-lactones similaires aux signaux échangés par les pathogènes.

Photo © Amélie Beury, Sipre (Semences innovation protection recherche environnement; Comité Nord plants de pommes de terre; http://www.comitenordplant.fr/FR/PAGE_SIPRE.awp).

que les traitements ont un impact mesurable, mais n'affectent pas les populations dominantes de la rhizosphère de plants de pommes de terre.

Dans ces essais, quatre parcelles randomisées de 200 plants sont préparées pour chacune des conditions comparées : plantes saines, plantes infectées par le pathogène *P. atrosepticum*, et plantes infectées par le pathogène et traitées par l'agent *R. erythropolis* R138 et l'agent de biostimulation GHL (figure 14.2). Les tubercules sont inoculés avec le pathogène *P. atrosepticum* par trempage le jour de la plantation. Les relevés des symptômes de la première campagne montrent une baisse significative des symptômes avec le traitement contenant l'agent *R. erythropolis* R138 et l'agent de biostimulation GHL par rapport au témoin seulement contaminé par le pathogène. Dans cette campagne, nous avons également fait des prélèvements de sol afin de suivre les modifications des communautés bactériennes par l'approche de séquençage d'amplicons ribosomiques par séquençage 454-Roche. Les données de 454-ARN16S montrent que les genres dominants ne sont pas affectés par les traitements. De plus, l'analyse de la dynamique de la diversité des populations révèle que le seul facteur explicatif de variations est le stade de culture de plants de pommes de terre. Autrement dit, l'effet du stade de la plante sur la structure des populations de la rhizosphère est plus marqué qu'un potentiel effet des traitements par l'agent *R. erythropolis* R138 et l'agent de biostimulation GHL.

▸▸ Perspectives

Le biocontrôle des populations microbiennes phytopathogènes dans les sols constitue une des solutions agroécologiques actuellement promues par les chercheurs (Lemanceau *et al.*, 2015 ; Dessaux *et al.*, 2016 ; voir chapitres 10 et 13 de cet ouvrage). Celle-ci doit répondre aux besoins d'une agriculture raisonnée moins polluante et aux impasses technologiques générées par le nécessaire remplacement des intrants chimiques. La lutte microbiologique repose sur l'utilisation de microorganismes auxiliaires présents naturellement dans les sols ou apportés de manière exogène afin de compenser leur faible présence dans les sols. Les recherches visent à proposer de nouveaux candidats microbiens ainsi que de nouvelles propriétés, dont la bactérie *R. erythropolis* et l'anti-virulence par QQ sont des exemples. Toutefois, l'efficacité de la protection demeure intimement liée à la persistance de l'agent protecteur et à l'exercice de son effet antagoniste sur ses cibles. Il est donc nécessaire de maîtriser la formulation des produits biologiques et le conditionnement physiologique des microorganismes étudiés.

Dans le cas de l'activité QQ, les travaux actuels ont pour but de caractériser le mécanisme de régulation des voies cataboliques impliquées dans la dégradation des signaux, en identifiant notamment les molécules inductrices de ces voies (Latour *et al.*, 2013 ; El Sahili *et al.*, 2015). L'étape suivante consiste à mettre sous formulation adéquate l'agent protecteur, afin de faciliter son installation à proximité de la plante et d'atténuer l'effet barrière dû à la microflore autochtone. L'utilisation d'un système d'ensachage composé d'un polymère biodégradable contenant des biostimulants de la famille des γ-lactones est clairement envisagée. En effet, ces biostimulants donneraient à la fois un avantage métabolique aux rhodococci (soutenant leur densité de population), et joueraient le rôle d'inducteur de l'activité de dégradation de ces molécules et donc de celle collatérale des signaux pathogènes similaires. Par ailleurs, la dégradation progressive du sachet formulant par la microflore indigène permettrait une libération prolongée des actifs sur tout ou partie de la période de culture du végétal (Latour *et al.*, 2013).

Un autre moyen d'améliorer et d'amplifier l'effet protecteur recherché consisterait à diversifier les mécanismes de lutte microbiologique, voire à les coupler avec des procédés de lutte biotechnique (Raoul des Essarts *et al.*, 2016). Il s'agirait ici de regrouper plusieurs agents protecteurs microbiens aux propriétés diverses (anti-virulence, antibiose, antagonisme de contact) et un cocktail de molécules élicitrices des défenses des plantes et biostimulantes. Dans l'idéal, l'ensemble devrait être regroupé dans une même formulation afin de limiter le travail mécanique d'épandage aux champs, mais il est évident que de nombreuses études préalables devront évaluer la compatibilité biochimique entre les molécules d'intérêt et leur contenant, ainsi que la compatibilité biologique entre les microorganismes.

Références bibliographiques

Barbey C., Crépin A., Cirou A., Budin-Verneuil A., Orange N., Feuilloley M., Faure D., Dessaux Y., Burini J.-F., Latour X., 2012. Catabolic pathway of gamma-caprolactone in the biocontrol agent *Rhodococcus erythropolis*. *Journal of Proteome Research*, 11 (1), 206-216.

Barbey C., Crépin A., Bergeau D., Ouchiha A., Mijouin L., Taupin L., Orange N., Feuilloley M., Dufour A., Burini J.-F., Latour X., 2013. *In planta* biocontrol of *Pectobacterium atrosepticum* by *Rhodococcus erythropolis* involves silencing of the pathogen communication by the rhodococcal γ-lactone catabolic pathway. *PloS One*, 8 (6), e66642.

Chun A.L., 2014. Bacterial nanowires: An extended membrane. *Nature Nanotechnology*, 9, 750.

Cirou A., Diallo S., Kurt C., Latour X., Faure D., 2007. Growth promotion of quorum-quenching bacteria in the rhizosphere of *Solanum tuberosum*. *Environmental Microbiology*, 9 (6), 1511-1522.

Cirou A., Raffoux A., Diallo S., Latour X., Dessaux Y., Faure D., 2011. Gamma-caprolactone stimulates growth of quorum-quenching *Rhodococcus* populations in a large-scale hydroponic system for culturing *Solanum tuberosum*. *Research in Microbiology*, 162 (9), 945-950.

Cirou A., Mondy S., An S., Charrier A., Sarrazin A., Thoison O., DuBow M., Faure D., 2012. Efficient biostimulation of native and introduced quorum-quenching *Rhodococcus erythropolis* populations is revealed by a combination of analytical chemistry, microbiology and pyrosequencing. *Applied and Environmental Microbiology*, 78 (2), 481-492.

Crépin A., Barbey C., Cirou A., Tannières M., Orange N., Feuilloley M., Dessaux Y., Burini J.-F., Faure D., Latour X., 2012a. Biological control of pathogen communication in the rhizosphere: A novel approach applied to potato soft rot due to *Pectobacterium atrosepticum*. *Plant and Soil*, 358 (1), 27-37.

Crépin A., Barbey C., Cirou A., Hélias V., Taupin L., Reverchon S., Nasser W., Faure D., Dufour A., Orange N., Feuilloley M., Heurlier K., Burini J.-F., Latour X., 2012b. Quorum sensing signaling molecules produced by reference and emerging soft-rot bacteria (*Dickeya* and *Pectobacterium* spp.). *PloS One*, 7 (4), e35176.

Crépin A., Cirou A., Barbey C., Farmer C., Hélias V., Burini J.-F., Faure D., Latour X., 2012c. *N*-acylhomoserine lactones in diverse *Pectobacterium* and *Dickeya* plant pathogens: Diversity, quantification, and involvement in virulence. *Sensors*, 12 (3), 3484-3497.

Dessaux Y., Grandclément C., Faure D., 2016. Engineering the rhizosphere. *Trends in Plant Science*, 21 (3), 266-278.

Diallo S., Crépin A., Barbey C., Orange N., Burini J.-F., Latour X., 2011. Mechanisms and recent advances in biological control mediated through the potato rhizosphere. *FEMS Microbiology Ecology*, 75 (3), 351-364.

Dong Y.H., Zhang X.F., Xu J.L., Zhang L.H., 2004. Insecticidal *Bacillus thuringiensis* silences *Erwinia carotovora* virulence by a new form of microbial antagonism, signal interference. *Applied and Environmental Microbiology*, 70 (2), 954-960.

El Sahili A., Kwasiborski A., Mothe N., Velours C., Legrand P., Moréra S., Faure D., 2015. Natural guided genome engineering reveals transcriptional regulators controlling quorum-sensing signal degradation. *PloS One*, 10 (11), e0141718.

Faure D., Cirou A., Dessaux Y., 2007. Chemicals promoting the growth of *N*-acylhomoserine lactone-degrading bacteria. Brevet USA n° 60/885,727, 19 janvier 2007.

Fuqua W.C., Winans S.C., Greenberg E.P., 1994. Quorum sensing in bacteria: The LuxR-LuxI family of cell density-responsive transcriptional regulators. *Journal of Bacteriology*, 176 (2), 269-275.

Grandclément C., Tannières M., Moréra S., Dessaux Y., Faure D., 2016. Quorum quenching: Role in nature and applied developments. *FEMS Microbiology Reviews*, 40 (1), 86-116.

Hiblot J., Gotthard G., Chabrière E., Elias M., 2012. Structural and enzymatic characterization of the lactonase SisLac from *Sulfolobus islandicus*. *PloS One*, 7 (10), e47028.

Kwasiborski A., Mondy S., Beury-Cirou A., Faure D., 2014. Genome sequence of the quorum-quenching *Rhodococcus erythropolis* strain R138. *Genome Announcements*, 2 (2), e00224-14.

Kwasiborski A., Mondy S., Chong T.M., Barbey C., Chan K.G., Beury-Cirou A., Latour X., Faure D., 2015a. Transcriptome of the quorum-sensing signal-degrading *Rhodococcus erythropolis* responds differentially to virulent and avirulent *Pectobacterium atrosepticum*. *Heredity*, 114 (5), 476-484.

Kwasiborski A., Mondy S., Chong T.M., Chan K.G., Beury-Cirou A., Faure D., 2015b. Core genome and plasmidome of the quorum-quenching bacterium *Rhodococcus erythropolis*. *Genetica*, 143 (2), 253-261.

Latour X., Diallo S., Chevalier S., Morin D., Smadja B., Burini J.-F., Haras D., Orange N., 2007. Thermoregulation of *N*-acyl homoserine lactones-based quorum sensing in the soft rot bacterium *Pectobacterium atrosepticum*. *Applied and Environmental Microbiology*, 73 (12), 4078-4081.

Latour X., Barbey C., Chane A., Groboillot A., Burini J.-F., 2013. *Rhodococcus erythropolis* and its γ-lactone catabolic pathway, an unusual biocontrol system that disrupts pathogen quorum sensing communication. *Agronomy*, 3 (4), 816-838.

Lemanceau P., Maron P.-A., Mazurier S., Mougel C., Pivato B., Plassart P., Ranjard L., Revellin C., Tardy V., Wipf D., 2015. Understanding and managing soil biodiversity: A major challenge in agroecology. *Agronomy for Sustainable Development*, 35 (1), 67-81.

Mashburn L.M., Whiteley M., 2005. Membrane vesicles traffic signals and facilitate group activities in a prokaryote. *Nature*, 43 (7057), 422-425.

Ng F.S., Wright D.M., Seah S.Y., 2011. Characterization of a phosphotriesterase-like lactonase from *Sulfolobus solfataricus* and its immobilization for disruption of quorum sensing. *Applied and Environmental Microbiology*, 77 (4), 1181-1186.

Park J., Kaufmann G.F., Bowen J.P., Arbiser J.L., Janda K.D., 2008. Solenopsin A, a venom alkaloid from the fire ant *Solenopsis invicta*, inhibits quorum-sensing signaling in *Pseudomonas aeruginosa*. *The Journal of Infectious Diseases*, 198 (8), 1198-1201.

Raoul des Essarts Y., Sabbah M., Comte A., Soulère L., Queneau Y., Dessaux Y., Hélias V., Faure D., 2013. N,N'-alkylated Imidazolium-derivatives act as quorum-sensing inhibitors targeting the *Pectobacterium* atrosepticum-induced symptoms on potato tubers. *International Journal of Molecular Sciences*, 14 (10), 19976-19986.

Raoul des Essarts Y., Cigna J., Quêtu-Laurent A., Caron A., Munier E., Beury-Cirou A., Hélias V., Faure D., 2016. Biocontrol of the potato blackleg and soft-rot disease caused by *Dickeya dianthicola*. *Applied and Environmental Microbiology*, 82 (1), 268-278.

Witzany G., 2011. *Biocommunication in Soil Microorganisms*. Berlin/Heidelberg, Springer-Verlag.

Yadav M.K., Park S.W., Chae S.W., Song J.J., 2014. Sinefungin, a natural nucleoside analogue of *S*-adenosylmethionine, inhibits *Streptococcus pneumoniae* biofilm growth. *BioMed Research International*, 2014, 156987.

Chapitre 15

Défis et perspectives pour l'utilisation de la fixation biologique de l'azote en agriculture

Benoît Alunni, Peter Mergaert

▸▸ L'addiction de l'agriculture à l'azote

L'azote est un élément chimique fondamental pour les organismes vivants[41]. On le retrouve dans de nombreuses biomolécules telles que les acides aminés constituant les protéines, les acides nucléiques qui portent l'information génétique, et dans de nombreux autres composés organiques indispensables à la vie. En effet, la croissance des plantes dépend de la disponibilité dans le sol d'azote sous une forme utilisable, qu'il soit oxydé ou réduit, minéral ou organique. Cet élément est l'un des plus abondants sur Terre, constituant près de 80 % de l'atmosphère, où il est présent sous forme de diazote gazeux (N_2), une forme chimiquement très stable et inutilisable par la plupart des organismes vivants. *A contrario*, les formes utilisables d'azote sont assez rares dans la biosphère, notamment dans les systèmes agricoles.

Depuis l'invention de l'agriculture, un élément majeur de la révolution néolithique (Demoule, 2010), l'histoire de l'humanité a été significativement influencée par les limitations en azote du sol et par la découverte de pratiques agricoles permettant de contourner ces limitations et d'augmenter la production de biomasse. Durant la période néolithique, les premiers agriculteurs ont utilisé le fumier des animaux domestiques, très riche en azote organique, pour amender le sol et en améliorer la fertilité. Dès l'antiquité romaine et même auparavant, dans la civilisation chinoise, des légumineuses ont été utilisées comme engrais vert sur des terres en jachère pour en améliorer les performances agronomiques (Smil, 2001). Sur le continent américain, la coculture de légumineuses (haricot) avec des céréales (maïs) et des courges,

41. Notre laboratoire est soutenu par l'Agence nationale de la recherche (ANR), convention n° ANR-13-BSV7-0013-01 et du LabEx Saclay Plant Sciences-SPS (ANR-10-LABX-0040-SPS).

système de culture dit des « trois sœurs », a été adoptée par de nombreuses ethnies, cette association permettant des augmentations de rendement pour chacune des trois espèces. On trouve notamment trace de ces pratiques culturales dans des écrits mayas ou dans la culture iroquoise (Landon, 2008).

Toutefois, cela n'est qu'au XIXe siècle que les scientifiques perçurent l'importance de l'azote comme nutriment pour les plantes et que les vertus des légumineuses résidaient dans leur capacité à fixer l'azote par l'intermédiaire d'une symbiose (Smil, 2001). De nouvelles formes d'azote ont été mises à disposition des agriculteurs, notamment sous forme de matières premières naturelles comme le guano (excréments d'oiseaux solidifiés) ou le nitrate de sodium (minéraux exploités notamment dans le désert de l'Atacama et connus sous le nom de salpêtre du Chili), ou encore par l'introduction de nombreux procédés chimiques de fixation de l'azote. Néanmoins, aucune de ces approches ne permettait de garantir un approvisionnement en azote fiable et pérenne. Une avancée majeure surgit au tournant du XXe siècle, avec la découverte du procédé Haber-Bosch. Cette invention majeure, une merveille d'ingénierie des procédés chimiques, permet la production massive d'ammoniac et, à partir de celui-ci, l'essor de tout un pan de la chimie industrielle, dont la production d'engrais azotés. Ce procédé requiert de l'azote (N_2) et de l'hydrogène (H_2), une température élevée ($\sim$450° C), une pression importante ($\sim$200-300 bar) et un catalyseur métallique pour pouvoir cliver la triple liaison du diazote, une des liaisons chimiques les plus fortes. Depuis sa découverte, le procédé a rapidement été déployé à une échelle mondiale, tirant dans son sillage les rendements agricoles à des niveaux jamais atteints auparavant, et éclipsant ainsi les autres sources d'azote fixé, dont les légumineuses et la fixation biologique de l'azote. Le procédé Haber-Bosch est sans doute l'une des inventions qui a le plus contribué à la croissance démographique mondiale, permettant un quadruplement de la population mondiale en un siècle (Smil, 2001).

Au début du XXIe siècle, la consommation mondiale d'engrais azotés s'élève à près de 130 mégatonnes/an (Smil, 2001). La contribution des activités humaines au cycle géochimique de l'azote représente actuellement un apport équivalent à celui des processus naturels, dont la composante majeure est la fixation biologique de l'azote. Une utilisation aussi massive des engrais azotés a des conséquences dramatiques pour l'environnement. Les problèmes engendrés comprennent la pollution des nappes phréatiques et des eaux de surface par suraccumulation de nitrates, qui conduisent à l'eutrophisation des cours d'eau et à des marées vertes sur les côtes, ainsi qu'à l'émission de gaz à effet de serre. Ce dernier effet pervers provient notamment de la consommation massive d'énergie fossile (1-2 % de la consommation annuelle mondiale) nécessaire à la production, au transport et à l'épandage des engrais azotés, au relargage d'oxyde nitreux (N_2O) par les sols engraissés et à l'émission de méthane lors de la décomposition des algues suite aux marées vertes. Les conséquences néfastes de cet apport anthropique d'azote dans la biosphère sont alarmantes. De plus, les engrais azotés coûtent cher et ne sont pas toujours accessibles pour les petits producteurs des pays en développement dont les rendements, de fait, restent faibles. Bien que la dépendance planétaire vis-à-vis du procédé Haber-Bosch soit loin de s'estomper à court terme, il devient de plus en plus urgent de développer d'autres pratiques agricoles plus respectueuses de l'environnement et plus durables, en gérant différemment le cycle de l'azote, et qui puissent garantir une sécurité alimentaire pour les populations humaines toujours en expansion. Une partie de la solution à ces problèmes se trouve sans doute dans un regain d'intérêt pour la fixation biologique de l'azote au sein du monde agricole, en l'utilisant toutefois de façon innovante.

▸▸ La fixation symbiotique de l'azote, pierre angulaire d'une future agriculture durable

La symbiose légumineuses-rhizobium

Pour les mêmes raisons qu'en chimie industrielle, la fixation biologique de l'azote est également très difficile à réaliser et très consommatrice d'énergie. Les plantes comme les animaux n'ont jamais acquis la capacité à cliver la triple liaison du N_2. Toutefois, certaines bactéries et archées ont développé au cours de l'évolution un complexe enzymatique, appelé nitrogénase, capable de réduire le N_2 en ammoniac. Certaines plantes ont tiré bénéfice de la fixation biologique de l'azote en mettant en place des interactions symbiotiques avec ces bactéries diazotrophes. Les familles de plantes concernées sont relativement rares et comprennent en particulier la majorité des plantes appartenant à la famille des légumineuses, qui forment une symbiose avec un groupe de bactéries diazotrophes appartenant aux α- et β-protéobactéries, collectivement appelées rhizobia. L'interaction entre les partenaires végétaux et bactériens mène à la formation d'un nouvel organe végétal : la nodosité (Sprent, 2007). Cet organe héberge les rhizobia, qui vont y fixer l'azote atmosphérique et transférer l'ammonium à la plante qui l'utilisera pour sa croissance. L'azote fourni par les rhizobia au sein des nodosités satisfait totalement les besoins en azote de la plante.

Les autres interactions plantes-bactéries fixatrices d'azote

Un autre groupe de plantes, collectivement appelées plantes actinorhiziennes, établit une symbiose fixatrice d'azote avec des bactéries du genre *Frankia*, appartenant aux actinobactéries, un groupe non apparenté aux rhizobia. Les plantes actinorhiziennes représentent un petit nombre d'espèces appartenant à trois ordres des Angiospermes : les Fagales, les Cucurbitales et les Rosales (Santi *et al.*, 2013). Ces ordres sont apparentés à l'ordre des Fabales ou *Leguminosae*. Tout comme les légumineuses, les plantes actinorhiziennes forment des nodosités pour abriter les symbiotes bactériens. Par ailleurs, de nombreuses associations symbiotiques se sont mises en place entre des cyanobactéries fixatrices d'azote des genres *Nostoc* et *Anabeana* et des plantes appartenant à divers clades de la lignée verte. On trouve notamment des associations avec des Anthocérotes, des hépatiques, des bryophytes, des ptéridophytes (comme la fougère aquatique *Azolla*) et même une Angiosperme (du genre *Gunnera*) (Santi *et al.*, 2013). Enfin, un grand nombre d'espèces bactériennes, dont certains rhizobia et des bactéries appartenant aux genres *Azoarcus*, *Azospirillum*, *Herbaspirillum* ou *Gluconacetobacter*, sont connues pour fixer l'azote atmosphérique en plus ou moins étroite relation avec les plantes, comme colonisateur épi- ou endophytique (Santi *et al.*, 2013). Ces associations contribuent de manière très inégale à la nutrition azotée des plantes hôtes (de 0 à 60 % des apports en N), cette contribution étant bien plus faible que celle des symbioses des légumineuses et des plantes actinorhiziennes.

Ingénierie de la fixation d'azote : les trois stratégies en cours d'exploration

L'extension de la capacité à fixer l'azote à des plantes cultivées non légumineuses est un objectif ambitieux affiché par la communauté scientifique travaillant sur des symbioses fixatrices d'azote. Cela permettrait, après la Révolution verte des années 1930-1960, de déclencher une nouvelle révolution agricole et d'entrevoir une agriculture réellement durable d'un point de vue environnemental. Cet objectif, déjà énoncé depuis 1917 par Burrill et Hansen, devient de plus en plus réaliste au vu de l'avancement des connaissances relatives à la génétique et à la biochimie de la nitrogénase et de son activité, des nouvelles découvertes au sujet des événements d'organogenèse et d'infection des nodosités, ainsi que l'idée selon laquelle les rhizobactéries fixatrices d'azote (des bactéries colonisant la rhizosphère) et les bactéries endophytes (colonisant les tissus végétaux) sont largement répandues. À partir de ces connaissances, et grâce aux avancées techniques dans le domaine de la génomique et de la biologie synthétique, trois stratégies ont été proposées afin de produire des plantes cultivées obtenant leur azote de la fixation biologique. Ces trois approches concurrentes reposent sur : i) l'utilisation d'endophytes diazotrophes colonisant la plante et fixant l'azote pour son hôte, ii) la production du complexe nitrogénase dans des organites végétaux, iii) l'ingénierie et le transfert de la capacité organogénétique à former des nodosités (figure 15.1). Dans ce chapitre, les deux premières approches sont brièvement décrites et nous détaillons surtout les défis technologiques à relever en vue du transfert des capacités de nodulation.

▸▸ Utilisation d'endophytes diazotrophes comme bio-inoculant

Parmi les voies explorées actuellement, l'utilisation des bactéries endophytes fixatrices d'azote (Geddes *et al.*, 2015) semble *a priori* la solution la plus simple. En effet, des souches d'endophytes fixateurs d'azote ont été isolées à partir de nombreuses plantes cultivées, et le criblage de souches présentant une efficacité de fixation élevée devrait mener à l'isolation de nouvelles souches d'intérêt. Toutefois, cette approche a ses limites car la quantité d'azote transféré à la plante est généralement très basse, même si dans quelques cas, chez la canne à sucre, le blé ou le maïs par exemple, des études ont montré qu'une quantité significative de l'azote de la plante provenait des endophytes diazotrophes (Santi *et al.*, 2013). L'amélioration des

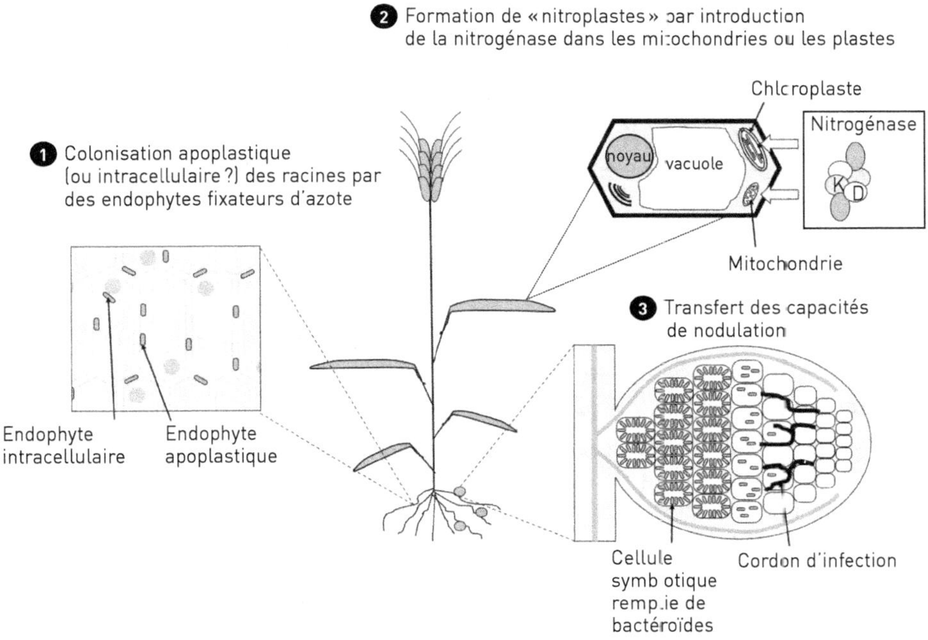

Figure 15.1. Les trois stratégies actuellement explorées visant à implémenter la fixation biologique de l'azote chez des plantes de grande culture.
❶ Les souches endophytes diazotrophes colonisant les racines des plantes pourront être testées pour leur contribution à la nutrition azotée de l'hôte. À défaut de résultats probants, les souches endophytes capables de coloniser efficacement les tissus de l'hôte pourraient être utilisées comme châssis pour l'introduction de gènes de fixation d'azote. Jusqu'à présent, les endophytes caractérisés sont exclusivement extracellulaires (apoplastiques), mais il est possible qu'il existe certaines bactéries capables de coloniser les cellules végétales de façon intracellulaire. ❷ La reconstitution de la voie métabolique de la fixation biologique de l'azote, par introduction dans les plastes et/ou les mitochondries des gènes codant la nitrogénase, permettrait de générer des « nitroplastes » fixateurs d'azote. ❸ L'introduction des gènes contrôlant la formation et le fonctionnement de nodosités pourrait permettre la mise en place de nodosités fixatrices d'azote sur les systèmes racinaires de plantes de grande culture.

capacités de fixation d'azote des endophytes et de transfert vers la plante est donc requise pour envisager une utilisation rentable.

Le faible nombre de bactéries endophytes colonisant les tissus végétaux pourrait être à l'origine du niveau marginal de fixation d'azote observé. Ainsi, améliorer les capacités de colonisation de la plante chez des souches d'intérêt par ingénierie biotechnologique représente un axe de progrès possible. Une voie particulièrement intéressante repose sur l'ingénierie de plantes produisant un métabolite rare et spécifiquement utilisable par l'endophyte comme source de carbone, créant une rhizosphère modifiée. Ainsi, la génération de plantes transgéniques produisant des opines, des composés spécifiquement produits par les tumeurs induites par *Agrobacterium* sur ses hôtes végétaux et qui servent de substrats carbonés pour la croissance des agrobactéries possédant la voie métabolique nécessaire à l'assimilation de ces opines, favorise leur colonisation par les bactéries utilisatrices d'opines (Oger *et al.*, 2007 ; Savka et Farrand, 2007 ; voir chapitre 13 de cet ouvrage). L'autre option est d'utiliser une bactérie qui colonise très efficacement les plantes, chez laquelle on exprime les gènes de fixation de l'azote provenant d'une bactérie diazotrophe, comme testé lors de l'introduction d'un large îlot génomique de fixation d'azote provenant de la bactérie diazotrophe *Pseudomonas stutzeri* dans la souche rhizosphérique *Pseudomonas protegens* Pf-5. La souche transgénique présentait une activité nitrogénase forte et dérégulée, relarguant des quantités significatives d'ammonium et promouvant la croissance des plantes hôtes cultivées en limitation azotée, ainsi qu'une augmentation de la teneur en azote dans la plante, liée à la fixation biologique (Fox *et al.*, 2016).

Une stratégie plus complexe pour augmenter le niveau de colonisation des plantes par les endophytes serait de sélectionner ou de mettre au point des plantes dans lesquelles une niche spécifiquement favorable aux endophytes serait surdéveloppée (par exemple le système racinaire, la base des racines latérales, etc.) ou dans lesquelles des structures hypertrophiées ou néoplasiques, comme les structures «tumorales» induites par des phytohormones ou par certains pathogènes bactériens, viraux ou fongiques, seraient produites (Doonan et Sablowski, 2010). Ces néoplasies constituent des puits de nutriments pouvant potentiellement former une niche pour les endophytes d'intérêt. Enfin, il est possible d'optimiser la réponse de la plante aux endophytes fixateurs d'azote par amélioration variétale. Une approche de génétique d'association pangénomique étudiant la variabilité génétique naturelle d'*Arabidopsis* pour sa réponse à la bactérie PGPR (pour *Plant Growth-Promoting Rhizobacteria*, des bactéries rhizosphériques promouvant la croissance végétale) *Pseudomonas simiae* (dont la fonction PGPR n'est pas liée à la fixation d'azote) a permis de montrer que la réponse de la plante à la bactérie dépend largement d'une composante génétique (Wintermans *et al.*, 2016). On peut donc légitimement penser que la réponse des plantes cultivées aux endophytes fixateurs d'azote est également contrôlée génétiquement et que cela peut constituer un axe privilégié pour des programmes d'amélioration variétale.

▸▸ La production de la nitrogénase dans des organites végétaux : les « nitroplastes »

Une seconde stratégie consiste à introduire directement dans la plante les gènes permettant de produire la nitrogénase (Curatti et Rubio, 2014). Ce complexe enzymatique est constitué de deux parties majeures : la partie catalytique, composée d'un hétérotétramère de NifDK, et de la dinitrogénase réductase, composée d'un homodimère de NifH. Ce complexe contient aussi trois types de clusters fer-soufre. La protéine NifH contient un cluster [4Fe-4S] que l'on retrouve de manière ubiquiste dans la nature, tandis que chaque complexe NifDK contient deux clusters métalliques très particuliers, dont un de type [8Fe-7S] appelé P-cluster, et un cofacteur à fer et molybdène nommé FeMo-Co ([Mo-7Fe-9S-C-homocitrate], l'un des clusters fer-soufre connus les plus complexes) (Rubio et Ludden, 2008). La nitrogénase reçoit des électrons provenant de ferrédoxines ou de flavodoxines, passant par NifH, et les métalloclusters constituent une chaîne de transfert d'électrons jusqu'au FeMo-Co, qui est enfoui dans le site catalytique du complexe enzymatique où a lieu la réduction du N_2 en NH_3. Ce transfert d'électrons est énergisé par l'hydrolyse d'ATP effectuée par NifH (*ibid.*).

Du fait de sa structure complexe, l'assemblage et le fonctionnement de la nitrogénase nécessitent la participation de nombreux gènes (par exemple, 18 chez *Klebsiella oxytoca*), dont ceux codant les sous-unités structurales de la nitrogénase, mais aussi les enzymes impliquées dans la biogenèse du P-cluster et du FeMo-Co, et dans leur insertion dans l'apoprotéine NifDK. De plus, l'enzyme requiert des conditions physiologiques stringentes comme un faible niveau d'oxygène (car il endommage irréversiblement les cofacteurs métalliques de l'enzyme) et un haut niveau énergétique sous la forme d'ATP et de pouvoir réducteur, requis pour briser la triple liaison du N_2. Enfin, du fait de la toxicité de l'ammoniac produit par la nitrogénase, il doit être rapidement assimilé sur le lieu de sa synthèse. Ces trois facteurs constituent autant de verrous technologiques à lever pour pouvoir envisager ce type d'application biotechnologique.

Le grand nombre de gènes requis pour la biosynthèse et le fonctionnement de la nitrogénase représente un challenge dantesque d'ingénierie métabolique. Par exemple, l'assemblage et le fonctionnement de la nitrogénase sont largement impactés par les niveaux d'expression relatifs de ses différents composants structuraux et biosynthétiques. Toutefois, la biologie synthétique actuelle permet d'entrevoir des solutions pour assembler efficacement des constructions polygéniques par juxtaposition de modules individuels comprenant des promoteurs, des gènes et des terminateurs. Ces méthodes ont permis l'expression d'une nitrogénase fonctionnelle dans *Escherichia coli* (Temme *et al.*, 2012), une avancée majeure qui laisse entrevoir la possibilité d'obtenir un jour la production d'une nitrogénase et de réaliser la fixation d'azote dans des cellules végétales. De plus, il a été montré qu'un nombre plus faible de gènes (9 à 10 gènes) est requis pour exprimer dans *E. coli* une nitrogénase fonctionnelle provenant de *Paenibacillus* sp. WLY78 ou d'*Azotobacter vinelandii*, permettant d'envisager des stratégies d'ingénierie métabolique basées sur des systèmes plus simples à transférer (Wang *et al.*, 2013 ; Yang *et al.*, 2014).

Les chloroplastes et les mitochondries sont considérés comme les compartiments subcellulaires les plus aptes à héberger une activité nitrogénase. Ces deux sites peuvent fournir de grandes quantités d'ATP et de pouvoir réducteur requis pour le fonctionnement de la nitrogénase. Les chloroplastes présentent l'avantage de pouvoir être transformés génétiquement, d'obtenir de hauts niveaux d'accumulation de protéines et d'utiliser des machineries de transcription et de traduction de type procaryote, ce qui permet de recourir à des constructions géniques basées sur des promoteurs bactériens et des regroupements de gènes en opérons. Toutefois, les chloroplastes produisent de grandes quantités d'oxygène lors de la photosynthèse, ce qui est incompatible avec le fonctionnement de la nitrogénase. Une solution pourrait consister à exprimer la nitrogénase la nuit dans les chloroplastes en utilisant des promoteurs contrôlés par le rythme circadien. Par ailleurs, les mitochondries portent des systèmes de production et d'assemblage de métalloclusters similaires à ceux requis pour la nitrogénase, suggérant que l'activité respiratoire de la mitochondrie maintient un niveau d'oxygène suffisamment bas pour permettre la production et le fonctionnement d'enzymes sensibles à l'oxygène. L'absence de procédure de transformation génétique est un problème pour l'utilisation des mitochondries comme organite fixateur d'azote. Cela nécessiterait de produire à partir de gènes nucléaires les composants structuraux et biosynthétiques de la nitrogénase en fusion avec des signaux d'adressage mitochondriaux. Entre chloroplastes et mitochondries, la communauté scientifique manque encore de recul à l'heure actuelle pour pouvoir déterminer quelle option est la meilleure.

Une limite potentielle au fonctionnement optimal d'une voie métabolique reconstruite dans un hôte transgénique est son intégration dans le contexte des réseaux métaboliques préexistants chez l'hôte. Ainsi, la nécessité d'utiliser des ferrédoxines ou des flavodoxines réduites pour effectuer le transfert d'électrons au sein de la nitrogénase *via* NifH est une contrainte pour son bon fonctionnement. La présence de donneurs d'électrons compatibles dans les plastes et/ou les mitochondries n'a pas été démontrée, et il sera peut-être nécessaire de reconstituer une chaîne de transfert d'électrons adaptée. Un second point critique pour une bonne intégration de la nitrogénase dans le métabolisme de l'hôte correspond à l'assimilation de l'ammonium, effectuée par le cycle glutamine synthétase/glutamine oxoglutarate aminotransférase (GS/GOGAT) qui implique des fonctions chloroplastiques et mitochondriales (Curatti et Rubio, 2014). Il est impossible de prédire comment le flux d'électrons vers la nitrogénase et l'assimilation de l'ammonium vont perturber les autres voies métaboliques de la plante, mais on peut s'attendre à ce que l'intégration métabolique d'une nitrogénase nécessite de profondes adaptations d'autres voies métaboliques.

▸▸ L'organogenèse de nodosités chez des plantes de grande culture

Le troisième scénario consiste à transférer la capacité de nodulation vers des plantes d'intérêt agronomique (Rogers et Oldroyd, 2014). Il a été montré que l'interaction légumineuse-rhizobium est initiée par un dialogue moléculaire complexe au sein duquel les signaux moléculaires appelés facteurs Nod (NF), produits par les rhizobia, jouent un rôle clé. Ce signal NF permet la détection de l'endosymbionte par la plante et déclenche les processus d'organogenèse et d'infection. Les analyses génétiques menées sur les plantes ont permis l'identification de nombreux éléments de la voie de signalisation NF (Oldroyd, 2013). La mise en évidence de cette voie de signalisation a été ensuite à la base de découvertes spectaculaires qui ont suscité un regain d'optimisme auprès des partisans du transfert de la nodulation aux non-légumineuses, qui poursuivent actuellement cet ambitieux objectif à long terme. Ces avancées incluent la découverte de l'implication d'éléments génétiques de la voie de signalisation NF dans d'autres processus d'endosymbiose comme la symbiose actinorhizienne ou la mycorhization arbusculaire (Markmann et Parniske, 2009;

Oldroyd, 2013). Comme la mycorhization concerne une très large majorité des plantes terrestres, dont les céréales, cela signifie que certains éléments de la voie NF sont déjà présents et fonctionnels chez des non-légumineuses, et que la stratégie d'ingénierie génétique de la nodulation dans les plantes cultivées pourrait être simplifiée en tirant parti des voies de signalisations préexistantes.

La signalisation NF est de loin la composante la mieux connue de l'interaction légumineuses-rhizobium, mais il en faut plus pour former une nodosité fonctionnelle. Au-delà des événements de signalisation précoce permettant la reconnaissance des partenaires, de l'initiation de l'infection et de l'organogenèse nodulaire, l'établissement d'une nodosité fonctionnelle requiert également l'accommodation intracellulaire des bactéries sous la forme d'organites temporaires appelés symbiosomes et enfin l'intégration métabolique de l'endosymbionte au sein de l'hôte. Notre compréhension de la manière dont s'articulent et s'intègrent ces différents processus est encore très incomplète et nécessite davantage d'investigations. Cet état de l'art est un facteur supplémentaire indiquant que l'ingénierie de la nodulation chez les plantes cultivées est un projet pour le moins complexe. Toutefois, il semble que tout ou partie de la voie de signalisation NF soit impliquée dans les processus de l'organogenèse nodulaire, l'infection et la formation des symbiosomes.

Au sein des légumineuses, la diversité des formes, des processus organogénétiques et des modes d'infection des nodosités est importante, allant d'organes primitifs assez simples à des organes très complexes. Cette diversité structurale reflète probablement l'histoire évolutive de ce processus symbiotique au cours de laquelle, dans certains clades, sa complexification pourrait s'accompagner d'une augmentation de l'efficacité de fixation de l'azote atmosphérique. Mais, dans tous les cas, l'azote fixé bénéficie à la plante. On peut donc penser qu'une certaine quantité d'azote pourra être fixée dès lors qu'une interaction entre un rhizobium et un hôte d'intérêt aura pu être établie par ingénierie génétique. De manière similaire aux processus évolutifs, il sera alors possible d'apporter des améliorations au système pour augmenter l'efficacité symbiotique.

La voie de signalisation dépendant des facteurs Nod (NF)

Certainement, la première étape à franchir pour induire la formation de nodosités chez une plante cultivée est de lui transférer une voie de signalisation NF fonctionnelle. Les composants de cette voie de signalisation (pour des revues récentes, voir Oldroyd *et al.*, 2011; Oldroyd, 2013) comprennent premièrement des récepteurs de type LysM-RLK (récepteur kinase à domaine LysM) situés au niveau de la membrane plasmique. Ces récepteurs sont impliqués dans la perception des NF et fonctionnent en complexe avec un récepteur LRR-kinase (SYMRK; Antolín-Llovera *et al.*, 2014). En aval des récepteurs, la signalisation intracellulaire repose sur l'activation d'oscillations calciques nucléaires mettant en jeu des nucléoporines (NUP85, NUP133, NENA), des canaux potassiques (CASTOR, POLLUX/DMI1) fonctionnant en tandem avec une pompe calcique (MCA8) et un canal perméable au Ca^{2+} de type CNG (Charpentier *et al.*, 2016), tous situés au niveau de l'enveloppe nucléaire. L'enzyme HMGR (hydroxyméthylglutaryl-CoA réductase, enzyme clé de la voie de biosynthèse du mévalonate) forme un complexe avec SYMRK et produit du mévalonate qui active les canaux potassiques (Kevei *et al.*, 2007 ; Venkateshwaran *et al.*, 2015). Un module de décodage des oscillations calciques, composé d'une kinase dépendante du Ca^{2+}/calmoduline (CCaMK), phosphoryle le complexe d'initiation de la transcription comprenant CYCLOPS/IPD3, qui à son tour recrute et active le facteur de transcription NIN (Singh *et al.*, 2014). Ensuite, NIN active la transcription d'autres facteurs de transcription de type NF-Y. De plus, des facteurs de transcription de type GRAS sont également activés par les oscillations calciques et CCaMK. L'activation de ces facteurs de transcription en aval, en conjonction avec des cytokinines (phytohormones végétales indispensables au développement des plantes) qui sont perçues par le récepteur LHK1/CRE1, est requise pour l'initiation de l'organogenèse. Au démarrage de l'interaction, la reconnaissance des NF et l'activation de la voie de signalisation ont lieu au niveau des cellules épidermiques, où est initié le processus d'infection, tandis que les processus organogénétiques démarrent parallèlement dans la partie corticale de la racine par une réactivation des divisions cellulaires. Ce second processus nécessite également la signalisation NF-dépendante et la transmission d'un signal encore inconnu de l'épiderme vers le cortex (Oldroyd *et al.*, 2011).

Hormis les récepteurs de type LysM-RLK, une partie des facteurs de transcription en aval de la voie et le processus organogénétique, un très grand nombre d'éléments de la voie de signalisation des NF est également impliqué dans l'établissement de la mycorhization, et ainsi cette portion de la voie de signalisation est appelée voie commune SYM. La voie SYM est conservée hors de la famille des légumineuses chez des plantes mycorhiziennes et, de manière remarquable, de nombreux éléments de la voie SYM peuvent être remplacés fonctionnellement par leurs homologues d'autres espèces non-légumineuses (Markmann et Parniske, 2009 ; Oldroyd, 2013). Cela indique que les non-légumineuses possèdent une voie SYM fonctionnelle, et qu'il suffirait peut-être d'introduire des éléments spécifiques en amont (récepteurs LysM-RLK) et en aval (facteurs de transcription) de la voie NF pour induire une réponse aux rhizobia. Il est difficile de prédire l'ampleur de cette réponse, mais comme la voie NF contrôle l'organogenèse, l'infection et la formation de symbiosomes, il est possible qu'un certain niveau de colonisation puisse être atteint par cette première étape d'ingénierie génétique.

L'infection des nodosités

Dans le cas le plus général, l'infection d'une nodosité naissante se fait par l'intermédiaire de structures tubulaires, appelées cordons d'infection, qui sont mises en place à partir du point de contact initial entre la bactérie et son hôte. Ces cordons, qui s'allongent entre ou à travers les cellules végétales, transportent les rhizobia qui se multiplient dans ces structures et les acheminent vers les cellules symbiotiques dans lesquelles les bactéries sont relarguées. Les cordons d'infection sont des structures subcellulaires dérivées du système endomembranaire, délimitées par une membrane dérivée de la membrane plasmique, et remplies de composés pariétaux d'origine végétale, de polysaccharides bactériens et de rhizobia en cours de multiplication. Ainsi, on peut considérer que la localisation des rhizobia au sein de ces structures est similaire à une localisation extracellulaire. Les cordons d'infection subissent une croissance apicale ou polaire, de manière similaire à d'autres structures végétales comme les tubes polliniques ou les poils racinaires. En effet, dans de nombreux cas, les cordons d'infection sont initiés à partir de la réorientation de croissance de poils racinaires, qui passent d'une croissance apicale allongeant le poil à une croissance vers l'intérieur menant à une invagination de la membrane plasmique et à la formation du cordon d'infection. L'initiation et la croissance des cordons d'infection mettent en jeu un certain nombre de mécanismes moléculaires communs à la croissance des tubes polliniques et des poils absorbants. Cela se caractérise par la mise en place d'un influx calcique à l'apex de la structure considérée, créant ainsi un gradient de Ca^{2+} qui, en combinaison avec une production localisée d'espèces réactives de l'oxygène, dirige la croissance apicale en coordonnant l'organisation du cytosquelette d'actine et le trafic vésiculaire vers l'apex (pour une revue, voir Oldroyd *et al.*, 2011). Ces réponses sont activées par la liaison des NF à leurs récepteurs, eux-mêmes complexés à des canaux ioniques, des ROP-GTPases et probablement une NADPH oxydase, mais cela ne nécessite pas les autres composants de la voie de signalisation NF. D'autre part, l'initiation des cordons d'infection dans les poils racinaires n'est pas cantonnée à une redirection de la croissance du poil par les NF, mais cela implique également une restructuration localisée de la paroi végétale *via* l'activation transcriptionnelle de gènes codant des enzymes de modification de la paroi végétale (Xie *et al.*, 2012 ; Fournier *et al.*, 2015). Cette dernière réponse nécessite la voie NF complète et notamment le facteur de transcription NIN.

De prime abord, la voie de signalisation NF et les mécanismes cellulaires mis en place lors de la formation des cordons d'infection peuvent sembler complexes et spécifiques au processus étudié. Dans les faits, tout ceci est très apparenté aux mécanismes mis en jeu lors de la mise en place d'une interaction endomycorhizienne (Oldroyd, 2013 ; Fournier *et al.*, 2015). Il n'est donc pas déraisonnable de penser que l'activation de la voie NF dans des plantes transgéniques pourrait mener à un certain niveau d'infection.

L'hébergement de grandes populations bactériennes

L'efficacité de la symbiose légumineuse-rhizobium, qui, contrairement aux endophytes diazotrophes, peut entièrement satisfaire les besoins en azote de la plante, repose sur un contact intime et prolongé entre la plante hôte et la bactérie symbiotique dans les nombreuses nodosités présentes au niveau du système racinaire de la plante, au sein desquelles des milliards de bactéries sont hébergées de façon intracellulaire dans les cellules symbiotiques de l'hôte. Ainsi, une seconde étape vers l'obtention de nodosités fixant efficacement l'azote chez des plantes cultivées, après y avoir introduit une voie de signalisation NF fonctionnelle, passera par l'amélioration quantitative de la colonisation de ces nodosités par les bactéries fixatrices d'azote. Ces dernières années, des progrès majeurs ont été faits dans la compréhension des mécanismes régulant l'accommodation intracellulaire de grandes populations de rhizobia au sein des cellules hôtes. Ces mécanismes seront donc la cible de cette seconde étape d'ingénierie génétique.

L'organogenèse des nodosités nécessite une forte activité de division cellulaire, qui permet de fournir toutes les cellules qui constituent cet organe. De plus, une voie de différenciation cellulaire est spécifiquement mise en place dans les cellules des nodosités, caractérisée par un accroissement spectaculaire de leur taille qui s'accompagne de nombreux cycles d'endoréplication. L'endoréplication correspond à un état particulier du cycle cellulaire au cours duquel les phases S s'enchaînent sans qu'il n'y ait de phase de mitose entre chacune, induisant une augmentation du contenu cellulaire en ADN. Cela mène à la formation de cellules symbiotiques géantes (> 50 μm de diamètre et jusqu'à 80 fois leur taille initiale) portant jusqu'à 64C (1C correspond à un génome haploïde). La polyploïdie des cellules symbiotiques est essentielle à leur fonctionnement, puisque l'extinction de CCS52A, un régulateur de l'endoréplication, mène à la formation de nodosités non fonctionnelles (Vinardell *et al.*, 2003).

Dans la nodosité mature, les cellules végétales endorépliquées infectées par les rhizobia constituent la majorité de l'organe et représentent le cœur de l'interaction symbiotique. Wildermuth (2010) avait remarqué, en comparant de nombreuses interactions biotrophes impliquant des plantes, que la polyploïdie des cellules hôtes était une caractéristique commune des symbioses avec les rhizobia et les champignons endomycorhiziens, mais aussi des interactions avec les champignons pathogènes et les nématodes parasites. Ainsi, la polyploïdisation des cellules hôtes semble être une adaptation favorable à l'échange de nutriments entre plantes hôtes et microorganismes.

La façon dont la différenciation cellulaire médiée par l'endoréplication est régulée reste mal comprise. Toutefois, la signalisation de la voie NF semble être impliquée dans ce processus. En effet, les mutants de *Medicago truncatula* dans le gène *IPD3* (*CYCLOPS*) forment différents types de nodosités, dont certaines de grande taille, traversées par un dense réseau de cordons d'infection. Toutefois, les cellules symbiotiques ne se différencient pas, il n'y a pas d'endoréplication, et cela est associé à un défaut de relargage intracellulaire des bactéries. Cela suggère qu'IPD3 est requis pour l'activation de l'endoréplication et que cette étape est nécessaire au relargage des bactéries depuis les cordons d'infection ou *vice versa* (Maunoury *et al.*, 2010; Ovchinnikova *et al.*, 2011).

Au cours de la formation des nodosités, les rhizobia vont être relargués de façon intracellulaire depuis les cordons d'infection par un processus endocytotique pour former des symbiosomes au sein desquels les bactéries se différencient en leur forme fixatrice d'azote appelée bactéroïde. Au-delà d'IPD3, ces mécanismes font intervenir des composants de la voie de signalisation NF comme CCaMK, les récepteurs des NF et SYMRK (Capoen *et al.*, 2005; Limpens *et al.*, 2005; Godroy *et al.*, 2006; Capoen *et al.*, 2009; Moling *et al.*, 2014). Deux flotillines et une rémorine, des protéines membranaires associées aux radeaux lipidiques (microdomaines de la membrane plasmique constituant des zones privilégiées pour l'activité de certaines protéines qui y sont intégrées), sont requises respectivement pour la croissance des cordons d'infection et la formation des symbiosomes (Lefebvre *et al.*, 2010; Haney et Long, 2010).

Différenciation des bactéroïdes au sein des symbiosomes

Suite à leur relargage au sein des symbiosomes, les bactéries vont également subir une différenciation cellulaire dont les caractéristiques rappellent celle des cellules végétales (pour une revue, voir Alunni et Gourion, 2016). Ainsi, chez *Medicago*, les rhizobia vont s'allonger pour atteindre jusqu'à 10 fois leur taille initiale. En parallèle, leur génome va s'endorépliquer pour atteindre des niveaux de ploïdie allant jusqu'à 24C (Mergaert *et al.*, 2006). Cette différenciation cellulaire dite terminale (car les bactéries ne peuvent plus revenir en arrière et reprendre leur multiplication) se met en place sous l'effet d'un intense trafic vésiculaire qui achemine des facteurs végétaux aux bactéries par l'intermédiaire de la voie de sécrétion, nécessitant l'action d'une signal-peptidase spécifique des nodosités (Van de Velde *et al.*, 2010; Wang *et al.*, 2010). Suite à leur maturation par la signal-peptidase, les protéines sécrétées vont poursuivre leur export vers les symbiosomes *via* le trafic vésiculaire, qui fait intervenir des protéines SNARE (enzymes catalysant les réactions de fusion membranaire au cours du transport vésiculaire) lors des événements de fusion des vésicules aux membranes cibles (Ivanov *et al.*, 2012; Pan *et al.*, 2016). Ce trafic vésiculaire et la mise en place des symbiosomes mettent en jeu un réseau dense de filaments d'actine autour des organites (Gavrin *et al.*, 2015). En parallèle, la mise en place et le maintien des symbiosomes dans les cellules symbiotiques nécessitent la répression des régulateurs du trafic vésiculaire à destination de la vacuole (Gavrin *et al.*, 2014). Par contre, lorsque les nodosités entrent en sénescence, les symbiosomes acquièrent des SNARES vacuolaires et par conséquent une identité vacuolaire préliminaire à leur lyse (Limpens *et al.*, 2009).

Parmi les facteurs végétaux induisant la différenciation des bactéroïdes, une famille de peptides antimicrobiens appelés NCR (pour *Nodule-specific Cysteine-Rich*) a été identifiée (Van de Velde *et al.*, 2010). Ces peptides sont adressés aux bactéroïdes et sont des acteurs majeurs de la différenciation terminale des bactéroïdes. Chez *M. truncatula*, la famille NCR compte plusieurs centaines de gènes exclusivement exprimés dans les nodosités selon plusieurs vagues successives (Maunoury *et al.*, 2010; Guefrachi *et al.*, 2014). Les NCR ont une activité antimicrobienne *in vitro* et permettent, à des doses sublétales, d'induire une différenciation partielle des bactéries en culture (Van de Velde *et al.*, 2010). Le mode d'action des NCR reste encore assez mystérieux, leurs cibles d'action semblant être localisées autant au niveau de l'enveloppe bactérienne qu'au niveau intracellulaire. Par exemple, il a été montré que le peptide NCR247 pouvait interagir avec de nombreuses protéines bactériennes, dont certains acteurs de la division cellulaire induisant le passage vers l'endoréplication (Farkas *et al.*, 2014; Penterman *et al.*, 2014). D'autres résultats récents viennent compliquer la vision que nous pouvons avoir du rôle des NCR dans la différenciation cellulaire des bactéroïdes. En effet, deux mutants de *Medicago* dans des gènes NCR (*NCR169* et *NCR211*) présentent un défaut symbiotique, l'un bloquant avant la différenciation bactérienne, l'autre après (Horvath *et al.*, 2015; Kim *et al.*, 2015).

Toutefois, la différenciation terminale des bactéroïdes n'est pas la règle générale. On trouve de nombreuses légumineuses chez lesquelles ce processus n'est pas mis en place. L'analyse d'un large échantillon de légumineuses a montré que l'état ancestral des bactéroïdes est l'état indifférencié, et que la différentiation terminale est apparue plusieurs fois indépendamment au cours de l'évolution des légumineuses (Oono *et al.*, 2010 ; Czernic *et al.*, 2015). On peut donc s'interroger sur l'intérêt pour la plante d'investir autant d'énergie dans la production de centaines de NCR. Une première piste a été avancée en comparant l'efficacité symbiotique de bactéroïdes différenciés et non différenciés, montrant que la différenciation terminale induit un gain d'efficacité symbiotique (Oono et Denison, 2010). Ainsi, les légumineuses imposant une différenciation terminale aux bactéries obtiendraient un meilleur retour sur investissement. Il est donc possible à moyen terme de généraliser cette différenciation terminale à d'autres légumineuses d'intérêt agronomique ne mettant pas en place ce processus comme le soja, afin d'en améliorer les performances symbiotiques et donc possiblement les performances agronomiques. À plus long terme, le transfert de la capacité de nodulation à des plantes cultivées pourrait également bénéficier de ce type d'optimisation.

Répression de l'immunité au sein des nodosités

Comme énoncé précédemment, les cellules symbiotiques sont intégralement remplies de symbiosomes, ce qui peut sembler paradoxal, puisque les plantes sont dotées d'un système immunitaire qui lutte activement contre les attaques microbiennes. Ainsi, les plantes peuvent détecter la présence de microorganismes et déclencher des réponses de défense impliquant la synthèse de composés antimicrobiens et d'espèces réactives de l'oxygène, ainsi qu'un renforcement pariétal. On peut donc supposer que les nodosités constituent des organes particuliers vis-à-vis de leur statut immunitaire, et que les légumineuses ont mis en place une stratégie d'évitement de ces défenses dans les cellules symbiotiques (Gourion *et al.*, 2015). La découverte récente de plusieurs mutants végétaux présentant des réactions de défense dans le cadre d'une symbiose non fonctionnelle renforce cette idée. Les gènes impliqués dans le contrôle de l'immunité des nodosités comprennent le facteur de transcription RSD (Sinharoy *et al.*, 2013), le récepteur de type RLK SymCRK (Berrabah *et al.*, 2014), la phospholipase DNF2 (Bourcy *et al.*, 2013) et le peptide à domaine transmembranaire NAD1 (Wang *et al.*, 2016). Le réseau de gènes impliqués et la manière dont le contrôle de l'immunité s'effectue dans les nodosités sont encore mal connus, mais cela laisse d'ores et déjà entrevoir que l'ingénierie génétique de la fixation d'azote chez des plantes cultivées risque de se heurter à des problèmes d'ordre immunitaire liés à l'hébergement intracellulaire de grandes populations bactériennes.

L'intégration métabolique des endosymbiontes dans les cellules symbiotiques des nodosités

Finalement, quand bien même les verrous technologiques relatifs au transfert des capacités de nodulation à des plantes cultivées auraient pu être levés, les symbiosomes contenus au sein de nodosités devront être métaboliquement intégrés au sein de leur hôte (Udvardi et Poole, 2013). Cette tâche semble également très complexe, notamment au vu des profonds changements transcriptomiques observés dans les cellules symbiotiques, dont une bonne part sert à créer un environnement favorable aux échanges métaboliques entre partenaires (Maunoury *et al.*, 2010). L'une des conditions clé pour cette intégration métabolique est la mise en place d'un environnement microaérobie, requis pour la fixation d'azote dans les bactéroïdes. Cela est essentiellement effectué par la production massive d'une hémoprotéine végétale captant l'oxygène : la leghémoglobine. Une autre étape importante dans cette adaptation métabolique concerne l'apport massif de carbone comme source d'énergie aux bactéroïdes, qui consomment notamment des dicarboxylates comme le malate. Ainsi, les systèmes permettant l'import de saccharose dans la nodosité et sa conversion en malate sont fortement activés dans l'organe symbiotique. Enfin, de manière similaire aux deux premières stratégies décrites, l'assimilation de l'ammonium produit par les bactéroïdes par la voie GS/GOGAT sera un point critique pour l'adaptation de l'hôte à cette ingénierie métabolique.

▸▸ Conclusion

Parmi les trois stratégies actuellement explorées pour étendre la fixation biologique de l'azote au-delà des légumineuses, celle reposant sur la manipulation des endophytes semble être la plus à même de produire des résultats à court terme. En effet, certaines souches sont déjà disponibles pour des essais sur des plantes de grande culture. De plus, les technologies actuelles de séquençage à haut débit permettent une exploration rapide et quasiment exhaustive de la biodiversité, ce qui laisse penser que de nombreuses nouvelles souches d'endophytes d'intérêt pourront être identifiées sous peu. Toutefois, on peut douter de l'impact réel de cette approche sur la nutrition azotée des plantes et de son adaptabilité à toutes les cultures. Les deux autres voies visant à implémenter la fixation biologique de l'azote chez des plantes de grande culture semblent plus prometteuses, au moins de manière théorique. Plusieurs laboratoires à l'échelle internationale sont engagés dans cet effort de recherche. Compte tenu de la complexité de ces projets d'ingénierie génétique, on peut s'attendre à ce que ces stratégies ne portent leurs fruits qu'à long terme, peut-être dans une vingtaine d'années, voire plus. De plus, de nombreuses questions relatives aux mécanismes contrôlant l'interaction légumineuses-rhizobium restent ouvertes, nécessitant davantage d'efforts de recherche pour pouvoir envisager un transfert des capacités de nodulation vers des plantes de grande culture. Néanmoins, la signalisation NF semble être impliquée dans le contrôle de nombreuses étapes du processus symbiotique. Elle intervient au niveau de la reconnaissance des partenaires, au niveau de l'organogenèse avec l'activation de l'endoréplication, au niveau de l'infection avec la croissance des cordons d'infection et le relargage intracellulaire des rhizobia. On peut donc légitimement penser que la reconstitution d'une voie de signalisation NF fonctionnelle sera une première étape cruciale vers l'obtention de plantes produisant des nodosités et fixant l'azote. Quelles que soient les difficultés techniques à surmonter pour chacune des stratégies évoquées, la nécessité de nourrir une population humaine toujours grandissante est si impérieuse qu'il ne faudra sans doute pas limiter les efforts de recherche à la question de l'azote.

Finalement, les solutions envisagées reposent quasi toutes sur l'utilisation d'organismes génétiquement modifiés (OGM), végétaux et/ou bactériens, tandis que, à l'heure actuelle, l'opinion publique reste largement opposée à toute forme d'application d'OGM au champ. Un dernier verrou pour étendre la fixation biologique de l'azote vers les grandes cultures sera donc d'obtenir l'acceptation de ces nouvelles cultures par le grand public.

Références bibliographiques

Alunni B., Gourion B., 2016. Terminal bacteroid differentiation in the legume-rhizobium symbiosis: Nodule-specific cysteine-rich peptides peptides and beyond. *New Phytologist*, 211 (2), 411-417.

Antolín-Llovera M., Ried M.K., Parniske M., 2014. Cleavage of the SYMBIOSIS RECEPTOR-LIKE KINASE ectodomain promotes complex formation with Nod Factor Receptor 5. *Current Biology*, 24 (4), 422-427.

Berrabah F., Bourcy M., Eschstruth A., Cayrel A., Guefrachi I., Mergaert P., Wen J., Jean V., Mysore K.S., Gourion B., Ratet P., 2014. A non-RD receptor-like kinase prevents nodule early senescence and defense-like reactions during symbiosis. *New Phytologist*, 203 (4), 1305-1314.

Bourcy M., Brocard L., Pislariu C.I., Cosson V., Mergaert P., Tadege M., Mysore K.S., Udvardi M.K., Gourion B., Ratet P., 2013. *Medicago truncatula* DNF2 is a PI-PLC-XD-containing protein required for bacteroid persistence and prevention of nodule senescence and defense-like reactions. *New Phytologist*, 197 (4), 1250-1261.

Burrill T.J., Hansen R., 1917. Is symbiosis possible between legume bacteria & non-legume plants? *University of Illinois Agricultural Experimental Station Bulletin*, 202, 113.

Capoen W., Goormachtig S., De Rycke R., Schroeyers K., Holsters M., 2005. SrSymRK, a plant receptor essential for symbiosome formation. *Proceedings of the National Academy of Sciences of the United States of America*, 102 (29), 10369-10374.

Capoen W., Den Herder J., Sun J., Verplancke C., De Keyser A., De Rycke R., Goormachtig S., Oldroyd G., Holsters M., 2009. Calcium spiking patterns and the role of the calcium/calmodulin-dependent kinase CCaMK in lateral root base nodulation of *Sesbania rostrata*. *The Plant Cell*, 21 (5), 1526-1540.

Charpentier M., Sun J., Martins T.V., Radhakrishnan G.V., Findlay K., Soumpourcu E., Thouin J., Véry A.A., Sanders D., Morris R.J., Oldroyd G.E., 2016. Nuclear-localized cyclic nucleotide-gated channels mediate symbiotic calcium oscillations. *Science*, 352 (6289), 1102-1105.

Curatti L., Rubio L.M., 2014. Challenges to develop nitrogen-fixing cereals by direct *nif*-gene transfer. *Plant Science*, 225, 130-137.

Czernic P., Gully D., Cartieaux F., Moulin L., Guefrachi I., Patrel D., Pierre O., Fardoux J., Chaintreuil C., Nguyen P., Gressent F., Da Silva C., Poulain J., Wincker P., Rofidal V., Hem S., Arrighi J.-F., Mergaert P., Giraud E., 2015. Convergent evolution of endosymbiont differentiation in Dalbergoid and IRLC legumes mediated by nodule-specific cysteine-rich peptides. *Plant Physiology*, 169 (2), 1254-1265.

Demoule J.P., 2010. *La révolution néolithique dans le monde*. Paris, CNRS éditions.

Doonan J.H., Sablowski R., 2010. Walls around tumours: Why plants do not develop cancer. *Nature Reviews Cancer*, 10 (11), 794-802.

Farkas A., Maróti G., Dürgő H., Györgypál Z., Lima R.M., Medzihradszky K.F., Kereszt A., Mergaert P., Kondorosi É., 2014. The *Medicago truncatula* symbiotic peptide NCR247 contributes to bacteroid differentiation through multiple mechanisms. *Proceedings of the National Academy of Sciences of the United States of America*, 111 (14), 5183-5188.

Fournier J., Teillet A., Chabaud M., Ivanov S., Genre A., Limpens E., de Carvalho-Niebel F., Barker D.G., 2015. Remodeling of the infection chamber before infection thread formation reveals a two-step mechanism for rhizobial entry into the host legume root hair. *Plant Physiology*, 167 (4), 1233-1242.

Fox A.R., Soto G., Valverde C., Russo D., Lagares A. Jr., Zorreguieta Á., Alleva K., Pascuan C., Frare R., Mercado-Blanco J., Dixon R., Ayub N.D., 2016. Major cereal crops benefit from biological nitrogen fixation when inoculated with the nitrogen-fixing bacterium *Pseudomonas protegens* Pf-5 X940. *Environmental Microbiology*, 18 (10), 3522-3534.

Gavrin A., Kaiser B.N., Geiger D., Tyerman S.D., Wen Z., Bisseling T., Fedorova E.E., 2014. Adjustment of host cells for accommodation of symbiotic bacteria: Vacuole defunctionalization, HOPS suppression, and TIP1g retargeting in *Medicago*. *The Plant Cell*, 26 (9), 3809-3822.

Gavrin A., Jansen V., Ivanov S., Bisseling T., Fedorova E., 2015. ARP2/3-mediated actin nucleation associated with symbiosome membrane is essential for the development of symbiosomes in infected cells of *Medicago truncatula* root nodules. *Molecular Plant-Microbe Interactions*, 28 (5), 605-614.

Geddes B.A., Ryu M.H., Mus F., Garcia Costas A., Peters J.W., Voigt C.A., Poole P., 2015. Use of plant colonizing bacteria as chassis for transfer of N$_2$-fixation to cereals. *Current Opinion in Biotechnology*, 32, 216-222.

Godfroy O., Debellé F., Timmers T., Rosenberg C., 2006. A rice calcium- and calmodulin-dependent protein kinase restores nodulation to a legume mutant. *Molecular Plant-Microbe Interactions*, 19 (5), 495-501.

Gourion B., Berrabah F., Ratet P., Stacey G., 2015. Rhizobium-legume symbioses: the crucial role of plant immunity. *Trends in Plant Science*, 20 (3), 186-194.

Guefrachi I., Nagymihaly M., Pislariu C.I., Van de Velde W., Ratet P., Mars M., Udvardi M.K., Kondorosi E., Mergaert P., Alunni B., 2014. Extreme specificity of *NCR* gene expression in *Medicago truncatula*. *BMC Genomics*, 15, 712.

Haney C.H., Long S.R., 2010. Plant flotillins are required for infection by nitrogen-fixing bacteria. *Proceedings of the National Academy of Sciences of the United States of America*, 107 (1), 478-483.

Horvath B., Domonkos A., Kereszt A., Szucs A., Abraham E., Ayaydin F., Boka K., Chen Y., Chen R., Murray J.D., Udvardi M.K., Kondorosi É., Kaló P., 2015. Loss of the nodule-specific cysteine rich peptide, NCR169, abolishes symbiotic nitrogen fixation in the *Medicago truncatula dnf7* mutant. *Proceedings of the National Academy of Sciences of the United States of America*, 112 (49), 15232-15237.

Ivanov S., Fedorova E.E., Limpens E., De Mita S., Genre A., Bonfante P., Bisseling T., 2012. *Rhizobium*–legume symbiosis shares an exocytotic pathway required for arbuscule formation. *Proceedings of the National Academy of Sciences of the United States of America*, 109 (21), 8316-8321.

Kevei Z., Lougnon G., Mergaert P., Horváth G.V., Kereszt A., Jayaraman D., Zaman N., Marcel F., Regulski K., Kiss G.B., Kondorosi A., Endre G., Kondorosi E., Ané J.M., 2007. 3-hydroxy-3-methylglutaryl coenzyme a reductase 1 interacts with NORK and is crucial for nodulation in *Medicago truncatula*. *The Plant Cell*, 19 (12), 3974-3989.

Kim M., Chen Y., Xi J., Waters C., Chen R., Wang D., 2015. An antimicrobial peptide essential for bacterial survival in the nitrogen-fixing symbiosis. *Proceedings of the National Academy of Sciences of the United States of America*, 112 (49), 15238-15243.

Landon A.J., 2008. The "how" of the the tree sisters: The origins of agriculture in mesoamerica and the human niche. *Nebraska Anthropologist*, 40, 110-124.

Lefebvre B., Timmers T., Mbengue M., Moreau S., Hervé C., Tóth K., Bittencourt-Silvestre J., Klaus D., Deslandes L., Godiard L., Murray J.D., Udvardi M.K., Raffaele S., Mongrand S., Cullimore J., Gamas P., Niebel A., Ott T., 2010. A remorin protein interacts with symbiotic receptors and regulates bacterial infection. *Proceedings of the National Academy of Sciences of the United States of America*, 107 (5), 2343-2348.

Limpens E., Mirabella R., Fedorova E., Franken C., Franssen H., Bisseling T., Geurts R., 2005. Formation of organelle-like N2-fixing symbiosomes in legume root nodules is controlled by DMI2. *Proceedings of the National Academy of Sciences of the United States of America*, 102 (29), 10375-10380.

Limpens E., Ivanov S., van Esse W., Voets G., Fedorova E., Bisseling T., 2009. Medicago N2-fixing symbiosomes acquire the endocytic identity marker Rab7 but delay the acquisition of vacuolar identity. *The Plant Cell*, 21 (9), 2811-2828.

Markmann K., Parniske M., 2009. Evolution of root endosymbiosis with bacteria: How novel are nodules? *Trends in Plant Science*, 14 (2), 77-86.

Maunoury N., Redondo-Nieto M., Bourcy M., Van de Velde W., Alunni B., Laporte P., Durand P., Agier N., Marisa L., Vaubert D., Delacroix H., Duc G., Ratet P., Aggerbeck L., Kondorosi E., Mergaert P., 2010. Differentiation of symbiotic cells and endosymbionts in *Medicago truncatula* nodulation are coupled to two transcriptome-switches. *PLoS One*, 5 (3), e9519.

Mergaert P., Uchiumi T., Alunni B., Evanno G., Cheron A., Catrice O., Mausset A.-E., Barloy-Hubler F., Galibert F., Kondorosi A., Kondorosi E., 2006. Eukaryotic control on bacterial cell cycle and differentiation in *Rhizobium*-legume symbiosis. *Proceedings of the National Academy of Sciences of the United States of America*, 103 (13), 5230-5235.

Moling S., Pietraszewska-Bogiel A., Postma M., Fedorova E., Hink M.A., Limpens E., Gadella T.W., Bisseling T., 2014. Nod factor receptors form heteromeric complexes and are essential for intracellular infection in *Medicago* nodules. *The Plant Cell*, 26 (10), 4188-4199.

Oger P., Petit A., Dessaux Y., 2007. Genetically engineered plants producing opines alter their biological environment. *Nature Biotechnology*, 15 (4), 369-372.

Oldroyd G.E., 2013. Speak, friend, and enter: Signalling systems that promote beneficial symbiotic associations in plants. *Nature Reviews Microbiology*, 11 (4), 252-263.

Oldroyd G.E.D., Murray J.D., Poole P.S., Downie J.A., 2011. The rules of engagement in the legume-rhizobial symbiosis. *Annual Review of Genetics*, 45, 119-144.

Oono R., Denison R.F., 2010. Comparing symbiotic efficiency between swollen versus nonswollen rhizobial bacteroids. *Plant Physiology*, 154 (3), 1541-1548.

Oono R., Schmitt I., Sprent J.I., Denison R.F., 2010. Multiple evolutionary origins of legume traits leading to extreme rhizobial differentiation. *New Phytologist*, 187 (2), 508-520.

Ovchinnikova E., Journet E.P., Chabaud M., Cosson V., Ratet P., Duc G., Fedorova E., Liu W., Op den Camp R., Zhukov V., Tikhonovich I., Borisov A., Bisseling T., Limpens E., 2011. IPD3 controls the formation of nitrogen-fixing symbiosomes in pea and *Medicago* Spp. *Molecular Plant-Microbe Interactions*, 24 (11), 1333-1344.

Pan H., Oztas O., Zhang X., Wu X., Stonoha C., Wang E., Wang B., Wang D., 2016. A symbiotic SNARE protein generated by alternative termination of transcription. *Nature Plants*, 2, 15197.

Penterman J., Abo R.P., De Nisco N.J., Arnold M.F.F., Longhi R., Zanda M., Walker G.C., 2014. Host plant peptides elicit a transcriptional response to control the *Sinorhizobium meliloti* cell cycle during symbiosis. *Proceedings of the National Academy of Sciences of the United States of America*, 111 (9), 3561-3566.

Rogers C., Oldroyd G.E., 2014. Synthetic biology approaches to engineering the nitrogen symbiosis in cereals. *Journal of Experimental Botany*, 65 (8), 1939-1946.

Rubio L.M., Ludden P.W., 2008. Biosynthesis of the iron-molybdenium cofactor of nitrogenase. *Annual Review of Microbiology*, 62, 93-111.

Santi C., Bogusz D., Franche C., 2013. Biological nitrogen fixation in non-legume plants. *Annals of Botany*, 111 (5), 743-767.

Savka M.A., Farrand S.K., 1997. Modification of rhizobacterial populations by engineering bacterium utilization of a novel plant-produced resource. *Nature Biotechnology*, 15 (4), 363-368.

Singh S., Katzer K., Lambert J., Cerri M., Parniske M., 2014. CYCLOPS, a DNA-binding transcriptional activator, orchestrates symbiotic root nodule development. *Cell Host & Microbe*, 15 (2), 139-152.

Sinharoy S., Torres-Jerez I., Bandyopadhyay K., Kereszt A., Pislariu C.I., Nakashima J., Benedito V.A., Kondorosi E., Udvardi M.K., 2013. The C_2H_2 transcription factor REGULATOR OF SYMBIOSOME DIFFERENTIATION represses transcription of the secretory pathway gene *VAMP721a* and promotes symbiosome development in *Medicago truncatula*. *The Plant Cell*, 25 (9), 3584-3601.

Smil V., 2001. *Enriching the Earth. Fritz Haber, Carl Bosch, and the Transformation of World Food Production*. Cambridge (Mass.), The MIT Press.

Sprent J.I., 2007. Evolving ideas of legume evolution and diversity: A taxonomic perspective on the occurrence of nodulation. *New Phytologist*, 174 (1), 11-25.

Temme K., Zhao D., Voight C.A., 2012. Refactoring the nitrogen fixation gene cluster from *Klebsiella oxytoca*. *Proceedings of the National Academy of Sciences of the United States of America*, 109 (18), 7085-7090.

Udvardi M., Poole P.S., 2013. Transport and metabolism in legume-rhizobia symbioses. *Annual Review of Plant Biology*, 64, 781-805.

Van de Velde W., Zehirov G., Szatmari A., Debreczeny M., Ishihara H., Kevei Z., Farkas A., Mikulass K., Nagy A., Tiricz H., Satiat-Jeunemaître B., Alunni B., Bourge M., Kucho K., Abe M., Kereszt A., Maorti G., Uchiumi T., Kondorosi E., Mergaert P., 2010. Nodule specific peptides govern terminal differentiation of bacteria in symbiosis. *Science*, 327 (5969), 1122-1126.

Venkateshwaran M., Jayaraman D., Chabaud M., Genre A., Balloon A.J., Maeda J., Forshey K., den Os D., Kwiecien N.W., Coon J.J., Barker D.G., Ané J.M., 2015. A role for the mevalonate pathway in early plant symbiotic signaling. *Proceedings of the National Academy of Sciences of the United States of America*, 112 (31), 9781-9786.

Vinardell J.M., Fedorova E., Cebolla A., Kevei Z., Horvath G., Kelemen Z., Tarayre S., Roudier F., Mergaert P., Kondorosi A., Kondorosi E., 2003. Endoreduplication mediated by the anaphase-promoting complex activator CCS52A is required for symbiotic cell differentiation in *Medicago truncatula* nodules. *The Plant Cell*, 15 (9), 2093-2105.

Wang C., Yu H., Luo L., Duan L., Cai L., He X., Wen J., Mysore K.S., Li G., Xiao A., Duanmu D., Cao Y., Hong Z., Zhang Z., 2016. NODULES WITH ACTIVATED DEFENSE 1 is required for maintenance of rhizobial endosymbiosis in *Medicago truncatula*. *New Phytologist*, 212 (1), 176-191.

Wang D., Griffitts J., Starker C., Fedorova E., Limpens E., Ivanov S., Bisseling T., Long S., 2010. A nodule-specific protein secretory pathway required for nitrogen-fixing symbiosis. *Science*, 327 (5969), 1126-1129.

Wang L., Zhang L., Liu Z., Zhao D., Liu X., Zhang B., Xie J., Hong Y., Li P., Chen S., Dixon R., Li J., 2013. A minimal nitrogen fixation gene cluster from *Paenibacillus* sp. WLY78 enables expression of active nitrogenase in *Escherichia coli*. *PLoS Genetics*, 9 (10), e1003865.

Wildermuth M.C., 2010. Modulation of host nuclear ploidy: A common plant biotroph mechanism. *Current Opinion in Plant Biology*, 13 (4), 449-458.

Wintermans P.C.A., Bakker P.A.H.M., Pieterse C.M.J., 2016. Natural genetic variation in *Arabidopsis* for responsiveness to plant growth-promoting rhizobacteria. *Plant Molecular Biology*, 90 (6), 623-634.

Xie F., Murray J.D., Kim J., Heckmann A.B., Edwards A., Oldroyd G.E., Downie J.A., 2012. Legume pectate lyase required for root infection by rhizobia. *Proceedings of the National Academy of Sciences of the United States of America*, 109 (2), 633-638.

Yang J., Xie X., Wang X., Dixon R., Wang Y.P., 2014. Reconstruction and minimal gene requirements for the alternative iron-only nitrogenase in *Escherichia coli*. *Proceedings of the National Academy of Sciences of the United States of America*, 111 (35), E3718-E3725.

Chapitre 16

Communication entre les partenaires dans la symbiose mycorhizienne à arbuscules

Guillaume Bécard, Virginie Puech-Pagès

Les champignons mycorhiziens à arbuscules (MA) sont une composante vivante très abondante de tous les sols naturels. Ces champignons, très anciens, sont classés dans un groupe à part, les Gloméromycètes. Ils vivent en association symbiotique étroite avec les racines des plantes (figure 16.1) dans lesquelles ils pénètrent pour s'approvisionner en sucres issus de l'activité photosynthétique de leurs plantes hôtes (voir chapitre 12 de cet ouvrage). En échange, grâce à leur mycélium extraracinaire, ils fournissent à la plante de l'eau et des minéraux qu'ils prélèvent dans le sol, en particulier du phosphate et de l'azote. Cette symbiose contribue donc à améliorer la nutrition minérale et hydrique des plantes, mais aussi leur résistance à divers stress biotiques et abiotiques. Elle existe depuis 450 millions d'années et concerne aujourd'hui la plupart des plantes terrestres dans tous les écosystèmes (Smith et Read, 2008).

Issue d'une très longue co-évolution plante-champignon, la symbiose MA est une interaction très intime et extrêmement coordonnée. Dans les cellules du cortex racinaire, le champignon forme des extrémités cellulaires hyper ramifiées, appelées arbuscules (figure 16.1B). C'est là que s'effectue l'essentiel des échanges trophiques entre les deux partenaires. Du côté de la plante, une importante réorganisation cellulaire et moléculaire doit se mettre en place (Genre *et al.*, 2005; Parniske, 2008; Harrison, 2012; Gutjahr et Parniske, 2013; Bucher *et al.*, 2014). Ces processus très intégrés reposent sur une communication étroite et complexe entre les partenaires.

Certains éléments de cette communication ont été découverts ces dernières années, notamment les plus précoces d'entre eux, c'est-à-dire ceux qui interviennent dans le sol pour la reconnaissance mutuelle des deux partenaires, avant même leur contact physique. Ainsi, des molécules appelées strigolactones sont sécrétées par les racines

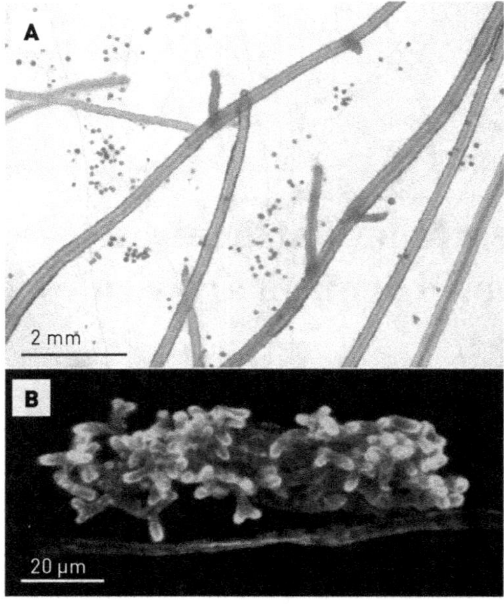

Figure 16.1. Racines de *Medicago truncatula* mycorhizées avec le champignon *Rhizophagus irregularis*.
A. Vue générale des racines, et du mycélium extraracinaire produit par le champignon.
B. Arbuscule marqué au WGA-FITC et observé au microscope confocal.
Photos **A** et **B** © Laboratoire de recherche en sciences végétales, Unité mixte de recherche Université de Toulouse/CNRS.

des plantes et sont spécifiquement reconnues par les champignons MA. Elles stimulent leur métabolisme et déclenchent une ramification plus intense de leurs hyphes (Akiyama *et al.*, 2005 ; Besserer *et al.*, 2006). De leur côté, les champignons MA produisent des molécules, appelées Myc-LCO (lipochito-oligosaccharides) et Myc-CO (chito-oligosaccharides), qui déclenchent les premières réponses symbiotiques de la plante hôte (Maillet *et al.*, 2011 ; Genre *et al.*, 2013). Une importante voie de signalisation est alors activée. Cette voie, appelée CSSP (*Common Symbiotic Signalling Pathway*), est essentielle pour l'établissement de la symbiose mycorhizienne, mais aussi pour la symbiose rhizobium-légumineuses (Parniske, 2008). Les objectifs de ce chapitre sont de décrire notre connaissance actuelle des rôles des strigolactones, des Myc-LCO et des Myc-CO dans la symbiose MA après un bref résumé de l'histoire de leur découverte.

▶▶ Les strigolactones : des molécules de signalisation aux multiples fonctions

Découverte

Les champignons MA sont périodiquement confrontés à des situations pendant lesquelles ils ne sont plus alimentés. Cela se produit à la fin de chaque saison de croissance, lorsque leurs plantes hôtes meurent ou hivernent. Au cours de cette période de privation, les spores et les vésicules sont les principales formes vivantes restantes (figure 16.1). Ces structures d'attente, riches en réserves lipidiques, sont produites au cours de la saison de croissance, respectivement par le mycélium extra- et intraradical. Elles servent à initier de nouveaux cycles symbiotiques lors de la saison suivante.

Cette étape particulière d'association symbiotique horizontale, à renouveler sans cesse, est un passage critique pour des biotrophes obligatoires. Les champignons MA ont développé une intéressante stratégie conservatoire visant à maximiser leur survie. La germination de leurs spores se fait en deux étapes : la première, qui ne nécessite pas la présence d'une plante hôte, produit une croissance d'hyphes très limitée. La deuxième se déclenche ensuite quand une racine de plante vivante croît à proximité (Bécard *et al.*, 2004). Lors de la première étape, si aucune plante n'est présente, le champignon finira par rétracter son cytoplasme dans ses spores ou produira des spores (plus petites) secondaires. Cette pseudo germination peut se répéter des dizaines de fois sans consommer beaucoup de carbone et d'énergie (Lumini *et al.*, 2007). Lors de la deuxième étape, c'est la germination véritable. L'allongement des hyphes et leur ramification sont alors beaucoup plus importants, le métabolisme catabolique du champignon est entièrement activé (Bécard *et al.*, 2004 ; Buecking *et al.*, 2008).

Cette réponse fongique à la présence d'un hôte végétal constitue un premier mécanisme par lequel les plantes contrôlent la croissance de leurs partenaires fongiques, et il a été activement étudié depuis des années (Smith et Read, 2008). Le mécanisme implique l'action conjuguée d'une concentration élevée de CO_2 et de certaines molécules présentes dans les exsudats des racines. En réponse à ces facteurs racinaires, la physiologie cellulaire globale du champignon est modifiée de façon significative. Ses activités respiratoires, cataboliques et membranaires augmentent soudainement, ainsi que son pH cytosolique (*ibid.*). De nouveaux gènes s'activent (Malbreil *et al.*, non publié). En conséquence, la croissance fongique est fortement stimulée. Le niveau de ramification des hyphes augmente à mesure que le champignon se rapproche des racines de la plante, ce qui augmente la probabilité de contact entre les deux partenaires (Bécard *et al.*, 2004).

Certains de ces effets ont tout d'abord été attribués à certains flavonoïdes exsudés par les racines (Steinkellner *et al.*, 2007). La stimulation de la croissance fongique par les flavonoïdes peut en effet être parfois spectaculaire. Mais, en tant que métabolites secondaires, ce ne sont pas nécessairement les mêmes flavonoïdes qui sont produits par toutes les espèces végétales et, comme ils ne sont pas actifs sur toutes les espèces de champignons MA (certains d'entre eux peuvent même être inhibiteurs), on ne peut les considérer comme des signaux racinaires mycorhiziens universels. La colonisation par les champignons MA (Bécard *et al.*, 1995) de plantes mutées de maïs, incapables de produire des flavonoïdes, confirme cela. Une hypothèse séduisante serait que les flavonoïdes jouent un rôle dans la mise en place de la préférence d'hôte, en favorisant certaines associations plantes-champignons MA (Ellouze *et al.*, 2012).

La ramification intense des hyphes produite par le champignon à proximité d'une racine a été utilisée pour développer un biotest très sensible (Nagahashi et Douds,

1999) et isoler le facteur de ramification produit par les racines (Buée *et al.*, 2000). Dans les fractions organiques des exsudats racinaires de lotier et de sorgho contenant le facteur de ramification, Akiyama *et al.* (2005) et Besserer *et al.* (2006) ont constaté la présence de strigolactones (SL). Ces molécules étaient déjà connues comme des stimulants très actifs de la germination des graines des plantes parasites orobanche et striga (Cook *et al.*, 1966 ; Xie et Yoneyama, 2010). L'utilisation de composés synthétiques purs a révélé que les SL étaient aussi actives sur les champignons MA que les facteurs de ramification initialement isolés par Buée *et al.* (2000). Suite à cette découverte, les SL ont également été identifiées comme une nouvelle classe d'hormones végétales, impliquées dans le contrôle de la ramification des tiges (Gomez-Roldan *et al.*, 2008 ; Umehara *et al.*, 2008 ; Delaux *et al.*, 2012) et dans plusieurs autres aspects du développement des plantes (Brewer *et al.*, 2013 ; Ruyter-Spira *et al.*, 2013 ; Bennett et Leyser, 2014 ; Waldie *et al.*, 2014). Cette triple bioactivité des SL comme stimulateurs rhizosphériques de la germination des plantes parasites, de la croissance pré-symbiotique des champignons MA, et comme phytohormones contrôlant le développement des plantes, est un cas unique. Pour cette raison, les SL ont fait l'objet d'études très nombreuses ces dernières années.

Structures et synthèse des strigolactones

Les SL sont des lactones tricycliques (cycles A, B, C) reliés à un méthylbuténolide (cycle D) *via* une liaison énol-éther. Diverses substitutions peuvent être trouvées sur les cycles A et B (figures 16.2.A et 16.2B). Dix-huit SL naturelles ont été identifiées dans les plantes jusqu'à présent et d'autres devraient être isolées et identifiées dans les années à venir (Yoneyama *et al.*, 2009 ; Tokunaga *et al.*, 2015). Les SL ont été divisées en deux familles : le type strigol (figure 16.2A) et le type orobanchol (figure 16.2B), sur la base de la stéréochimie de leur partie B, C, D (Zwanenburg et Mwakaboko, 2011 ; Xie *et al.*, 2013 ; Zwanenburg et Pospisil, 2013). Des études de structure-activité ont montré que, si les cycles C et D des SL sont essentiels pour leur activité biologique conduisant à la ramification des hyphes, la présence des cycles A et B est également importante pour une efficacité optimale (Besserer *et al.*, 2006 ; Akiyama *et al.*, 2010).

Les SL dérivent du métabolisme des caroténoïdes. Trois enzymes, une caroténoïde isomérase (DWARF27) et deux dioxygénases de clivage des caroténoïdes (CCD7 et CCD8), convertissent le bêta-carotène en carlactone (figure 16.2C), le précurseur des SL (Ruyter-Spira *et al.*, 2013 ; Seto et Yamaguchi, 2014 ; Waldie *et al.*, 2014). Ensuite, une enzyme spécifique du cytochrome P450 agit comme une carlactone oxydase pour synthétiser soit un type strigol, soit un type orobanchol (Zhang *et al.*, 2014). Fait intéressant, la biosynthèse des SL chez *Medicago truncatula* nécessite les facteurs de transcription NSP1 et NSP2 de la famille GRAS [GIBBERELLIN-ACID INSENSITIVE (GAI), REPRESSOR OF GA1 (RGA), et SCARECROW (SCR)] (Liu *et al.*, 2011). Or ces deux facteurs de transcription sont également impliqués dans la voie de signalisation activée par les champignons MA lors de la mycorhization et par les rhizobia lors de la nodulation.

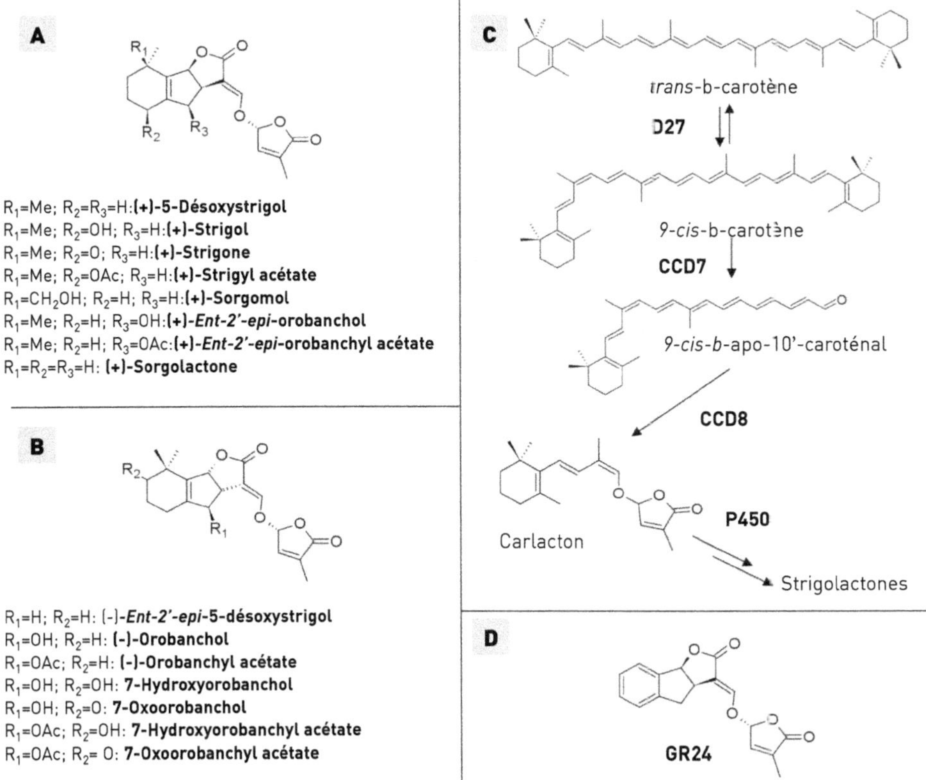

Figure 16.2. Structure chimique générale de la plupart des strigolactones.
A. Strigolactones de type strigol. **B.** Strigolactones de type orobanchol. **C.** Voie de biosynthèse simplifiée des strigolactones. **D.** Analogue de synthèse GR24.
Figures réalisées par Adeline Bascaules.

La stabilité des SL dans le sol est très faible. La liaison énol-éther qui relie les cycles C et D peut être facilement hydrolysée, en particulier dans les sols alcalins, ce qui conduit à la perte du cycle D et à l'inactivation de la molécule. Cette instabilité empêche les formes actives de persister trop longtemps dans le sol et conduit à ce que les plus fortes concentrations de molécules actives ne se trouvent qu'à proximité de racines vivantes.

Akiyama *et al.* (2010) ont établi que l'activité des différentes SL naturelles sur la ramification des hyphes du champignon MA *Gigaspora margarita* peut être très variable. Si on prend en compte le fait que les espèces végétales produisent des SL différentes et que les espèces de champignons MA peuvent ne pas répondre avec la même intensité à ces différentes SL, on peut prédire que les SL jouent un rôle dans le choix de l'hôte par le partenaire fongique.

Les activités biologiques des strigolactones sur la germination des champignons MA

Les SL sont synthétisées principalement dans les racines et dans les parties inférieures de la tige. De là, elles sont transportées vers les parties supérieures de la plante (Kohlen *et al.*, 2011). Elles sont également excrétées par les racines dans la rhizosphère, mais à des concentrations extrêmement faibles. Cela rend généralement difficile leur détection dans les exsudats racinaires car les analyses par spectrométrie de masse ont une limite de détection aux environ de 10^{-9} m. Or elles peuvent être perçues par les champignons MA à des concentrations bien plus basses, jusqu'à 10^{-13} m. Quelques minutes après cette détection, l'activité respiratoire et la synthèse d'ATP par le champignon augmentent de façon très sensible. Moins d'une heure plus tard, une forte biogenèse mitochondriale est déclenchée (Besserer *et al.*, 2008). Des approches pharmacologiques ont permis de proposer l'hypothèse selon laquelle l'augmentation de la concentration d'ATP proviendrait tout d'abord de la ß-oxydation des lipides et/ou de la dégradation du glycogène. Cette augmentation initiale de l'état énergétique du champignon permettrait alors d'activer la phosphorylation oxydative, puis la machinerie cellulaire du champignon, dont la biogenèse mitochondriale, la division nucléaire et, finalement, le cycle cellulaire conduisant à la ramification des hyphes (Besserer *et al.*, 2008, 2009).

Les champignons MA signalent leur présence avec des dérivés de la chitine

Découverte des lipo-chitooligosaccharides

Dans la symbiose fixatrice d'azote avec les légumineuses, les bactéries rhizobia perçoivent des signaux racinaires spécifiques tels que certains flavonoïdes. En réponse à ces signaux, la bactérie produit alors des lipo-chitooligosaccharides (LCO) appelés facteurs Nod (Lerouge *et al.*, 1990 ; Roche *et al.*, 1991). Les facteurs Nod sont essentiels à l'établissement de la symbiose. Ils activent l'expression de nombreux gènes nécessaires à l'entrée des bactéries dans la racine et au processus de différenciation des nodules dans lesquels les bactéries fixeront l'azote atmosphérique pour le transformer en ammoniac (D'Haeze et Holsters, 2002 ; Oldroyd *et al.*, 2011 ; voir chapitre 15 de cet ouvrage). De très nombreuses études génétiques et cellulaires ont décrit la voie de signalisation Nod qui conduit à cette reprogrammation génétique de la plante et qui est activée par les facteurs Nod (Downie, 2014 ; Suzaki et Kawaguchi, 2014). Plusieurs arguments biochimiques, physiologiques, génétiques et moléculaires ont progressivement conduit à l'hypothèse selon laquelle les champignons MA produisent également des molécules signal impliquées dans la mise en place de la symbiose MA, peut-être avec une structure chimique similaire à celle des facteurs Nod.

Tout d'abord, le squelette oligochitinique des facteurs Nod, dont la synthèse par des bactéries avait été une surprise, est en revanche un métabolite très fréquent chez les champignons en tant que principale composante de leur paroi cellulaire. Un autre résultat inattendu était que la mycorhization des plantes légumineuses (*Glycine max*, *Lablab purpureus*, *Medicago truncatula*) pouvait être stimulée par des traitements avec des facteurs Nod bactériens (Olah *et al.*, 2005 ; Xie *et al.*, 1995, 1998). Plus tard, il a été observé que plusieurs gènes initialement identifiés comme étant impliqués dans la nodulation avaient leur expression induite dans les racines en réponse à des exsudats de champignons MA et/ou lors de la mycorhization (van Rhijn *et al.*, 1997 ; Albrecht *et al.*, 1998 ; Journet *et al.*, 2001 ; Chabaud *et al.*, 2002 ; Kosuta *et al.*, 2003 ; Weidmann *et al.*, 2004). Ces mêmes exsudats fongiques, tout comme les facteurs Nod, avaient également été reconnus capables de stimuler la formation de racines latérales chez *M. truncatula* (Olah *et al.*, 2005). Mais le principal argument en faveur de l'existence des « facteurs Myc » était génétique. Certains mutants de plantes légumineuses, à savoir les mutants *dmi1*, *dmi2* et *dmi3* de la voie de signalisation Nod, ayant perdu la capacité à être nodulés, se sont montrés également très sévèrement affectés dans leur capacité à être mycorhizés (Sagan *et al.*, 1995 ; Catoira *et al.*, 2000). L'hypothèse selon laquelle le processus de mycorhization passe par l'activation d'une voie de signalisation mycorhizienne (Myc), dont certaines composantes moléculaires sont retrouvées dans la voie de signalisation Nod, a donc émergé à partir de toutes ces données expérimentales (Riely *et al.*, 2004 ; Oldroyd et Downie, 2006 ; Kosuta *et al.*, 2008 ; Parniske, 2008 ; Oldroyd *et al.*, 2009 ; Streng *et al.*, 2011). Elle a motivé la recherche des facteurs Myc responsables de l'activation de la voie de signalisation Myc, le présupposé étant qu'ils devaient avoir une structure chimique proche de celle des facteurs Nod, c'est-à-dire de type lipo-chitooligosaccharidique. Par conséquent, les essais biologiques utilisés pour détecter leur présence dans les exsudats de champignons MA ont été les mêmes que ceux qui avaient permis la découverte des facteurs Nod : le test de déformation des poils absorbants de racines de vesce et l'induction du gène *ENOD11* chez *M. truncatula*, deux biotests connus pour répondre aux LCO (Lerouge *et al.*, 1990 ; Journet *et al.*, 2001). À partir de 300 litres d'exsudats mycorhiziens issus de cultures de *Glomus intraradices* (maintenant appelés *Rhizophagus irregularis*), en association avec des racines de carotte transformées, et de 40 millions de spores produites dans les mêmes conditions, il a pu être montré qu'un champignon MA produisait des LCO (Maillet *et al.*, 2011).

Comme les LCO sont produits sous forme de traces, leur détection et leur caractérisation chimique ont posé beaucoup de difficultés et n'ont été possibles qu'à l'aide des techniques les plus avancées de la spectrométrie de masse. Globalement, les analyses ont montré la présence de LCO constitués de quatre à cinq N-acétyl-glucosamines, sulfatés ou non à l'extrémité réductrice de l'oligomère de chitine, et généralement acylés avec un acide palmitique ou un acide oléique à l'extrémité non réductrice de l'oligomère de chitine (figure 16.3). Cependant, nous ne pouvons pas exclure que d'autres structures plus complexes soient également produites par les champignons MA. De nouveaux spectromètres de masse avec des performances encore plus élevées, des protocoles pour stimuler la production de LCO par le champignon et l'étude d'un spectre plus large de champignons MA seront nécessaires pour obtenir une vue complète des LCO produits par les champignons MA.

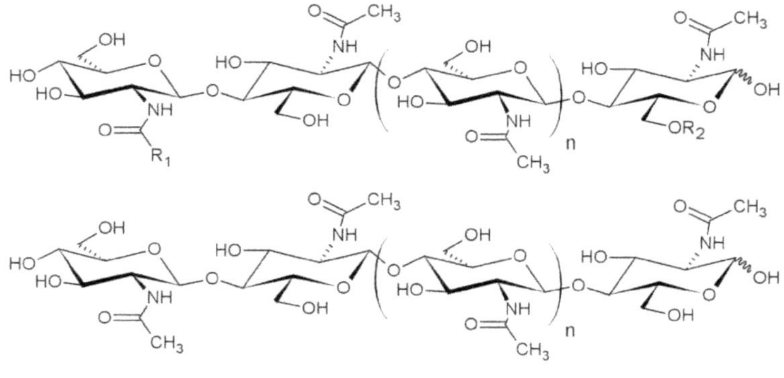

Figure 16.3. Structure des Myc-LCO et des Myc-CO.
R_1 = acide gras ; R_2 = H ou SO_3H ; n = 1 ou 2.

Les activités biologiques des Myc-LCO

Les champignons, parce que symbiotes obligatoires, sont incultivables en culture pure. De plus, ils développent un mycélium unicellulaire, multinucléé, ce qui les rend intransformables génétiquement. Ces caractéristiques rendent très difficiles la manipulation expérimentale des champignons MA et impossibles, pour le moment, des études fonctionnelles des LCO par génétique inverse. Par conséquent, l'importance réelle des LCO dans l'établissement de la symbiose AM, qui ne pourrait être prouvée qu'en utilisant des champignons MA déficients en LCO, n'est pas encore connue. Pour cette raison, depuis leur découverte, les LCO produits par les champignons MA ont été appelés Myc-LCO plutôt que facteurs Myc.

Nos connaissances sur l'importance des Myc-LCO reposent essentiellement sur des études physiologiques, génétiques et transcriptomiques de plantes traitées avec des LCO exogènes. À des concentrations de 10 nM, ces molécules peuvent stimuler la mycorhization des légumineuses (*M. truncatula*), mais aussi de plantes non-légumineuses comme *Tagetes patula* et *Daucus carota* (Maillet *et al.*, 2011). Les Myc-LCO peuvent aussi stimuler le développement racinaire de *M. truncatula* (Maillet *et al.*, 2011) et de céréales telles que le maïs, le riz et *Setaria* (Sun *et al.*, 2015 ; Tanaka *et al.*, 2015). Ces activités des Myc-LCO sur des légumineuses et des non-légumineuses sont compatibles avec la large gamme d'hôtes des champignons MA.

Des études génétiques et transcriptomiques ont montré que la réponse racinaire de *M. truncatula* aux Myc-LCO dépendait de la présence de NFP, DMI1, DMI2, DMI3, NSP2 et NSP1 (Parniske, 2008 ; Maillet *et al.*, 2011 ; Czaja *et al.*, 2012 ;

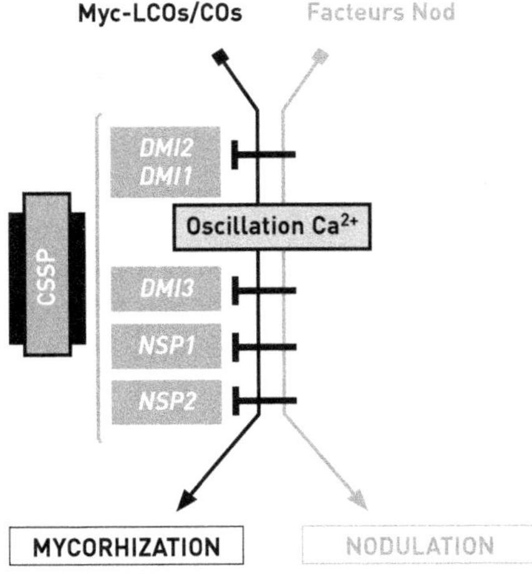

Figure 16.4. Modèle simplifié de la voie commune de signalisation symbiotique (CSSP) conduisant respectivement à la mycorhization et à la nodulation en réponse aux Myc-LCO/CO et aux facteurs Nod.

Delaux *et al.*, 2013 ; Camps *et al.*, 2015). Or toutes ces protéines font partie de la voie de signalisation Nod et, à part NFP, contrôlent également la symbiose MA. Toutes ces données ont conduit progressivement à une découverte majeure de la biologie des symbioses végétales : les processus symbiotiques Nod et Myc, qui semblaient en première analyse n'avoir rien en commun, partagent en fait une voie symbiotique commune de signalisation (CSSP, Common Symbiotic Signalisation Pathway, figure 16.4 ; Gough et Cullimore, 2011 ; Oldroyd, 2013 ; chapitre 15 de cet ouvrage).

Les champignons MA produisent également des oligomères de chitine à chaînes courtes

Suite à la découverte des Myc-LCO, il a été constaté que les champignons MA produisaient également de courtes chaînes de chitine non acylées (Myc-CO, figure 16.3 ; Genre *et al.*, 2013). Deux arguments appuient l'hypothèse que ces molécules ont un rôle symbiotique. Leur production est stimulée en présence d'un analogue de strigolactone (GR24, figure 16.2D) et, surtout, ces molécules induisent des oscillations de concentration calcique nucléaire dans les noyaux des cellules épidermiques de l'hôte, similaires à celles induites par les champignons MA (Kosuta *et al.*, 2008 ; Chabaud *et al.*, 2011 ; Genre *et al.*, 2013). Chez *M. truncatula*, cette réponse calcique provoquée par les Myc-CO est absente chez le mutant *dmi3* (Genre *et al.*, 2013) qui code une protéine clé de la CSSP.

▸▸ Émission de strigolactones et de Myc-LCO : monologues ou dialogue ?

Nous avons vu ci-dessus que la synthèse des Myc-CO qui, par définition, sont également des précurseurs de Myc-LCO, était stimulée lorsque le champignon MA était traité par le GR24, un analogue synthétique de SL (figure 16.2D). En effet, des spores en germination de *R. irregularis* et de *G. rosea* traitées avec 10^{-6} M de GR24 produisent, après sept jours de traitement, de trois à soixante-dix fois plus de Myc-CO que les spores témoins (Genre *et al.*, 2013). Ce fut la première indication indirecte que la synthèse de LCO pouvait être activée dans les champignons MA en réponse aux SL. À l'appui de cette hypothèse, les synthèses de Myc-CO les plus stimulées étaient celle du chitotétraose et du chitopentaose, les CO les plus actifs dans l'induction de la réponse calcique. Des preuves plus directes que les SL pourraient spécifiquement stimuler la synthèse de LCO fongiques ont été obtenues récemment avec *R. irregularis*. Sa production de LCO a augmenté de 50 fois après seulement une heure de traitement avec 10^{-6} M de GR24 (résultats non publiés). Si l'activation transcriptionnelle était responsable de cette réponse fongique rapide, cela permettrait peut-être d'identifier, en utilisant une approche transcriptomique, les gènes Myc candidats codant pour des enzymes de synthèse des Myc-LCO.

Plusieurs arguments suggèrent que les Myc-LCO pourraient à leur tour jouer un rôle dans la régulation de la synthèse des SL. Partant du fait qu'une forte réduction des niveaux de SL a été observée dans des racines de tomate fortement mycorhizées, comparativement à ceux mesurés dans des racines non mycorhizées (López-Ráez *et al.*, 2011), on peut supposer que cette réduction est provoquée par un signal fongique. À l'appui de cette hypothèse, le traitement des racines de *M. truncatula* avec des Myc-LCO à 10^{-8} M active l'expression d'un microARN, le miR171h (Lauressergues *et al.*, 2012). Une cible de miR171h est le gène *NSP2*. Ce facteur de transcription régule les gènes en aval de la CSSP impliqués dans la mycorhization (Maillet *et al.*, 2011) (figure 16.4). NSP2 régule également la biosynthèse des SL, peut-être en interaction avec la protéine DWARF27, une enzyme clé de la voie de biosynthèse des SL (Liu *et al.*, 2011). Au cours de la mycorhization, l'expression de miR171h est observée dans les régions apicales des racines, qui ne sont généralement pas colonisées par les champignons MA. C'est également dans cette région que l'expression de miR171h est observée dans des racines non mycorhizées, mais traitées avec des Myc-LCO. Fait intéressant, dans les plantes exprimant un ARN messager de *NSP2* résistant au clivage par miR171h, c'est-à-dire où la régulation négative de NSP2 par miR171h et donc celle de NSP2 par les Myc-LCO sont abolies, les racines sont davantage colonisées et la colonisation s'étend jusqu'aux apex racinaires. Au total, ces observations suggèrent que les Myc-LCO pourraient jouer un rôle inattendu dans la symbiose AM, en régulant négativement la colonisation fongique *via* une régulation négative de la synthèse des SL. Cette régulation empêcherait une colonisation excessive des racines par le champignon et ferait partie des mécanismes qui assurent l'homéostasie mutualiste de l'interaction.

Mais cette hypothèse est contestée par l'observation que le traitement des racines de *M. truncatula* par les Myc-LCO peut activer l'expression de *NSP1*, codant un autre facteur de transcription impliqué dans la symbiose MA (Delaux *et al.*, 2013). Cette activation transcriptionnelle de *NSP1* est également observée dans les racines mycorhizées de *M. truncatula*. Or NSP1, comme NSP2, est un facteur de régulation positif de *DWARF27* et donc de la biosynthèse des SL (Liu *et al.*, 2011). En outre, l'infection mycorhizienne est réduite chez les mutants *nsp1* et *nsp1nsp2* de *M. truncatula* (Liu *et al.*, 2011 ; Delaux *et al.*, 2013). Contrairement à la régulation négative, *via* NSP2, de l'infection mycorhizienne décrite ci-dessus, nous décrivons ici une régulation positive de la mycorhization par les Myc-LCO. La coexistence des deux régulations, négative et positive, semble illogique, à moins qu'elles ne se produisent à des moments différents et/ou dans différents tissus des racines.

Au total, ces données sont compatibles avec le fait que les SL et les Myc-LCO/CO font partie du dialogue moléculaire qui s'instaure entre les plantes et les champignons MA au cours des étapes pré-symbiotiques et, vraisemblablement aussi, au cours des étapes ultérieures de l'interaction mycorhizienne.

▶▶ Conclusions et perspectives

Cette revue apporte un certain nombre d'arguments génétiques, moléculaires et physiologiques en faveur de l'importance des SL et des Myc-LCO/CO comme signaux moléculaires dans la symbiose MA. Cependant, nos connaissances sur ces signaux sont extrêmement fragmentaires. Concernant les SL, leurs rôles dans la symbiose mycorhizienne sont encore loin d'être pleinement compris. Par exemple, comment sont-elles perçues par les champignons MA et quelles voies de signalisation activent-elles ? Quels rôles les SL pourraient-elles jouer, plus indirects, dans la symbiose MA, en tant qu'hormones végétales impliquées dans la biologie de la plante hôte ? Est-ce que les différentes structures chimiques des SL ont des rôles différents ?

Concernant les Myc-LCO, les questions sont encore plus ouvertes. En effet, nos connaissances actuelles suggèrent que les Myc-LCO induisent des réponses qui sont directement liées à la symbiose, tandis que d'autres réponses (stimulation de la mycorhization/inhibition de la colonisation des racines) apparaissent contradictoires, et d'autres encore affectent la biologie du développement des racines. Un défi pour l'avenir sera de mieux comprendre le(s) rôle(s) des différentes structures chimiques des Myc-LCO, au cours des différentes étapes de la symbiose MA.

Cette revue a également fait le choix délibéré de ne considérer que les SL et les Myc-LCO comme signaux moléculaires impliqués dans la symbiose AM. Des synthèses plus complètes couvrant d'autres aspects de la communication MA ont été publiées récemment (Bonfante et Genre, 2010 ; Harrison, 2012 ; Gutjahr et Parniske, 2013 ; Nadal et Paszkowski, 2013 ; Schmitz et Harrison, 2014 ; Bonfante et Genre, 2015). En effet, les champignons MA communiquent également avec leurs plantes hôtes *via* des protéines fongiques effectrices (Kloppholz *et al.*, 2011) et d'autres molécules non identifiées (Mukherjee et Ané, 2011 ; Bonfante et Genre, 2015), dont certaines sont proposées par des comparaisons de transcriptomes obtenus après stimulation avec des Myc-LCO ou avec des exsudats fongiques plus complexes (Malbreil *et al.*, résultats non publiés). En plus des flavonoïdes, les plantes produisent également d'autres composés phénoliques, des monomères de cutine, des acides gras hydroxylés, des acyl-carnitines susceptibles d'être perçus par les champignons MA (Douds *et al.*, 1996 ; Steinkellner *et al.*, 2007 ; Mandal *et al.*, 2010 ; Nagahashi et Douds, 2011 ; Wang *et al.*, 2012 ; Murray *et al.*, 2013 ; Laparre *et al.*, 2014 ; Bonfante et Genre, 2015). D'autres métabolites végétaux impliqués dans la symbiose MA ont été proposés à partir de comparaisons de métabolomes de racines mycorhizées et non mycorhizées (Schliemann *et al.*, 2008 ; Laparre *et al.*, 2014).

Étant donnée la très longue période de temps pendant laquelle les champignons MA et les plantes ont co-évolué ensemble, on pouvait s'attendre à ce que les mécanismes par lesquels ces partenaires symbiotiques se reconnaissent et communiquent entre eux soient complexes. Même si nous avons encore un long chemin à parcourir pour comprendre ces mécanismes complètement, les découvertes récentes des SL et des Myc-LCO/CO comme signaux symbiotiques ont été des apports décisifs.

Les connaissances acquises rapportées ici ont une portée plus grande qu'initialement prévue. Du côté de la plante hôte, elles ont conduit à la découverte que les SL n'étaient pas seulement des signaux excrétés dans le sol par les racines des plantes, mais représentaient une nouvelle classe d'hormones végétales qui fait aujourd'hui l'objet de recherches intenses et dont on commence tout juste à comprendre l'importance dans la biologie des plantes.

Du côté des symbioses végétales, elles ont conduit à la découverte que la voie de signalisation CSSP déclencheuse de la nodulation chez les légumineuses dérive en fait d'une voie plus ancienne impliquée dans la mycorhization. La symbiose entre les rhizobia et les légumineuses apparue il y a 65 millions d'années a donc évolué à partir de la symbiose mycorhizienne vieille, elle, de 450 millions d'années. Ce que cette découverte nous dit, c'est que les plantes aptes à être mycorhizées (la plupart des plantes terrestres), comme par exemple le blé, le riz ou le maïs, possèdent presque au complet la boîte à outils moléculaires nécessaire à la nodulation. Elles sont donc naturellement prédisposées à être nodulées ! Des travaux actuels menés par un consortium international comprenant plusieurs équipes françaises visent, grâce aux énormes progrès réalisés ces dernières années en biologie synthétique, à faire acquérir à des non-légumineuses (des céréales) la capacité à noduler (voir chapitre 15 de cet ouvrage). À terme, ces travaux pourraient conduire à réduire ou même à supprimer les besoins en engrais azoté pour certaines grandes cultures.

Références bibliographiques

Akiyama K., Matsuzaki K., Hayashi H., 2005. Plant sesquiterpenes induce hyphal branching in arbuscular mycorrhizal fungi. *Nature*, 435 (7043), 824-827.

Akiyama K., Ogasawara S., Ito S., Hayashi H., 2010. Structural requirements of strigolactones for hyphal branching in AM Fungi. *Plant and Cell Physiology*, 51 (7), 1104-1117.

Albrecht A., Geurts R., Lapeyrie F., Bisseling T., 1998. Endomycorrhizae and rhizobial Nod factors both require SYM8 to induce the expression of the early nodulin genes PsENOD5 and PsENOD12A. *The Plant Journal*, 15 (5), 605-614.

Bécard G., Kosuta S., Tamasloukht M., Séjalon-Delmas N., Roux C., 2004. Partner communication in the arbuscular mycorrhizal interaction. *Canadian Journal of Botany*, 82 (8), 1186-1197.

Bécard G., Taylor L.P., Douds D.D., Pfeffer P.E., Doner L.W., 1995. Flavonoids are not necessary plant signal compounds in arbuscular mycorrhizal symbioses. *Molecular Plant-Microbe Interactions*, 8 (2), 252-258.

Bennett T., Leyser O., 2014. Strigolactone signalling: Standing on the shoulders of DWARFs. *Current Opinion in Plant Biology*, 22, 7-13.

Besserer A., Puech-Pages V., Kiefer P., Gomez-Roldan V., Jauneau A., Roy S., Portais J.C., Roux C., Bécard G., Séjalon-Delmas N., 2006. Strigolactones stimulate arbuscular mycorrhizal fungi by activating mitochondria. *PLoS Biology*, 4 (7), e226.

Besserer A., Bécard G., Jauneau A., Roux C., Séjalon-Delmas N., 2008. GR24, a synthetic analog of strigolactones, stimulates the mitosis and growth of the arbuscular mycorrhizal fungus Gigaspora rosea by boosting its energy metabolism. *Plant Physiology*, 148 (1), 402-413.

Besserer A., Bécard G., Roux C., Séjalon-Delmas N., 2009. Role of mitochondria in the response of arbuscular mycorrhizal fungi to strigolactones. *Plant Signaling & Behavior*, 4 (1), 75-77.

Bonfante P., Genre A., 2010. Mechanisms underlying beneficial plant-fungus interactions in mycorrhizal symbiosis. *Nature Communications*, 1, 1-11.

Bonfante P., Genre A., 2015. Arbuscular mycorrhizal dialogues: Do you speak "plantish" or "fungish"? *Trends in Plant Science*, 20 (3), 150-154.

Brewer P.B., Koltai H., Beveridge C.A., 2013. Diverse roles of strigolactones in plant development. *Molecular Plant*, 6 (1), 18-28.

Bucher M., Hause B., Krajinski F., Kuster H., 2014. Through the doors of perception to function in arbuscular mycorrhizal symbioses. *New Phytologist*, 204 (4), 833-840.

Buecking H., Abubaker J., Govindarajulu M., Tala M., Pfeffer P.E., Nagahashi G., Lammers P., Shachar-Hill Y., 2008. Root exudates stimulate the uptake and metabolism of organic carbon in germinating spores of *Glomus intraradices*. *New Phytologist*, 180 (3), 684-695.

Buée M., Rossignol M., Jauneau A., Ranjeva R., Bécard G., 2000. The pre-symbiotic growth of arbuscular mycorrhizal fungi is induced by a branching factor partially purified from plant root exudates. *Molecular Plant-Microbe Interactions*, 13 (6), 693-698.

Camps C., Jardinaud M.-F., Rengel D., Carrere S., Herve C., Debelle F., Gamas P., Bensmihen S., Gough C., 2015. Combined genetic and transcriptomic analysis reveals three major signalling pathways activated by Myc-LCOs in *Medicago truncatula*. *New Phytologist*, 208 (1), 224-240.

Catoira R., Galera C., de Billy F., Penmetsa R.V., Journet E.P., Maillet F., Rosenberg C., Cook D., Gough C., Dénarié J., 2000. Four genes of *Medicago truncatula* controlling components of a nod factor transduction pathway. *The Plant Cell*, 12 (9), 1647-1666.

Chabaud M., Venard C., Defaux-Petras A., Bécard G., Barker D.G., 2002. Targeted inoculation of *Medicago truncatula in vitro* root cultures reveals *MtENOD11* expression during early stages of infection by arbuscular mycorrhizal fungi. *New Phytologist*, 156 (2), 265-273.

Chabaud M., Genre A., Sieberer B.J., Faccio A., Fournier J., Novero M., Barker D.G., Bonfante P., 2011. Arbuscular mycorrhizal hyphopodia and germinated spore exudates trigger Ca^{2+} spiking in the legume and nonlegume root epidermis. *New Phytologist*, 189 (1), 347-355.

Cook C.E., Whichard L.P., Turner B., Wall M.E., 1966. Germination of witchweed (Striga Lutea Lour) – Isolation and properties of a potent stimulant. *Science*, 154 (3753), 1189-1190.

Czaja L.F., Hogekamp C., Lamm P., Maillet F., Martinez E.A., Samain E., Dénarié J., Kuster H., Hohnjec N., 2012. Transcriptional responses toward diffusible signals from symbiotic microbes reveal *MtNFP-* and *MtDMI3*-dependent reprogramming of host gene expression by arbuscular mycorrhizal fungal lipochitooligosaccharides. *Plant Physiology*, 159 (4), 1671-1685.

D'Haeze W., Holsters M., 2002. Nod factor structures, responses, and perception during initiation of nodule development. *Glycobiology*, 12 (6), 79R-105R.

Delaux P.M., Xie X.N., Timme R.E., Puech-Pagès V., Dunand C., Lecompte E., Delwiche C.F., Yoneyama K., Bécard G., Séjalon-Delmas N., 2012. Origin of strigolactones in the green lineage. *New Phytologist*, 195 (4), 857-871.

Delaux P.M., Bécard G., Combier J.P., 2013. NSP1 is a component of the Myc signaling pathway. *New Phytologist*, 199 (1), 59-65.

Douds D.D., Nagahashi G., Abney G.D., 1996. The differential effects of cell wall-associated phenolics, cell walls, and cytosolic phenolics of host and non-host roots on the growth of two species of AM fungi. *New Phytologist*, 133 (2), 289-294.

Downie J.A., 2014. Legume nodulation. *Current Biology*, 24 (5), 184-190.

Ellouze W., Hamel C., Cruz A.F., Ishii T., Gan Y., Bouzid S., St-Arnaud M., 2012. Phytochemicals and spore germination. At the root of AMF host preference? *Applied Soil Ecology*, 60, 98-104.

Genre A., Chabaud M., Balzergue C., Puech-Pages V., Novero M., Rey T., Fournier J., Rochange S., Bécard G., Bonfante P., Barker D.G., 2013. Short-chain chitin oligomers from arbuscular mycorrhizal fungi trigger nuclear Ca^{2+} spiking in *Medicago truncatula* roots and their production is enhanced by strigolactone. *New Phytologist*, 198 (1), 190-202.

Genre A., Chabaud M., Timmers T., Bonfante P., Barker D.G., 2005. Arbuscular mycorrhizal fungi elicit a novel intracellular apparatus in *Medicago truncatula* root epidermal cells before infection. *The Plant Cell*, 17 (2), 3489-3499.

Gomez-Roldan V., Fermas S., Brewer P.B., Puech-Pagès V., Dun E.A., Pillot J.P., Letisse F., Matusova R., Danoun S., Portais J.C., Bouwmeester H., Bécard G., Beveridge C.A., Rameau C., Rochange S.F., 2008. Strigolactone inhibition of shoot branching. *Nature*, 455 (7210), 189-194.

Gough C., Cullimore J., 2011. Lipo-chitooligosaccharide signaling in endosymbiotic plant-microbe interactions. *Molecular Plant-Microbe Interactions*, 24 (8), 867-878.

Gutjahr C., Parniske M., 2013. Cell and developmental biology of arbuscular mycorrhiza symbiosis. *Annual Review of Cell and Developmental Biology*, 29, 593-617.

Harrison M.J., 2012. Cellular programs for arbuscular mycorrhizal symbiosis. *Current Opinion in Plant Biology*, 15 (6), 691-698.

Journet E.P., El-Gachtouli N., Vernoud V., de Billy F., Pichon M., Dedieu A., Arnould C., Morandi D., Barker D.G., Gianinazzi-Pearson V., 2001. *Medicago truncatula ENOD11*: A novel RPRP-encoding early nodulin gene expressed during mycorrhization in arbuscule-containing cells. *Molecular Plant-Microbe Interactions*, 14 (6), 737-748.

Kloppholz S., Kuhn H., Requena N., 2011. A secreted fungal effector of *Glomus intraradices* promotes symbiotic biotrophy. *Current Biology*, 21 (14), 1204-1209.

Kohlen W., Charnikhova T., Liu Q., Bours R., Domagalska M.A., Beguerie S., Verstappen F., Leyser O., Bouwmeester H., Ruyter-Spira C., 2011. Strigolactones are transported through the xylem and play a key role in shoot architectural response to phosphate deficiency in nonarbuscular mycorrhizal host *Arabidopsis*. *Plant Physiology*, 155 (2), 974-987.

Kosuta S., Chabaud M., Lougnon G., Gough C., Dénarié J., Barker D.G., Bécard G., 2003. A diffusible factor from arbuscular mycorrhizal fungi induces symbiosis-specific *MtENOD11* expression in roots of *Medicago truncatula*. *Plant Physiology*, 131 (4), 952-962.

Kosuta S., Hazledine S., Sun J., Miwa H., Morris R.J., Downie J.A., Oldroyd G.E.D., 2008. Differential and chaotic calcium signatures in the symbiosis signaling pathway of legumes. *Proceedings of the National Academy of Sciences of the United States of America*, 105 (28), 9823-9828.

Laparre J., Malbreil M., Letisse F., Portais J.C., Roux C., Bécard G., Puech-Pages V., 2014. Combining metabolomics and gene expression analysis reveals that propiony- and butyryl-carnitines are involved in late stages of arbuscular mycorrhizal symbiosis. *Molecular Plant*, 7 (3), 554-566.

Lauressergues D., Delaux P.M., Formey D., Lelandais-Briere C., Fort S., Cottaz S., Bécard G., Niebel A., Roux C., Combier J.P., 2012. The microRNA miR171h modulates arbuscular mycorrhizal colonization of *Medicago truncatula* by targeting NSP2. *The Plant Journal*, 72 (3), 512-522.

Lerouge P., Roche P., Faucher C., Maillet F., Truchet G., Dénarié J., 1990. Symbiotic host-specificity of *Rhizobium meliloti* is determined by a sulphated and acylated glucosamine oligosaccharide signal. *Nature*, 344 (6268), 781-784.

Liu W., Kohlen W., Lillo A., Op den Camp R., Ivanov S., Hartog M., Limpens E., Jamil M., Smaczniak C., Kaufmann K., Yang W.C., Hooiveld G., Charnikhova T., Bouwmeester H.J., Bisseling T., Geurts R., 2011. Strigolactone biosynthesis in *Medicago truncatula* and rice requires the symbiotic GRAS-type transcription factors NSP1 and NSP2. *The Plant Cell*, 23 (10), 3853-3865.

López-Ráez J.A., Charnikhova T., Fernández I., Bouwmeester H., Pozo M.J., 2011. Arbuscular mycorrhizal symbiosis decreases strigolactone production in tomato. *Journal of Plant Physiology*, 168 (3), 294-297.

Lumini E., Bianciotto V., Jargeat P., Novero M., Salvioli A., Faccio A., Bécard G., Bonfante P., 2007. Presymbiotic growth and sporal morphology are affected in the arbuscular mycorrhizal fungus *Gigaspora margarita* cured of its endobacteria. *Cellular Microbiology*, 9 (7), 1716-1729.

Maillet F., Poinsot V., André O., Puech-Pagès V., Haouy A., Gueunier M., Cromer L., Giraudet D., Formey D., Niebel A., Martinez E.A., Driguez H., Bécard G., Dénarié J., 2011. Fungal lipo-chitooligosaccharide symbiotic signals in arbuscular mycorrhiza. *Nature*, 469 (7328), 58-63.

Mandal S.M., Chakraborty D., Dey S., 2010. Phenolic acids act as signaling molecules in plant-microbe symbioses. *Plant Signaling & Behavior*, 5 (4), 359-368.

Mukherjee A., Ané J.M., 2011. Germinating spore exudates from arbuscular mycorrhizal fungi: Molecular and developmental responses in plants and their regulation by ethylene. *Molecular Plant-Microbe Interactions*, 24 (2), 260-270.

Murray J.D., Cousins D.R., Jackson K.J., Liu C., 2013. Signaling at the root surface: The role of cutin monomers in mycorrhization. *Molecular Plant*, 6 (5), 1381-1383.

Nadal M., Paszkowski U., 2013. Polyphony in the rhizosphere: Presymbiotic communication in arbuscular mycorrhizal symbiosis. *Current Opinion in Plant Biology*, 16 (4), 473-479.

Nagahashi G., Douds D.D., 1999. A rapid and sensitive bioassay to study signals between root exudates and arbuscular mycorrhizal fungi. *Biotechnology Techniques*, 13 (12), 893-897.

Nagahashi G., Douds D.D., 2011. The effects of hydroxy fatty acids on the hyphal branching of germinated spores of AM fungi. *Fungal Biology*, 115 (4-5), 351-358.

Olah B., Briere C., Bécard G., Dénarié J., Gough C., 2005. Nod factors and a diffusible factor from arbuscular mycorrhizal fungi stimulate lateral root formation in *Medicago truncatula* via the DMI1/DMI2 signalling pathway. *The Plant Journal*, 44 (2), 195-207.

Oldroyd G.E.D., 2013. Speak, friend, and enter: Signalling systems that promote beneficial symbiotic associations in plants. *Nature Reviews Microbiology*, 11 (4), 252-263.

Oldroyd G.E.D., Downie J.A., 2006. Nuclear calcium changes at the core of symbiosis signalling. *Current Opinion in Plant Biology*, 9 (4), 351-357.

Oldroyd G.E.D., Harrison M.J., Paszkowski U., 2009. Reprogramming plant cells for endosymbiosis. *Science*, 324 (5928), 753-754.

Oldroyd G.E.D., Murray J.D., Poole P.S., Downie J.A., 2011. The rules of engagement in the legume-rhizobial symbiosis. *Annual Review of Genetics*, 45, 119-144.

Parniske M., 2008. Arbuscular mycorrhiza: The mother of plant root endosymbioses. *Nature Reviews Microbiology*, 6 (10), 763-775.

Riely B.K., Ané J.M., Penmetsa R.V., Cook D.R., 2004. Genetic and genomic analysis in model legumes bring Nod-factor signaling to center stage. *Current Opinion in Plant Biology*, 7 (4), 408-413.

Roche P., Lerouge P., Ponthus C., Prome J.C., 1991. Structural determination of bacterial nodulation factors involved in the *Rhizobium meliloti*-alfalfa symbiosis. *Journal of Biological Chemistry*, 266 (17), 10933-10940.

Ruyter-Spira C., Al-Babili S., van der Krol S., Bouwmeester H., 2013. The biology of strigolactones. *Trends in Plant Science*, 18 (2), 72-83.

Sagan M., Morandi D., Tarenghi E., Duc G., 1995. Selection of nodulation and mycorrhizal mutants in the model plant *Medicago truncatula* (Gaertn.) after gamma-ray mutagenesis. *Plant Science*, 111 (1), 63-71.

Schliemann W., Ammer C., Strack D., 2008. Metabolite profiling of mycorrhizal roots of *Medicago truncatula*. *Phytochemistry*, 69 (1), 112-146.

Schmitz A.M., Harrison M.J., 2014. Signaling events during initiation of arbuscular mycorrhizal symbiosis. *Journal of Integrative Plant Biology*, 56 (3), 250-261.

Seto Y., Yamaguchi S., 2014. Strigolactone biosynthesis and perception. *Current Opinion in Plant Biology*, 21, 1-6.

Smith S.E., Read D.J., 2008. *Mycorrhizal Symbiosis*. Londres, Academic Press, 3ᵉ édition.

Steinkellner S., Lendzemo V., Langer I., Schweiger P., Khaosaad T., Toussaint J.P., Vierheilig H., 2007. Flavonoids and strigolactones in root exudates as signals in symbiotic and pathogenic plant-fungus interactions. *Molecules*, 12 (7), 1290-1306.

Streng A., op den Camp R., Bisseling T., Geurts R., 2011. Evolutionary origin of rhizobium Nod factor signaling. *Plant Signaling & Behavior*, 6 (10), 1510-1514.

Sun J., Miller J., Granqvist E., Wiley-Kalil A., Gobbato E., Maillet F., Cottaz S., Samain E., Venkateshwaran M., Fort S., Morris R., Ané J., Dénarié J., Oldroyd G., 2015. Activation of symbiosis signaling by arbuscular mycorrhizal fungi in legumes and rice. *The Plant Cell*, 27 (3), 823-838.

Suzaki T., Kawaguchi M., 2014. Root nodulation: A developmental program involving cell fate conversion triggered by symbiotic bacterial infection. *Current Opinion in Plant Biology*, 21 (C), 16-22.

Tanaka K., Cho S.H., Lee H., Pham A.Q., Batek J.M., Cui S., Qiu J., Khan S.M., Joshi T., Zhang Z.J., Xu D., Stacey G., 2015. Effect of lipo-chitooligosaccharide on early growth of C4 grass seedlings. *Journal of Experimental Botany*, 66 (19), 5727-5738.

Tokunaga T., Hayashi H., Akiyama K., 2015. Medicaol, a strigolactone identified as a putative didehydro-orobanchol isomer, from *Medicago truncatula*. *Phytochemistry*, 111, 91-97.

Umehara M., Hanada A., Yoshida S., Akiyama K., Arite T., Takeda-Kamiya N., Magome H., Kamiya Y., Shirasu K., Yoneyama K., Kyozuka J., Yamaguchi S., 2008. Inhibition of shoot branching by new terpenoid plant hormones. *Nature*, 455 (7210), 195-200.

van Rhijn P., Fang Y., Galili S., Shaul O., Atzmon N., Wininger S., Eshed Y., Lum M., Li Y., To V., Fujishige N., Kapulnik Y., Hirsch A.M., 1997. Expression of early nodulin genes in alfalfa mycorrhizae indicates that signal transduction pathways used in forming arbuscular mycorrhizae and Rhizobium-induced nodules may be conserved. *Proceedings of the National Academy of Sciences of the United States of America*, 94 (10), 5467-5472.

Waldie T., McCulloch H., Leyser O., 2014. Strigolactones and the control of plant development: Lessons from shoot branching. *The Plant Journal*, 79 (4), 607-622.

Wang E., Schornack S., Marsh J.F., Gobbato E., Schwessinger B., Eastmond P., Schultze M., Kamoun S., Oldroyd G.E.D., 2012. A common signaling process that promotes mycorrhizal and oomycete colonization of plants. *Current Biology*, 22 (23), 2242-2246.

Weidmann S., Sanchez L., Descombin J., Chatagnier O., Gianinazzi S., Gianinazzi-Pearson V., 2004. Fungal elicitation of signal transduction-related plant genes precedes mycorrhiza establishment and requires the *dmi3* gene in *Medicago truncatula*. *Molecular Plant-Microbe Interactions*, 17 (12), 1385-1393.

Xie X.N., Yoneyama K., 2010. The strigolactone story. *Annual Review of Phytopathology*, 48, 93-117.

Xie X.N., Yoneyama K., Kisugi T., Uchida K., Ito S., Akiyama K., Hayashi H., Yokota T., Nomura T., 2013. Confirming stereochemical structures of strigolactones produced by rice and tobacco. *Molecular Plant*, 6 (1), 153-163.

Xie Z.P., Staehelin C., Vierheilig H., Wiemken A., Jabbouri S., Broughton W.J., Vogellange R., Boller T., 1995. Rhizobial nodulation factors stimulate mycorrhizal colonization of nodulating and nonnodulating soybeans. *Plant Physiology*, 108 (4), 1519-1525.

Xie Z.P., Muller J., Wiemken A., Broughton W.J., Boller T., 1998. Nod factors and tri-iodobenzoic acid stimulate mycorrhizal colonization and affect carbohydrate partitioning in mycorrhizal roots of *Lablab purpureus*. *New Phytologist*, 139 (2), 361-366.

Yoneyama K., Xie X., Takeuchi Y., 2009. Strigolactones: Structures and biological activities. *Pest Management Science*, 65 (5), 467-470.

Zhang Y.X., van Dijk A.D.J., Scaffidi A., Flematti G.R., Hofmann M., Charnikhova T., Verstappen F., Hepworth J., van der Krol S., Leyser O., Smith S.M., Zwanenburg B., Al-Babili S., Ruyter-Spira C., Bouwmeester H.J., 2014. Rice cytochrome P450 MAX1 homologs catalyze distinct steps in strigolactone biosynthesis. *Nature Chemical Biology*, 10 (12), 1028-1033.

Zwanenburg B., Mwakaboko A.S., 2011. Strigolactone analogues and mimics derived from phthalimide, saccharine, *p*-tolylmalondialdehyde, benzoic and salicylic acid as scaffolds. *Bioorganic & Medicinal Chemistry*, 19 (24), 7394-7400.

Zwanenburg B., Pospisil T., 2013. Structure and activity of strigolactones: New plant hormones with a rich future. *Molecular Plant*, 6 (1), 38-62.

Liste des auteurs

Les noms précédés d'un astérisque indiquent les contributeurs membres de l'Académie d'agriculture de France.

Reinhard Agerer
Ludwig-Maximilians-Universität
Department Biologie I
Departement de Botanique et
Mycologie
Menzinger Straße 67
80638 Munich, Allemagne

Benoît Alunni
Institute for Integrative Biology of the
Cell
UMR 9198, CNRS/Université
Paris-Sud/CEA
91198 Gif-sur-Yvette, France

Laure Avoscan
AgroSup Dijon, Inra, Université
Bourgogne Franche-Comté
17, rue Sully, BP 8651
21000 Dijon, France

Guillaume Bécard
Laboratoire de recherche en sciences
végétales
Université de Toulouse, CNRS, UPS
24, chemin de Borde Rouge, Auzeville,
BP42617
31326 Castanet Tolosan, France
(auteur pour la correspondance pour le
chapitre 16, becard@lrsv.ups-tlse.fr)

***Jacques Berthelin**
Académie d'agriculture de France
18, rue de Bellechasse
75007, Paris, France
(auteur pour la correspondance pour le
chapitre 4, jacques.berthelin@hotmail.
com)

Isabelle Bertrand
Inra
UMR 210 Éco&Sols (Écologie
fonctionnelle et biogéochimie des sols
et des agro-écosystèmes)
2, place Pierre Viala
34000 Montpellier, France

Antonio Bispo
Ademe
Service agriculture et forêt
20, avenue du Grésillé, BP 90406
49004 Angers Cedex 01, France
(auteur pour la correspondance pour le
chapitre 9, antonio.bispo@ademe.fr)

Éric Blanchart
IRD
UMR 210 Éco&Sols (Écologie
fonctionnelle et biogéochimie des sols
et des agro-écosystèmes)
2, place Pierre Viala
34060 Montpellier Cedex 2, France

Manuel Blouin
AgroSup Dijon
UMR Agroécologie, CNRS/
Inra/Université de Bourgogne
Franche-Comté
17, rue Sully, BP 8651
21000 Dijon, France

Sophie Boulanger-Joimel
Inra, AgroParisTech
UMR 1402 Écosys (Écologie
fonctionnelle et écotoxicologie des
agroécosystèmes)
Route de Saint-Cyr, RD 10
78026 Versailles Cedex, France

Alain Brauman
IRD
UMR 210 Éco&Sols (Écologie
fonctionnelle et biogéochimie des sols
et des agro-écosystèmes)
2, place Pierre Viala
34060 Montpellier, France

***Jean-François Briat**
Université de Montpellier, CNRS, Inra,
Montpellier SupAgro
Unité de biochimie et physiologie
moléculaire des plantes (B&PMP)
IBIP
2, place Pierre Viala, bâtiment 7
34060 Montpellier Cedex 2, France

***Ary Bruand**
CNRS, Université d'Orléans, BRGM
Institut des sciences de la terre
d'Orléans (UMR 7327)
1A, rue de la Férollerie
45071 Orléans Cedex 2, France

Yvan Capowiez
Inra
UR 1115 PSH (Plantes et systèmes
de culture horticoles)
Inra Domaine Saint-Paul, Site
Agroparc
228, route de l'Aérodrome CS40509
84914 Avignon Cedex 9, France

***Claire Chenu**
AgroParisTech
UMR 1402 Écosys (Écologie
fonctionnelle et écotoxicologie des
agroécosystèmes) Inra/AgroParisTech
Campus AgroParisTech Grignon
Bâtiment EGER, avenue Lucien
Brétignières
78850 Thiverval-Grignon, France
(auteure pour la correspondance pour
le chapitre 2, claire.chenu@inra.fr ou
chenu@agroparistech.fr)

Daniel Cluzeau
CNRS, Université Rennes 1
UMR Écobio (Écosystèmes,
biodiversité, évolution)
Station Biologique de Paimpont
35380 Plelan-le-Grand, France

Pierre-Emmanuel Courty
University of Fribourg
Department of Biology
3, rue Albert Gockel
1700 Fribourg, Suisse

Thibaud Decaëns
CNRS, Université Paul-Valéry
Montpellier, EPHE
UMR 5175 Cefe (Centre d'écologie
fonctionnelle et évolutive)
1919, route de Mende
34293 Montpellier Cedex 5, France

Yves Dessaux
CEA, CNRS, Université Paris-Sud,
Université Paris-Saclay
Département de Microbiologie
Institut de biologie intégrative de la
cellule (I2BC)
Avenue de la Terrasse, Bâtiment 34
91198 Gif-sur-Yvette CEDEX, France
(auteur pour la correspondance pour le
chapitre 13, yves.dessaux@i2bc.paris-
saclay.fr)

Alice Drain
AgroSup Dijon, CNRS, Inra,
Université de Bourgogne
Franche-Comté
17, rue Sully, BP 8651
21000 Dijon, France

Xiahong Duan
Institute of Agricultural Science in the
Tropics
University of Hohenheim
70593 Stuttgart, Allemagne

Robin Duponnois
IRD, Cirad
Laboratoire des symbioses tropicales et
méditerranéennes (UMR 113)
Campus Cirad de Baillarguet, TA-A
82/J
34398 Montpellier Cedex 5, France
(auteur pour la correspondance pour le
chapitre 11, robin.duponnois@ird.fr)

Denis Faure
Institut de biologie intégrative de la
cellule (I2BC), Bâtiment 21
Avenue de la Terrasse
91190, Gif-sur-Yvette, France
(auteur pour la correspondance pour
le chapitre 14, denis.faure@i2bc.paris-
saclay.fr)

Patricia Garnier
AgroParisTech
UMR 1402 Écosys (Écologie
fonctionnelle et écotoxicologie des
agroécosystèmes) Inra-AgroParisTech
Campus AgroParisTech Grignon,
bâtiment EGER
Avenue Lucien Brétignières
78850 Thiverval-Grignon, France

Mohamed Hafidi
Laboratoire Écologie & environnement
(Unité associée au CNRST, URAC 32)
Faculté des sciences Semlalia,
Université Cadi Ayyad
Boulevard Prince My Abdellah
B.P. 2390
40000 Marrakech, Maroc

Mickael Hedde
Inra, AgroParisTech
UMR 1402 Écosys (Écologie
fonctionnelle et écotoxicologie des
agroécosystèmes)
Route de Saint-Cyr, RD 10
78026 Versailles Cedex, France
(auteur pour la correspondance pour le
chapitre 6, mickael.hedde@inra.fr)

Usman Irshad
Department of Environmental Sciences
Institute of Information Technology
Comsats Rd
Abbottabad, Pakistan

***Dominique Job**
Laboratoire mixte CNRS, Université
Claude Bernard Lyon 1, Insa, Bayer
CropScience (UMR 5240)
18, impasse Pierre Baizet
69009, Lyon, France

Claudy Jolivet
Inra
Unité de Service 1106 InfoSol
45075 Orléans, France

Pascal Jouquet
IRD, UMR IEES Paris (Institut
d'écologie et des sciences de
l'environnement de Paris)
Centre IRD France-Nord
32, avenue Henri Varagnat
93143 Bondy Cedex, Franc

Gwenaëlle Lashermes
UMR Fare (Fractionnement des
agroressources et environnement)
Centre de recherches en
environnement et agronomie
2, esplanade Roland Garros
51100 Reims, France

Xavier Latour
Normandie Université, Université de
Rouen EA 4312, IUT, Évreux
Laboratoire de microbiologie signaux
et microenvironnement (MMSM)
55, rue Saint Germain
27000 Évreux, France
(auteur pour la correspondance pour le
chapitre 14, xavier.latour@univ-rouen.
fr)

Nathalie Leborgne-Castel
AgroSup Dijon, CNRS, Inra,
Université de Bourgogne
Franche-Comté
17, rue Sully, BP 8651
21000 Dijon, France

***Philippe Lemanceau**
AgroSup Dijon, Inra, Université
Bourgogne Franche-Comté
17, rue Sully, BP 8651
21000 Dijon, France
(auteur pour la correspondance
pour l'introduction et le chapitre 10,
philippe.lemanceau@inra.fr)

***Rainer Matyssek**
Technische Universität München
Département d'écologie et de conduite
des écosystèmes
Hans-Carl-von-Carlowitz-Platz 2
85354 Freising, Allemagne
(auteur pour la correspondance pour le
chapitre 8, matyssek@wzw.tum.de)

Sylvie Mazurier
AgroSup Dijon, Inra, Université
Bourgogne Franche-Comté
17, rue Sully, BP 8651
21000 Dijon, France

Peter Mergaert
CNRS, Université Paris-Sud, CEA
Institut de biologie intégrative de la
cellule, UMR 9198
Bâtiment 21
Avenue de la Terrasse
91190 Gif-sur-Yvette Cedex, France
(auteur pour la correspondance pour
le chapitre 15, peter.mergaert@-i2bc.
paris-saclay.fr)

***Jean-Charles Munch**
Technische Universität München
Institut d'écologie du sol
Helmholtz-Zentrum Munich
Ingolstaedter Landstrasse 1
D-85764 Neuherberg, Allemagne
(auteur pour la correspondance pour le
chapitre 5, munch@tum.de)

Naoise Nunan
Institut d'écologie et des sciences de
l'environnement de Paris (IEES Paris)
Équipe Biogéographie et diversité des
interactions du sol (Bio Dis)
Campus AgroParisTech, Bâtiment
EGER,
Avenue Lucien Brétignières
78850 Thiverval-Grignon, France

Lahcen Ouahmane
Faculté des sciences Semlalia,
Université Cadi Ayyad
Laboratoire Écologie & environnement
(Unité associée au CNRST, URAC 32)
Marrakech, Maroc

Guénola Pérès
Inra
UMR 1069 SAS (Sol agro et
hydrosystème spatialisation)
Inra-Agrocampus Rennes
65, rue de Saint-Brieuc
35042 Rennes Cedex, France

Carole Pfister
AgroSup Dijon, CNRS, Inra,
Université de Bourgogne
Franche-Comté
17, rue Sully, BP 8651
21000 Dijon, France

Barbara Pivato
AgroSup Dijon, Inra, Université
Bourgogne Franche-Comté
17, rue Sully, BP 8651
21000 Dijon, France

Claude Plassard
Inra
UMR 210 Éco&Sols (Écologie
fonctionnelle et biogéochimie des sols
et des agro-écosystèmes)
2, place Pierre Viala
34060 Montpellier, France
(auteure pour la correspondance pour
le chapitre 7, claude.plassard@inra.fr)

Valérie Pot
AgroParisTech
UMR 1402 Écosys (Écologie
fonctionnelle et écotoxicologie des
agroécosystèmes) Inra-AgroParisTech
Campus AgroParisTech Grignon,
Bâtiment EGER
Avenue Lucien Brétignières
78850 Thiverval-Grignon, France

Eckart Priesack
Institute of Biochemical Plant
Pathology
Helmholtz-Zentrum Munich
Ingolstaedter Landstrasse 1
D-85764 Neuherberg, Allemagne

Yves Prin
IRD, Cirad
Laboratoire des symbioses tropicales et
méditerranéennes, UMR 113
Campus Cirad de Baillarguet, TA-A
82/J
34398 Montpellier Cedex 5, France

Karin Pritsch
Institute of Biochemical Plant
Pathology
Helmholtz-Zentrum Munich
Ingolstaedter Landstrasse 1
D-85764 Neuherberg, Allemagne

Virginie Puech-Pagès
Université de Toulouse, CNRS, UPS
Laboratoire de recherche en sciences
végétales
24, chemin de Borde Rouge, Auzeville,
BP42617
31326 Castanet Tolosan, France

Lionel Ranjard
Inra, AgroSup Dijon, Université de
Bourgogne Franche-Comté
UMR 1347 Agroécologie
17, rue Sully, BP 8651
21000 Dijon, France

Patricia Ranoarisoa
IRD
UMR 210 Éco&Sols (Écologie
fonctionnelle et biogéochimie des sols
et des agro-écosystèmes)
2, place Pierre Viala
34060 Montpellier, France

***Sylvie Recous**
Centre de recherches en
environnement et agronomie
UMR Fare (Fractionnement des
agroressources et environnement)
2, esplanade Roland Garros
51100 Reims, France
(auteure pour la correspondance pour
le chapitre 3, sylvie.recous@inra.fr)

Sébastien Roy
Laboratoire de biotechnologies
436, rue Pierre et Marie Curie
31670 Labège, France

Hervé Sanguin
IRD, Cirad
Laboratoire des symbioses tropicales et
méditerranéennes, UMR 113
Campus Cirad de Baillarguet, TA-A
82/J
34398 Montpellier Cedex 5, France

***Gérard Tendron**
Académie d'agriculture de France
18, rue de Bellechasse
75007 Paris, France
(auteur pour la correspondance pour
la préface, secretaire-perpetuel@
academie-agriculture.fr)

***Daniel Tessier**
Académie d'agriculture de France
18, rue de Bellechasse
75007 Paris, France
(auteur pour la correspondance pour le
chapitre 1, daniel.tessier@wanadoo.fr)

Jean Trap
IRD
UMR 210 Éco&Sols (Écologie
fonctionnelle et biogéochimie des sols
et des agro-écosystèmes)
2, place Pierre Viala
34060 Montpellier, France

Laure Vieublé
AgroParisTech
UMR 1402 Écosys (Écologie
fonctionnelle et écotoxicologie des
agroécosystèmes) Inra-AgroParisTech
Campus AgroParisTech Grignon,
Bâtiment EGER
Avenue Lucien Brétignières
78850 Thiverval-Grignon, France

Cécile Villenave
Elisol environnement
10, avenue du Midi
30111 Congénies, France

Sanâa Wahbi
IRD, Cirad
Laboratoire des symbioses tropicales
et méditerranéennes
UMR 113
Campus Cirad de Baillarguet, TA-A
82/J
34398 Montpellier Cedex 5, France

Daniel Wipf
AgroSup Dijon, CNRS, Inra,
Université de Bourgogne
Franche-Comté
17, rue Sully, BP 8651
21000 Dijon, France
(auteur pour la correspondance pour le
chapitre 12, daniel.wipf@inra.fr)

Jérémie Zerbib
AgroSup Dijon, CNRS, Inra,
Université de Bourgogne
Franche-Comté
17, rue Sully, BP 8651
21000 Dijon, France

Marine Zwicke
Inra, AgroParisTech
UMR 1402 Écosys (Écologie
fonctionnelle et écotoxicologie des
agroécosystèmes)
Route de Saint-Cyr, RD 10
78026 Versailles Cedex, France

Édition : Yann Lézénès
Mise en pages et couverture : www.mapicha.fr

En couverture : photos © Vitalii Hulai/Fotolia#110762726 (grillon), Rukanoga/Fotolia#128343894 (tardigrade), npps48/Fotolia#82040041 (scolopendre), Dickov/Fotolia#103382918 (escargot), Carolina K Smith MD/Fotolia#7010119 (nématode), Buraratn100/Fotolia#82516698 (mille-pattes), 7monarda/Fotolia#124010561 (lombric), Marc Fouchard/Inra (acarien), Serge Carre/Inra (collembole).

Achevé d'imprimer en mars 2017
Dépôt légal : avril 2017

Imprimé pour vous par Books on Demand (Allemagne)